ŒUVRES MATHÉMATIQUES

DE

RIEMANN

TRADUITES

PAR L. LAUGEL

AVEC UNE

PRÉFACE

DE M. HERMITE

ET UN

DISCOURS

DE M. FÉLIX KLEIN

PARIS

GAUTHIER-VILLARS ET FILS, IMPRIMEURS-LIBRAIRES

DU BUREAU DES LONGITUDES, DE L'ÉCOLE POLYTECHNIQUE

Quai des Grands-Augustins, 55

1898

ŒUVRES MATHÉMATIQUES

DE

RIEMANN.

23281 Paris. — Impr. GAUTHIER-VILLARS ET FILS, quai des Grands-Augustins, 55.

ŒUVRES MATHÉMATIQUES

DE

RIEMANN,

TRADUITES

PAR L. LAUGEL,

AVEC UNE

PRÉFACE

DE M. HERMITE

ET UN

DISCOURS

DE M. FÉLIX KLEIN.

PARIS,

GAUTHIER-VILLARS ET FILS, IMPRIMEURS-LIBRAIRES

DU BUREAU DES LONGITUDES, DE L'ÉCOLE POLYTECHNIQUE,

Quai des Grands-Augustins, 55.

—

1898

A

Monsieur Charles HERMITE,

MEMBRE DE L'INSTITUT,

A l'occasion de son 75e anniversaire

(25 décembre 1822-1897).

L. LAUGEL.

PRÉFACE.

L'œuvre de Bernhard Riemann est la plus belle et la plus grande de l'Analyse à notre époque : elle a été consacrée par une admiration unanime, elle laissera dans la Science une trace impérissable. Les géomètres contemporains s'inspirent dans leurs travaux de ses conceptions, ils en révèlent chaque jour par leurs découvertes l'importance et la fécondité. L'illustre géomètre a ouvert dans l'Analyse comme une ère nouvelle qui porte l'empreinte de son génie. Elle s'ouvre avec un vif éclat par la dissertation inaugurale si célèbre qui porte pour titre : *Principes fondamentaux pour la Théorie générale des fonctions d'une grandeur variable complexe.* Riemann a été, dans cet ordre de recherches, le continuateur de Cauchy; il l'a dépassé, mais la reconnaissance des analystes associe étroitement à ses travaux ceux du premier élaborateur de la Théorie des fonctions, qui avait ouvert la voie et surmonté des obstacles longtemps infranchissables dont l'histoire de la Science a conservé la trace. Les principes de Riemann sont d'une originalité saisissante; ils donnent, comme instrument à l'Analyse, ces surfaces, auxquelles est attaché le nom de l'inventeur, qui sont à la fois une représentation et une force nouvelles; ils mettent en pleine lumière, par les notions profondes de classes et de genres, la nature intime, restée jusqu'alors inconnue, des fonctions algébriques; ils conduisent à ce nombre extrêmement caché des modules ou des constantes qui appartiennent essentiellement à chaque classe; ils définissent, dans le sens le plus général, les intégrales de première, de seconde et de troisième espèce. Puis, une éclatante découverte : la solution, au moyen des fonctions Θ généralisées, du problème général de l'inversion de ces intégrales, problème résolu seulement dans des cas particuliers, et au prix des plus grands efforts, par Göpel et Rosenhain, pour les intégrales hyperelliptiques de première classe, et par Weierstrass, pour les intégrales hyperelliptiques d'ordre quelconque. Jamais, dans aucune publication mathématique, le don de l'invention n'était apparu avec plus de puissance, jamais on n'avait admiré autant de belles conquêtes dans les plus difficiles questions de l'Analyse. Ces découvertes ont eu sur le mouvement de la Science une influence qui ne s'est pas fait attendre; par une heureuse fortune, qui a manqué à Cauchy, nos plus éminents géomètres contemporains se sont efforcés à l'envi de développer les principes de Riemann, d'en poursuivre les conséquences et d'appliquer ses méthodes. La notion de l'intégration le long d'une courbe avait été exposée, sous la forme la plus simple et la plus facile, avec de nombreuses et importantes applications qui en montraient la portée, dès 1825, dans un Mémoire de Cauchy ayant pour titre : *Sur les intégrales définies prises entre des limites imaginaires;* mais elle reste dans les mains de l'illustre Auteur; elle n'est connue ni de Jacobi, ni d'Eisenstein, et l'on constate avec regret maintenant combien elle leur a fait défaut; il faut attendre vingt-cinq ans, jusqu'aux travaux de Puiseux, de Briot et Bouquet, pour qu'elle prenne son essor et rayonne dans l'Analyse. La notion profonde des surfaces de Riemann, qui est d'un accès difficile, s'introduit sans retard et domine bientôt dans la Science pour y rester à jamais. Un instant, je me suis arrêté à la *Dissertation inaugurale* et à la *Théorie des fonctions abéliennes* qui suffiraient à immortaliser leur Auteur; mais sur combien d'autres sujets, pendant sa trop courte carrière, se porte le génie du grand géomètre. Dans le Travail *Sur la Théorie des fonctions représentées par la série de Gauss*, il fait connaître, pour la première fois, comment se comportent les solutions d'une équation différentielle linéaire du second ordre, lorsque la variable décrit un contour fermé comprenant une discontinuité, et il parvient comme conséquence à la notion de groupe pour une telle équation. Le Mémoire *Sur le nombre des nombres premiers inférieurs à une grandeur donnée* traite, sous un point de vue tout différent et du plus haut intérêt, une question célèbre qui avait occupé Legendre et Dirichlet. L'idée, entièrement nouvelle, de l'extension à tout le plan d'une quantité qui n'a d'existence que dans une région limitée se trouve déjà dans le précédent Travail; elle sert de fondement, elle joue le principal rôle dans cette recherche arithmétique sur les nombres premiers. Riemann l'applique à une série depuis longtemps considérée par Euler, qui est soumise à une condition déterminée de convergence. La série devient l'origine d'une fonction uniforme, elle donne naissance à une nouvelle transcendante se rapprochant à certains égards de la fonction gamma. C'est un nouveau Chapitre qui s'ajoute ainsi aux théories de l'Analyse et où M. Hadamard et M. von Mangoldt ont trouvé l'origine de leurs belles recherches. Le Mémoire *Sur la propagation d'ondes aériennes planes, ayant une amplitude de vibration finie*, concerne les questions délicates et difficiles auxquelles ont donné naissance les célèbres découvertes de von Helmholtz en Acoustique. Le grand géomètre était aussi un physicien, il connaissait les nouvelles méthodes expérimentales et les plus récents progrès de la Science; il dit cependant, avec cette modestie qui est le fond de son caractère, avoir surtout en vue une question de Calcul concernant les équations aux dérivées partielles. A cet égard, on doit signaler des résultats qui sont toujours de grande importance, une Méthode pour la recherche des intégrales des équations linéaires du second ordre, sous la condition qu'elles passent par une courbe donnée, en ayant des plans tangents donnés, puis aussi la notion de l'équation adjointe qui joue un rôle essentiel dans beaucoup de questions intéressantes.

Je m'étendrais trop en voulant encore passer en revue les Mémoires *Sur l'évanouissement des fonctions* Θ, *Sur les surfaces d'aire minima pour un contour donné, Sur la possibilité de représenter une fonction par une série trigonométrique;* il serait trop long de faire ressortir la grandeur et la beauté des découvertes, d'en montrer la portée, de parler des nombreux travaux auxquels elles ont donné lieu. Je ne ferai que mentionner en quelques mots l'admirable Travail *Sur les hypothèses qui servent de fondement à la Géométrie.*

L'Auteur dépasse infiniment la question du postulatum d'Euclide qui, après des siècles de vaines tentatives, avait trouvé une solution dans les recherches de Lobatscheffsky, de Bolyai, et qu'on a appris, par une publication du plus grand intérêt due à M. Stäckel, avoir été, pendant toute sa vie, l'objet des méditations de Gauss. Riemann aborde la considération de l'espace ou d'une multiplicité à un nombre quelconque de dimensions, il en établit le caractère essentiel consistant en ce que la position d'un point dépend de ce même nombre de variables, et il étudie les mesures dont cet espace est susceptible. C'est tout un monde inconnu intéressant à la fois le philosophe et le géomètre, que s'ouvre avec une extraordinaire puissance d'abstraction le merveilleux inventeur. Un domaine particulier s'y trouve qui se rapproche des réalités accessibles à notre existence, dans ce sens qu'on y peut déplacer une figure sans altérer ses dimensions et fonder des démonstrations sur la méthode de superposition. Et c'est là que vient s'offrir, pour le cas de deux dimensions, en même temps que la Géométrie de Lobatscheffsky et de Bolyai, où la somme des angles d'un triangle est inférieure à deux droits, celle de Riemann où elle lui est supérieure.

Mettre à la disposition des lecteurs français le riche trésor sur lequel j'ai jeté un coup d'œil a été le but de cet Ouvrage. Il paraît avec l'autorisation de Mme Riemann et de l'éditeur allemand M. B.-G. Teubner. Il est offert à Mme Riemann comme un hommage à une mémoire immortelle et le témoignage de la plus respectueuse, de la plus profonde sympathie.

L'impression s'est faite avec les soins consciencieux que la maison Gauthier-Villars consacre à ses publications mathématiques, et les épreuves ont été revues avec la plus grande obligeance par M. Goursat.

D'illustres disciples du grand géomètre, M. Klein, MM. Weber et Dedekind, M. Minkowski ont encouragé et secondé par leur bienveillant concours le travail du traducteur, M. Laugel. Qu'ils reçoivent l'assurance d'une bien sincère gratitude, et le vœu que les *Œuvres de Riemann* servent de plus en plus, en propageant la gloire du Maître, au progrès, à la marche en avant de la Science!

C. Hermite.

RIEMANN ET SON INFLUENCE

SUR

LES MATHÉMATIQUES MODERNES.

Discours de M. le Professeur Félix KLEIN, de l'Université de Göttingue, prononcé à Vienne le 27 septembre 1894.

MESSIEURS,

Il y a certainement une difficulté toute spéciale à parler devant un grand public sur les choses mathématiques ou même seulement sur les relations générales qui confinent à ce domaine.

La difficulté résulte de ceci : les conceptions dont nous nous occupons et dont nous étudions la connexion intime sont elles-mêmes le produit d'un travail prolongé de la pensée mathématique et sont très éloignées des pensées qui sont d'usage courant dans la vie.

Cependant, je n'ai pas hésité à répondre à la mise en demeure dont j'ai eu l'honneur d'être l'objet de la part du Comité de votre Société, qui m'a prié de vous adresser aujourd'hui la parole dans ce discours d'ouverture de son Congrès (1).

(1) *Versammlung deutscher Naturforscher und Aerzte.*

J'ai devant les yeux l'exemple de ce grand chercheur, qui vient de mourir et que j'ai dû remplacer ici aujourd'hui. Sans aucun doute, ce n'est pas un des moindres mérites de Hermann von Helmholtz de s'être efforcé, dès le début de sa carrière, de présenter les problèmes et les résultats des recherches scientifiques, dans tous les domaines qu'il a explorés, dans des leçons populaires, à la portée des savants qui cultivent les autres branches de la Science. Il nous a ainsi fait progresser chacun dans notre propre domaine. S'il semble impossible d'en faire autant pour les Mathématiques pures, néanmoins, on doit le tenter dans les limites du possible. Et je ne parle pas ainsi en mon nom seul, mais au nom de tous les membres de la Société mathématique, qui s'est unie depuis quelques années à la Société des Sciences naturelles et médicales, et qui, si ce n'est en titre, peut en être néanmoins en fait considérée comme la première Section.

Nous sentons que, sous l'influence des développements modernes, notre Science, à mesure qu'elle avance à pas rapides, tend de plus en plus à s'isoler. Le rapport intime entre les Mathématiques et les Sciences naturelles théoriques, tel qu'il existait au point de jonction des deux domaines lorsque commença le développement de l'Analyse moderne, paraît devoir se rompre. C'est là un grand danger et qui grandit de jour en jour. Aussi, nous membres de la Société mathématique, nous voulons le combattre de toutes nos forces; et c'est aussi dans ce but que nous nous sommes réunis à la Société des Sciences naturelles. Unis par des relations personnelles avec vous, nous voulons apprendre, à votre école, comment la pensée scientifique se développe dans les autres domaines et où doit être pris le point d'attache auquel on peut relier le travail du mathématicien. D'autre part, nous désirons, de notre côté, trouver chez vous quelque intérêt à nos idées et à nos efforts. C'est en cette qualité que je me présente à vous, et que je vais tenter de vous décrire l'influence de ce chercheur, dont l'influence fut sans rivale sur le développement des Mathématiques modernes, et qui a nom Bernhard Riemann. J'espère pouvoir compter, en tous cas, sur l'attention de ceux d'entre vous qui travaillent dans l'ordre d'idées de la Mécanique et de la Physique théorique, mais tous vous devez bien sentir qu'il se présente ici des points de réunion avec le domaine des Sciences naturelles.

On ne peut que ressentir de la sympathie pour la vie extérieure de Riemann; mais, à part cela, elle ne présente aucun intérêt particulier. Riemann était un de ces savants retirés qui laissent longtemps mûrir en silence, dans leur esprit, leurs profondes pensées. Lorsqu'en 1851, à Göttingue, parut la prééminente dissertation inaugurale, il avait 25 ans; et il en attendit encore trois avant de terminer son « Habilitation ».

A partir de ce moment se succèdent rapidement ces travaux si marquants dont j'ai à vous rendre compte. A la mort de Dirichlet, Riemann lui succède comme professeur à l'Université de Göttingue en 1859; mais, dès 1863, se déclare la maladie funeste à laquelle il succombe en 1866, à peine âgé de 40 ans. Ses œuvres réunies, éditées pour la première fois par MM. Heinrich Weber et R. Dedekind en 1876, ne sont pas très volumineuses. Elles forment un volume in-8° de 550 pages environ, dont la première moitié seule est remplie par les travaux parus durant la vie de Riemann.

La grande activité de travail qui a son point de départ dans Riemann, et qui continue toujours, est uniquement la conséquence *de la puissance incomparable de ses conceptions mathématiques si originales et profondes*.

Le dernier point est impossible à traiter ici; aussi chercherai-je plutôt avant tout à éclaircir cette originalité des méthodes de Riemann, en insistant sur la pensée commune de base, source de tous leurs développements. Je dois vous prévenir d'abord que Riemann s'est beaucoup occupé, et d'une manière très suivie, de considérations physiques. Élevé dans la grande tradition dont les noms réunis de Gauss et Wilhelm Weber sont le symbole, influencé, d'autre part, par la philosophie de Herbart, il a toujours, et à maintes reprises, travaillé à la recherche d'une forme mathématique sous laquelle pourraient être exprimées, d'une manière unique, les lois auxquelles tous les phénomènes naturels sont soumis. Ces recherches, paraît-il, ne sont jamais arrivées à terme déterminé, et l'on ne trouve sur ces sujets que de courts fragments dans l'œuvre posthume de Riemann. Il y est question de quelques principes qui n'ont en commun que cette idée aujourd'hui bien généralement adoptée, du moins par la nouvelle école de physiciens qui suit la trace de Maxwell dans sa théorie électromagnétique de la lumière. C'est l'hypothèse d'après laquelle l'espace est rempli d'un fluide répandu d'une manière continue et qui est, en même temps, le véhicule des manifestations de la lumière, de l'électricité et de la gravité. Je ne m'arrêterai pas sur ces points qui n'ont aujourd'hui qu'un intérêt historique. Mais je veux faire observer, en y insistant, que *c'est dans cet ordre d'idées qu'il faut chercher la source des développements mathématiques purs dus à Riemann.* Le rôle joué en Physique par la négation de forces agissant à distance et l'explication des phénomènes au moyen des forces intérieures d'un éther qui remplit l'espace, ce rôle, dis-je, est joué, en Mathématiques, par la définition des fonctions *au moyen de leur mode d'existence dans le domaine infinitésimal et, par conséquent, en particulier au moyen des équations différentielles auxquelles elles satisfont.*

Et, de même que, dans la Physique, un phénomène particulier dépend aussi de l'ordonnancement général des conditions de l'expérience, de même Riemann individualise les fonctions par les différentes conditions limitatives qu'il leur attribue. La formule dont on a besoin dans l'étude de la fonction au moyen du calcul se présente alors comme le résultat des recherches et non comme leur point de départ. Si je l'osais, pour indiquer l'analogie d'une manière saillante, je dirais que *Riemann, dans le domaine des Mathématiques, et Faraday, dans celui de la Physique, marchent en avant parallèlement.* Cette remarque se rapporte d'abord à la *mesure qualitative* dans ces deux ordres d'idées. Mais je puis dire encore que la *portée* des résultats obtenus par ces deux inventeurs est exactement pareille lorsqu'on la mesure relativement aux conditions respectives de leurs branches d'études.

Devant m'appliquer à parcourir, dans la direction ainsi donnée, les principaux domaines des recherches de Riemann, il convient naturellement de commencer par cette branche, qui est le plus intimement liée à son nom, quoique lui-même regardât seulement les principes et les méthodes qu'il y expose comme une justification à l'appui de tendances encore plus générales et embrassant encore davantage. Je veux parler de la *Théorie des fonctions d'une variable complexe*.

Le principe fondamental de cette théorie est bien connu. Dans l'étude des fonctions d'une variable z, l'on substitue à cette variable une grandeur formée de deux parties associées $x + iy$, sur laquelle on effectue toutes les opérations, en ayant toujours égard à la condition $i^2 = -1$.

Comme conséquence, il arrive que toutes les fonctions connues d'une variable, ainsi que leurs propriétés déjà traitées, deviennent d'une compréhension bien supérieure à celle que l'on en avait avant l'emploi de cette méthode. Pour employer les propres paroles de Riemann dans la Dissertation de 1851 (où il esquisse les grandes lignes de son traitement original de nos théories) : « Il se présente alors (par ce passage aux valeurs complexes) une harmonie, une régularité qui sans cela restent cachées. »

Le fondateur de ces théories est le grand mathématicien français Cauchy [1], mais c'est en Allemagne d'abord, qu'elles ont reçu l'empreinte moderne, et qu'elles ont été, pour ainsi dire,

---

[1] Dans cette présentation je fais abstraction de Gauss qui ici, comme dans d'autres domaines, a anticipé sur son époque par de fécondes découvertes, mais n'en a publié alors quoi que ce soit. Il est très remarquable de trouver chez Gauss des principes de la théorie des fonctions qui sont complètement orientés dans la direction des méthodes inventées plus tard par Riemann, ainsi qu'une transmission d'idées par l'entremise d'une chaîne invisible, s'étendant de l'ancien au moderne inventeur. — (F. Klein).

amenées à former le point central de toutes nos convictions en Mathématiques.

C'est là l'effet des efforts simultanés des deux créateurs dont nous aurons souvent à citer les noms en même temps : d'un côté Riemann, de l'autre Weierstrass.

Tendant au même but, les méthodes de ces deux géomètres sont aussi différentes que possible. Ils semblent être contraires l'un à l'autre; mais, en regardant les choses à un point de vue plus élevé, on reconnaît que, tout naturellement, ils se complètent.

Weierstrass définit les fonctions d'une variable complexe analytiquement, à l'aide d'une formule qui leur est commune, celle des séries infinies de puissances. Il évite, autant que possible, les moyens auxiliaires empruntés à la Géométrie, et se complaît davantage dans la rigueur absolument inattaquable des méthodes de raisonnement.

Riemann commence (d'après les principes généraux dont j'ai déjà parlé) en considérant certaines équations différentielles auxquelles satisfont les fonctions de $x + iy$. Ceci répond évidemment à la présentation physique suivante. Posons

$$f(x + iy) = u + iv.$$

Alors, en vertu des équations différentielles susdites, chaque *partie de fonction,* u aussi bien que v, se présente comme un *potentiel* dans l'espace relatif aux deux variables x et y et l'on peut indiquer, d'une manière abrégée, les développements de Riemann en disant *qu'il fait l'application, à ces parties de fonction, des théorèmes fondamentaux de la théorie du potentiel.* Son point de départ prend ainsi racine dans le domaine de la Physique mathématique. Vous voyez donc, Messieurs, que, même dans le domaine des Mathématiques, l'individualité joue un grand rôle.

Remarquez, d'ailleurs, que la Théorie du potentiel, indispensable aujourd'hui comme instrument d'un emploi universel dans l'étude des phénomènes de l'électricité et des autres branches de la Physique mathématique, était encore presque nouvelle à l'époque de Riemann. Green avait, il est vrai, publié son Ouvrage fondamental, en 1828, mais ce travail était resté longtemps dans l'oubli. Vient Gauss en 1839. La propagation de la théorie, le développement ultérieur des principaux théorèmes, en Allemagne du moins, est essentiellement l'œuvre des leçons de Dirichlet. C'est à celles-ci que se rattache immédiatement Riemann.

Ainsi, c'est à Riemann le premier que l'on doit ce progrès consistant à donner à la Théorie du potentiel une signification fondamentale en Mathématiques et, d'autre part, ensuite, se présente chez lui l'invention de *constructions géométriques* ou, j'aimerais plutôt dire, de *créations géométriques* dont je vais, si vous le permettez, parler un instant.

Comme premier pas, Riemann envisage toujours l'équation

$$u + iv = f(x + iy)$$

comme une représentation du plan (x, y) sur un plan (u, v). On constate que cette représentation est conforme, autrement dit, elle conserve les angles, et elle peut être également caractérisée par cette propriété. Nous avons ainsi un nouveau moyen à notre disposition pour la définition des fonctions de $x + iy$. Riemann développe, à ce point de vue, son merveilleux théorème : qu'il existe toujours une fonction f, par l'entremise de laquelle un domaine quelconque, simplement connexe, du plan (x, y), est représentable sur un domaine quelconque, simplement connexe, donné du plan (u, v). Cette fonction est complètement déterminée à trois constantes près, qui demeurent arbitraires.

Il établit, en outre, cette représentation, si célèbre aujourd'hui sous le nom de *surface de Riemann*, c'est-à-dire une surface à plusieurs feuillets recouvrant le plan, et dont les feuillets sont soudés les uns aux autres aux *points* dits de *ramification*. C'était là le concept le plus difficile à imaginer, mais aussi combien fécond en résultats! Tous les jours, nous voyons l'extrême difficulté qu'éprouve le débutant à se figurer le mode d'existence des surfaces de Riemann, mais nous savons aussi qu'il entre en possession de toute la théorie des fonctions dès qu'il est maître de cette méthode capitale de représentation.

La surface de Riemann nous fournit le moyen de comprendre et de saisir la marche des fonctions multiformes de $(x+iy)$. Pour cette surface en effet existent aussi des potentiels, analogues à ceux relatifs au plan simplement uni (qui n'est recouvert que d'un feuillet) et dont les propriétés peuvent s'étudier de même; et la méthode de la représentation conforme n'est pas moins applicable ici. Un principe capital de classification nous est encore donné par l'*ordre de connexion* des surfaces ; on désigne ainsi le nombre des *sections transverses* que l'on peut pratiquer sans morceler la surface. C'est là une nouvelle question géométrique que, malgré son caractère élémentaire, personne n'avait songé même à effleurer avant Riemann.

Peut-être suis-je entré dans trop de détails sur ces questions. Aussi n'en ajouterai-je que plus volontiers ceci : ces méthodes, que Riemann a tirées de l'intuition physique pour les appliquer aux Mathématiques pures, sont devenues *vice versa* de la plus haute importance pour l'étude de la Physique mathématique. Toujours, partout où il s'agit de *courants permanents* de fluides dans des domaines à deux dimensions, les principes de Riemann sont d'une application générale. De la sorte, toute une série de problèmes des plus intéressants, qui paraissaient autrefois insolubles, se sont trouvés résolus. A ce point de vue, un des exemples les plus célèbres est la détermination, par Helmholtz, de la forme d'un rayon fluide libre. Il y a une autre application, peut-être un peu moins connue, où se trouvent combinés les principes de Riemann de la manière la plus heureuse. Je veux parler de la *théorie des surfaces minima*.

Les recherches propres de Riemann sur ce sujet parurent en 1867, peu après sa mort, presque au même moment que les recherches parallèles de Weierstrass sur le même sujet. La question, à partir de ce jour, a été étudiée et poussée bien plus loin par Schwarz et d'autres encore. Il s'agit de déterminer la forme des surfaces d'aire *minima* ayant un contour fixe donné ; en Physique, nous dirions la figure d'équilibre d'une lame fluide qui est encadrée par un contour donné. Et ce qui est tout à fait remarquable, c'est que, d'après les méthodes de Riemann, dans les cas les plus simples, les fonctions bien étudiées depuis longtemps dans l'Analyse suffisent à la résolution du problème.

Ces applications dont je parle ne sont, il est clair, qu'un côté de la question, car l'importance capitale des méthodes, qui appartiennent à la théorie générale des fonctions, a trait, sans nul doute, au côté qui touche aux Mathématiques *pures*. Il me faut chercher à développer cet ordre d'idées d'une manière plus précise, comme l'exige l'importance du sujet, sans pour cela présupposer que l'auditeur en ait déjà une connaissance approfondie.

Permettez-moi de répondre, dès le début, à une question générale : celle relative au progrès, dans le domaine des Mathématiques pures. Aux regards de ceux qui sont étrangers à cette science, l'avancement en paraît peut-être tenir de l'arbitraire, car pour celui qui n'est pas ici sur son terrain, il manque un point de comparaison bien déterminé sur lequel puisse se concentrer l'attention. Et cependant il n'en existe pas moins un guide sûr et, dans un sens plus restreint, bien connu dans toutes les autres disciplines de l'intelligence humaine.

C'est la continuité historique. Les Mathématiques pures progressent à mesure que les problèmes connus sont approfondis en détail d'après des méthodes nouvelles. A mesure que nous comprenons mieux les anciens problèmes, les nouveaux se présentent d'eux-mêmes.

En partant de ce principe, nous devons jeter un coup d'œil sur la matière élaborée dans la théorie des fonctions que trouvait à sa disposition Riemann dans les débuts de sa carrière. On avait découvert que, parmi les fonctions analytiques d'une variable, c'est-à-dire les fonctions de $(x + iy)$, trois grandes catégories sont particulièrement dignes d'attention.

Ce sont d'abord les fonctions *algébriques*, qui sont définies par un nombre fini d'opérations élémentaires (addition, multiplication, division) et regardées ainsi par opposition aux fonctions *transcendantes* dont la fixation nécessite une suite infinie desdites opérations. Parmi ces dernières fonctions, les plus simples qui se présentent d'abord sont naturellement : d'une part, les logarithmes ; de l'autre, les fonctions trigonométriques, le sinus, cosinus, etc. Des recherches ultérieures avaient conduit alors, d'une part, aux *fonctions elliptiques* qui proviennent de l'inversion de l'intégrale elliptique de première espèce et, d'autre part, à d'autres fonctions qui ont des relations avec la *série hypergéométrique* de Gauss, et qui sont les fonctions sphériques, les fonctions de Bessel, la fonction gamma, etc.

La gloire de Riemann peut être dépeinte en peu de mots, en disant que, dans chacune de ces trois grandes catégories de fonctions, il a trouvé des résultats et des méthodes inconnus avant lui, et que ses découvertes forment une source qui, loin d'être tarie, n'en est que chaque jour plus féconde. Quelques indications nous le feront mieux saisir.

L'étude des *fonctions algébriques* revient essentiellement à celle des *courbes algébriques*, dont les propriétés font le sujet d'étude des géomètres, qu'ils se comptent parmi les adeptes de la *Géométrie analytique*, où les formules jouent le rôle principal, ou bien de la *Géométrie synthétique*, au sens de Steiner et de von Staudt, où l'on étudie la manière dont sont engendrées les courbes, à l'aide de séries de points ou de faisceaux de rayons. Le point de vue essentiellement nouveau qu'a introduit Riemann dans cette théorie est celui de la transformation générale univoque. Dès ce moment, les courbes algébriques, en nombre immense de formes, sont réunies en grandes catégories où, faisant abstraction des propriétés spéciales de la forme particulière des courbes, l'on aborde l'étude générale des propriétés communes à toutes les courbes ainsi réunies. Les géomètres ne manquèrent pas d'étudier, à leurs points de vue spéciaux, les résultats obtenus par ces méthodes et de poursuivre cette voie, et principalement Clebsch, qui attaqua aussitôt le problème consistant à introduire ces méthodes dans l'étude des figures algébriques à plusieurs dimensions. Il est devenu nécessaire que la géométrie sur les courbes cherche à s'assimiler toutes *les méthodes* et *conceptions* de Riemann dans ce qu'elles ont de plus profond. Un premier pas déjà fait est la construction, sur la courbe même, d'une sorte de contre-partie, d'image de la surface de Riemann à deux dimensions, ce qui peut se faire de bien des manières. Le progrès qui reste à faire serait d'apprendre à traiter alors les recherches qui se présentent par les méthodes de la théorie des fonctions, au moyen de cette image de la surface de Riemann.

La théorie des *intégrales elliptiques* trouva son extension dans la considération des intégrales les plus générales de fonctions algébriques après que, dans la décade commençant par la vingtième année du siècle, le Norvégien Abel eut publié ses premières recherches fondamentales. On devra toujours regarder comme un des plus beaux titres de gloire de Jacobi, d'avoir réussi, par une espèce de divination, à poser pour ces intégrales un problème d'inversion qui, de même que l'inversion directe dans le cas de l'intégrale elliptique, conduit à des fonctions uniformes. La résolution explicite et complète de ce problème de l'inversion est la question centrale dont la solution a été enfin atteinte en même temps, mais par des moyens différents, et par Weierstrass et par Riemann.

On a toujours considéré le grand Mémoire *Sur les fonctions abéliennes,* où Riemann publia sa théorie en 1857, comme la plus brillante de toutes les merveilleuses productions de son génie. En effet, les résultats y sont obtenus par des moyens qui ne sont pas pénibles, à l'aide des réflexions immédiates basées sur les méthodes géométriques auxquelles nous avons fait allusion.

Autrefois ([1]), j'ai démontré que l'on obtient les résultats de

---

([1]) *Ueber Riemann's Theorie der algebraischen Functionen und ihrer Integrale,* par F. Klein; Leipzig, Teubner, 1882. — Une traduction anglaise par Miss F. Hardcastle a été récemment publiée par Mac Millan et Cie; Londres. — Comparer aussi : *Elliptische Modulfunctionen,* t. I, p. 492 et suiv., Klein-Fricke; ainsi que le Cours lithographié de M. Klein, *Riemannsche Flächen.* — (L. L.).

Riemann relatifs aux intégrales, aussi bien que les conclusions relatives aux fonctions algébriques, d'une manière des plus claires, en considérant des courants permanents d'un fluide, disons des courants électriques, sur des surfaces fermées quelconques situées dans l'espace. Mais tout ceci n'a trait qu'à la première partie du travail de Riemann. La seconde partie, qui se rapporte aux séries thêta, est peut-être encore plus remarquable. On y arrive à ce merveilleux résultat, que les séries thêta qu'exige pour sa résolution le problème jacobien de l'inversion ne sont pas les séries thêta les plus générales; et il se présente alors cette nouvelle question : déterminer le rôle des séries générales thêta dans cette théorie.

D'après une remarque de M. Hermite, Riemann connaissait déjà le théorème publié plus tard par Weierstrass, et qu'ont traité dernièrement Picard et Poincaré, théorème qui fait voir que les séries thêta suffisent pour la représentation des fonctions périodiques les plus générales de plusieurs variables.

Mais je ne puis ici entrer dans plus de détails sur ces questions.

Donner un exposé du développement qui a suivi les *fonctions abéliennes* de Riemann serait chose d'autant plus hasardeuse que les recherches étendues de Weierstrass sur le même sujet ne sont encore connues que par quelques cahiers de leçons des cours de ce grand géomètre. Je m'en tiendrai encore à cette seule remarque que l'important ouvrage de Clebsch et Gordan, qui parut en 1866, tendait essentiellement à démontrer les résultats de Riemann, en les rattachant à la Géométrie analytique et à l'étude des courbes algébriques. Les méthodes de Riemann furent à cette époque comme une espèce d'arcane mystérieux appartenant à ses élèves directs, et elles furent regardées d'abord avec défiance par les autres mathématiciens. Mais aujourd'hui, je dois encore le répéter, comme je l'ai déjà fait à propos des courbes, les progrès de la Science ont amené nécessairement toutes les méthodes de Riemann à faire partie intégrante du domaine commun à tous les mathématiciens. Il est intéressant, à ce point de vue, de lire les traités les plus récents publiés en France ([1]).

La troisième grande catégorie de fonctions dont j'ai parlé embrasse les lois de dépendance qui se rattachent à la *série hypergéométrique* de Gauss. Dans une signification plus large, ce sont les fonctions qui peuvent être définies à l'aide d'équations différentielles linéaires à coefficients algébriques. Sur ce sujet, Riemann, pendant sa vie, a publié seulement un premier travail (1856) qui s'occupe du cas hypergéométrique même et qui démontre, d'une façon tout à fait extraordinaire, comment toutes les remarquables propriétés déjà connues de la fonction hypergéométrique peuvent, sans aucun autre calcul, se déduire du mode d'existence de la fonction, lors de circuits décrits autour des points critiques. Nous savons aujourd'hui, par ses manuscrits posthumes, sous quelle forme analogue il pensait aborder la théorie générale des équations différentielles linéaires d'ordre n : ici aussi le groupe des substitutions linéaires qu'admettent les solutions, lors de circuits décrits autour des points critiques, tient la première place et fournit la principale caractéristique servant à la classification.

Le principe de cette méthode, qui correspond à un certain point au traitement des intégrales abéliennes par Riemann, n'a pas encore été appliqué complètement de la manière toute générale qu'avait en vue celui-ci. Les nombreuses recherches sur les équations différentielles, publiées par les autres géomètres depuis trente ans, n'ont encore assemblé que quelques portions de cette théorie. On doit, en particulier, citer à ce point de vue les recherches de Fuchs.

Du reste, cette théorie, tant qu'on s'en tient aux équations différentielles linéaires du *second* ordre, est susceptible d'interprétation géométrique simple. On est amené à y considérer la représentation conforme du champ d'évolution de la variable in-

---

([1]) Voir PICARD, *Traité d'Analyse*, t. I, II, III, parus; 1893-1894-1895. — APPELL et GOURSAT, *Théorie des fonctions algébriques et de leurs intégrales*, avec Préface de M. Hermite; 1894. Paris, Gauthier-Villars et fils. — (F. KLEIN).

dépendante que l'on obtient à l'aide du quotient de deux solutions particulières de l'équation différentielle.

Dans le cas simple de la fonction hypergéométrique, on obtient alors la représentation conforme d'un demi-plan sur un triangle, dont les côtés sont formés par des arcs de cercle, et l'on passe ainsi d'une manière remarquable à des études qui appartiennent à la Trigonométrie sphérique. En général, il y a des cas où l'inversion est uniforme, ce qui nous donne alors accès à ces remarquables fonctions d'une variable qui, à l'instar des fonctions périodiques, se reproduisent inaltérées par l'effet de transformations linéaires en nombre infini et que j'ai désignées en conséquence par le nom de *fonctions automorphes*. Ces développements, dont s'occupent actuellement ceux qui prennent comme sujet d'études la théorie des fonctions, se trouvent tous d'une manière générale plus ou moins explicite dans les manuscrits laissés par Riemann, et, en particulier, surtout dans le travail sur les *surfaces minima*, dont j'ai déjà parlé. Je ne puis ici passer sous silence le Mémoire de Schwarz sur la série hypergéométrique et les recherches de Poincaré qui ont déblayé la voie dans la théorie des fonctions automorphes. Dans cette grande catégorie rentrent encore les études sur les fonctions modulaires elliptiques et les fonctions des corps réguliers.

Je ne puis achever le compte rendu des écrits de Riemann sur la théorie des fonctions, sans parler d'un Mémoire qui tient une place à part. C'est un Mémoire qui renferme d'intéressantes contributions à la théorie des intégrales définies et qui est devenu des plus célèbres, surtout par une application que Riemann y fait à un problème de la théorie des nombres. Il s'agit de la *loi de distribution des nombres premiers dans la série naturelle des nombres*.

Riemann en donne une expression asymptotique qui se rapproche essentiellement plus près des résultats des dénombrements empiriques que toutes les formules qui avaient été tirées par induction de ces dénombrements mêmes.

Deux importantes remarques se rattachent à ceci. Et d'abord, veuillez bien observer la connexion merveilleuse entre les diverses branches des hautes Mathématiques, car voici un problème qui semble appartenir aux éléments de la théorie des nombres et qui trouve une solution bien inattendue au moyen de recherches les plus fines de la théorie des fonctions. Et ensuite, je dois remarquer que les démonstrations de Riemann, comme il en fait lui-même l'observation, ne sont pas complètes et que même aujourd'hui, malgré de nombreux efforts en ces tout derniers temps, elles n'ont pu encore être établies sans quelques lacunes. Riemann doit avoir beaucoup travaillé à l'aide seule de l'intuition. Et ceci s'applique, il est nécessaire de le dire aussi, à la manière dont il a posé les principes de base de la théorie des fonctions.

En effet, Riemann y emploie un procédé de raisonnement dont on fait souvent usage en Physique mathématique et qu'il a désigné, en l'honneur de son maître Dirichlet, sous le nom de *principe de Dirichlet*. Il s'agit de la détermination d'une fonction continue, pour laquelle une certaine intégrale double doit atteindre un minimum et le principe (1) susdit sous-entend, dans le traitement de la question, que l'*existence* d'une telle fonction est évidente par soi.

Or Weierstrass a montré qu'il y a là une conclusion défectueuse. Il se pourrrait, en effet, que le minimum, que nous cherchons, désignât seulement une limite que l'on ne puisse jamais atteindre dans le domaine des fonctions continues. Ainsi une grande partie des développements de Riemann menaceraient ruine. Mais non, au contraire ; car malgré cela, les féconds résultats que Riemann établit à l'aide du principe susdit sont tous parfaitement exacts, comme l'ont démontré en détail plus tard Karl Neumann et Schwarz

(1) Par *principe* j'entends ici, contrairement par conséquent à une manière de s'exprimer très répandue, l'enchaînement, la marche du raisonnement, et non les résultats qu'on en déduit. A cette occasion, j'attire l'attention sur un Mémoire de W. Thomson (Lord Kelvin), publié en 1847 dans le *Journal de Mathématiques* de Liouville, t. XII, et qui a été trop peu étudié par les géomètres allemands. Le principe en question y est énoncé en grande généralité. — (F. Klein).

avec une rigueur parfaite. Il faut donc se figurer que Riemann a dû originairement tirer ses théorèmes mêmes de l'intuition physique qui s'est confirmée encore une fois ici comme une méthode de découverte (*heuristisch*) et que, s'il a eu recours après à la méthode de raisonnement en question, c'était pour conserver un ordre dans les idées et un ensemble de procédés mathématiques homogènes; et, comme l'indiquent de plus longs développements de la dissertation, Riemann a parfaitement bien senti certaines difficultés, mais il n'y a pas insisté autant qu'il ait été nécessaire, en voyant que son entourage immédiat et Gauss lui-même avaient accepté des raisonnements pareils dans des cas analogues.

Nous en avons maintenant fini avec ce sujet des variables complexes. Elles représentent le seul domaine que Riemann ait travaillé d'une manière complète. Ses autres Mémoires sont plutôt des travaux détachés. Mais hâtons-nous d'ajouter que l'on se ferait une image bien insuffisante du grand mathématicien qui a nom Riemann, si l'on voulait laisser de côté ces autres recherches. En effet, abstraction faite des très remarquables résultats qu'il y obtient, ils nous donnent l'indication de la présentation générale qu'il avait à cœur et du programme de travaux qu'il espérait mener à bonne fin. Et chacune de ces contributions a une influence dominante et déterminante, que je désire vous exposer, sur les développements ultérieurs du progrès de la Science.

Avant tout, répétons encore que le traitement, employé par Riemann dans la théorie des fonctions d'une variable complexe et qui a, pour point de départ, l'équation aux dérivées partielles du potentiel, n'est qu'un *unique* exemple du traitement analogue qu'il avait en vue pour tous les autres problèmes de la Physique qui conduisent à des équations aux dérivées partielles ou, en général, à des équations différentielles. Son but était de rechercher quelles sont les discontinuités compatibles avec des équations différentielles et jusqu'à quel point les solutions peuvent être déterminées par les discontinuités qui se présentent et par les conditions accessoires du problème. L'accomplissement de ce programme, avancé depuis lors de bien des côtés différents et qui a été essentiellement attaqué avec un succès tout particulier par l'école des géomètres français dans les dernières années, *ne tend à rien moins qu'à établir systématiquement, sur de nouvelles bases, les méthodes d'intégration de la Mécanique et de la Physique mathématique*.

Dans cet ordre d'idées, Riemann lui-même n'a traité en détail qu'un seul problème. Ceci se rapporte au Mémoire *Sur la propagation des ondes aériennes planes à ondulations d'amplitude finie* (1860).

Dans les équations linéaires aux dérivées partielles de la Physique mathématique, on doit distinguer deux types principaux : le type elliptique et le type hyperbolique, types dont l'équation différentielle du potentiel et l'équation différentielle des cordes vibrantes forment respectivement l'exemple le plus simple. A côté d'eux se présente, comme cas intermédiaire de passage, le type parabolique, auquel appartient, par exemple, l'équation différentielle de la conduction thermique.

De récentes recherches de Picard ont démontré que les méthodes d'intégration de la théorie du potentiel peuvent, en général, avec une modification convenable, s'étendre, aux équations différentielles du type elliptique. Mais qu'arrive-t-il relativement aux autres types? A ce point de vue, ce Mémoire de Riemann est une première contribution très importante. Riemann y fait voir les modifications bien remarquables qui doivent être apportées au problème de contour bien connu de la théorie du potentiel et à sa solution par l'entremise de la fonction de Green, afin que le développement subséquent reste légitime dans le cas des équations différentielles du type hyperbolique. Mais le Mémoire de Riemann est encore particulièrement intéressant à d'autres points de vue.

La réduction du problème, indiqué dans le titre, à une équation différentielle linéaire est déjà un résultat très important. Ensuite, dans tout le Mémoire, se présente une méthode de traitement qui certainement n'étonnera pas les physiciens : *c'est le traitement graphique du problème*. Je puis faire de ceci l'objet d'une remarque toute spéciale. La méthode en question est, de nos jours, très peu prisée des mathématiciens, habitués aux recherches abstraites. Il est alors d'autant plus satisfaisant de voir une autorité mathématique, comme Riemann, en faire usage lorsque l'occasion s'en présente et savoir en tirer les conséquences les plus remarquables.

Il nous reste encore à parler des deux grandes esquisses que présente Riemann en 1854, à l'âge de 28 ans, lors de son « Habilitation » : le Mémoire *Sur les hypothèses qui servent de fondement à la Géométrie,* et l'écrit: *Sur la possibilité de représenter une fonction par une série trigonométrique.* Il est extraordinaire que le public mathématique général ait apprécié si différemment ces deux travaux. Les *hypothèses qui servent de fondement à la Géométrie* ont depuis longtemps reçu l'accueil que méritait cette œuvre, et cela surtout depuis que Helmholtz y porta son attention comme nombre d'entre vous le savent; mais l'étude relative aux séries trigonométriques n'a été connue pendant bien longtemps que dans un cercle restreint de mathématiciens. N'empêche que les résultats qu'elle renferme ou, je dirais plutôt, les considérations auxquelles cette étude a donné lieu, et celles qui s'y rattachent, sont de l'intérêt le plus élevé au point de vue philosophique des théories de la Science.

Pour ce qui est des *hypothèses de la Géométrie,* je n'ai pas l'intention de m'étendre sur la portée philosophique de la question, car je n'ai rien de nouveau à en dire aujourd'hui. Dans cette discussion, il s'agit, pour les mathématiciens, moins de l'origine des axiomes géométriques que de leur corrélation logique. La question la plus célèbre est celle qui a trait à l'axiome des parallèles.

Les recherches de Gauss, Lobatscheffsky et Bolyai (pour citer seulement les noms les plus célèbres) ont, comme on sait, démontré que l'axiome des parallèles n'est nullement une conséquence des axiomes restants et que, si l'on fait abstraction de cet axiome, on peut construire une Géométrie générale parfaitement logique qui renferme la Géométrie habituelle comme cas particulier.

Riemann a donné à ces importantes recherches une tournure nouvelle et spécifique, par son exposition des principes de la Géométrie *analytique*.

L'espace se présente alors à lui comme un cas particulier d'une variété triplement étendue où le carré de l'élément d'arc est exprimé par une forme quadratique des différentielles des coordonnées. Je ne parlerai pas davantage des résultats géométriques spéciaux qu'il obtient ainsi, ni encore moins des développements subséquents qui ont été faits dans ces théories. L'essentiel à remarquer en cette connexion, c'est que Riemann est encore ici resté fidèle à son idée fondamentale : *Saisir les propriétés des choses, d'après leur mode d'existence dans l'infiniment petit.* Il a ainsi ouvert ici le chemin à un nouveau Chapitre du Calcul différentiel : *l'étude des expressions différentielles quadratiques à nombre de variables quelconque;* et, conjointement à ceci, à *l'étude des invariants que possèdent ces expressions différentielles* pour des transformations quelconques des variables. Pour compléter les précédentes considérations de cette allocution, je vais ici tenter un instant d'exposer le côté abstrait de ces questions.

Certainement il n'est pas indifférent, dans la recherche et la découverte des lois mathématiques, d'attribuer ou non aux symboles avec lesquels on opère une signification déterminée ; en effet, la présentation concrète nous fournit la liaison des idées qui doit nous conduire en avant. A l'appui de ce dire, je n'aurais qu'à répéter ce que j'ai déjà dit sur le rapport intime de la Mathématique de Riemann et de la Physique mathématique. Mais, indépendamment de ceci, les résultats qui dérivent des recherches des Mathématiques pures sont bien au-dessus de tout ce genre de particularisations. C'est un *schéma* général logique, système dont le contenu particulier n'est pas indifférent, ce contenu pouvant être choisi de manières diverses. A ce point de vue, il n'y a donc rien d'étonnant à ce fait que plus tard (1864) Riemann, dans son Mémoire en réponse à une question mise au concours par l'Académie des Sciences de Paris, ait fait une application des principes du Mémoire sur les hypothèses de la Géométrie aux équations différentielles d'un problème relatif à la conduction thermique, problème, par conséquent, qui certes n'a rien à faire avec les hypothèses de la Géométrie. Et c'est dans le même sens que se rattachent au même sujet les recherches actuelles sur l'équivalence et la classification des questions les plus générales de la Mécanique. En effet, on peut, d'après Lagrange et Jacobi, représenter les équations différentielles de la Mécanique en les faisant dépendre d'une unique forme quadratique des différentielles des coordonnées.

J'arrive enfin au travail *sur les séries trigonométriques,* que j'ai intentionnellement réservé pour la fin, car ce Mémoire permet de faire ressortir un dernier caractère essentiel du portrait de Riemann. Dans mes rapides exposés précédents, j'ai pu toujours m'appuyer sur les présentations connues de la Physique ou de la Géométrie. Mais le génie profond et pénétrant de Riemann ne s'est pas contenté de faire l'emploi de l'intuition géométrique et physique. Il est allé plus loin et a abordé la critique de la Science même et des questions relatives à la nécessité des relations mathématiques dérivant des intuitions précitées.

Il s'agit, en un mot, des *Principes de l'Analyse infinitésimale.* Dans les travaux déjà analysés, Riemann n'a abordé qu'en passant, ou d'une façon détournée, les questions dont il s'agit maintenant. Il en est tout autrement dans ce travail sur les séries trigonométriques. Il ne traite malheureusement que quelques problèmes qui peuvent se résumer ainsi : une fonction peut-elle être discontinue en chaque point, et, pour des fonctions d'une nature si générale, y a-t-il des circonstances où l'on puisse encore parler d'une intégration ? Mais Riemann traite ce problème d'une façon tellement supérieure que les recherches des autres savants sur les principes mêmes de l'Analyse en ont reçu une impulsion extraordinaire. La tradition nous apprend que plus tard Riemann lui-même indiquait à ses élèves le point suivant qui s'y trouve comme étant le résultat le plus merveilleux de la critique moderne : l'existence de fonctions continues qui ne sont, en aucun point, susceptibles de différentiation. Certes, plus tard, on en a appris davantage sur ce genre de fonctions *illogiques*, suivant une expression longtemps usitée, par les travaux de Weierstrass, qui a contribué le plus à cette *Théorie des fonctions réelles de variables réelles*, comme l'on nomme ce domaine entier, développé principalement par lui sous la forme rigoureuse actuelle.

Pour moi, les développements de Riemann sur les séries trigonométriques doivent être regardés, quant aux principes fondamentaux, comme parfaitement d'accord avec les méthodes d'exposition de Weierstrass, qui, dans cette question, bannit complètement l'intuition géométrique et n'opère exclusivement que sur des définitions arithmétiques. Mais je ne puis m'imaginer que Riemann, dans son for intérieur, ait jamais pu regarder l'intuition géométrique, ainsi que le font certains représentants zélés des Mathématiques hypermodernes, comme quelque chose de contraire à l'esprit mathématique et devant conduire nécessairement à des conclusions erronées. Il a dû, au contraire, penser que, dans les difficultés qui se présentent ici, il est possible de trouver un terrain de conciliation.

Nous sommes précisément amenés ainsi à effleurer une question qui peut être d'importance capitale pour le développement de la Science pure actuelle.

Dès le début de leurs études, ceux qui cultivent notre Science apprennent chaque jour davantage à connaître les relations compliquées et délicates dont l'Analyse moderne a révélé la possibilité. Ceci est certainement une bonne chose, mais qui a pour conséquence possible et digne de réflexion que les jeunes mathématiciens n'aient trop de tendance à craindre de formuler des théorèmes déterminés et manquent de cette fraîcheur dans les idées sans laquelle, même en la Science, on ne peut contribuer au progrès. Et, d'autre part, le plus grand nombre de ceux qui s'occupent d'applications croit pouvoir se soustraire à la considération de toutes les difficiles recherches que nous venons d'indiquer. Ils se séparent ainsi de la Science rigoureuse et tendent à développer, pour leur usage personnel, une espèce de mathématique particulière qui, comme un rejeton, sort de terre et grandit en enlevant la force au vieil arbre.

Il faut unir toutes nos forces pour triompher de ce danger de scission. Qu'il me soit permis de préciser, à l'aide de deux articles de foi, la position que je prends à cet égard.

Je crois d'abord que les imperfections, que l'on reproche du côté mathématique à l'intuition géométrique, ne sont que temporaires, et que l'on peut développer l'intuition de telle sorte qu'à son aide on arrive à saisir les considérations abstraites des analystes, au moins *dans leur tendance*.

Je crois ensuite qu'au moyen d'un tel développement de l'intuition exercée, la possibilité d'appliquer notre Science aux circonstances du monde extérieur ne changera jamais profondément, pourvu qu'on soit toujours bien résolu à considérer ces applications, en général, comme une sorte d'*interpolation* représentant les relations avec une exactitude qui suffit au but pratique envisagé, mais ne jouissant que d'une exactitude limitée.

Je termine par ces remarques l'adresse que vous avez bien voulu écouter si patiemment. Vous avez pu reconnaître que, dans les Sciences mathématiques, il n'y a pas un instant d'arrêt, et que l'activité y est aussi incessante que dans les Sciences naturelles. Et ceci est une loi générale. Nombreux, certes, sont les travailleurs au développement de la Science, mais c'est à un bien petit nombre d'éminents chercheurs qu'elle doit ses impulsions nouvelles et fécondes. La période d'activité et d'influence de ces grands hommes n'est pas limitée aux seuls instants de leur court passage sur la terre; leur travail continue, car chaque jour on saisit davantage leurs profondes pensées. Indubitablement il en est ainsi de Riemann.

Puissé-je avoir réussi aujourd'hui à vous faire regarder cette allocution, non comme le tableau d'une époque déjà écoulée, inspiré par un sentiment de pieuse admiration pour le maître, mais bien plutôt comme un rapport sur les questions vitales qui déterminent le caractère de la Science mathématique moderne.

ŒUVRES MATHÉMATIQUES

DE

RIEMANN.

PREMIÈRE PARTIE.

MÉMOIRES PUBLIÉS PAR RIEMANN.

PRINCIPES FONDAMENTAUX

POUR UNE

THÉORIE GÉNÉRALE DES FONCTIONS

D'UNE GRANDEUR VARIABLE COMPLEXE.

Dissertation inaugurale; Göttingue, 1851. — Mémoire Ier des *Œuvres mathématiques de Riemann*, éditées par MM. H. Weber et R. Dedekind.

§ I.

Si l'on désigne par z une grandeur variable qui peut prendre successivement toutes les valeurs réelles possibles, alors, lorsqu'à chacune de ses valeurs correspond une valeur unique de la grandeur indéterminée w, l'on dit que w est une fonction de z, et, tandis que z parcourt d'une manière continue toutes les valeurs comprises entre deux valeurs fixes, lorsque w varie également d'une manière continue, l'on dit que cette fonction w est continue dans cet intervalle [1] (1).

(1) Cette indication renvoie aux notes des éditeurs placées à la suite des Mémoires.

Cette définition ne stipule aucune loi entre les valeurs isolées de la fonction, c'est évident, car lorsqu'il a été disposé de cette fonction pour un intervalle déterminé, le mode de son prolongement en dehors de cet intervalle reste tout à fait arbitraire.

La manière dont la grandeur w dépend de z peut être donnée par une loi mathématique, en sorte que, par des opérations de calcul déterminées, l'on pourra, de chaque valeur de z, déduire la valeur correspondante de w.

La possibilité d'être déterminées pour toutes les valeurs de z, comprises dans un intervalle donné, par la même loi de dépendance, était autrefois attribuée seulement aux fonctions d'une certaine classe (*functiones continuæ* dans la terminologie d'Euler); mais des recherches modernes ont fait voir qu'il existe des expressions analytiques par lesquelles toute fonction continue peut être représentée dans un intervalle donné.

Il est donc indifférent de définir la dépendance de la grandeur w de la grandeur z comme donnée arbitrairement ou bien comme reposant sur des opérations de calcul déterminées. Les deux définitions sont équivalentes par suite des théorèmes auxquels nous venons de faire allusion.

Mais il en est autrement lorsque la variabilité de la grandeur z n'est pas limitée aux valeurs réelles, et que l'on admet aussi des valeurs complexes de la forme $x + yi$ (où $i = \sqrt{-1}$).

Soient

$$x + yi \quad \text{et} \quad x + yi + dx + dyi$$

deux valeurs de la grandeur z qui diffèrent infiniment peu entre elles et auxquelles correspondent les valeurs

$$u + i \quad \text{et} \quad u + vi + du + dvi$$

de la grandeur w.

Or, lorsque la dépendance de la grandeur w de z est prise arbitrairement, le rapport $\frac{du + dvi}{dx + dyi}$ variera, d'une manière générale, avec les valeurs de dx et dy, car, si l'on pose

$$dx + dyi = \varepsilon e^{\varphi i},$$

l'on a

$$\begin{aligned}\frac{du+dv\,i}{dx+dy\,i} &= \frac{1}{2}\left(\frac{\partial u}{\partial x}+\frac{\partial v}{\partial y}\right)+\frac{1}{2}\left(\frac{\partial v}{\partial x}-\frac{\partial u}{\partial y}\right)i \\ &\quad+\frac{1}{2}\left[\frac{\partial u}{\partial x}-\frac{\partial v}{\partial y}+\left(\frac{\partial v}{\partial x}+\frac{\partial u}{\partial y}\right)i\right]\frac{dx-dy\,i}{dx+dy\,i} \\ &= \frac{1}{2}\left(\frac{\partial u}{\partial x}+\frac{\partial v}{\partial y}\right)+\frac{1}{2}\left(\frac{\partial v}{\partial x}-\frac{\partial u}{\partial y}\right)i \\ &\quad+\frac{1}{2}\left[\frac{\partial u}{\partial x}-\frac{\partial v}{\partial y}+\left(\frac{\partial v}{\partial x}+\frac{\partial u}{\partial y}\right)i\right]e^{-2\varphi i}.\end{aligned}$$

Mais, de quelque manière que w puisse être déterminée comme fonction de z par une combinaison des opérations élémentaires du calcul, la valeur de la dérivée $\frac{dw}{dz}$ sera toujours indépendante de la valeur particulière de la différentielle dz (1).

Il est donc évident que par cette voie on ne peut pas exprimer une dépendance quelconque de la grandeur complexe w de la grandeur complexe z.

Ce caractère, que nous venons d'indiquer, commun à toutes les fonctions qui peuvent être déterminées d'une manière quelconque par les opérations du calcul, nous le prendrons comme base dans la recherche suivante, où l'on considérera une telle fonction indépendamment de son expression. Maintenant alors, sans en démontrer la légitimité générale et suffisante pour la définition d'une dépendance exprimable par les opérations du calcul, nous prendrons pour point de départ la définition suivante :

Une grandeur variable complexe w est dite une fonction d'une autre grandeur variable complexe z lorsqu'elle varie avec elle de telle sorte que la valeur de la dérivée $\frac{dw}{dz}$ est indépendante de la valeur de la différentielle dz.

§ II.

La grandeur z et de même la grandeur w, seront considérées comme des grandeurs variables qui peuvent prendre toute valeur complexe.

---

(1) Cette affirmation est évidemment justifiée dans tous les cas où l'on peut tirer de l'expression de w en z, à l'aide des règles de la différentiation, une expression de $\frac{dw}{dz}$ en z; quant à sa légitimité rigoureuse et générale, nous ne nous en occupons pas pour l'instant. — (RIEMANN.)

La conception d'une telle variabilité, qui est relative à un domaine connexe à deux dimensions, est essentiellement facilitée si l'on s'appuie sur l'intuition géométrique.

Imaginons chaque valeur $x+yi$ de la grandeur z représentée par un point O du plan A, dont les coordonnées rectangulaires sont x et y, et chaque valeur $u+iv$ de la grandeur w par un point Q du plan B, dont les coordonnées rectangulaires sont u et v. Toute relation de dépendance de la grandeur w de z sera représentée alors comme une relation de dépendance de la position du point Q de celle du point O. Lorsqu'à toute valeur de z correspond une valeur déterminée de w, variant d'une manière continue avec z, en d'autres termes u et v sont-ils des fonctions continues de x et y, alors à tout point du plan A correspond un point du plan B, à toute ligne, d'une manière générale, une ligne, à toute portion connexe de surface, une portion de surface également connexe. Par conséquent, l'on pourra se figurer cette dépendance de la grandeur w de z comme une représentation du plan A sur le plan B.

§ III.

Il s'agit maintenant de rechercher de quelle propriété jouit cette représentation lorsque w est une fonction de la grandeur complexe z, c'est-à-dire lorsque $\frac{dw}{dz}$ est indépendant de dz.

Nous désignerons par o un point indéterminé du plan A dans le voisinage de O, et son image sur le plan B par q, et ensuite par $x+yi+dx+dyi$, et par $u+vi+du+dvi$ les valeurs des grandeurs z et w en ces points. Alors dx, dy et du, dv peuvent être regardées comme les coordonnées rectangulaires des points o et q relativement aux points O et Q pris comme origines; et, si l'on pose $dx+dyi=\varepsilon e^{\varphi i}$ et $du+dvi=\eta e^{\psi i}$, les grandeurs ε, φ, η, ψ seront les coordonnées polaires de ces points relativement à ces mêmes origines. Soient maintenant o' et o'' deux positions quelconques déterminées du point o, infiniment voisines de O, et attribuons aux désignations respectives qui leur correspondent les mêmes lettres que précédemment, mais accentuées ; l'on a, par hypothèse,

$$\frac{du' + dv' i}{dx' + dy' i} = \frac{du'' + dv'' i}{dx'' + dy'' i}$$

et, par suite,

$$\frac{du' + dv' i}{du'' + dv'' i} = \frac{\eta'}{\eta''} e^{(\psi' - \psi'')i} = \frac{dx' + dy' i}{dx'' + dy'' i} = \frac{\varepsilon'}{\varepsilon''} e^{(\varphi' - \varphi'')i},$$

d'où

$$\frac{\eta'}{\eta''} = \frac{\varepsilon'}{\varepsilon''} \quad \text{et} \quad \psi' - \psi'' = \varphi' - \varphi'',$$

c'est-à-dire que dans les triangles $o'Oo''$, $q'Qq''$ les angles $o'Oo''$, $q'Qq''$ sont égaux et compris entre des côtés respectivement proportionnels.

Par conséquent, entre deux triangles infinitésimaux qui se correspondent, il y a similitude et il en est par suite de même en général entre les plus petites parties du plan A et leur représentation sur le plan B.

Cette proposition souffre une exception seulement dans les cas particuliers où les accroissements correspondants des grandeurs z et w ne seraient pas entre eux dans un rapport fini, hypothèse qui, dans notre déduction de ce rapport, est tacitement exclue ([1]).

§ IV.

Si l'on met $\frac{du + dv\,i}{dx + dy\,i}$ sous la forme

$$\frac{\left(\frac{\partial u}{\partial x} + \frac{\partial v}{\partial x} i\right) dx + \left(\frac{\partial v}{\partial y} - \frac{\partial u}{\partial y} i\right) dy\, i}{dx + dy\, i},$$

il est évident que cette expression pour deux couples de valeurs

([1]) Sur ce sujet consulter :

Résolution générale du problème : Représenter les parties d'une surface donnée de telle sorte que la représentation soit semblable à l'original en les plus petites parties, par C.-F. Gauss (Mémoire couronné en réponse à la question proposée par la Société Royale des Sciences de Copenhague en 1822). (*Astronomische Abhandlungen* de Schumacher, 3ᵉ cah. ; Altona, 1825). (RIEMANN.) — (*Œuvres de Gauss*, t. IV, p. 189).

quelconques de dx et dy aura la même valeur au seul cas où

$$\frac{\partial u}{\partial x} = \frac{\partial v}{\partial y} \quad \text{et} \quad \frac{\partial v}{\partial x} = -\frac{\partial u}{\partial y}.$$

Ces conditions sont, par conséquent, nécessaires et suffisantes pour que $w = u + vi$ soit une fonction de $z = x + yi$.

Pour les termes séparés de cette fonction, de ces conditions l'on déduit les suivantes

$$\frac{\partial^2 u}{\partial x^2} + \frac{\partial^2 u}{\partial y^2} = 0, \qquad \frac{\partial^2 v}{\partial x^2} + \frac{\partial^2 v}{\partial y^2} = 0,$$

qui forment la base pour l'étude des propriétés qui se rapportent à l'un des deux termes d'une telle fonction considéré séparément. Nous ferons suivre la démonstration des plus importantes de ces propriétés par une étude plus approfondie de la fonction complète; mais, auparavant, pour aplanir le terrain de ces recherches, nous examinerons et nous établirons quelques points appartenant à des domaines plus généraux.

§ V.

Dans les considérations suivantes, nous limiterons la variabilité des grandeurs x, y à un domaine fini, et, comme lieu du point O, nous n'envisagerons plus le plan A lui-même, mais une surface T recouvrant ce plan.

Nous choisissons ce mode de représentation où il n'y a rien de choquant à parler de surfaces superposées, afin de pouvoir admettre que le lieu du point O puisse recouvrir plusieurs fois la même partie du plan; mais, en un tel cas, nous supposerons que les portions de surface superposées ne se confondent pas tout le long d'une ligne, en sorte qu'il n'arrive pas que la surface soit pliée, ni qu'elle soit morcelée en des parties superposées.

Le nombre des parties de surface superposées en chaque région du plan est alors complètement déterminé lorsque l'on y donne le contour en forme et en direction (c'est-à-dire d'après l'extérieur et l'intérieur dudit contour); néanmoins le cours de ces parties peut encore être figuré de différentes manières.

En effet, si nous menons sur le plan une ligne quelconque l qui sectionne la région du plan recouverte par la surface, le nombre des parties de surfaces superposées varie seulement à la traversée du contour, et cela de telle sorte que, cette traversée ayant lieu de l'extérieur à l'intérieur, ce nombre varie de $+1$, et, dans le cas contraire, de -1; par conséquent ce nombre est partout déterminé. Le long des bords de cette ligne chaque partie de surface limitrophe suit son cours d'une manière parfaitement déterminée, tant que la ligne ne rencontre pas le contour, car une indétermination ne peut avoir lieu qu'en un point isolé, c'est-à-dire, par conséquent, soit en un point de la ligne même, soit à une distance finie de cette ligne.

Nous pouvons donc, en limitant nos considérations à une partie de la ligne l suivant son cours à l'intérieur de la surface et à des bandes de surfaces suffisamment petites situées des deux côtés de cette ligne, parler de portions de surface limitrophes *déterminées*, dont le nombre est le même de chaque côté de la ligne l et que nous désignerons, après avoir attribué une certaine direction à cette ligne, à gauche par $a_1, a_2, \ldots, a_n$ et à droite par $a'_1, a'_2, \ldots, a'_n$. Chaque portion de surface a se raccordera avec une des portions de surface a'; en général, celle-ci sera la même portion de surface tout le long de la ligne l, néanmoins cette partie pourrait en certains points particuliers de la ligne l ne plus être la même. Supposons en effet que, au-dessus d'un tel point σ (c'est-à-dire un point situé sur le cours antérieur de l), les portions de surface a_1, $a_2, \ldots, a_n$ se raccordent successivement dans l'ordre écrit avec les portions de surface $a'_1, a'_2, \ldots, a'_n$, mais que, au-dessous de σ ce soient les portions de surface $a_{\alpha_1}, a_{\alpha_2}, \ldots, a_{\alpha_n}$ qui se raccordent avec $a'_1, a'_2, \ldots, a'_n$, les indices $\alpha_1, \alpha_2, \ldots, \alpha_n$ étant différents de $1, 2, \ldots, n$ seulement par leur ordre; ceci posé, un point qui au-dessus de σ passe de a_1 en a'_1, lorsque au-dessous de σ il revient sur le côté gauche, passera sur la portion de surface a_{α_1}, et lorsqu'il décrit un circuit autour du point σ de gauche à droite [2] l'indice de la portion de surface sur laquelle il se trouve prendra successivement les valeurs

$$1, \quad \alpha_1, \quad \alpha_{\alpha_1}, \quad \ldots, \quad \mu, \quad \alpha_\mu, \quad \ldots.$$

Dans cette suite, tant que le terme 1 ne se représente pas, tous les termes sont nécessairement différents, car un terme intermédiaire quelconque α_μ est nécessairement précédé par μ et, dans l'ordre de succession, par tous les termes antécédents jusqu'à 1; mais lorsque après un certain nombre de termes, m par exemple, nombre évidemment inférieur à n, le terme 1 reparaît, les autres termes alors doivent revenir dans le même ordre. Le point mobile autour de σ revient alors après m circuits sur la même portion de surface, et sa marche est limitée à m des parties de surfaces superposées qui se réunissent en un point unique sur σ. Ce point, nous le nommerons un point de ramification d'ordre $(m-1)$ de la surface T. En appliquant ce procédé aux $n-m$ parties de surfaces restantes, celles-ci, lorsque leurs cours respectifs sont non isolés, se distribuent en systèmes de $m_1, m_2, \ldots$ parties de surfaces, auquel cas au point σ sont encore situés des points de ramification d'ordres respectifs $(m_1-1), (m_2-1), \ldots$.

Lorsque la forme et la direction du contour de T, ainsi que la position de ses points de ramification sont données, T est ou bien parfaitement déterminée, ou bien limitée à un nombre fini de figurations distinctes; ce dernier point résulte de ce que ces données peuvent être relatives à des portions différentes de surfaces superposées.

Une grandeur variable, qui, d'une manière générale, c'est-à-dire sans exclure l'exception faite en des lignes ou points isolés [1], prend en tout point O de la surface T une valeur déterminée variant d'une manière continue avec la position de ce point, peut être évidemment regardée comme une fonction de x, y, et, partout où dorénavant il sera question de fonctions de x, y, nous adopterons cette définition.

Avant de passer à l'étude de pareilles fonctions, nous allons introduire incidemment quelques éclaircissements relatifs à la connexion d'une surface. Nous bornerons notre examen à des surfaces qui ne sont pas morcelées le long d'une ligne.

---

[1] Cette restriction ne se présente pas par l'effet même de la définition d'une fonction, mais elle est nécessaire pour que le Calcul infinitésimal puisse y être appliqué. Une fonction qui est discontinue en tous les points d'une surface, comme par exemple une fonction qui, pour x et y commensurables, aurait pour valeur 1, et partout ailleurs la valeur 2, ne peut être soumise ni à une différentiation, ni à une intégration; on ne peut donc d'aucune manière directe appliquer à une telle fonction le Calcul infinitésimal. La limitation faite arbitrairement au sujet de la surface T se justifiera d'elle-même plus tard (§ XV). — (RIEMANN.)

§ VI.

Nous regarderons deux portions de surface comme connexes ou formées d'une seule pièce, lorsque l'on peut y mener une ligne ayant son cours à l'intérieur de la surface et joignant un point de l'une des portions à un point de l'autre; nous les regarderons comme morcelées lorsque ce fait n'est pas possible.

L'étude de la connexion d'une surface repose sur sa décomposition par l'effet de sections transverses, c'est-à-dire de coupures qui, partant d'un point du contour, sectionnent la surface d'une manière simple (aucun point n'étant traversé plusieurs fois) en rejoignant un point dudit contour. Ce dernier point peut aussi être situé sur les parties du nouveau contour prenant ainsi naissance, c'est-à-dire en un point du cours antérieur de la section transverse elle-même.

Lorsque, par l'effet de toute section transverse, une surface connexe est morcelée, elle est dite simplement connexe; au cas contraire elle est dite multiplement connexe.

Théorème I. — *Une surface simplement connexe* A *est décomposée par chaque section transverse ab en deux morceaux simplement connexes.*

Admettons que l'un de ces morceaux ne fût pas morcelé par une section transverse *cd*, dans les trois cas possibles où aucune des extrémités *c*, *d* n'est située sur *ab*, où l'une *c* l'est, où toutes deux *c*, *d* le sont, l'on obtiendrait alors évidemment, en rétablissant la jonction respectivement le long soit de toute la ligne *ab*, soit de la partie *cb*, soit de la partie *cd* de cette ligne, une surface simplement connexe qui ferait partie de A, et cette surface serait engendrée par l'effet d'une section transverse, ce qui est contraire à l'hypothèse.

Théorème II. — *Lorsqu'une surface* T *est décomposée par* n_1 *sections transverses* (¹) q_1 *en un système* T_1 *de* m_1 *mor-*

(¹) Par une décomposition pratiquée à l'aide de plusieurs sections transverses l'on doit toujours entendre une décomposition *successive,* c'est-à-dire que la sur-

ceaux de surface simplement connexes, et par n_2 sections transverses q_2 en un système T_2 de m_2 morceaux de surface, alors l'on ne peut avoir

$$n_2 - m_2 > n_1 - m_1.$$

Toute ligne q_2, lorsqu'elle n'est pas tout entière comprise dans le système de sections transverses q_1, forme en même temps une ou plusieurs sections transverses q'_2 de la surface T_1. Comme points extrêmes des sections transverses q'_2, l'on devra regarder :

1° Les $2n_2$ points extrêmes des sections transverses q_2, exception faite des cas où leurs extrémités ont des parties communes avec une partie du système de lignes q_1;

2° Chaque point intermédiaire d'une section transverse q_2, où cette dernière rencontre un point intermédiaire d'une ligne q_1, exception faite de ces cas où la section transverse q_2 se trouve déjà située sur une autre ligne q_1, c'est-à-dire lorsqu'une partie extrémité d'une section transverse q_1 tombe sur q_2.

Désignons maintenant par μ le nombre de fois que les lignes des deux systèmes se rencontrent et se séparent (où par conséquent chaque point commun unique doit être compté deux fois), par ν_1 le nombre de fois qu'une partie extrême des q_1 coïncide avec une portion intermédiaire des q_2, par ν_2 le nombre de fois qu'une partie extrême des q_2 coïncide avec une partie intermédiaire des q_1, et enfin par ν_3 le nombre de fois qu'une partie extrême des q_1 coïncide avec une partie extrême des q_2. Cela posé, la considération de l'alinéa 1° donne $2n_2 - \nu_2 - \nu_3$, celle de l'alinéa 2°, $\mu - \nu_1$ extrémités de sections transverses q'_2. Les deux cas réunis comprennent tous les points extrêmes et chacun compté seulement une fois; le nombre de ces sections transverses est donc

$$\frac{2n_2 - \nu_2 - \nu_3 + \mu - \nu_1}{2} = n_2 + s.$$

Des conclusions tout à fait analogues fournissent, pour le

---

face *engendrée* par l'effet d'une section transverse est encore à décomposer ultérieurement par une nouvelle section transverse. — (RIEMANN.)

nombre des sections transverses q'_1 de la surface T_2 qui sont formées par les lignes q_1, l'expression

$$\frac{2n_1 - \nu_1 - \nu_3 + \mu - \nu_2}{2},$$

c'est-à-dire

$$n_1 + s.$$

Or la surface T_1 sera évidemment transformée par les $n_2 + s$ sections transverses q'_2, en la même surface en laquelle sera décomposée T_2 par l'effet des $n_1 + s$ sections transverses q'_1. Mais T_1 est formée de m_1 morceaux simplement connexes et, par conséquent, en vertu du théorème I, est décomposée par $n_2 + s$ sections transverses en $m_1 + n_2 + s$ morceaux de surface ; il faudrait par suite, si m_2 était $< m_1 + n_2 - n_1$, que le nombre des morceaux de surface T_2 fût augmenté de plus de $n_1 + s$ par l'effet de $n_1 + s$ sections transverses, ce qui est absurde.

Par suite de ce théorème, si le nombre indéterminé de sections transverses est désigné par n, et celui des morceaux par m, le nombre $n - m$ sera constant pour toutes les décompositions d'une surface en morceaux simplement connexes. En effet, considérons deux décompositions déterminées quelconques, l'une par l'effet de n_1 sections transverses en m_1 morceaux, l'autre par l'effet de n_2 sections transverses en m_2 morceaux ; il faut alors, lorsque les premiers morceaux sont simplement connexes, que l'on ait

$$n_2 - m_2 \overline{\gtrless} n_1 - m_1$$

et, lorsque les seconds morceaux sont simplement connexes,

$$n_1 - m_1 \overline{\gtrless} n_2 - m_2;$$

par conséquent, lorsque ces deux circonstances ont lieu, l'on doit avoir

$$n_2 - m_2 = n_1 - m_1.$$

Ce nombre pourra, à bon droit, être désigné sous le nom *d'ordre de la connexion* d'une surface ;

Il sera diminué de 1 par l'effet de chaque section transverse, et cela par définition même ;

Il restera invariable par l'effet de toute coupure sectionnant l'intérieur d'une manière simple et partant d'un point intérieur et aboutissant soit en un point du contour, soit en un point antérieur situé sur le cours même de la section, et :

Il sera augmenté de 1 par l'effet d'une coupure partout simple située à l'intérieur de la surface et ayant deux extrémités.

En effet, dans le cas de la première coupure, celle-ci peut être transformée en section transverse par l'effet d'une section transverse, tandis que dans le dernier cas il en faut deux.

Enfin, l'on obtiendra l'ordre de la connexion d'une surface formée de plusieurs morceaux en additionnant les ordres de connexion respectifs de ces morceaux.

Dans la suite, nous nous en tiendrons surtout aux surfaces formées d'un seul morceau, et pour leur connexion nous nous servirons de la désignation, qui n'a rien d'artificiel, de connexion simple, double, triple, etc., et nous entendrons ainsi par surface n-uplement connexe une surface qui est décomposable en une surface simplement connexe par l'effet de $n-1$ sections transverses.

Relativement à la manière dont dépend la connexion du contour de la connexion de la surface, l'on voit clairement que :

1° Le contour d'une surface simplement connexe est nécessairement formé par une ligne fermée.

En effet, si le contour était formé de parties séparées, une section transverse q, qui réunirait un point d'une partie a à un point d'une partie b, séparerait seulement des portions de surface connexes, car alors l'on pourrait mener une ligne à l'intérieur de la surface et le long de a, partant d'un bord de la section transverse q pour aboutir sur le bord opposé; et, par conséquent, q ne morcellerait pas la surface, ce qui est contraire à l'hypothèse;

2° Chaque section transverse diminue ou bien augmente de 1 le nombre des lignes du contour.

Ou bien une section transverse q relie un point d'une ligne de contour a avec un point d'une autre ligne de contour b (et dans ce cas toutes ces lignes, prises dans l'ordre a, q, b, q, forment une ligne unique de contour fermé);

Ou bien elle relie deux points d'une même ligne de contour;

dans ce cas celle-ci est décomposée par les deux extrémités de la section transverse en deux parties, dont chacune par sa réunion avec la dite section forme une ligne de contour fermée;

Ou bien enfin elle prend fin en l'un des points antérieurs de son propre cours et peut alors, par conséquent, être regardée comme formée d'une ligne fermée o et d'une autre ligne l, qui relie un point de o avec un point d'une ligne de contour a, et, dans ce cas, o forme d'une part et a, l, o, l d'autre part une ligne de contour fermée.

Par conséquent, dans le premier cas, au lieu de deux lignes de contour l'on en obtient une, et, dans les deux derniers cas, au lieu d'une l'on en obtient deux, d'où l'on conclut cette proposition :

Le nombre de lignes fermées dont est formé le contour d'un morceau de surface n-uplement connexe est donc ou bien $= n$, *ou bien égal à n diminué d'un nombre pair.*

D'où nous tirons encore ce corollaire :

Lorsque le nombre des portions de contour d'une surface n-uplement connexe est $= n$, *cette surface est morcelée en deux morceaux séparés par toute coupure partout simple et fermée à l'intérieur de la surface.*

En effet, l'ordre de la connexion n'est pas altéré par cette opération et le nombre des lignes de contour est augmenté de 2 ; par conséquent, si la surface restait connexe, elle aurait une connexion d'ordre n et aurait en même temps $(n+2)$ lignes de contour, ce qui est impossible.

§ VII.

Soient X et Y deux fonctions de x, y continues en tous les points de la surface T qui recouvre A; considérons l'intégrale $\int\left(\frac{\partial X}{\partial x}+\frac{\partial Y}{\partial y}\right)dT$ relative à tous les éléments dT de cette surface. Si l'on désigne en chaque point du contour l'inclinaison de la normale intérieure [1] sur l'axe des x par ξ, sur l'axe des y par η,

[1] Ce que Riemann entend par l'expression *normale intérieure* sera expliqué un peu plus loin. — (L. L.).

l'on aura

$$\int\left(\frac{\partial X}{\partial x}+\frac{\partial Y}{\partial y}\right)dT=-\int(X\cos\xi+Y\cos\eta)\,ds,$$

l'intégrale du second membre étant prise relativement à tous les éléments ds du contour.

Pour transformer l'intégrale $\int\frac{\partial X}{\partial x}\,dT$, décomposons la partie du plan A que recouvre la surface T par un système de lignes parallèles à l'axe des x en bandes élémentaires, et cela de telle sorte que chaque point de ramification de la surface T se trouve sur une de ces lignes. Ceci posé, chaque partie de T se rapportant à l'une des bandes est formée d'un ou de plusieurs morceaux distincts de forme trapézoïdale. La contribution qu'apporte à la valeur de $\int\frac{\partial X}{\partial x}\,dT$ une de ces bandes de surface découpant sur l'axe des y l'élément dy sera évidemment

$$dy\int\frac{\partial X}{\partial x}\,dx,$$

l'intégration ci-dessus étant prise relativement à celle ou celles des lignes droites appartenant à la surface T qui recouvrent une normale issue d'un point quelconque de cet élément dy.

Soient maintenant $O_{,}$, $O_{,,}$, $O_{,,,}$, ... les extrémités inférieures (nous entendons par là celles qui correspondent aux plus petites valeurs de x) de ces lignes, et O', O'', O''', ... les extrémités supérieures, et désignons par $X_{,}$, $X_{,,}$, $X_{,,,}$, ... et X', X'', X''', ... les valeurs respectives de X en ces points, et par $ds_{,}$, $ds_{,,}$, $ds_{,,,}$, ..., ds', ds'', ds''', ... les éléments respectifs correspondants que découpe la bande élémentaire sur le contour, et enfin par $\xi_{,}$, $\xi_{,,}$, $\xi_{,,,}$, ..., ξ', ξ'', ξ''', ... les valeurs de ξ en ces éléments; l'on aura alors

$$\begin{aligned}\int\frac{\partial X}{\partial x}\,dx = &-X_{,}-X_{,,}-X_{,,,}\quad\ldots\\ &+X'+X''+X'''\quad\ldots.\end{aligned}$$

Les angles ξ seront évidemment aigus aux extrémités inférieures, obtus aux extrémités supérieures, et l'on aura par suite

$$\begin{aligned}dy &= \quad\cos\xi_{,}\,ds_{,} = \quad\cos\xi_{,,}\,ds_{,,}=\ldots\\ &= -\cos\xi'\,ds' = -\cos\xi''\,ds''=\ldots.\end{aligned}$$

La substitution de ces valeurs donnera

$$dy \int \frac{\partial X}{\partial x} dx = -\sum X \cos\xi \, ds,$$

la sommation s'étendant à tous les éléments du contour qui ont dy pour projection sur l'axe des y.

En intégrant relativement à l'ensemble tout entier des dy en question, il est évident que l'on épuisera tous les éléments de la surface T et tous ceux du contour, et l'on obtient donc, dans ces circonstances,

$$\int \frac{\partial X}{\partial x} dT = -\int X \cos\xi \, ds.$$

Par un raisonnement tout pareil l'on conclut

$$\int \frac{\partial Y}{\partial y} dT = -\int Y \cos\eta \, ds,$$

et, par conséquent,

$$\int \left(\frac{\partial X}{\partial x} + \frac{\partial Y}{\partial y}\right) dT = -\int (X \cos\xi + Y \cos\eta) \, ds.$$

C. Q. F. D.

§ VIII.

Désignons par s la longueur du contour, prise dans un sens que nous fixerons plus tard, à partir d'un point fixe initial jusqu'à un point quelconque O_0, et par p la distance d'un point indéterminé O au point O_0 sur la normale en ce point O_0, distance qui sera comptée positivement pour les points de la normale intérieure; il est alors évident que les valeurs de x et de y au point O peuvent être regardées comme fonctions de s et de p; aux points du contour on aura alors, pour les dérivées partielles relatives à ces variables, les équations suivantes :

$$\frac{\partial x}{\partial p} = \cos\xi, \qquad \frac{\partial y}{\partial p} = \cos\eta,$$

$$\frac{\partial x}{\partial s} = \pm \cos\eta, \qquad \frac{\partial y}{\partial s} = \mp \cos\xi;$$

les signes supérieurs sont relatifs à ce cas où la direction, dans laquelle la grandeur s est regardée comme croissante, forme avec p un angle correspondant homologue à celui que fait l'axe x avec l'axe y, et les signes inférieurs sont relatifs au cas opposé. Nous prendrons cette direction en toutes les parties du contour de telle sorte que l'on ait

$$\frac{\partial x}{\partial s} = \frac{\partial y}{\partial p},$$

d'où

$$\frac{\partial y}{\partial s} = -\frac{\partial x}{\partial p},$$

ce qui ne nuit en aucun point essentiel à la généralité de nos résultats.

Nous pouvons encore évidemment étendre ce mode de détermination à des lignes situées à l'intérieur de T; mais, dans ce cas, pour la détermination des signes de dp et ds, leur dépendance mutuelle étant fixée comme ci-dessus, il faut donner encore une indication pour fixer le signe soit de dp, soit de ds; pour une ligne fermée, nous indiquerons quelle est celle des deux parties de surface qu'elle sépare dont elle doit être regardée comme le contour, ce qui détermine le signe de dp, et pour une ligne non fermée nous indiquerons quelle est l'origine de la ligne, c'est-à-dire quelle est l'extrémité en laquelle s a la plus petite valeur.

L'introduction des valeurs obtenues pour $\cos\xi$ et $\cos\eta$ dans l'équation démontrée dans le paragraphe précédent nous donne, dans les mêmes circonstances,

$$\int\left(\frac{\partial X}{\partial x}+\frac{\partial Y}{\partial y}\right)dT = -\int\left(X\frac{\partial x}{\partial p}+Y\frac{\partial y}{\partial p}\right)ds = \int\left(X\frac{\partial y}{\partial s}-Y\frac{\partial x}{\partial s}\right)ds.$$

§ IX.

En appliquant la proposition qui conclut le paragraphe précédent au cas où l'on a

$$\frac{\partial X}{\partial x}+\frac{\partial Y}{\partial y}=0$$

dans toutes les parties de la surface, l'on obtient les propositions suivantes :

I. — Lorsque X et Y sont deux fonctions finies, continues et satisfaisant à l'équation

$$\frac{\partial X}{\partial x}+\frac{\partial Y}{\partial y}=0$$

en tous les points de T, l'on a

$$\int\left(X\frac{\partial x}{\partial p}+Y\frac{\partial y}{\partial p}\right)ds=0,$$

l'intégrale s'étendant à tout le contour de la surface T.

Si l'on conçoit une surface quelconque T_1 recouvrant A, décomposée en deux morceaux T_2 et T_3 d'une manière quelconque, l'intégrale

$$\int\left(X\frac{\partial x}{\partial p}+Y\frac{\partial y}{\partial p}\right)ds,$$

relative au contour de T_2, peut être regardée comme la différence des intégrales relatives aux contours de T_1 et T_3, vu que là où T_3 s'étend jusqu'au contour de T_1 les deux intégrales se détruisent, tandis que tous les autres éléments correspondent à des éléments du contour de T_2.

A l'aide de cette transformation, de la proposition I l'on conclut :

II. — La valeur de l'intégrale

$$\int\left(X\frac{\partial x}{\partial p}+Y\frac{\partial y}{\partial p}\right)ds,$$

relative au contour total d'une surface recouvrant A, reste constante lorsque l'on agrandit ou que l'on diminue cette surface d'une manière quelconque, pourvu toutefois que cette opération n'ajoute ni ne retranche aucunes parties de surface où les hypothèses du théorème I cesseraient d'être satisfaites.

Lorsque les fonctions X, Y satisfont en chaque partie de la surface T à l'équation différentielle prescrite, mais sont affectées d'une discontinuité en des lignes ou points isolés, on peut adjoindre à chacune de ces lignes ou points une portion de surface entourante aussi petite que l'on voudra, et l'on obtient alors, en appliquant le théorème II :

III. — L'intégrale

$$\int\left(X\frac{\partial x}{\partial p}+Y\frac{\partial y}{\partial p}\right)ds,$$

relative à tout le contour de T, est égale à la somme des intégrales

$$\int\left(X\frac{\partial x}{\partial p}+Y\frac{\partial y}{\partial p}\right)ds,$$

relatives aux contours qui encadrent tous les lieux de discontinuité, et, relativement à chacun de ces lieux, l'intégrale conserve la même valeur, quelque étroites que soient les limites dans lesquelles on renferme ces discontinuités.

Dans le cas d'un point de discontinuité cette valeur est nécessairement égale à zéro lorsque, ρ désignant la distance du point O à cette discontinuité, ρX et ρY sont en même temps infiniment petits avec ρ. En effet, si l'on introduit relativement à un tel point pris comme origine et avec une direction quelconque de l'axe, les coordonnées polaires ρ et φ, et, si l'on choisit pour contour une circonférence décrite de ce point comme centre avec un rayon ρ, l'intégrale prise autour de ce point sera exprimée par

$$\int_0^{2\pi}\left(X\frac{\partial x}{\partial p}+Y\frac{\partial y}{\partial p}\right)\rho\,d\varphi$$

et ne peut, par conséquent, avoir une valeur $\varkappa$ différente de zéro, puisque, quel que soit $\varkappa$, ρ peut être toujours pris suffisamment petit pour que, abstraction faite du signe, $\left(X\frac{\partial x}{\partial p}+Y\frac{\partial y}{\partial p}\right)\rho$ soit, pour toute valeur de φ, plus petit que $\frac{\varkappa}{2\pi}$ et pour que, par suite, l'on ait

$$\int_0^{2\pi}\left(X\frac{\partial x}{\partial p}+Y\frac{\partial y}{\partial p}\right)\rho\,d\varphi<\varkappa.$$

IV. — Lorsque, sur une surface simplement connexe recouvrant A, l'intégrale

$$\int\left(X\frac{\partial x}{\partial p}+Y\frac{\partial y}{\partial p}\right)ds,$$

ou encore

$$\int\left(Y\frac{\partial x}{\partial s}-X\frac{\partial x}{\partial s}\right)ds,$$

prise autour du contour total d'une partie quelconque de la surface, est nulle, cette intégrale, prise le long d'une ligne menée de O_0 en O, deux points fixes quelconques sur cette surface, possède la même valeur pour chacune de ces lignes.

En effet, deux lignes s_1 et s_2, joignant les points O_0 et O, forment toujours par leur réunion une ligne fermée s_3 ; ou bien cette ligne jouit elle-même de cette propriété de ne traverser aucun point plusieurs fois, ou bien on peut la décomposer en plusieurs lignes fermées ayant cette propriété et cela comme il suit : on part d'un point quelconque pour décrire le contour et, chaque fois que l'on rencontre un point déjà traversé, l'on sépare la partie intermédiaire décrite pour considérer la partie qui suit comme le prolongement immédiat de celle qui précédait. Mais toute ligne pareille fermée partout simple décompose la surface en une partie simplement connexe et une partie doublement connexe. Elle forme donc nécessairement le contour total d'un de ces morceaux, et l'intégrale

$$\int\left(Y\frac{\partial x}{\partial s} - X\frac{\partial y}{\partial s}\right)ds,$$

relative à cette ligne, sera donc, d'après notre supposition, égale à zéro. Il en sera, par suite, de même de cette intégrale étendue à toute la ligne s_3, lorsque la grandeur s est regardée comme croissant partout dans la même direction.

Par conséquent, les intégrales prises le long des lignes s_1 et s_2, lorsque cette direction ne change pas, c'est-à-dire lorsqu'elle est comptée le long de l'une de ces lignes de O_0 à O et le long de l'autre de O à O_0, se détruisent et, par suite, lorsque le long de la seconde ligne la direction est changée, les intégrales sont égales.

Si l'on a maintenant une surface quelconque T sur laquelle, en général, on a

$$\frac{\partial X}{\partial x} + \frac{\partial Y}{\partial y} = 0,$$

on exclura d'abord, lorsqu'il est nécessaire, les points de discontinuité, de sorte que, pour la surface restante, l'on ait pour chaque partie

$$\int\left(Y\frac{\partial x}{\partial s} - X\frac{\partial y}{\partial s}\right)ds = 0,$$

et, en pratiquant des sections transverses, l'on transformera cette surface restante en une surface simplement connexe T^*. Pour toute ligne joignant à l'intérieur de T^* un point O_0 à un autre point O, notre intégrale a alors même valeur. Cette valeur, que pour abréger l'on pourra désigner par

$$\int_{O_0}^{O}\left(Y\frac{\partial x}{\partial s}-X\frac{\partial y}{\partial s}\right)ds,$$

O_0 étant fixe et O mobile, est donc bien déterminée pour chaque position de O, quel que soit le cours de la ligne joignant ces points et elle peut être, par conséquent, considérée comme fonction de x, y. La variation de cette fonction, lors d'un déplacement de O le long d'un élément quelconque de ligne ds, sera exprimée par

$$\left(Y\frac{\partial x}{\partial s}-X\frac{\partial y}{\partial s}\right)ds,$$

et elle sera partout continue sur T^* et le long d'une section transverse de T elle a même valeur sur chacun des deux bords.

V. — L'intégrale

$$Z=\int_{O_0}^{O}\left(Y\frac{\partial x}{\partial s}-X\frac{\partial y}{\partial s}\right)ds$$

représente donc, le point O_0 étant fixe, une fonction de x, y partout continue sur T^*, mais qui, à la traversée des sections transverses de T, varie d'une grandeur constante le long de celles-ci d'un point de branchement à un autre, et cette fonction a pour dérivées partielles

$$\frac{\partial Z}{\partial x}=Y,\qquad \frac{\partial Z}{\partial y}=-X.$$

Les variations à la traversée des sections transverses dépendent de certaines grandeurs indépendantes entre elles, dont le nombre est égal à celui des sections transverses. En effet, lorsque l'on parcourt le système des sections transverses dans le sens rétrograde, c'est-à-dire que de deux points quelconques le plus avancé se présente le premier, cette variation est partout déterminée lorsque sa valeur est donnée au commencement de chaque section transverse; mais lesdites valeurs aux commencements des coupures sont indépendantes entre elles [3].

§ X.

Si l'on remplace les fonctions désignées jusqu'ici par X et Y respectivement par

$$u\frac{\partial u'}{\partial x} - u'\frac{\partial u}{\partial x} \quad \text{et} \quad u\frac{\partial u'}{\partial y} - u'\frac{\partial u}{\partial y},$$

l'on aura

$$\frac{\partial X}{\partial x} + \frac{\partial Y}{\partial y} = u\left(\frac{\partial^2 u'}{\partial x^2} + \frac{\partial^2 u'}{\partial y^2}\right) - u'\left(\frac{\partial^2 u}{\partial x^2} + \frac{\partial^2 u}{\partial y^2}\right);$$

par conséquent, lorsque les fonctions u et u' satisfont aux équations

$$\frac{\partial^2 u}{\partial x^2} + \frac{\partial^2 u}{\partial y^2} = 0, \qquad \frac{\partial^2 u'}{\partial x^2} + \frac{\partial^2 u'}{\partial y^2} = 0,$$

l'on a

$$\frac{\partial X}{\partial x} + \frac{\partial Y}{\partial y} = 0,$$

et l'on pourra appliquer à l'expression

$$\int\left(X\frac{\partial x}{\partial p} + Y\frac{\partial y}{\partial p}\right)ds$$

les propositions du paragraphe précédent; cette expression est égale à

$$\int\left(u\frac{\partial u'}{\partial p} - u'\frac{\partial u}{\partial p}\right)ds.$$

Faisons maintenant, relativement à la fonction u, l'hypothèse que cette fonction, ainsi que ses premières dérivées, n'admette en aucun cas des discontinuités le long d'une ligne, et que, pour chaque point de discontinuité, ρ étant la distance du point O à cette discontinuité, $\rho\frac{\partial u}{\partial x}$ et $\rho\frac{\partial u}{\partial y}$ deviennent infiniment petits avec ρ ; alors, par suite de la remarque jointe au théorème III du paragraphe précédent, l'on ne doit pas tenir compte des discontinuités de u.

En effet, l'on peut alors, sur chaque ligne droite issue d'un point de discontinuité, assigner une valeur R telle que, ρ étant plus petit que R,

$$\rho \frac{\partial u}{\partial \rho} = \rho \frac{\partial u}{\partial x} \frac{\partial x}{\partial \rho} + \rho \frac{\partial u}{\partial y} \frac{\partial y}{\partial \rho}$$

reste toujours fini; et, si l'on désigne par U la valeur de u pour $\rho = \mathrm{R}$ et par M le maximum en valeur absolue de la fonction $\rho \frac{\partial u}{\partial \rho}$ dans cet intervalle, on aura toujours, abstraction faite du signe,

$$u - \mathrm{U} < \mathrm{M}(\log \rho - \log \mathrm{R}),$$

et, par conséquent, $\rho(u - \mathrm{U})$ et, par suite aussi, ρu seront infiniment petits en même temps que ρ. Mais il en est de même, par hypothèse, de $\rho \frac{\partial u}{\partial x}$ et de $\rho \frac{\partial u}{\partial y}$, et, par suite encore, lorsque u' n'éprouve aucune discontinuité, il en est de même de

$$\rho \left(u \frac{\partial u'}{\partial x} - u' \frac{\partial u}{\partial y} \right) \quad \text{et de} \quad \rho \left(u \frac{\partial u'}{\partial x} - u' \frac{\partial u}{\partial y} \right).$$

Par conséquent, le cas envisagé dans le précédent paragraphe est bien celui qui se présente ici.

Supposons maintenant que la surface T, représentant le lieu du point O, recouvre partout le plan A d'une manière simple, et concevons sur cette surface un point fixe quelconque O_0 où u, x, y ont pour valeurs u_0, x_0, y_0.

La grandeur

$$\tfrac{1}{2} \log[(x - x_0)^2 + (y - y_0)^2] = \log r,$$

regardée comme fonction de x, y, jouit alors de cette propriété que

$$\frac{\partial^2 \log r}{\partial x^2} + \frac{\partial^2 \log r}{\partial y^2} = 0,$$

et elle n'éprouve de discontinuité que pour $x = x_0$, $y = y_0$, c'est-à-dire par conséquent dans notre cas en un seul point de la surface T.

Par conséquent, d'après la proposition III, § IX, si l'on remplace u' par $\log r$, l'intégrale

$$\int \left(u \frac{\partial \log r}{\partial p} - \log r \frac{\partial u}{\partial p} \right) ds,$$

prise relativement à tout le contour de T, est égale à cette intégrale prise autour d'un contour quelconque renfermant le point O_0; par suite, si nous choisissons pour ce contour la circonférence d'un tel cercle où r a une valeur constante, et si nous désignons par φ l'arc qui se termine en O, et que l'on comptera en parties du rayon à partir d'un point quelconque de la circonférence dans une direction déterminée quelconque, l'intégrale susdite sera égale à

$$-\int_0^{2\pi} u \frac{\partial \log r}{\partial r} r\, d\varphi - \log r \int \frac{\partial u}{\partial p} ds,$$

et, puisque l'on a [4]

$$\int \frac{\partial u}{\partial p} ds = 0,$$

elle est donc égale à

$$-\int_0^{2\pi} u\, d\varphi,$$

valeur qui, lorsque la fonction u est continue au point O_0, se transforme pour r infiniment petit en

$$-u_0 2\pi.$$

Ainsi, sous les hypothèses que l'on a faites, relativement à u et T, à l'intérieur de la surface pour un point quelconque O_0 où u est continue, nous avons

$$u_0 = \frac{1}{2\pi}\int \left(\log r \frac{\partial u}{\partial p} - u \frac{\partial \log r}{\partial p}\right) ds,$$

l'intégrale étant prise relativement à tout le contour, et nous avons

$$u_0 = \frac{1}{2\pi}\int_0^{2\pi} u\, d\varphi,$$

l'intégrale étant prise autour d'un cercle ayant le point O_0 comme centre. De la première de ces expressions nous concluons la proposition suivante :

Théorème. — *Lorsqu'une fonction u à l'intérieur d'une surface* T, *recouvrant partout simplement le plan* A, *satisfait,* *en général, à l'équation différentielle*

$$\frac{\partial^2 u}{\partial x^2} + \frac{\partial^2 u}{\partial y^2} = 0,$$

et cela de telle sorte que :

1° *Les points où cette équation différentielle n'est pas satisfaite ne forment aucune partie de surface continue;*

2° *Les points où u, $\frac{\partial u}{\partial x}$, $\frac{\partial u}{\partial y}$ deviennent discontinues ne forment aucune ligne continue;*

3° *Pour chaque point de discontinuité les grandeurs $\rho \frac{\partial u}{\partial x}$, $\rho \frac{\partial u}{\partial y}$ deviennent infiniment petites en même temps que la distance ρ du point O à cette discontinuité;*

4° *Et qu'enfin, pour u, soit exclu le cas d'une discontinuité qui serait détruite par une modification de sa valeur en des points isolés :*

Alors ladite fonction est nécessairement, ainsi que toutes ses dérivées, finie et continue pour tous les points à l'intérieur de cette surface.

En effet, considérons le point O_0 comme mobile; les seules valeurs qui varient dans l'expression

$$\int \left(\log r \frac{\partial u}{\partial p} - u \frac{\partial \log r}{\partial p} \right) ds$$

sont

$$\log r, \quad \frac{\partial \log r}{\partial x}, \quad \frac{\partial \log r}{\partial y}.$$

Or ces grandeurs, en chaque élément du contour, tant que O_0 reste à l'intérieur de T, sont, ainsi que toutes leurs dérivées, des fonctions finies et continues de x_0, y_0, puisque ces dérivées sont exprimées par des fonctions rationnelles fractionnaires de ces grandeurs, fonctions qui ne contiennent au dénominateur que des puissances de r. Il en est donc aussi de même de la valeur de notre intégrale et, par suite, de la fonction u_0. En effet, cette dernière, en vertu des hypothèses considérées auparavant, ne pourrait avoir une valeur différente de celle de l'intégrale qu'en des points isolés où elle serait discontinue, possibilité exclue par l'hypothèse 4° de notre théorème.

§ XI.

Sous les mêmes hypothèses relatives à u et à T qu'à la fin du précédent paragraphe, nous avons les propositions suivantes :

I. — Lorsque le long d'une ligne on a $u = 0$ et $\frac{\partial u}{\partial p} = 0$ l'on aura partout $u = 0$:

Nous démontrerons d'abord qu'une ligne λ où $u = 0$ et $\frac{\partial u}{\partial p} = 0$ ne peut former le contour d'une partie de surface a où u est positif.

En effet, si l'on admettait que ce fait pût avoir lieu, l'on séparerait alors de a un morceau qui aurait son contour d'une part sur λ et, d'autre part, sur un arc de cercle dont le centre O_0 serait en dehors dudit morceau, construction toujours possible à effectuer. L'on aurait alors, en désignant par r et φ les coordonnées polaires de O relatives à l'origine O_0, l'intégrale étant prise relativement au contour entier de ce morceau,

$$\int \log r \frac{\partial u}{\partial p}\, ds - \int u \frac{\partial \log r}{\partial p}\, ds = 0,$$

et, par conséquent, en vertu de l'hypothèse, l'on aurait, relativement à l'arc de cercle total qui appartient au contour,

$$\int u\, d\varphi + \log r \int \frac{\partial u}{\partial p}\, ds = 0,$$

et alors, puisque

$$\int \frac{\partial u}{\partial p}\, ds = 0,$$

l'on aurait

$$\int u\, d\varphi = 0,$$

ce qui est incompatible avec l'hypothèse faite que u est positif à l'intérieur de a.

L'on démontrerait d'une manière pareille que les équations

$u = 0$ et $\frac{\partial u}{\partial p} = 0$ ne peuvent avoir lieu sur une partie de contour d'un morceau b de surface où u est négatif.

Maintenant, lorsqu'en une ligne de la surface T on a $u = 0$ et $\frac{\partial u}{\partial p} = 0$, si, en une partie quelconque de la surface, u était alors différent de zéro, il faudrait évidemment qu'une telle partie de surface fût limitée soit par cette ligne même, soit par une portion de surface où u serait égal à zéro; par conséquent, elle serait toujours limitée par une ligne où u et $\frac{\partial u}{\partial p}$ seraient nuls, ce qui conduit nécessairement à une des hypothèses que nous venons de rejeter.

II. Lorsque la valeur de u et de $\frac{\partial u}{\partial p}$ est donnée le long d'une ligne, u est par cela même déterminé en toutes les parties de T.

Soient u_1 et u_2 deux fonctions quelconques déterminées qui satisfont aux conditions prescrites à la fonction u; leur différence $u_1 - u_2$ y satisfait aussi, comme on le reconnaît directement par substitution dans ces conditions. Maintenant, si u_1 et u_2, ainsi que leurs dérivées premières par rapport à p, sont identiques le long d'une ligne, mais non identiques en une autre partie de surface, l'on aurait, le long de cette ligne,

$$u_1 - u_2 = 0 \quad \text{et} \quad \frac{\partial(u_1 - u_2)}{\partial p} = 0,$$

sans que l'on eût partout ces mêmes équations, ce qui serait contradictoire avec la proposition I.

III. — Les points à l'intérieur de T, où u a une valeur constante, forment nécessairement, quand u n'est pas partout constant, des lignes qui séparent telles parties de la surface où u est plus grand de telles parties de la surface où u est plus petit (que la constante en question).

Cette proposition consiste en la réunion des suivantes :

u ne peut avoir ni un maximum ni un minimum en un point à l'intérieur de T;

u ne peut être constant *seulement* en une partie de la surface;

Les lignes où $u = a$ ne peuvent sur les deux bords séparer des portions de surface où $u - a$ aurait le même signe :

Toutes propositions dont la contradiction, c'est facile à voir, conduirait à nier l'exactitude de l'équation

$$u_0 = \frac{1}{2\pi}\int_0^{2\pi} u\, d\varphi$$

ou

$$\int_0^{2\pi} (u - u_0)\, d\varphi = 0,$$

démontrée dans le paragraphe précédent, contradictions par suite inadmissibles.

§ XII.

Nous allons maintenant revenir à la considération d'une grandeur variable complexe $w = u + vi$, qui, en général (c'est-à-dire sans exclure l'exception en des lignes isolées et des points isolés), possède, en chaque point O de la surface T, une valeur déterminée variant avec la position du point d'une manière continue et conformément aux équations

$$\frac{\partial u}{\partial x} = \frac{\partial v}{\partial y}, \qquad \frac{\partial u}{\partial y} = -\frac{\partial v}{\partial x},$$

et nous sous-entendrons cette propriété de w, ainsi qu'il a été indiqué précédemment (¹), en disant que w est une fonction de $z = x + yi$. Pour simplifier ce qui suit, nous ferons cette hypothèse qu'il ne peut se présenter pour une fonction de z une discontinuité qui serait détruite par une modification de sa valeur en un point isolé.

La surface T sera, en premier lieu, regardée comme simplement connexe et recouvrant partout simplement le plan A.

Théorème. — *Lorsqu'une fonction w de z n'éprouve jamais de solution dans la continuité tout le long d'une ligne et qu'ensuite, pour tout point O' de la surface où $z = z'$, $w(z - z')$ devient infiniment petit lorsque le point O se rapproche in-*

(¹) Au § I, page 3. — (L. L.)

définiment de O′, cette fonction, ainsi que toutes ses dérivées, est finie et continue en tous les points à l'intérieur de la surface.

Les hypothèses que l'on a faites relativement aux variations de la grandeur w, se partagent, lorque l'on pose $z - z' = \rho e^{\varphi i}$, en les suivantes, relatives à u et v :

1° $$\frac{\partial u}{\partial x} - \frac{\partial v}{\partial y} = 0,$$

2° $$\frac{\partial u}{\partial y} + \frac{\partial v}{\partial x} = 0,$$

pour chaque partie de la surface T;

3° Les fonctions u et v ne sont pas discontinues le long d'une ligne;

4° En tout point O′, ρu et ρv deviennent infiniment petits avec ρ, distance de O au point O′;

5° Pour les fonctions u et v, des discontinuités qui pourraient être détruites par une modification de leur valeur en des points isolés sont exclues.

Par suite des hypothèses 2°, 3°, 4°, en chaque partie de la surface T l'on a (d'après § IX, proposition III)

$$\int \left(u\frac{\partial x}{\partial s} - v\frac{\partial y}{\partial s} \right) ds = 0,$$

l'intégrale étant relative au contour entier de cette partie, et ainsi (§ IX, proposition IV) l'intégrale

$$\int_{O_0}^{O} \left(u\frac{\partial x}{\partial s} - v\frac{\partial y}{\partial s} \right) ds$$

possède toujours la même valeur quand elle est prise le long de lignes allant de O_0 à O, et représente, O_0 étant regardé comme fixe, une fonction U de x, y nécessairement continue, sauf en des points isolés et ayant en chaque point (d'après 5°) pour dérivées

$$\frac{\partial U}{\partial x} = u \quad \text{et} \quad \frac{\partial U}{\partial y} = -v.$$

La substitution de ces valeurs à u et à v transforme les hypothèses

1°, 3°, 4° en les conditions du théorème qui termine le § X. La fonction U est donc, ainsi que toutes ses dérivées, finie et continue en tous les points de T, et il en est de même par suite de la fonction complexe $w = \frac{\partial U}{\partial x} - \frac{\partial U}{\partial y} i$, ainsi que de ses dérivées prises par rapport à z.

§ XIII.

Il s'agit maintenant de rechercher ce qui arrive lorsque, en conservant les autres hypothèses du § XII, nous supposons que pour un certain point O', à l'intérieur de la surface T, $(z - z')w = \rho e^{\varphi i} w$ ne devient plus infiniment petit lorsque le point O se rapproche indéfiniment du point O'. En ce cas, O se rapprochant indéfiniment de O', w devient infiniment grand, et, lorsque la grandeur w ne reste pas d'ordre égal à celui de $\frac{1}{\rho}$ (nous entendons par là que le quotient des deux ne tend pas vers une limite finie), nous supposerons que les ordres des deux grandeurs restent au moins en rapport fini entre eux, de telle sorte que l'on peut assigner une puissance de ρ dont le produit par w, pour ρ infiniment petit, devient infiniment petit, ou bien reste fini. Soit μ l'exposant d'une telle puissance et n le nombre entier qui lui est immédiatement supérieur; alors la grandeur $(z - z')^n w = \rho^n e^{n\varphi i} w$ deviendra infiniment petite avec ρ et, par conséquent, $(z - z')^{n-1} w$ est une fonction de z $\left(\text{puisque } \frac{d(z - z')^{n-1} w}{dz} \text{ est indépendant de } dz\right)$ qui, en cette partie de la surface, satisfait aux hypothèses du § XII et, par suite, est finie et continue au point O'.

Désignons sa valeur au point O' par a_{n-1}; alors

$$(z - z')^{n-1} w - a_{n-1}$$

est une fonction qui est continue et égale à zéro en O' et qui, par suite, devient infiniment petite avec ρ; d'où nous tirons cette conclusion, d'après le § XII, que $(z - z')^{n-2} w - \frac{a_{n-1}}{z - z'}$ est une fonction continue au point O'. En procédant ainsi de proche en proche, w, par l'effet de la soustraction d'une expression de la forme

$$\frac{a_1}{z-z'} + \frac{a_2}{(z-z')^2} + \ldots + \frac{a_{n-1}}{(z-z)'^{n-1}},$$

est transformée en une fonction, qui reste finie et continue au point O'.

Quand, sous les hypothèses du § XII, il se présente donc cette modification que, O se rapprochant indéfiniment d'un point O' à l'intérieur de la surface T, la fonction w devient infiniment grande, alors l'ordre de cette grandeur infinie [nous considérons une quantité croissante en raison inverse de la distance comme le premier ordre d'une grandeur infinie ([1])], quand cet ordre est fini, est nécessairement un nombre entier ; et, si ce nombre est égal à m, la fonction w peut être transformée par l'adjonction d'une fonction renfermant $2m$ constantes arbitraires en une fonction continue en ce point O'.

Remarque. — Nous regardons une fonction comme renfermant *une* constante arbitraire, lorsque les modes de détermination possibles de cette fonction embrassent un domaine continu à *une* dimension.

§ XIV.

Les restrictions qui ont été faites, dans les § XII et XIII, relativement à la surface T, ne sont pas essentielles à la légitimité des résultats acquis.

En effet, l'on peut joindre tout point situé à l'intérieur d'une surface quelconque à une partie de ladite surface qui jouit des propriétés supposées en ces § XII et XIII, exception faite du seul cas où ce point est un point de ramification de la surface.

Pour faire l'étude de ce cas, concevons la surface T ou une portion quelconque de cette surface, renfermant un point de ramifica-

---

([1]) C'est-à-dire, ainsi que l'on dit habituellement, comme une grandeur infinie du premier ordre. — (L. L.)

tion O′ d'ordre $(n-1)$ où l'on a $z=z'=x'+y'i$, représentée par l'entremise de la fonction $\zeta=(z-z')^{\frac{1}{n}}$ sur un autre plan Λ, c'est-à-dire que nous supposerons la valeur de la fonction $\zeta=\xi+\eta i$ au point O représentée sur ce plan Λ par un point Θ dont les coordonnées rectangulaires sont ξ et η, et nous regarderons Θ comme l'image (*Bild*) du point O. De cette manière, nous obtenons comme représentation (*Abbildung*) de cette partie de la surface T une surface connexe recouvrant Λ et qui au point Θ', image du point O′, n'a pas de point de ramification, comme nous allons le faire voir de suite.

Pour fixer les idées, concevons qu'autour du point O′ comme centre, sur le plan A, on décrive un cercle de rayon R et que l'on mène un diamètre parallèle à l'axe des x où, par conséquent, $z-z'$ prendra des valeurs réelles. Le morceau détaché de T par ce cercle et contenant le point de ramification se décompose alors sur les deux bords du diamètre, lorsque R est pris suffisamment petit, en n portions de surface ayant leurs cours séparés de chaque côté du diamètre et ayant la forme de demi-cercles.

Nous désignerons ces portions de surface, du côté du diamètre où $y-y'$ est positif, par $a_1, a_2, \ldots, a_n$ et, sur le côté opposé, par $a'_1, a'_2, \ldots, a'_n$, et nous supposerons que, pour les valeurs négatives de $z-z'$, $a_1, a_2, \ldots, a_n$ soient dans cet ordre respectivement soudés pour les valeurs négatives de $z-z'$ avec $a'_1, a'_2, \ldots,$ a'_n et pour les valeurs positives de $z-z'$ avec $a'_n, a'_1, a'_2, \ldots, a'_{n-1}$; de la sorte un point décrivant un circuit autour du point O′ (dans le sens convenable) cheminera successivement sur les surfaces a_1, $a'_1, a_2, a'_2, \ldots, a_n, a'_n$ et de a'_n reviendra sur a_1, supposition évidemment admissible.

Introduisons alors sur les deux plans des coordonnées polaires, en posant $z-z'=\rho e^{\varphi i}$, $\zeta=\sigma e^{\psi i}$, et choisissons pour la représentation de la portion de surface a_1 la valeur que prend l'expression $(z-z')^{\frac{1}{n}}=\rho^{\frac{1}{n}}e^{\frac{\varphi}{n}i}$, quand l'on suppose $0 \lesseqgtr \varphi \lesseqgtr \pi$; l'on a de la sorte, pour tous les points de a_1, $\sigma \lesseqgtr R^{\frac{1}{n}}$ et $0 \lesseqgtr \psi \lesseqgtr \frac{\pi}{n}$. Les images de ces points sur le plan Λ recouvrent donc le secteur s'étendant de $\psi=0$ jusqu'à $\psi=\frac{\pi}{n}$ et faisant partie d'un cercle décrit du point Θ' comme centre, avec $R^{\frac{1}{n}}$ pour rayon, et cela en sorte qu'à chaque point de a_1 correspond un seul point appartenant au secteur et variant d'une manière continue en même temps que le point sur a_1, et réciproquement, d'où il s'ensuit que la représentation de la surface a_1 est une surface connexe, qui recouvre simplement le secteur.

D'une manière toute pareille, on obtient comme représentation, pour la surface a'_1, un secteur s'étendant de $\psi = \frac{\pi}{n}$ à $\psi = \frac{2\pi}{n}$, pour a_2, un secteur s'étendant de $\psi = \frac{2\pi}{n}$ à $\psi = \frac{3\pi}{n}$ et, finalement, pour a'_n, un secteur qui s'étend de $\psi = \frac{2n-1}{n}\pi$ à $\psi = 2\pi$, lorsque l'on prend respectivement la valeur de φ, pour les points de ces surfaces, entre π et 2π, 2π et 3π, ..., $(2n-1)\pi$ et $2n\pi$, ce qui est toujours possible, et cela d'une seule manière.

Ces secteurs se suivent dans le même ordre que les surfaces a et a', et cela de telle sorte qu'aux points où celles-ci sont soudées entr'elles correspondent aussi des points coïncidents; par leur réunion on obtient donc une représentation connexe d'une portion de la surface T renfermant le point O′ et cette représentation est évidemment une surface qui recouvre simplement le plan A.

Une grandeur variable, qui a en chaque point O une valeur déterminée, a de même une valeur déterminée en chaque point Θ et réciproquement, puisqu'à chaque point O correspond un seul point Θ et *vice versa*. Ensuite, si la grandeur est une fonction de z elle le sera aussi de ζ, car lorsque $\frac{dw}{dz}$ est indépendant de dz, $\frac{dw}{d\zeta}$ l'est aussi de $d\zeta$, et réciproquement.

De ceci nous concluons qu'à toutes les fonctions w de z on peut appliquer aussi, pour les points de ramification O′, les propositions des § XII et XIII, lorsque ces fonctions sont considérées comme fonctions de $(z - z')^{\frac{1}{n}}$. Nous aurons comme résultat la proposition suivante :

Lorsqu'une fonction w de z, quand O se rapproche indéfiniment d'un point de ramification O′ d'ordre $n-1$, devient infinie, elle est *nécessairement* infiniment grande de même ordre qu'une puissance de la distance entre O et O′ dont l'exposant est un multiple de $\frac{1}{n}$, et, lorsque cet exposant est $= -\frac{m}{n}$, ladite fonction peut être transformée en une fonction continue au point O′ par l'adjonction d'une expression de la forme

$$\frac{a_1}{(z-z')^{\frac{1}{n}}} + \frac{a_2}{(z-z')^{\frac{2}{n}}} + \ldots + \frac{a_m}{(z-z')^{\frac{m}{n}}},$$

où a_1, a_2, ..., a_m sont des constantes complexes arbitraires.

Ce théorème renferme comme corollaire la proposition suivante :

La fonction w est continue au point O′ lorsque $(z-z')^{\frac{1}{n}}w$ devient infiniment petite quand les points O et O′ se rapprochent indéfiniment.

§ XV.

Concevons maintenant une fonction de z, qui, en chaque point O de la surface T recouvrant d'une manière arbitraire le plan A, possède une valeur déterminée, et qui n'y est pas partout égale à une constante, représentée géométriquement de telle sorte que sa valeur $w = u + vi$ au point O soit représentée par un point Q du plan B dont les coordonnées rectangulaires sont u et v; nous aurons alors les propositions suivantes :

I. — L'ensemble des points Q peut être regardé comme formant une surface S, à chaque point de laquelle correspond un point O déterminé variant avec ce point Q d'une manière continue sur T.

Pour le démontrer il suffit de démontrer, c'est évident, que la position du point Q varie toujours avec celle du point O (et cela, en général, d'une manière continue). Cette proposition est renfermée dans la suivante :

Une fonction $w = u + vi$ de z ne peut être égale à une constante le long d'une ligne, lorsqu'elle n'est pas partout égale à une constante.

Démonstration. — Si w avait $a+bi$ pour valeur constante le long d'une ligne, alors $u-a$ et $\frac{\partial(u-a)}{\partial p}$, c'est-à-dire $-\frac{\partial v}{\partial s}$, seraient nulles le long de cette ligne, et l'on aurait partout

$$\frac{\partial^2(u-a)}{\partial x^2}+\frac{\partial^2(u-a)}{\partial y^2}=0;$$

par conséquent, en vertu de la proposition I, § XI, $u-a$ et, par suite, puisque

$$\frac{\partial u}{\partial x}=\frac{\partial v}{\partial y},\qquad \frac{\partial u}{\partial y}=-\frac{\partial v}{\partial x},$$

$v-b$ aussi seraient égales partout à zéro, ce qui est contraire à l'hypothèse.

II. — Par suite de l'hypothèse posée en I, il ne peut exister une connexion entre les parties de S, sans qu'il en soit de même entre les parties correspondantes de T. Réciproquement, partout où a lieu une connexion sur T et où w est continue, on peut attribuer une connexion correspondante à la surface S.

Ceci posé, le contour de S correspond, d'une part, au contour de T et, d'autre part, aux points de discontinuité; mais les parties à l'intérieur de S, exception faite de points isolés, recouvrent partout d'une manière unie le plan B; c'est-à-dire qu'une portion de surface ne se prolonge jamais en deux autres portions différentes superposées, ni en une autre portion qui se replierait en se superposant à la première. Le premier de ces faits ne pourrait évidemment se présenter, T ayant partout une connexion correspondante à celle de S, que s'il avait aussi lieu sur T, ce qui est contraire à nos hypothèses. Quant au second point, nous allons le démontrer de suite.

Démontrons, en premier lieu, qu'un point Q′ où $\frac{dw}{dz}$ est fini ne peut être situé en un pli de la surface S.

A cet effet, joignons le point O′ auquel correspond Q′ à une portion de la surface de forme quelconque et de dimensions indéterminées. Alors, en vertu du § III, ces dimensions doivent pouvoir être prises suffisamment petites pour que la forme de la partie correspondante sur S diffère aussi peu que l'on voudra de ce morceau sur T; elles seraient de cette manière si petites que le contour de cette partie sur S séparerait sur le plan B un morceau entourant Q'. Or, ceci est impossible lorsque Q' est situé sur un pli de la surface S.

Or, en vertu de la proposition I, $\frac{dw}{dz}$ ne peut, regardé comme fonction de z, être nul qu'en des points isolés; d'autre part, puisque w est continu en les points de T que nous considérons ici, $\frac{dw}{dz}$ ne peut devenir infini qu'en les points de ramification de cette surface, par suite, etc. C. Q. F. D.

III. — La surface S, par suite, est une surface pour laquelle ont lieu les hypothèses faites au § V; sur cette surface, en chaque point Q, la grandeur indéterminée z possède *une* valeur déterminée, qui varie d'une manière continue avec le lieu de Q, et de telle façon que $\frac{dz}{dw}$ est indépendant de la direction de la variation de ce lieu. Ainsi z, en attribuant à ces mots le sens précédemment indiqué, est une fonction continue de la grandeur variable complexe w dans le domaine représenté par S.

D'où nous concluons ensuite :

Soient O' et Q' deux points correspondants intérieurs aux surfaces T et S, et soient en ces points $z = z'$, $w = w'$; alors, quand aucun d'eux n'est un point de ramification, $\frac{w - w'}{z - z'}$ tend, lorsque le point O se rapproche indéfiniment du point O', vers une limite finie, et la représentation y est une représentation où la similitude a lieu dans les plus petites parties; mais, quand Q' est un point de ramification d'ordre $(n - 1)$, O' un point de ramification d'ordre $(m - 1)$, alors, lorsque le point O se rapproche indéfiniment du point O',

$$\frac{(w - w')^{\frac{1}{n}}}{(z - z')^{\frac{1}{m}}}$$

tend vers une limite finie, et, pour les parties de surface qui se trouvent aux points O' et Q', on obtient un mode de représentation facile à trouver d'après le § XIV.

§ XVI.

Théorème. — *Soient* α *et* β *deux fonctions quelconques de* x, y, *pour lesquelles l'intégrale*

$$\int\left[\left(\frac{\partial\alpha}{\partial x}-\frac{\partial\beta}{\partial y}\right)^2+\left(\frac{\partial\alpha}{\partial y}+\frac{\partial\beta}{\partial x}\right)^2\right]d\mathrm{T},$$

relative à toutes les parties d'une surface T *recouvrant le plan d'une manière quelconque, possède une valeur finie; lorsqu'on adjoint à* α *des fonctions continues, ou discontinues seulement en des points isolés, et qui sur le contour sont égales à zéro, cette intégrale atteint toujours pour une de ces fonctions une valeur minima; et, quand on exclut des discontinuités qui peuvent être détruites par une modification de la fonction en des points isolés, cette fonction est unique* [5].

Nous désignerons par λ une fonction indéterminée continue ou qui n'admet de discontinuités qu'en des points isolés, qui sur le contour est égale à o, et pour laquelle l'intégrale

$$\mathrm{L}=\int\left[\left(\frac{\partial\lambda}{\partial x}\right)^2+\left(\frac{\partial\lambda}{\partial y}\right)^2\right]d\mathrm{T},$$

relative à toute la surface, a une valeur finie, par $\omega+\lambda$ une des fonctions indéterminées $\alpha+\lambda$, et enfin par Ω l'intégrale

$$\int\Big[\frac{\partial\omega}{\partial x}-\frac{\partial\beta}{\partial y}\Big)^2+\left(\frac{\partial\omega}{\partial y}+\frac{\partial\beta}{\partial x}\right)^2\Big]d\mathrm{T},$$

relative à toute la surface.

L'ensemble des fonctions λ forme un domaine connexe et qui contient ses limites (¹), puisque l'on peut passer d'une manière continue de l'une quelconque de ces fonctions à chacune des autres, aucune d'elles d'ailleurs ne pouvant jamais tendre indéfiniment vers une fonction discontinue le long d'une ligne sans que L ne devienne alors infinie (§ XVII); maintenant, si l'on pose $\omega=\alpha+\lambda$,

(¹) C'est ce que M. Cantor a désigné depuis par les mots *ensemble parfait* (perfecte Menge). — (L. L.)

Ω, pour chaque fonction λ, prend une valeur finie qui tend vers l'infini avec L et varie d'une manière continue avec la forme de λ, mais a pour une limite inférieure zéro; par conséquent, pour *une* forme au moins de la fonction ω, l'intégrale Ω atteint une valeur minima.

Pour démontrer la seconde partie de notre théorème, désignons par u une des fonctions ω pour laquelle Ω atteindra son minimum [1], par h une grandeur indéterminée constante sur toute la surface; de la sorte $u + h\lambda$ satisfait aux conditions prescrites à la fonction ω. Pour $\omega = u + h\lambda$, la valeur de Ω s'écrira ainsi

$$\begin{aligned}\Omega = &\int\left[\left(\frac{\partial u}{\partial x} - \frac{\partial \beta}{\partial y}\right)^2 + \left(\frac{\partial u}{\partial y} + \frac{\partial \beta}{\partial x}\right)^2\right] dT \\ &+ 2h\int\left[\left(\frac{\partial u}{\partial x} - \frac{\partial \beta}{\partial y}\right)\frac{\partial \lambda}{\partial x} + \left(\frac{\partial u}{\partial y} + \frac{\partial \beta}{\partial x}\right)\frac{\partial \lambda}{\partial y}\right] dT \\ &+ h^2\int\left[\left(\frac{\partial \lambda}{\partial x}\right)^2 + \left(\frac{\partial \lambda}{\partial y}\right)^2\right] dT = M + 2Nh + Lh^2.\end{aligned}$$

Or, d'après la définition d'un minimum, cette valeur doit alors, pour tout λ, être supérieure à M, pourvu que h soit chaque fois pris suffisamment petit. Mais ceci exige que, pour tout λ, on ait $N = 0$; en effet, s'il en était autrement,

$$2Nh + Lh^2 = Lh^2\left(1 + \frac{2N}{4h}\right)$$

serait négatif, h étant pris de signe contraire à N et $< \frac{2N}{L}$, abstraction faite du signe.

La valeur de Ω pour $\omega = u + \lambda$, forme renfermant évidemment toutes les valeurs possibles de ω, sera donc égale à $M + L$, et, par conséquent, puisque L est essentiellement positif, Ω ne peut, pour aucune forme de la fonction ω, prendre une valeur inférieure à celle qu'elle atteint pour $\omega = u$.

Si, parmi les fonctions ω, il s'en trouvait une autre u' pour laquelle aurait lieu un minimum M' de Ω, les mêmes déductions seraient valables, et l'on aurait donc $M' \gtreqless M$ et $M \gtreqless M'$, et, par con-

[1] *Voir*, entre autres, la critique de cette partie du célèbre raisonnement par lequel Riemann démontre le Principe de Dirichlet, dans le *Traité d'Analyse* de M. Picard, Tome II, p. 38. — (L. L.)

séquent, $M = M'$. Mais, si l'on met u' sous la forme $u + \lambda'$, l'on obtient pour M' l'expression $M + L'$, L' désignant la valeur de L pour $\lambda = \lambda'$, et l'équation $M = M'$ donne alors $L' = 0$. Ceci est seulement possible lorsqu'en toutes les parties de la surface on a

$$\frac{\partial \lambda'}{\partial x} = 0, \qquad \frac{\partial \lambda'}{\partial y} = 0;$$

par suite, tant que λ' est continue, cette fonction a nécessairement une valeur constante, et, par conséquent, puisque cette fonction est égale à zéro sur le contour et n'est pas discontinue le long d'une ligne, elle a une valeur différente de zéro au plus en des points isolés. Deux des fonctions ω, pour lesquelles Ω atteint un minimum, ne peuvent donc être différentes l'une de l'autre qu'en des points isolés, et, par conséquent, lorsque dans la fonction u l'on a supprimé toutes les discontinuités qui peuvent être détruites par une modification de sa valeur en des points isolés, ladite fonction est parfaitement déterminée.

§ XVII.

Nous allons donner maintenant la démonstration précédemment annoncée que λ, sans pour cela que L cesse de rester fini, ne peut tendre indéfiniment vers une fonction γ discontinue le long d'une ligne; c'est-à-dire que si la fonction λ est soumise à la condition de coïncider avec γ en dehors d'une portion de surface T' renfermant la ligne de discontinuité, T' peut alors être prise suffisamment petite pour que L devienne forcément plus grande qu'une grandeur assignée quelconque C.

Conservant à s et p, relativement à la ligne de discontinuité, les significations habituelles, désignons, pour un s indéterminé, par $\varkappa$ la courbure, une courbure convexe du côté des p positifs étant considérée comme positive, par p_1 la valeur de p sur le contour de T' du côté des p positifs, par p_2 la valeur de p sur le contour de T' du côté des p négatifs, et enfin les valeurs correspondantes de γ par γ_1 et γ_2. Considérons alors une portion quelconque à courbure continue de cette ligne; la partie de T' comprise entre les normales menées par ses extrémités, lorsque celle-ci ne s'étend pas jusqu'au centre de courbure de la ligne s, apporte à la valeur de L la contribution suivante :

$$\int ds \int_{p_2}^{p_1} dp(1-\varkappa p)\left[\left(\frac{\partial\lambda}{\partial p}\right)^2 + \left(\frac{\partial\lambda}{\partial s}\right)^2 \frac{1}{(1-\varkappa p)^2}\right];$$

mais la valeur minima de l'expression

$$\int_{p_2}^{p_1} \left(\frac{\partial\lambda}{\partial p}\right)^2 (1-\varkappa p)\, dp$$

pour les valeurs limites fixes γ_1, γ_2 de λ, obtenue d'après les règles connues, est égale à

$$\frac{(\gamma_1-\gamma_2)^2\varkappa}{\log(1-\varkappa p_2)-\log(1-\varkappa p_1)};$$

et, par suite, cette contribution, de quelque manière que λ soit pris à l'intérieur de T', est plus grande que

$$\int \frac{(\gamma_1-\gamma_2)^2\varkappa\, ds}{\log(1-\varkappa p_2)-\log(1-\varkappa p_1)}.$$

La fonction γ serait continue, pour $p = 0$, si la plus grande valeur que puisse atteindre $(\gamma_1-\gamma_2)^2$, pour $\pi_1 > p_1 > 0$ et $\pi_2 < p_2 < 0$, devenait infiniment petite avec $\pi_1 - \pi_2$. Nous pouvons donc pour toute valeur de s assigner une grandeur finie m, de telle sorte, quelque petit que l'on prenne $\pi_1 - \pi_2$, qu'il existe toujours entre les limites données par les expressions

$$\pi_1 > p_1 \geqq 0 \quad \text{et} \quad \pi_2 < p_2 \leqq 0$$

(les signes d'égalité s'excluant l'un l'autre), des valeurs de p_1 et p_2 pour lesquelles on ait $(\gamma_1-\gamma_2)^2 > m$.

Envisageons maintenant une forme quelconque de T' soumise aux restrictions précédentes, et soient P_1 et P_2 les valeurs déterminées de p_1 et p_2 pour cette forme, et désignons par a la valeur de l'intégrale

$$\int \frac{m\varkappa\, ds}{\log(1-\varkappa P_2)-\log(1-\varkappa P_1)}$$

relative à la partie en question de la ligne de discontinuité; nous pourrons alors évidemment obtenir

$$\int \frac{(\gamma_1 - \gamma_2)^2 \varkappa\, ds}{\log(1-\varkappa p_2) - \log(1-\varkappa p_1)} > \mathrm{C},$$

si nous prenons p_1 et p_2, pour chaque valeur de s, de telle sorte que les inégalités

$$p_1 < \frac{1-(1-\varkappa \mathrm{P}_1)^{\frac{a}{\mathrm{C}}}}{\varkappa}, \qquad p_2 > \frac{1-(1-\varkappa \mathrm{P}_2)^{\frac{a}{\mathrm{C}}}}{\varkappa}$$

et

$$(\gamma_1 - \gamma_2)^2 > m$$

soient satisfaites. Mais cela, de quelque façon que l'on prenne λ à l'intérieur de T′, a pour conséquence que la partie de L qui provient de la portion de T′ en question sera $> \mathrm{C}$, et il en sera de même *a fortiori* de L tout entier [6]. C. Q. F. D.

§ XVIII.

D'après le § XVI, pour la fonction u qui y est complètement définie et pour l'une quelconque des fonctions λ, l'on a

$$\mathrm{N} = \int \left[\left(\frac{\partial u}{\partial x} - \frac{\partial \beta}{\partial y} \right) \frac{\partial \lambda}{\partial x} + \left(\frac{\partial u}{\partial y} + \frac{\partial \beta}{\partial x} \right) \frac{\partial \lambda}{\partial y} \right] d\mathrm{T} = 0,$$

l'intégrale s'étendant à toute la surface. De cette équation nous allons maintenant tirer encore d'autres conséquences.

Séparons sur la surface T un morceau T′ renfermant les lieux de discontinuité de u, β, λ; à l'aide des principes des § VII, VIII, en posant

$$\mathrm{X} = \left(\frac{\partial u}{\partial x} - \frac{\partial \beta}{\partial y} \right) \lambda \quad \text{et} \quad \mathrm{Y} = \left(\frac{\partial u}{\partial y} + \frac{\partial \beta}{\partial x} \right) \lambda,$$

l'on trouve que la partie de N, qui provient du morceau restant T″ de T, est égale à

$$-\int \lambda \left(\frac{\partial^2 u}{\partial x^2} + \frac{\partial^2 u}{\partial y^2} \right) d\mathrm{T} - \int \left(\frac{\partial u}{\partial p} + \frac{\partial \beta}{\partial s} \right) \lambda\, ds.$$

Par suite de la condition relative au contour imposée à la fonction λ, la partie de

$$\int\left(\frac{\partial u}{\partial p}+\frac{\partial \beta}{\partial s}\right)\lambda\, ds,$$

relative à la portion de contour que T'' possède en commun avec T est nulle, en sorte que N peut être regardée comme formée de l'intégrale

$$-\int\lambda\left(\frac{\partial^2 u}{\partial x^2}+\frac{\partial^2 u}{\partial y^2}\right) dT,$$

relativement à T'', et de

$$\int\left[\left(\frac{\partial u}{\partial x}-\frac{\partial \beta}{\partial y}\right)\frac{\partial \lambda}{\partial x}+\left(\frac{\partial u}{\partial y}+\frac{\partial \beta}{\partial x}\right)\frac{\partial \lambda}{\partial y}\right] dT+\int\left(\frac{\partial u}{\partial p}+\frac{\partial \beta}{\partial s}\right)\lambda\, ds,$$

relativement à T'.

Maintenant, il est évident que, si $\frac{\partial^2 u}{\partial x^2}+\frac{\partial^2 u}{\partial y^2}$ était différent de zéro en une partie quelconque de la surface T, N prendrait également une valeur différente de zéro, pourvu que l'on ait choisi λ, ce que l'on est libre de faire, égale à zéro à l'intérieur de T', et de telle nature qu'à l'intérieur de T'', $\lambda\left(\frac{\partial^2 u}{\partial x^2}+\frac{\partial^2 u}{\partial y^2}\right)$ ait partout le même signe. Mais si $\frac{\partial^2 u}{\partial x^2}+\frac{\partial^2 u}{\partial y^2}$ est égale à zéro en toutes les parties de T, alors la partie de N qui dérive de T'' s'évanouit pour chaque λ, et de la condition $N = 0$ résulte alors que les parties relatives aux lieux de discontinuité sont égales à zéro.

Ainsi, relativement aux fonctions $\frac{\partial u}{\partial x}-\frac{\partial \beta}{\partial y}$, $\frac{\partial u}{\partial y}+\frac{\partial \beta}{\partial x}$, en désignant la première par X et la seconde par Y, nous avons non seulement d'une manière générale l'équation

$$\frac{\partial X}{\partial x}+\frac{\partial Y}{\partial y}=0,$$

mais encore celle-ci

$$\int\left(X\frac{\partial x}{\partial p}+Y\frac{\partial y}{\partial p}\right) ds=0,$$

l'intégrale étant prise relativement au contour total d'une partie quelconque de T, en tant au moins que cette expression présente un sens déterminé.

Décomposons (§ IX, proposition V) la surface T, lorsqu'elle

possède une connexité multiple, en une surface simplement connexe T^* à l'aide de sections transverses; alors, par conséquent, l'intégrale

$$-\int_{O_0}^{O}\left(\frac{\partial u}{\partial p}+\frac{\partial \beta}{\partial s}\right)ds,$$

relative à une ligne quelconque joignant O_0 à O à l'intérieur de T^*, possède toujours la même valeur et représente, O_0 étant regardé comme fixe, une fonction de x, y qui sur T^* éprouve partout une variation continue qui, le long d'une section transverse, est la même sur les deux bords. Cette fonction ν adjointe à β nous fournit une fonction $v = \beta + \nu$ dont les dérivées sont

$$\frac{\partial v}{\partial x} = -\frac{\partial u}{\partial y} \quad \text{et} \quad \frac{\partial v}{\partial y} = \frac{\partial u}{\partial x}.$$

D'où l'on conclut le

Théorème. — *Lorsque sur une surface connexe* T, *décomposée par des sections transverses en une surface simplement connexe* T^*, *l'on donne une fonction complexe* $\alpha + \beta i$ *de* x, y, *pour laquelle l'intégrale*

$$\int\left[\left(\frac{\partial \alpha}{\partial x}-\frac{\partial \beta}{\partial y}\right)^2+\left(\frac{\partial \alpha}{\partial y}+\frac{\partial \beta}{\partial x}\right)^2\right]dT,$$

étendue à toute la surface, possède une valeur finie, cette fonction peut être toujours, et cela d'une manière unique, transformée en une fonction de z *par l'adjonction d'une fonction* $\mu + \nu i$ *de* x, y *qui satisfait aux conditions suivantes :*

1° *Sur le contour,* $\mu = 0$ *ou, du moins, diffère de zéro seulement en des points isolés; en un point,* ν *est donnée d'une manière arbitraire;*

2° *Les variations de* μ *sur* T, *celles de* ν *sur* T^* *ne sont discontinues qu'en des points isolés, et cela seulement de telle sorte que les intégrales*

$$\int\left[\left(\frac{\partial \mu}{\partial x}\right)^2+\left(\frac{\partial \mu}{\partial y}\right)^2\right]dT \quad \text{et} \quad \int\left[\left(\frac{\partial \nu}{\partial x}\right)^2+\left(\frac{\partial \nu}{\partial y}\right)^2\right]dT,$$

relatives à toute la surface, restent finies; de plus, les variations de ν *le long d'une section transverse sont égales sur les deux bords.*

Ces conditions suffisent pour déterminer $\mu + \nu i$. En effet, cela résulte de ce que μ, à l'aide de laquelle ν est déterminée à une constante additive près, fournit toujours également un minimum de l'intégrale Ω, puisque, en posant $u = \alpha + \mu$, l'on a pour chaque λ évidemment $N = 0$; propriété qui, d'après le § XVI, n'a lieu que pour une seule fonction.

§ XIX.

Les principes qui servent de base au théorème qui termine le paragraphe précédent ouvrent la voie pour l'étude de fonctions *déterminées* d'une variable complexe (indépendamment d'une expression explicite de ces fonctions).

Pour s'orienter dans ce champ de recherches, l'on fera usage d'une estimation comparative de l'ensemble des conditions nécessaires à la détermination d'une pareille fonction à l'intérieur d'un domaine donné.

Arrêtons-nous d'abord à un cas déterminé; lorsque la surface qui recouvre le plan A et qui représente ce domaine de grandeurs est une surface simplement connexe, la fonction $w = u + vi$ de z peut être déterminée conformément aux conditions suivantes :

1° Pour u, l'on donne la valeur en tous les points du contour, valeur qui, pour une variation infiniment petite de la position, variera d'une grandeur infiniment petite de même ordre, mais du reste d'une manière quelconque (¹);

2° En un point quelconque, la valeur de v est donnée arbitrairement;

3° La fonction doit être partout finie et continue.

Mais, sous ces conditions, la fonction est complètement déterminée.

En effet, cela résulte du théorème du paragraphe précédent,

(¹) Les variations de cette valeur sont à vrai dire soumises seulement à la restriction de ne pas être discontinues le long d'*une partie entière* du contour; on a fait une restriction ultérieure dans le seul but d'éviter ici des complications inutiles. — (RIEMANN.)

lorsque l'on détermine $\alpha + \beta i$, ce qui est toujours possible, de telle sorte que α soit égale, sur le contour, à la valeur donnée et que sur toute la surface, pour toute variation infiniment petite de la position, la variation de $\alpha + \beta i$ soit infiniment petite de même ordre.

La fonction u peut être par conséquent donnée sur le contour en général comme fonction toute arbitraire de s, et ce fait détermine partout en même temps v; réciproquement, v peut être prise aussi quelconque en tous les points de l'encadrement; d'où l'on conclut alors les valeurs de u.

Le champ d'évolution pour le choix des valeurs de w sur le contour embrasse donc un ensemble à *une* dimension pour chaque point de l'encadrement, et la détermination complète de ces valeurs nécessite *une* équation pour chaque point de l'encadrement, sans qu'il soit toutefois essentiel que chacune de ces équations soit uniquement relative à la valeur d'*un* terme en un point de l'encadrement.

Cette détermination peut aussi être effectuée de telle sorte que pour chaque point de l'encadrement *une* équation contenant les deux termes et variant de forme d'une manière continue avec la position du point soit donnée; ou bien la détermination peut être effectuée simultanément pour plusieurs parties d'encadrement, de telle sorte qu'à chaque point d'une de ces parties soient associés $n - 1$ points déterminés, dont chacun tire son origine d'une des autres parties respectives, et de telle façon qu'alors pour chaque groupe de n points ainsi associés soit donné un groupe de n équations, variant d'une manière continue avec la situation de ces points. Mais ces conditions, dont la totalité forme une variété continue, et qui sont exprimées par des équations entre des fonctions arbitraires, doivent encore, en général, pour être admissibles et suffisantes à la détermination d'une fonction partout continue à l'intérieur du domaine de grandeurs, être soumises à une restriction ou bien à une extension qui sont données par des équations de condition particulières (équations relatives aux constantes arbitraires), car l'exactitude de nos estimations ne s'étend pas évidemment jusqu'à ce dernier point relatif aux constantes.

Dans le cas où le domaine de variabilité de la grandeur z est représenté par une surface multiplement connexe, ces considérations n'éprouvent aucune modification essentielle; en effet, l'application du théorème du § XVIII fournit une fonction jouissant des mêmes propriétés que celles que l'on vient d'étudier, aux variations près à la traversée des sections transverses, variations qui peuvent être rendues égales à zéro, lorsque les conditions relatives à l'encadrement contiennent un nombre de constantes disponibles égal à celui des sections transverses.

Le cas, où la continuité est interrompue le long d'une ligne à l'intérieur de la surface, peut être subordonné au précédent, si l'on considère cette ligne comme une section pratiquée dans la surface.

Finalement, si l'on admet une solution de la continuité en un point isolé, c'est-à-dire, d'après le § XII, un infini de la fonction en un point, alors, en conservant les autres hypothèses faites dans le cas étudié au commencement, l'on peut trouver relativement à ce point une fonction de z quelconque, après soustraction de laquelle la fonction qu'il s'agit de déterminer sera continue; mais, par cela même, cette dernière sera complètement déterminée. En effet, supposons la grandeur $\alpha + \beta i$ égale à la fonction donnée dans un cercle aussi petit que l'on voudra, dont le centre est en ce point de discontinuité, et cela d'ailleurs conformément aux prescriptions antérieures, alors l'intégrale

$$\int \left[\left(\frac{\partial \alpha}{\partial x} - \frac{\partial \beta}{\partial y} \right)^2 + \left(\frac{\partial \alpha}{\partial y} + \frac{\partial \beta}{\partial x} \right)^2 \right] dT,$$

relative à ce cercle, est égale à zéro; prise relativement à la partie restante, l'intégrale est égale à une grandeur finie; on peut donc faire l'application du théorème précédent, ce qui permet d'obtenir une fonction qui jouit des propriétés exigées. L'on peut de ceci conclure, en vertu du théorème du § XIII, que, lorsqu'en un point isolé la fonction peut devenir infiniment grande d'ordre n, le nombre des constantes dont on peut disposer sera en général égal à $2n$.

Représentons géométriquement (d'après le § XV), une fonction w, d'une grandeur complexe z, variant à l'intérieur d'un domaine donné à deux dimensions; cette fonction fournit alors une représentation conforme S, recouvrant le plan B, d'une surface donnée T, recouvrant le plan A, la similitude étant conservée dans les plus petites parties, à l'exception de certains points isolés. Les conditions que l'on a trouvées précédemment, suffisantes et nécessaires pour la détermination de la fonction, sont relatives soit à ses valeurs sur le contour, soit à ses valeurs aux points de discontinuité. Elles se présentent donc (§ XV) toutes comme conditions pour la figuration du contour de S en donnant pour chaque point du contour *une* équation de condition. Si chacune de ces équations est relative seulement à *un* point d'encadrement, elles seront représentées par un réseau de courbes, le lieu géométrique de chaque point du contour étant formé par une de ces courbes. Lorsque deux points du contour, dont l'un varie d'une manière continue avec l'autre, sont soumis ensemble à deux équations de condition, il existe par ce fait, entre deux parties du contour, une relation de dépendance telle que, la situation de l'une étant prise arbitrairement, la situation de l'autre en sera une conséquence. De même l'on obtiendra, pour d'autres formes des équations de condition, une interprétation géométrique analogue; mais nous n'insisterons pas davantage sur ce point.

§ XX.

L'introduction des grandeurs complexes dans les Mathématiques a son origine et son but immédiat dans la théorie de lois de dépendance simples [1] entre des grandeurs variables; lois exprimées par des opérations sur les grandeurs. En effet, si l'on applique ces lois de dépendance dans un champ plus étendu, en attribuant des valeurs complexes aux grandeurs variables auxquelles se rapportent ces lois, il se présente alors une harmonie et une régularité qui sans cela restent cachées. Les cas où cette extension avait été faite forment jusqu'ici, il est vrai, un domaine

---

[1] Nous regardons ici comme opérations élémentaires : l'addition et la soustraction, la multiplication et la division, l'intégration et la différentiation; et une loi de dépendance est pour nous d'autant plus *simple* qu'elle nécessite moins d'opérations élémentaires. En effet, toutes les fonctions, dont on s'est servi jusqu'ici dans l'analyse, peuvent être ramenées à un nombre fini de ces opérations. — (RIEMANN.)

restreint; tous ces cas à peu près peuvent être ramenés à ces lois de dépendance entre deux grandeurs variables où l'une est soit fonction algébrique de l'autre (c'est-à-dire lorsque entre les deux a lieu une équation algébrique), soit une fonction dont la dérivée est une fonction algébrique ; mais presque tout le progrès accompli ici a donné non seulement une forme plus simple, plus expéditive aux résultats acquis sans l'aide des grandeurs complexes, mais encore a ouvert aussi le chemin à de nouvelles découvertes; l'histoire des recherches relatives aux fonctions algébriques, circulaires ou exponentielles, elliptiques et abéliennes en offre les exemples.

Indiquons rapidement le nouveau progrès qui résulte de nos recherches pour la théorie de pareilles fonctions.

Les méthodes dont on s'est servi jusqu'ici pour le traitement de ces fonctions partent toujours du principe qui consiste à prendre pour définition une *expression* de la fonction, sa valeur étant ainsi donnée par *chaque* valeur de son argument. Nos recherches ont démontré que, par suite du caractère général d'une fonction d'une grandeur complexe variable, une partie des éléments de détermination sont, dans une définition de cette nature, une conséquence de la partie restante, et, à vrai dire, alors l'ensemble de ces éléments est ici ramené à ceux qui sont nécessaires à la détermination.

Cela simplifie essentiellement le traitement de la question. Ainsi pour démontrer, par exemple, l'égalité de deux expressions de la même fonction l'on devait autrefois les transformer l'une en l'autre, c'est-à-dire faire voir qu'elles coïncidaient toutes deux pour toute valeur de la grandeur variable ; or, il suffit maintenant de démontrer qu'elles coïncident dans un domaine bien plus restreint.

Une théorie de ces fonctions, basée sur les principes introduits ici, établirait la figuration de la fonction (c'est-à-dire sa valeur pour toute valeur de son argument), indépendamment d'une méthode pour déterminer la fonction au moyen des opérations sur les grandeurs; on parviendrait à la définition générale d'une fonction d'une grandeur variable complexe en ajoutant seulement les caractères nécessaires pour déterminer la fonction particulière;

et c'est alors seulement que de cette théorie l'on passerait à l'étude des différentes expressions dont la fonction est susceptible.

Le caractère individuel d'une classe de fonctions, qui sont exprimées d'une manière pareille à l'aide d'opérations sur les grandeurs, se présente alors pour ces fonctions sous forme des conditions relatives au contour et aux discontinuités. Par exemple, si le domaine de variabilité de la grandeur z recouvre simplement ou multiplement le plan indéfini A tout entier, et si la fonction n'admet des discontinuités qu'en des points isolés, et en ces points seulement des infinis dont les ordres sont finis (pour z infini cette grandeur elle-même, pour z' fini la grandeur $\frac{1}{(z-z')}$ étant considérée comme un infini du premier ordre), alors la fonction est nécessairement une fonction algébrique et, réciproquement, toute fonction algébrique satisfait à ces conditions.

Nous n'entrerons pas, pour cette fois, dans le développement de cette théorie qui, suivant nos remarques, est destinée à jeter le jour sur des lois de dépendance simples régies par des opérations sur les grandeurs; en effet, nous laissons de côté l'étude de l'expression d'une fonction.

Pour la même raison, nous ne nous occuperons pas ici d'établir la possibilité d'appliquer nos théorèmes, en les prenant pour principes d'une théorie *générale* de ces lois de dépendance; il serait alors nécessaire de démontrer que la conception de fonction d'une grandeur variable complexe, que nous prenons ici pour point de départ, coïncide complètement avec l'idée d'une dépendance exprimable par des opérations sur les grandeurs (1) [7].

---

(1) Par dépendance exprimable par des opérations sur les grandeurs, nous entendons toute dépendance régie par un nombre fini ou infini des quatre opérations de calcul les plus simples, addition et soustraction, multiplication et division. L'expression *opérations sur les grandeurs* (par opposition à *opérations sur les nombres*) indique que dans de telles opérations de calcul la commensurabilité des grandeurs ne joue aucun rôle. — (RIEMANN.)

§ XXI.

Pour l'éclaircissement de nos théorèmes généraux il ne sera pas sans utilité d'exposer en détail un exemple de leur application.

L'application indiquée dans le paragraphe précédent, bien qu'atteignant le but prochain envisagé dans la déduction des théorèmes, n'est cependant encore que particulière. En effet, lorsque la dépendance est régie par un nombre fini de ces opérations sur les grandeurs qui y sont regardées comme opérations élémentaires, la fonction contient seulement un nombre fini de paramètres; quant à la forme d'un système de conditions, relatives au contour et aux discontinuités, indépendantes entre elles, et suffisant pour déterminer la fonction, ce fait a pour conséquence que parmi ces conditions il ne peut s'en présenter aucunes susceptibles d'être déterminées arbitrairement en chaque point le long d'une ligne. Pour le but actuellement envisagé, il semble donc plus approprié de choisir, non un exemple tendant à ces circonstances, mais beaucoup plutôt un exemple où la fonction de la variable complexe dépend d'une fonction arbitraire.

Pour faire saisir la question d'une manière nette et claire, nous allons présenter cet exemple sous la forme géométrique dont on a fait usage à la fin du § XIX. Il s'agit alors dans cet exemple de rechercher la possibilité d'opérer une représentation connexe et semblable en ses plus petites parties d'une surface donnée, représentation dont la forme est donnée; nous entendons, en parlant ainsi, que l'on donne la courbe du lieu géométrique de chaque point d'encadrement de la représentation, la même courbe pour tous ces points, et que l'on donne en outre le sens de la direction de l'encadrement ainsi que les points de ramification. Nous nous en tiendrons à la solution de ce problème au cas où, à chaque point d'une surface, correspond un point unique de l'autre, et où les surfaces sont simplement connexes, cas où la solution est renfermée dans le théorème suivant :

Deux surfaces planes, simplement connexes données, peuvent toujours être rapportées l'une à l'autre, de telle sorte qu'à chaque point de l'une corresponde un point unique de l'autre dont la position varie d'une manière continue avec celle du premier, et de telle sorte que les plus petites parties correspondantes des surfaces soient semblables; de plus, pour UN *point de l'intérieur et pour* UN *point de l'encadrement de la surface, les points correspondants de l'autre surface peuvent être donnés quelconques; mais alors la correspondance est déterminée par cela même pour tous les points.*

Lorsque deux surfaces T et R sont rapportées sur une troisième S, de telle sorte qu'entre les plus petites parties correspondantes de T et S et de R et S il y ait similitude, par cela même il existe une correspondance entre les surfaces T et R, où le même fait a évidemment lieu.

Le problème de la représentation de deux surfaces quelconques l'une sur l'autre, de telle sorte que la similitude soit conservée dans leurs plus petites parties, est donc ramené à celui-ci : représenter chaque surface quelconque sur *une* même surface déterminée de sorte qu'il y ait similitude en les plus petites parties.

Ainsi, pour démontrer notre théorème, si nous décrivons sur le plan B, du point $w = 0$ comme centre, un cercle K de rayon 1, il suffira seulement de démontrer ceci : une surface simplement connexe quelconque T recouvrant A, peut être toujours représentée sur le cercle K d'une manière connexe, la similitude étant conservée dans les plus petites parties, et cela d'une façon unique, en opérant de telle sorte qu'au centre du cercle corresponde un point donné quelconque O_0 à l'intérieur de T, et à un point donné quelconque de la circonférence un point donné quelconque O' sur l'encadrement de T.

Distinguons les désignations déterminées de la grandeur z et du point Q relatives aux points O_0 et O', en leur attribuant l'indice ou l'accent correspondant, et décrivons sur T du point O_0 comme centre un cercle quelconque Θ, qui ne s'étend pas jusqu'à l'encadrement de T et ne renferme aucun point de ramification. Introduisons des coordonnées polaires en posant $z - z_0 = re^{\varphi i}$; l'on aura, pour la fonction $\log(z - z_0)$,

$$\log(z - z_0) = \log r + \varphi i.$$

La partie réelle varie donc dans tout le cercle d'une manière continue, hormis au point O_0, où elle devient infinie. Quant à la partie imaginaire, lorsque parmi les valeurs possibles de φ l'on choisit partout la valeur positive la plus petite, elle prend le long du rayon où $z - z_0$ prend des valeurs réelles positives, d'un côté la valeur o, de l'autre 2π; mais d'ailleurs en tous les autres points elle varie d'une manière continue. Ce rayon peut être évidemment remplacé par une ligne quelconque l menée du centre à la circonférence, de telle sorte que la fonction $\log(z - z_0)$, lorsque le point O traverse cette ligne du bord négatif (c'est-à-dire où p est négatif, § VIII) au bord positif, éprouve une brusque diminution de valeur $2\pi i$; mais d'ailleurs elle varie avec la position de O d'une manière continue sur le cercle Θ tout entier.

Prenons maintenant la fonction complexe $\alpha + \beta i$ de x, y égale dans le cercle Θ à $\log(z - z_0)$; mais, en dehors du cercle, la ligne l étant prolongée d'une manière quelconque jusqu'au contour de T, choisissons-la comme il suit :

1° Sur la circonférence de Θ, égale à $\log(z - z_0)$, sur le contour de T, imaginaire pure;

2° A la traversée du bord négatif au bord positif de la ligne l, elle devra varier de $-2\pi i$; mais, dans tout autre cas, pour une variation infiniment petite du lieu, elle devra varier d'une grandeur infiniment petite de même ordre; ces fixations 1° et 2° sont toujours possibles.

Ceci posé, l'intégrale

$$\int\left[\left(\frac{\partial\alpha}{\partial x} - \frac{\partial\beta}{\partial y}\right)^2 + \left(\frac{\partial\alpha}{\partial y} + \frac{\partial\beta}{\partial x}\right)^2\right] dT,$$

relativement à Θ, a une valeur nulle; relativement à toute la partie restante de la surface T, elle a une valeur finie. Par conséquent, $\alpha + \beta i$ par l'adjonction d'une fonction continue de x, y, purement imaginaire sur le contour et déterminée à un reste près constant purement imaginaire, peut être transformée en une fonction $t = m + ni$ de z. La partie réelle m de cette fonction sera égale à o sur le contour, à $-\infty$ au point O_0, et partout ailleurs sur T elle variera d'une manière continue.

Pour chaque valeur a de m située entre o et $-\infty$, la surface T est donc partagée par une ligne où $m = a$, d'une part, en parties où $m < a$ qui renferment à leur intérieur le point O_0 et, d'autre part, en parties où $m > a$ dont l'encadrement est formé en partie par le contour de T, en partie par des lignes où $m = a$.

L'ordre de connexion de la surface T ou bien ne sera pas diminué par cette décomposition, ou bien le sera; comme cet ordre est égal à -1, la surface sera donc décomposée soit en deux morceaux d'ordres de connexion 0 et -1, soit en plus de deux morceaux. Mais cette dernière circonstance est impossible, car, dans un de ces morceaux au moins, la partie réelle m devrait être partout finie et continue et constante en toutes les parties de l'encadrement, et, par suite, devrait avoir soit une valeur constante en une portion de surface, soit une valeur maxima ou bien minima en un endroit quelconque, c'est-à-dire en un point ou le long d'une ligne, ce qui est contraire au § XI, proposition III. Les points où m est constant forment, par conséquent, des lignes partout simples, qui se ferment et qui forment chacune l'encadrement d'un morceau renfermant le point O_0, et où m décroît nécessairement vers l'intérieur. Il s'ensuit que pour un circuit positif (où s croît, d'après le § VIII) la grandeur n, tant qu'elle est continue, est toujours croissante, et, par conséquent, puisqu'elle éprouve une variation brusque de -2π (¹) seulement quand on passe du bord négatif au bord positif de la ligne l, elle sera alors égale *une fois* à chaque valeur comprise entre 0 et 2π, abstraction faite d'un multiple de 2π.

Posons maintenant $e^t = w$, e^m et n seront alors les coordonnées polaires du point Q relativement au centre du cercle K pris comme origine.

Mais l'ensemble des points Q forme évidemment une surface S recouvrant K partout simplement. Le point Q_0 de celle-ci tombe au centre du cercle, mais le point Q' peut, par l'entremise de la constante dont on peut encore disposer dans la fonction n, être porté en un point donné quelconque de la circonférence.

C. Q. F. D.

(¹) Puisque la ligne l mène d'un point intérieur du morceau à un point extérieur, il faut, lorsqu'elle en coupe plusieurs fois l'encadrement, qu'elle traverse de l'intérieur à l'extérieur une fois de plus que de l'extérieur à l'intérieur; la somme des variations brusques de n pendant un circuit positif est donc toujours égal à -2π. — (RIEMANN.)

Au cas où le point O_0 est un point de ramification d'ordre $(n-1)$, l'on arrive au but cherché par des conclusions tout analogues en remplaçant seulement $\log(z-z_0)$ par $\frac{1}{n}\log(z-z_0)$, et le traitement ultérieur serait aisément complété à l'aide du § XIV.

§ XXII.

L'extension complète des recherches du paragraphe précédent au cas plus général où, à un point unique d'une surface, correspondent plusieurs points de l'autre et où l'on ne présuppose pas que les surfaces aient une connexion simple, sera laissée de côté ici, d'autant plus qu'au point de vue géométrique toute notre étude eût pu être présentée sous forme plus générale. La restriction de nos considérations à des surfaces planes, unies sauf exception en des points isolés, n'est pas essentielle. Bien plus, le problème de la représentation d'une surface donnée quelconque sur une autre donnée quelconque, en conservant la similitude dans les plus petites parties, peut être traité d'une manière tout analogue. Nous nous contenterons, à ce sujet, de renvoyer le lecteur aux deux Mémoires de Gauss, celui cité au § III et celui intitulé : *Disquisitiones generales circa superficies curvas* (article 13).

TABLE DES MATIÈRES [1].

[1] Cette Table, résumé du contenu du Mémoire, a été dressée presque entièrement par Riemann lui-même.

NOTES.

[1] (p. 1). On a trouvé dans les manuscrits de Riemann l'addition suivante, qui se rapporte à ce passage :

« Par l'expression : la grandeur w varie d'une manière continue avec z entre les limites $z = a$, $z = b$, nous entendons ceci : Dans cet intervalle, à toute variation infiniment petite de z correspond une variation infiniment petite de w; ou encore, en s'exprimant d'une manière plus détaillée : pour une grandeur donnée quelconque ε, l'on peut toujours déterminer la grandeur α, de telle sorte que dans un intervalle relatif à z, plus petit que α, la différence entre deux valeurs de w ne soit jamais plus grande que ε. La continuité d'une fonction, même lorsque ce point n'est pas expressément énoncé, entraîne d'après cela ce fait : la fonction est toujours finie. »

[2] (p. 7). S'il n'y a pas une inadvertance, en cet endroit, c'est que Riemann aura fait usage de l'expression *de gauche à droite* dans une signification contraire à celle employée d'habitude, où le sens d'un circuit est défini par la manière dont le verrait décrit un observateur placé au centre et suivant des yeux le point décrivant le circuit.

[3] (p. 20). L'exemple suivant peut servir à l'éclaircissement de ce passage, exprimé d'une manière un peu obscure.

Dans la figure ci-dessous T est une surface triplement connexe. Soit (ab) la première section transverse q_1, et (cd) la deuxième q_2.

Fig. 1.

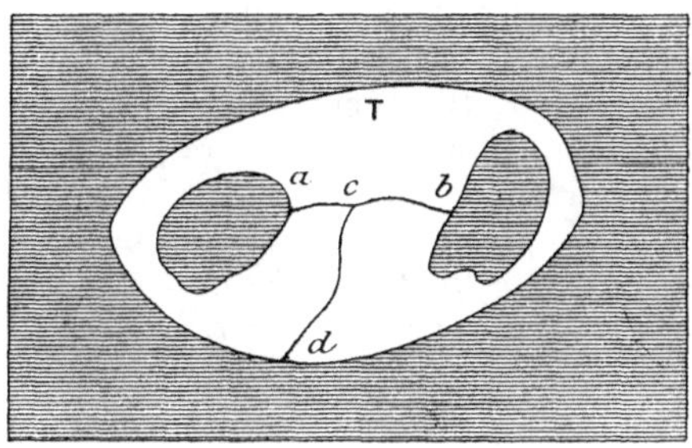

Nous avons ici à distinguer trois différences de valeurs distinctes constantes de la fonction

$$Z = \int_{O_0}^{O} \left(Y \frac{\partial x}{\partial s} - X \frac{\partial y}{\partial s} \right) ds.$$

Désignons ces différences relativement à la partie (ac) par A, à la partie (cb) par B et à la partie (cd) par C. Si l'on décrit d'abord (cd), C pourra avoir ici une valeur quelconque; si l'on décrit ensuite alors (bc), B de même peut avoir ici encore une valeur quelconque. Mais pour (ac), d'après cela, la différence de valeurs constante A de la fonction Z est complètement déterminée; ce sera (les signes étant déterminés comme il convient) $A = B + C$. En général, on conclut d'une manière analogue le résultat suivant : Chaque fois que, pendant le cheminement en sens rétrograde sur le système des sections transverses, l'on arrive à un point où une section transverse déjà décrite prend son origine, la variation qu'éprouve la différence de valeurs constante de la fonction est alors complètement déterminée.

[4] (p. 23). L'on obtient la formule

$$\int \frac{\partial u}{\partial p}\, ds = 0$$

si, dans l'intégrale

$$\int \left(u \frac{\partial u'}{\partial p} - u' \frac{\partial u}{\partial p} \right) ds,$$

on prend $u' = 1$, car alors, prise relativement à l'encadrement d'une portion de surface où u satisfait aux hypothèses du § X, elle s'évanouit.

[5] (p. 36). La méthode de démonstration du § XVI a été plus tard désignée par Riemann (*Théorie des fonctions abéliennes,* § III, IV des Prélimi-

naires) sous le nom de *Principe de Dirichlet* (d'après les Leçons de Dirichlet). Gauss aussi a appliqué de pareilles conclusions (Théorèmes généraux relatifs aux forces d'attraction et de répulsion qui s'exercent en raison inverse du carré de la distance, *Œuvres*, t. V). Dans ces derniers temps la validité de ce mode de déduction a été combattue; en particulier et avec raison, l'évidence de l'existence d'un minimum pour l'intégrale Ω a été niée. Mais l'exactitude du théorème lui-même, pour la démonstration duquel cette méthode doit servir, théorème qui prête aux travaux de Riemann sur la théorie des fonctions leur caractère particulièrement simple et général, a été démontrée par de nouvelles recherches reposant sur d'autres principes. [*Voir* en particulier les travaux sur ces sujets de H.-A. Schwarz (*Monatsberichte der Berliner Akad.*, oct. 1870. — *Journal de Crelle*, tome 74; et *Gesammelte Mathematische Abhandlungen*, et ceux de C. Neumann (*Recherches sur le potentiel logarithmique et le potentiel de Newton;* Leipzig, 1877. — *Leçons sur la Théorie riemannienne des Intégrales abéliennes*, 2e édit.; Leipzig, 1884.)]

[6] (p. 40). Les remarques suivantes sont tirées, presque mot pour mot, des brouillons, esquisses du § XVII, trouvés dans les papiers de Riemann et écrits de sa main; ils serviront en partie à éclaircir, en partie à compléter cette recherche.

Des valeurs P_1 et P_2 l'une peut être aussi prise partout $= 0$, lorsque seulement T′ a une étendue finie, et de cette façon notre démonstration sera applicable au cas où la discontinuité se présenterait le long d'une partie de l'encadrement ou aurait lieu par l'effet d'une modification des valeurs de γ le long d'une ligne à l'intérieur. On n'a pas attribué directement à m la valeur la plus petite de $(\gamma_1 - \gamma_2)^2$ dans l'intervalle assigné de p_1 et p_2, afin que la démonstration soit aussi applicable au cas où γ admettrait une infinité de maxima et minima, par exemple au cas où γ aurait dans le voisinage de la ligne de discontinuité la valeur $\sin \frac{1}{p}$.

D'une manière pareille l'on peut faire voir que L croît au delà de toutes limites, lorsque λ tend indéfiniment vers une fonction γ qui, au point O′, possède une discontinuité telle qu'en une partie d'une circonférence décrite du point O′ comme centre avec un rayon ρ, $\rho \frac{\partial \gamma}{\partial x}$, $\rho \frac{\partial \gamma}{\partial y}$ tendraient pour ρ infiniment petit vers une limite finie ou seraient infinis.

Dans ce cas, l'on peut assigner à ρ une valeur R telle qu'au-dessous de cette valeur l'on n'ait jamais

$$\rho^2 \int_0^{2\pi} \left[\left(\frac{\partial \gamma}{\partial x}\right)^2 + \left(\frac{\partial \gamma}{\partial y}\right)^2 \right] d\varphi = 0.$$

Désignons la plus petite valeur de cette grandeur dans cet intervalle par α, alors la contribution apportée à L par une couronne circulaire comprise entre $\rho = \mathrm{R}$ et $\rho = r$ (où $r < \mathrm{R}$) sera

$$\int_r^{\mathrm{R}} d\rho \int_0^{2\pi} \left[\left(\frac{\partial \gamma}{\partial x}\right)^2 + \left(\frac{\partial \gamma}{\partial y}\right)^2\right] \rho\, d\varphi > \int_r^{\mathrm{R}} \frac{a}{\rho}\, d\rho > a(\log \mathrm{R} - \log r),$$

et, par suite, lorsque l'on prend $r = \mathrm{R}e^{-\frac{\mathrm{C}}{a}}$, elle sera $> \mathrm{C}$.

Par conséquent alors, si l'on choisit pour encadrement de T' un cercle où $\rho < \mathrm{R}e^{-\frac{\mathrm{C}}{a}}$, la partie de L qui provient du reste de T et, par suite, L lui-même, sera $> \mathrm{C}$, quel que soit λ à l'intérieur du cercle.

[Cette étude se rapporte, il est vrai, d'abord à un point qui n'est ni point de ramification ni point de l'encadrement; mais elle n'éprouve de modification essentielle que pour un point de l'encadrement où la surface aurait un point saillant, c'est-à-dire où l'encadrement aurait un point de rebroussement. Mais, dans ce dernier cas aussi, la détermination d'un ordre de discontinuité, auquel ne peut atteindre λ, repose sur les mêmes principes; nous nous contentons donc de l'indiquer.]

Lorsque la portion de surface où λ et γ sont différentes devient infiniment petite, T' lui-même, dans le cas d'une ligne de discontinuité, la partie restante de T, dans le cas d'un point de discontinuité, fourniront donc à L une contribution infinie, et notre affirmation est ainsi justifiée lorsque la discontinuité atteint l'ordre supposé. Sa légitimité en ces circonstances nous suffit; en effet, pour des discontinuités d'ordre inférieur elle n'aurait plus lieu, comme, par exemple, lorsque pour la distance ρ entre le point de discontinuité et le point O, l'on a

$$\gamma = \left(\log \frac{1}{\rho}\right)^{\mu} \quad \text{et} \quad \mu < \frac{1}{2}.$$

Nous ajouterons donc la restriction suivante à la première partie du théorème du § XVI : Ou bien l'intégrale Ω, où l'on a posé $\omega = \alpha + \lambda$, possède un minimum pour une des fonctions λ, ou bien, pendant que Ω tend vers sa plus petite valeur limite, λ n'admet une discontinuité qu'en des points isolés et telle que l'ordre de $\frac{\partial \lambda}{\partial x}$, $\frac{\partial \lambda}{\partial y}$, lorsqu'ils sont infinis, n'atteigne pas l'unité.

Une discontinuité de la fonction ω, qui peut être détruite par modification de valeur en un point, doit se présenter, par exemple, lorsqu'on suppose qu'il existe en un endroit quelconque sur la surface un trou, c'est-à-dire un point d'encadrement isolé où l'on devrait donc supposer $\lambda = 0$.

[7] (p. 48). Des recherches plus modernes ont fait voir que la puissance des expressions analytiques s'exerce même bien au delà de ce que l'on supposait d'après ces mots de Riemann. A ce sujet, Seidel le premier a donné de remarquables exemples (*Journal de Crelle,* t. 73, p. 279); ainsi, il a indiqué des expressions analytiques qui dépendent de z et qui dans un

cercle sont égales à une fonction quelconque de z, et *en dehors* du cercle sont égales à zéro; ou encore qui partout, à l'exception du contour d'un cercle, sont nulles et qui sur le contour sont égales à 1. Si l'on admet les intégrales définies, l'on peut aller bien plus loin encore et, par exemple, représenter x ou y, ou $\sqrt{x^2+y^2}$, comme fonction de $z = x + yi$.

Weierstrass [*Sur la Théorie des fonctions* (*Monatsberichte d. Berliner Akad.*, août 1880) et aussi dans la *Collection de Mémoires sur la théorie des fonctions;* Berlin, 1886] a fait voir comment l'on peut trouver des séries infinies, dont les termes sont des fonctions rationnelles de z et qui, dans un nombre quelconque de domaines de la variable z différents, représentent des fonctions différentes quelconques données de z.

CONTRIBUTION

A LA

THÉORIE DES FONCTIONS

REPRÉSENTABLES PAR LA SÉRIE DE GAUSS

$F(\alpha, \beta, \gamma, x)$.

(*Mémoires de la Société Royale des Sciences de Göttingue,* t. VII; 1857. *Œuvres de Riemann,* 2e édit., p. 67; 1892.)

La série de Gauss $F(\alpha, \beta, \gamma, x)$, considérée comme fonction de son quatrième élément x, ne représente cette fonction que tant que le module de x ne surpasse pas l'unité. Pour faire l'étude de cette fonction dans toute son étendue, c'est-à-dire quand la variabilité de cet argument x n'est pas limitée, il s'est, dans les travaux antérieurs, présenté deux voies de recherches. L'on peut ainsi prendre comme point de départ soit une équation différentielle linéaire, à laquelle elle satisfait, soit son expression par des intégrales définies.

Chacune de ces méthodes a des avantages qui lui sont propres; cependant jusqu'ici, dans le fécond Mémoire de Kummer, paru dans le tome XV du *Journal de Crelle,* et de même dans les Recherches de Gauss, qui n'ont pas encore paru (¹), la première méthode seule est employée, principalement parce que le calcul relatif aux intégrales définies entre des limites complexes n'était pas encore suffisamment avancé, ou bien encore parce que l'on

(¹) *Œuvres de Gauss,* t. III, p. 207; 1866. — (WEBER.)

ne pouvait le supposer bien connu par un nombre suffisant de lecteurs.

Dans le Mémoire suivant, je traite de cette transcendante d'après une nouvelle méthode qui reste essentiellement applicable à toute fonction qui satisfait à une équation différentielle linéaire à coefficients algébriques. Avec son aide, les résultats trouvés antérieurement en partie par des calculs assez pénibles se déduisent presque directement de la définition; c'est ce que nous faisons dans la partie ici publiée de ce Mémoire, principalement afin de donner, en vue des nombreuses applications de cette fonction aux recherches de la Physique et de l'Astronomie, un résumé commode de toutes ses représentations possibles. Il est nécessaire d'exposer en préliminaires quelques remarques générales relatives au traitement d'une fonction lors de la variabilité illimitée de son argument.

Considérant la valeur de la grandeur variable indépendante $x = y + zi$, en vue d'une interprétation plus commode de sa variabilité, comme étant représentée par un point d'un plan indéfini dont les coordonnées rectangulaires sont y et z, et supposant que la fonction w soit donnée en une partie dudit plan, l'on peut alors, d'après un théorème facile à démontrer, prolonger la fonction au delà de ce domaine, conformément à l'équation $\frac{\partial w}{\partial z} = i\frac{\partial w}{\partial y}$, et cela d'une seule et unique manière.

Ce prolongement, cela s'entend de soi, ne doit pas avoir lieu le long de pures lignes, car l'on ne pourrait appliquer à une telle question une équation aux dérivées partielles, mais doit être effectué sur des bandes de surface de largeur finie. Quant aux fonctions qui sont, ainsi que celle que nous allons traiter, « multiformes », ou qui, pour une même valeur de x, peuvent admettre plusieurs valeurs selon le chemin le long duquel est effectué le prolongement, il existe pour elles certains points du plan des x autour desquels la fonction se prolonge en une autre comme, par exemple, le point a pour les fonctions $\sqrt{x - a}$, $\log(x - a)$, $(x - a)^{\mu}$, μ désignant un nombre qui n'est pas entier.

Si l'on conçoit une ligne quelconque tirée de ce point a, la valeur de la fonction peut être choisie dans le voisinage de a telle, qu'en dehors de la ligne susdite, elle varie partout d'une manière continue, mais telle que, sur chacun des deux bords de cette ligne, elle prenne des valeurs différentes, en sorte que le prolongement de la fonction à travers cette ligne donne sur l'autre bord une fonction différente de celle qui se présentait auparavant.

Pour simplifier le langage, les différents prolongements d'*une* fonction pour la même partie du plan des x seront dits les *branches* de la fonction et une valeur de x, autour de laquelle une branche se prolonge en une autre, sera désignée sous le nom de *valeur de ramification;* pour une valeur où n'a lieu aucune ramification la fonction est dite *uniforme* ou *monodrome*.

§ I.

Je désigne par

$$P\begin{Bmatrix} a & b & c & \\ \alpha & \beta & \gamma & x \\ \alpha' & \beta' & \gamma' & \end{Bmatrix}$$

une fonction de x qui satisfait aux conditions suivantes :

1° Elle est pour toutes les valeurs de x, hormis a, b, c, uniforme et finie;

2° Entre trois branches quelconques P', P'', P''' de cette fonction a toujours lieu une équation linéaire homogène à coefficients constants

$$c'P' + c''P'' + c'''P''' = 0;$$

3° La fonction peut se mettre sous les formes

$$c_\alpha P^{(\alpha)} + c_{\alpha'} P^{(\alpha')}, \qquad c_\beta P^{(\beta)} + c_{\beta'} P^{(\beta')}, \qquad c_\gamma P^{(\gamma)} + c_{\gamma'} P^{(\gamma')},$$

où c_α, $c_{\alpha'}$, ..., $c_{\gamma'}$ désignent des constantes, et cela de telle sorte que, pour $x = a$,

$$P^{(\alpha)}(x-a)^{-\alpha}, \qquad P^{(\alpha')}(x-a)^{-\alpha'}$$

restent uniformes et ne deviennent ni nulles, ni infinies, et qu'il en soit de même, pour $x = b$, de

$$P^{(\beta)}(x-b)^{-\beta}, \qquad P^{(\beta')}(x-b)^{-\beta'},$$

et, pour $x = c$, de

$$P^{(\gamma)}(x-c)^{-\gamma}, \qquad P^{(\gamma')}(x-c)^{-\gamma'}.$$

Relativement aux six grandeurs α, α', $\ldots$, γ', l'on supposera qu'aucune des différences

$$\alpha-\alpha', \qquad \beta-\beta', \qquad \gamma-\gamma'$$

n'est un nombre entier et, de plus, que l'on a pour la somme de ces grandeurs

$$\alpha+\alpha'+\beta+\beta'+\gamma+\gamma' = 1.$$

La variété de fonctions qui remplissent ces trois conditions reste pour le moment indéterminée; nous la déterminerons dans le cours de notre étude (§ IV).

Pour simplifier le langage, je nommerai x la variable; a, b, c les première, deuxième, troisième valeurs de ramification, et α, α'; β, β'; γ, γ' les premier, deuxième et troisième couples d'exposants de la fonction P.

§ II.

En premier lieu, quelques conséquences évidentes de la définition :

Dans la fonction

$$P\left\{\begin{matrix} a & b & c & \\ \alpha & \beta & \gamma & x \\ \alpha' & \beta' & \gamma' & \end{matrix}\right\},$$

les trois premières lignes verticales peuvent être échangées entre elles d'une manière quelconque, et de même α et α', β et β', γ et γ'. L'on a ensuite

$$P\left\{\begin{matrix} a & b & c & \\ \alpha & \beta & \gamma & x \\ \alpha' & \beta' & \gamma' & \end{matrix}\right\} = P\left\{\begin{matrix} a' & b' & c' & \\ \alpha & \beta & \gamma & x' \\ \alpha' & \beta' & \gamma' & \end{matrix}\right\}$$

lorsque l'on prend pour x' une expression rationnelle du premier degré en x qui, pour $x = a$, b, c, prend les valeurs a', b', c'.

La fonction

$$P\begin{Bmatrix} 0 & \infty & 1 & \\ \alpha & \beta & \gamma & x \\ \alpha' & \beta' & \gamma' & \end{Bmatrix},$$

forme à laquelle, par suite, peuvent se ramener toutes les fonctions P à mêmes $\alpha, \alpha', \ldots, \gamma'$, je la désignerai, pour abréger l'écriture, simplement par

$$P\begin{Bmatrix} \alpha & \beta & \gamma & \\ \alpha' & \beta' & \gamma' & x \end{Bmatrix}.$$

Dans une telle fonction, parmi les grandeurs $\alpha, \alpha'; \beta, \beta'; \gamma, \gamma'$; l'on peut intervertir les éléments de chaque couple, et l'on peut aussi échanger entre eux, d'une manière quelconque, les trois couples de grandeurs lorsque l'on a seulement soin, dans la fonction P ainsi obtenue, de substituer à la variable une fonction rationnelle de premier degré en x qui, pour les valeurs de x correspondant aux premier, second et troisième couples d'exposants de cette fonction, prend respectivement les valeurs $0, \infty, 1$.

L'on obtient de cette manière la fonction

$$P\begin{Bmatrix} \alpha & \beta & \gamma & \\ \alpha' & \beta' & \gamma' & x \end{Bmatrix},$$

exprimée par des fonctions P aux variables respectives x, $1-x$, $\frac{1}{x}$, $1-\frac{1}{x}$, $\frac{x}{x-1}$, $\frac{1}{1-x}$ et aux mêmes exposants, mais rangés en un ordre différent.

Comme conséquence de la définition, on a de plus

$$P\begin{Bmatrix} a & b & c & \\ \alpha & \beta & \gamma & x \\ \alpha' & \beta' & \gamma' & \end{Bmatrix}\left(\frac{x-a}{x-b}\right)^{\delta} P = \begin{Bmatrix} a & b & c & \\ \alpha+\delta & \beta-\delta & \gamma & x \\ \alpha'+\delta & \beta'-\delta & \gamma' & \end{Bmatrix},$$

et, par conséquent, aussi

$$x^{\delta}(1-x)^{\varepsilon} P\begin{Bmatrix} \alpha & \beta & \gamma & \\ \alpha' & \beta' & \gamma' & x \end{Bmatrix} = P\begin{Bmatrix} \alpha+\delta & \beta-\delta-\varepsilon & \gamma+\varepsilon & \\ \alpha'+\delta & \beta'-\delta-\varepsilon & \gamma'+\varepsilon & x \end{Bmatrix}.$$

A l'aide de cette transformation, deux exposants de couples différents peuvent prendre des valeurs données quelconques, et comme valeurs des exposants l'on peut introduire ainsi, puisque l'on a la condition $\alpha+\alpha'+\beta+\beta'+\gamma+\gamma'=1$, toutes autres valeurs pour lesquelles les trois différences $\alpha-\alpha'$, $\beta-\beta'$, $\gamma-\gamma'$ restent les mêmes. En ayant égard à ce fait, je désignerai plus tard, pour faciliter la discussion, par

$$\mathrm{P}\left\{\alpha-\alpha',\quad \beta-\beta',\quad \gamma-\gamma',\quad x\right\}$$

toutes les fonctions renfermées sous la forme

$$x^{\delta}(1-x)^{\varepsilon}\,\mathrm{P}\begin{Bmatrix}\alpha & \beta & \gamma & \\ & & & x\\ \alpha' & \beta' & \gamma' & \end{Bmatrix}.$$

§ III.

Il est maintenant, avant toutes choses, nécessaire d'étudier d'une manière plus détaillée la marche de la fonction.

A cet effet, concevons une ligne l, qui se ferme en revenant sur elle-même, passant par tous les points de ramification de la fonction, et qui partage l'ensemble de toutes les valeurs complexes en deux domaines séparés de grandeurs.

A l'intérieur de chacun de ces derniers, chaque branche de la fonction aura une marche continue et séparée des autres branches ; mais le long de la ligne de contour commune auront lieu, entre les branches de l'un et de l'autre domaine, des relations différentes en des portions d'encadrement différentes. En vue d'une représentation plus commode de ces relations, je désignerai les expressions linéaires $pt+qu$, $rt+su$, formées des grandeurs t, u à l'aide du système de coefficients $\mathrm{S}=\begin{pmatrix}p, & q\\ r, & s\end{pmatrix}$, par $(\mathrm{S})\,(t,\ u)$. De plus, par analogie avec la désignation, proposée par Gauss, d'*unité positive latérale* pour $+i$, l'on regardera comme côté *positif*, relativement à une direction donnée, celui qui est situé par rapport à cette direction comme $+i$ l'est par rapport à 1 (c'est-à-dire, sur la gauche, dans la méthode habituelle de représentation des grandeurs complexes).

Ainsi x décrit un *circuit positif autour d'une valeur de ramification* a, lorsqu'il décrit le contour total d'un domaine de grandeurs contenant cette valeur de ramification et nulle autre dans une direction située positivement par rapport à la direction qui va de l'intérieur à l'extérieur du domaine.

Supposons alors que la ligne l passe, dans cet ordre respectif, par les points $x = c$, $x = b$, $x = a$, et, dans le domaine qui est situé du côté positif de l, soient P', P'' deux branches de la fonction P n'ayant pas entre elles un rapport constant.

Toute autre branche P''', puisque dans l'équation

$$c'P' + c''P'' + c'''P''' = 0,$$

qui a lieu en vertu des hypothèses, c''' ne peut s'évanouir, peut alors s'exprimer linéairement en P' et P'' à l'aide de coefficients constants.

Si l'on suppose alors que P', P'' soient respectivement transformés par l'effet d'un circuit positif de la grandeur x autour de a en $(A)(P', P'')$, autour de b en $(B)(P', P'')$, autour de c en $(C)(P', P'')$, la périodicité de la fonction sera complètement déterminée par les coefficients des systèmes (A), (B), (C).

Mais entre ceux-ci il existe encore des relations.

En effet, lorsque x décrit le bord négatif de la ligne l, les fonctions P', P'' doivent reprendre leurs valeurs primitives, puisque le chemin décrit dans le sens négatif forme l'encadrement total d'un domaine de grandeurs à l'intérieur duquel ces fonctions sont partout uniformes. Or, cela revient à faire marcher la variable z de l'une des valeurs c, b, a jusqu'à la suivante sur le bord positif et à décrire chaque fois ensuite un circuit positif autour de cette valeur; ceci a pour conséquence de transformer successivement (P', P'') en $(C)(P', P'')$, $(C)(B)(P', P'')$ et enfin en $(C)(B)(A)(P', P'')$; on a par conséquent

$$(1) \qquad (C)(B)(A) = \begin{pmatrix} 1, & 0 \\ 0, & 1 \end{pmatrix},$$

équation qui fournit quatre équations de condition entre les douze coefficients de A, B, C.

Dans la discussion de ces équations de condition, je m'en tiendrai, pour fixer les idées, à la considération de la fonction

$$P\begin{pmatrix} \alpha & \beta & \gamma & \\ \alpha' & \beta' & \gamma' & x \end{pmatrix},$$

c'est-à-dire au cas où l'on a

$$a = 0, \qquad b = \infty, \qquad c = 1,$$

ce qui n'influe pas essentiellement sur la généralité des résultats, et je choisis comme ligne qui doit passer par 1, ∞, 0 la ligne des valeurs réelles qui, pour traverser les points c, b, a dans l'ordre indiqué, doit être parcourue de $-\infty$ à $+\infty$.

A l'intérieur du domaine situé du côté positif de cette ligne, et renfermant les valeurs complexes à termes imaginaires positifs, les parties de la fonction P caractérisées précédemment, c'est-à-dire les grandeurs P^α, $P^{\alpha'}$, P^β, $P^{\beta'}$, P^γ, $P^{\gamma'}$, sont alors des fonctions uniformes de x parfaitement déterminées à des facteurs constants près qui dépendent du choix des grandeurs c_α, $c_{\alpha'}$, ..., $c_{\gamma'}$.

Les fonctions P^α, $P^{\alpha'}$, par l'effet d'un circuit positif décrit par la grandeur x autour de 0, deviennent $P^\alpha e^{\alpha 2\pi i}$, $P^{\alpha'} e^{\alpha' 2\pi i}$; de même, lors d'un circuit positif de cette grandeur autour de ∞, les fonctions P^β, $P^{\beta'}$ deviennent $P^\beta e^{\beta 2\pi i}$, $P^{\beta'} e^{\beta' 2\pi i}$; et lors d'un circuit positif autour de 1, les fonctions P^γ, $P^{\gamma'}$ deviennent $P^\gamma e^{\gamma 2\pi i}$, $P^{\gamma'} e^{\gamma' 2\pi i}$.

Si l'on désigne par P' la valeur que prend P par l'effet d'un circuit positif décrit par x autour de 0, lorsque $P = c_\alpha P^\alpha + c'_{\alpha'} P^{\alpha'}$, l'on aura

$$P' = c_\alpha e^{\alpha 2\pi i} P^\alpha + c'_{\alpha'} e^{\alpha' 2\pi i} P^{\alpha'}.$$

Ces expressions de P et P' ont un déterminant différent de 0, puisque par hypothèse $\alpha - \alpha'$ n'est pas un nombre entier et, par suite, inversement, P^α, $P^{\alpha'}$ peuvent s'exprimer linéairement en P, P' avec des coefficients constants et, par conséquent aussi, en P^β, $P^{\beta'}$; P^γ, $P^{\gamma'}$.

Si l'on pose maintenant

$$P^\alpha = \alpha_\beta P^\beta + \alpha_{\beta'} P^{\beta'} = \alpha_\gamma P^\gamma + \alpha_{\gamma'} P^{\gamma'},$$
$$P^{\alpha'} = \alpha'_\beta P^\beta + \alpha'_{\beta'} P^{\beta'} = \alpha'_\gamma P^\gamma + \alpha'_{\gamma'} P^{\gamma'},$$

et si l'on écrit pour abréger

$$\left\{ \begin{matrix} \alpha_\beta & \alpha_{\beta'} \\ \alpha'_\beta & \alpha'_{\beta'} \end{matrix} \right\} = (b), \qquad \left\{ \begin{matrix} \alpha_\gamma & \alpha_{\gamma'} \\ \alpha'_\gamma & \alpha'_{\gamma'} \end{matrix} \right\} = (c)$$

et si l'on désigne aussi les substitutions inverses de (b) et de (c) respectivement par $(b)^{-1}$ et $(c)^{-1}$, l'on obtiendra pour les fonctions $(P^\alpha, P^{\alpha'})$ les substitutions suivantes :

$$(A) = \begin{Bmatrix} e^{\alpha 2\pi i} & 0 \\ 0 & e^{\alpha' 2\pi i} \end{Bmatrix},$$

$$(B) = (b) \begin{Bmatrix} e^{\beta 2\pi i} & 0 \\ 0 & e^{\beta' 2\pi i} \end{Bmatrix} (b)^{-1},$$

$$(C) = (c) \begin{Bmatrix} e^{\gamma 2\pi i} & 0 \\ 0 & e^{\gamma' 2\pi i} \end{Bmatrix} (c)^{-1}.$$

De l'équation $(C)(B)(A) = \begin{pmatrix} 1 & 0 \\ 0 & 1 \end{pmatrix}$ l'on conclut d'abord, puisque le déterminant d'une substitution composée est égal au produit des déterminants des substitutions qui la composent,

$$\begin{aligned} 1 &= \text{Dét.}(A)\,\text{Dét.}(B)\text{Dét.}(C) \\ &= e^{(\alpha+\alpha'+\beta+\beta'+\gamma+\gamma')2\pi i}\,\text{Dét.}(b)\,\text{Dét.}(b)^{-1}\,\text{Dét.}(c)\,\text{Dét.}(c)^{-1}, \end{aligned}$$

c'est-à-dire, puisque $\text{Dét.}(b)\text{Dét.}(b)^{-1} = 1$ et $\text{Dét.}(c)\,\text{Dét.}(c)^{-1} = 1$,

$$(2) \qquad \alpha + \alpha' + \beta + \beta' + \gamma + \gamma' = \text{nombre entier};$$

résultat avec lequel est compatible l'hypothèse faite précédemment que la somme de ces exposants est égale à l'unité.

Les trois relations restantes, comprises dans l'égalité

$$(C)(B)(A) = \begin{pmatrix} 1 & 0 \\ 0 & 1 \end{pmatrix},$$

fournissent trois conditions pour (b) et (c), que l'on peut obtenir plus aisément comme il suit :

Quand x décrit un circuit négatif, d'abord autour de 0, puis autour de ∞, le chemin ainsi formé revient simplement à un circuit positif décrit autour de 1. La valeur que prend de cette manière P^α est par conséquent égale à

$$\alpha_\gamma e^{\gamma 2\pi i} P^\gamma + \alpha'_{\gamma'} e^{\gamma' 2\pi i} P^{\gamma'} = \left(\alpha_\beta e^{-\beta 2\pi i} P^\beta + \alpha_{\beta'} e^{-\beta' 2\pi i} P^{\beta'}\right) e^{-\alpha 2\pi i}.$$

Si l'on multiplie cette équation par un facteur arbitraire $e^{-\sigma\pi i}$ et l'équation

$$\alpha_\gamma P^\gamma + \alpha_{\gamma'} P^{\gamma'} = \alpha_\beta P^\beta + \alpha_{\beta'} P^{\beta'}$$

par $e^{\sigma\pi i}$, l'on obtient, après suppression d'un facteur commun,

$$\alpha_\gamma \sin(\sigma-\gamma)\pi e^{\gamma\pi i}P^\gamma + \alpha_{\gamma'}\sin(\sigma-\gamma')\pi e^{\gamma'\pi i}P^{\gamma'}$$
$$= \alpha_\beta \sin(\sigma+\alpha+\beta)\pi e^{-(\alpha+\beta)\pi i}P^\beta + \alpha_{\beta'}\sin(\sigma+\alpha+\beta')\pi e^{-(\alpha+\beta')\pi i}P^{\beta'}.$$

D'une manière toute pareille l'on a aussi, en remplaçant partout α par α', l'équation suivante, renfermant la grandeur arbitraire σ,

$$\alpha'_\gamma \sin(\sigma-\gamma)\pi e^{\gamma\pi i}P^\gamma + \alpha'_{\gamma'}\sin(\sigma-\gamma')\pi e^{\gamma'\pi i}P^{\gamma'}$$
$$\alpha'_\beta \sin(\sigma+\alpha'+\beta)\pi e^{-(\alpha'+\beta)\pi i}P^\beta + \alpha'_{\beta'}\sin(\sigma+\alpha'+\beta')\pi e^{-(\alpha'+\beta')\pi i}P^{\beta'}.$$

Si l'on débarrasse les deux équations de l'une des fonctions, par exemple de $P^{\gamma'}$, en déterminant σ convenablement, les équations résultantes ne peuvent différer que par facteur général constant, puisque $\frac{P^\beta}{P^{\beta'}}$ n'est pas égal à une constante. Cette élimination de $P^{\gamma'}$ nous donne, par conséquent,

$$(3) \qquad \frac{\alpha_\gamma}{\alpha'_\gamma} = \frac{\alpha_\beta \sin(\alpha+\beta+\gamma')\pi e^{-\alpha\pi i}}{\alpha'_\beta \sin(\alpha'+\beta+\gamma')\pi e^{-\alpha'\pi i}} = \frac{\alpha_{\beta'}\sin(\alpha+\beta'+\gamma')\pi e^{-\alpha\pi i}}{\alpha'_{\beta'}\sin(\alpha'+\beta'+\gamma')\pi e^{-\alpha'\pi i}}$$

et l'élimination toute pareille de P^γ nous donne

$$(3') \qquad \frac{\alpha_{\gamma'}}{\alpha'_{\gamma'}} = \frac{\alpha_\beta \sin(\alpha+\beta+\gamma)\pi e^{-\alpha\pi i}}{\alpha'_\beta \sin(\alpha'+\beta+\gamma)\pi e^{-\alpha'\pi i}} = \frac{\alpha_{\beta'}\sin(\alpha+\beta'+\gamma)\pi e^{-\alpha'\pi i}}{\alpha'_{\beta'}\sin(\alpha'+\beta'+\gamma)\pi e^{-\alpha'\pi i}},$$

ce qui constitue les quatre relations cherchées. L'on en tire les rapports des quotients $\frac{\alpha_\beta}{\alpha'_\beta}$, $\frac{\alpha_{\beta'}}{\alpha'_{\beta'}}$, $\frac{\alpha_\gamma}{\alpha'_\gamma}$, $\frac{\alpha_{\gamma'}}{\alpha'_{\gamma'}}$. L'égalité des deux valeurs de $\frac{\alpha_\beta}{\alpha'_\beta} : \frac{\alpha_{\beta'}}{\alpha'_{\beta'}}$ tirées des deuxième et quatrième relations se reconnaît aisément comme conséquence de $\alpha+\alpha'+\beta+\beta'+\gamma+\gamma'=1$ à l'aide de l'identité $\sin s\pi = \sin(1-s)\pi$.

Ainsi, les quatre grandeurs $\frac{\alpha_\beta}{\alpha'_\beta}$, $\frac{\alpha_{\beta'}}{\alpha'_{\beta'}}$, $\frac{\alpha_\gamma}{\alpha'_\gamma}$, $\frac{\alpha_{\gamma'}}{\alpha'_{\gamma'}}$ sont déterminées par l'une d'elles, par exemple par $\frac{\alpha_\beta}{\alpha'_\beta}$, et les trois grandeurs $\alpha'_{\beta'}$, α'_γ, $\alpha'_{\gamma'}$ le sont à l'aide des cinq autres α_β, α'_β, $\alpha_{\beta'}$, α_γ, $\alpha_{\gamma'}$. Mais ces cinq grandeurs dépendent, lorsque la fonction P est donnée, des facteurs encore arbitraires contenus dans P^{α}, $P^{\alpha'}$, P^{β}, $P^{\beta'}$, P^{γ}, $P^{\gamma'}$, ou plutôt de leurs rapports, et elles peuvent, par une détermination convenable de ces facteurs, prendre toutes les valeurs finies possibles [1].

§ IV.

La remarque que nous venons de faire ouvre la voie à ce théorème que, dans deux fonctions P à exposants égaux les éléments qui appartiennent aux mêmes exposants ne diffèrent que par un facteur constant.

En effet, si P_1 est une fonction aux mêmes exposants que P, on peut donner aux cinq grandeurs α_β, $\alpha_{\beta'}$, α_γ, $\alpha_{\gamma'}$ et α'_β les mêmes valeurs pour les deux fonctions, et alors les grandeurs $\alpha'_{\beta'}$, α'_γ, $\alpha'_{\gamma'}$ auront aussi les mêmes valeurs pour les deux. On a donc simultanément

$$(P^{\alpha}, P^{\alpha'}) = (b)(P^{\beta}, P^{\beta'}) = (c)(P^{\gamma}, P^{\gamma'})$$

et

$$(P_1^{\alpha}, P_1^{\alpha'}) = (b)(P_1^{\beta}, P_1^{\beta'}) = (c)(P_1^{\gamma}, P_1^{\gamma'}),$$

et, par suite,

$$(P^{\alpha}P_1^{\alpha'} - P^{\alpha'}P_1^{\alpha}) = \text{Dét.}(b)(P^{\beta}P_1^{\beta'} - P^{\beta'}P_1^{\beta}) = \text{Dét.}(c)(P^{\gamma}P_1^{\gamma'} - P^{\gamma'}P_1^{\gamma}).$$

De ces trois expressions, la première, multipliée par $x^{-\alpha-\alpha'}$, reste évidemment uniforme et finie pour $x = 0$; il en est de même de la deuxième, multipliée par $x^{\beta+\beta'} = x^{-\alpha-\alpha'-\gamma-\gamma'+1}$ pour $x = \infty$; de même de la troisième, multipliée par $(1-x)^{-\gamma-\gamma'}$, pour $x = 1$, et il en est de même pour toutes les trois expressions, pour toutes les valeurs de x autres que $0, \infty, 1$; par suite

$$(P^{\alpha}P_1^{\alpha'} - P^{\alpha'}P_1^{\alpha})\, x^{-\alpha-\alpha'}(1-x)^{-\gamma-\gamma'}$$

est une fonction partout continue et uniforme; c'est, par conséquent, une constante. Elle est enfin $= 0$ pour $x = \infty$ et, par suite, elle doit être partout $= 0$.

L'on en conclut

$$\frac{P_1^{\alpha'}}{P^{\alpha'}} = \frac{P_1^{\alpha}}{P^{\alpha}},$$

$$\frac{P_1^{\beta}}{P^{\beta}} = \frac{P_1^{\beta'}}{P^{\beta'}} = \frac{\alpha_\beta P_1^\beta + \alpha_{\beta'} P_1^{\beta'}}{\alpha_\beta P^\beta + \alpha_{\beta'} P^{\beta'}} = \frac{P_1^{\alpha}}{P^{\alpha}},$$

$$\frac{P_1^{\gamma}}{P_{\gamma}} = \frac{P_1^{\gamma'}}{P^{\gamma'}} = \frac{\alpha_\gamma P_1^\gamma + \alpha_{\gamma'} P_1^{\gamma'}}{\alpha_\gamma P^\gamma + \alpha_{\gamma'} P^{\gamma'}} = \frac{P_1^{\alpha}}{P^{\alpha}}.$$

La fonction $\frac{P_1^\alpha}{P^\alpha}$ est donc uniforme; elle doit en outre être partout finie, et, par conséquent, être égale à une constante, ce qui reste à démontrer; la démonstration sera obtenue si l'on fait voir que P^α et $P^{\alpha'}$ ne peuvent s'évanouir ensemble pour une valeur de x différente de o, 1, ∞.

Pour y arriver, l'on remarquera que l'expression

$$\begin{aligned} P^\alpha \frac{dP^{\alpha'}}{dx} - P^{\alpha'} \frac{dP^\alpha}{dx} &= \text{Dét. } (b) \left(P^\beta \frac{dP^{\beta'}}{dx} - P^{\beta'} \frac{dP^\beta}{dx} \right) \\ &= \text{Dét. } (c) \left(P^\gamma \frac{dP^{\gamma'}}{dx} - P^{\gamma'} \frac{dP^\gamma}{dx} \right), \end{aligned}$$

et que, par conséquent, pour $x = 0, \infty, 1$ elle sera respectivement infiniment petite des ordres

$$\alpha + \alpha' - 1, \qquad \beta + \beta' + 1 = 2 - \alpha - \alpha' - \gamma - \gamma', \qquad \gamma + \gamma' - 1,$$

mais partout ailleurs restera continue et uniforme, de sorte que

$$\left(P^\alpha \frac{dP^{\alpha'}}{dx} - P^{\alpha'} \frac{dP^\alpha}{dx} \right) x^{-\alpha-\alpha'+1} (1-x)^{-\gamma-\gamma'+1}$$

est une fonction partout continue et uniforme et, par suite, a une valeur constante. Cette valeur constante de cette fonction est nécessairement différente de o, sinon l'on aurait $\log P^\alpha - \log P^{\alpha'} =$ const. et, par suite, $\alpha = \alpha'$, contrairement à l'hypothèse.

Cette fonction devrait être nulle si, pour une valeur de x différente de o, 1, ∞, les fonctions P^α, $P^{\alpha'}$ s'évanouissaient en même temps, car $\frac{dP^\alpha}{dx}$, $\frac{dP^{\alpha'}}{dx}$, comme dérivées de fonctions uniformes et continues, ne peuvent devenir infinies.

Par conséquent, P^α et $P^{\alpha'}$ ne deviennent en même temps égales à zéro pour aucune valeur de x différente de o, 1, ∞, et la fonction uniforme

$$\frac{P_1^\alpha}{P^\alpha} = \frac{P_1^{\alpha'}}{P^{\alpha'}} = \frac{P_1^\beta}{P^\beta} = \frac{P_1^{\beta'}}{P^{\beta'}} = \frac{P_1^\gamma}{P^\gamma} = \frac{P_1^{\gamma'}}{P^{\gamma'}}$$

est partout finie et, par conséquent, constante. C. Q. F. D.

Il résulte du théorème que l'on vient de démontrer qu'à l'aide de deux branches d'*une* fonction P, dont le quotient n'est pas constant, l'on peut exprimer linéairement avec des coefficients constants toute autre fonction P aux mêmes exposants, et qu'en vertu des propriétés proposées dans le § I pour définir la fonction, celle-ci est complètement déterminée, à deux constantes près, qu'elle renferme linéairement. Ces constantes seront trouvées en chaque cas très aisément, à l'aide des valeurs de la fonction pour des valeurs spéciales de la variable, et la manière la plus commode sera d'égaler la variable à une valeur de ramification.

La question de savoir s'il existe toujours une fonction qui remplit les conditions du § I reste encore, il est vrai, sans réponse; mais elle sera résolue plus tard en donnant une représentation effective de la fonction à l'aide d'intégrales définies et de séries hypergéométriques, et ne nécessite donc aucune étude particulière.

§ V.

Outre les transformations possibles pour toutes les valeurs des exposants indiquées au § II, l'on tire encore aisément de la définition les deux transformations

$$\text{(A)}\qquad P\begin{Bmatrix} 0 & \infty & 1 & \\ 0 & \beta & \gamma & x \\ \frac{1}{2} & \beta' & \gamma' & \end{Bmatrix} = P\begin{Bmatrix} -1 & \infty & 1 & \\ \gamma & 2\beta & \gamma & \sqrt{x} \\ \gamma' & 2\beta' & \gamma' & \end{Bmatrix},$$

où l'on doit supposer, d'après ce qui précède,

$$\beta + \beta' + \gamma + \gamma' = \frac{1}{2}$$

et

$$\text{(B)}\qquad P\begin{Bmatrix} 0 & \infty & 1 & \\ 0 & 0 & \gamma & x \\ \frac{1}{3} & \frac{1}{3} & \gamma' & \end{Bmatrix} = P\begin{Bmatrix} 1 & \rho & \rho^2 & \\ \gamma & \gamma & \gamma & \sqrt[3]{x} \\ \gamma' & \gamma' & \gamma' & \end{Bmatrix},$$

où $\gamma + \gamma' = \frac{1}{3}$ et où ρ désigne une racine cubique imaginaire de l'unité.

Pour embrasser d'une manière commode toutes les fonctions qui peuvent se ramener les unes aux autres à l'aide de ces transformations, il est bon, au lieu des exposants, d'introduire leurs différences et, comme nous l'avons proposé précédemment, de désigner par

$$P(\alpha - \alpha', \beta - \beta', \gamma - \gamma', x)$$

toutes les fonctions comprises sous la forme

$$x^\delta (1 - x)^\varepsilon P \begin{Bmatrix} \alpha & \beta & \gamma & \\ \alpha' & \beta' & \gamma' & x \end{Bmatrix},$$

en donnant à $\alpha - \alpha'$, $\beta - \beta'$, $\gamma - \gamma'$ les noms de première, deuxième, troisième différence d'exposants.

Il résulte alors des formules du § II que, dans la fonction

$$P(\lambda, \mu, \nu, x),$$

chacune des grandeurs λ, μ, ν peut être remplacée par la même grandeur changée de signe et que ces grandeurs peuvent être échangées d'une manière quelconque entre elles. La variable, par l'effet de ces opérations, prend l'une des six valeurs x, $1 - x$, $\frac{1}{x}$, $1 - \frac{1}{x}$, $\frac{1}{1-x}$, $\frac{x}{x-1}$, et, parmi les quarante-huit fonctions P que l'on obtient de cette manière, dans chacun des groupes de huit fonctions qui résultent du simple changement de signes des grandeurs λ, μ, ν, la variable reste la même.

La première des transformations (A), (B), indiquées dans ce paragraphe, est applicable lorsque parmi les différences des exposants l'une $= \frac{1}{2}$, ou bien lorsque deux sont égales entre elles ; la seconde (B) est applicable, lorsque parmi ces différences deux sont égales à $\frac{1}{3}$ ou bien lorsque toutes les trois sont égales entre elles.

A l'aide de l'application successive de ces transformations l'on obtient donc, exprimées l'une par l'autre, les fonctions suivantes :

I.

$$P(\mu, \nu, \tfrac{1}{2}, x_2), \qquad P(\mu, 2\nu, \mu, x_1), \qquad P(\nu, 2\mu, \nu, x_3),$$

où

$$\sqrt{1 - x_2} = 1 - 2x_1, \qquad \sqrt{1 - \frac{1}{x_2}} = 1 - 2x_3,$$

d'où

$$x_2 = 4x_1(1 - x_1) = \frac{1}{4x_3(1 - x_3)}.$$

II.

$$P(\nu, \nu, \nu, x_3), \qquad P\left(\nu, \frac{\nu}{2}, \frac{1}{2}, x_2\right), \qquad P\left(\frac{\nu}{2}, 2\nu, \frac{\nu}{2}, x_1\right),$$

$$P\left(\frac{1}{3}, \nu, \frac{1}{3}, x_4\right), \qquad P\left(\frac{1}{3}, \frac{\nu}{2}, \frac{1}{2}, x_5\right), \qquad P\left(\frac{\nu}{2}, \frac{2}{3}, \frac{\nu}{2}, x_6\right),$$

lorsque

$$1 - \frac{1}{x_4} = \left(\frac{x_3 + \rho}{x_3 + \rho^2}\right)^3$$

et, par suite,

$$\frac{1}{x_4} = \frac{3(\rho - \rho^2)\, x_3(1 - x_3)}{(\rho^2 + x_3)^3},$$

$$x_4(1 - x_4) = \frac{(\rho + x_3)^3(\rho^2 + x_3)^3}{27x_3^{\frac{2}{3}}(1 - x_3)^2} = \frac{[1 - x_3(1 - x_3)]^3}{27x_3^{\frac{2}{3}}(1 - x_3)^2};$$

et enfin, d'après I,

$$4x_4(1 - x_4) = x_5 = \frac{1}{4x_6(1 - x_6)}, \qquad 4x_3(1 - x_3) = x_2 = \frac{1}{4x_1(1 - x_1)}.$$

III.

$$P\left(\nu, \nu, \frac{1}{2}, x_2\right), \qquad P(\nu, 2\nu, \nu, x_1),$$

$$P\left(\frac{1}{4}, \nu, \frac{1}{2}, x_3\right), \qquad P\left(\frac{1}{4}, 2\nu, \frac{1}{4}, x_4\right),$$

lorsque

$$x_3 = \frac{1}{4}\left(2 - x_2 - \frac{1}{x_2}\right) = 4x_4(1 - x_4),$$

$$x_2 = 4x_1(1 - x_1).$$

Toutes ces fonctions peuvent être encore transformées à l'aide de la transformation générale; et leurs différences d'exposants peuvent être ainsi échangées entre elles indifféremment et affectées de signes quelconques.

Outre les deux transcendantes II et III, au cas où une différence d'exposants peut demeurer arbitraire, la fonction

$$P\left(\nu, \frac{1}{2}, \frac{1}{2}\right) = P(\nu, 1, \nu)$$

seule peut encore admettre une nouvelle répétition des transformations (A) et (B), mais cela conduit à des formules tout élémentaires puisqu'on a l'égalité

$$P\begin{pmatrix} 0 & 0 & 0 & \\ \nu & -\nu & 1 & x \end{pmatrix} = \text{const.}\, x^{\nu} + \text{const}'.$$

En effet, la transformation (B) n'est applicable qu'à $P(\nu, \nu, \nu)$ ou $P\left(\frac{1}{3}, \nu, \frac{1}{3}\right)$, c'est-à-dire seulement à la transcendante II. Mais la transformation (A) peut être répétée plus souvent que dans les formules I, et cela seulement lorsque parmi les grandeurs μ, ν, 2μ, 2ν l'une d'elles est prise égale à $\frac{1}{2}$, ou encore si l'on a une des équations $\mu = \nu$, $\mu = 2\nu$, $\nu = 2\mu$. Les hypothèses $\mu = 2\nu$, ou $\nu = 2\mu$ conduisent à la transcendante II, l'hypothèse $\mu = \nu$ comme aussi $2\mu = \frac{1}{2}$ ou $2\nu = \frac{1}{2}$ à la transcendante III, et enfin l'hypothèse $\mu = \frac{1}{2}$ ou $\nu = \frac{1}{2}$ à la fonction $P\left(\nu, \frac{1}{2}, \frac{1}{2}\right)$.

L'on obtient le nombre des différentes expressions que l'on tire à l'aide de ces transformations pour chacune des transcendantes I-III, en observant que dans les précédentes fonctions P l'on peut admettre comme variables toutes les racines des équations qui les déterminent, et que chaque racine fait partie d'un système de six valeurs qui peuvent être introduites à la place les unes des autres comme variables par le moyen de la transformation générale.

Mais, dans le cas I, les deux valeurs de x_1 et x_3 qui correspondent à un x_2 donné conduisent au même système de six valeurs, de sorte que chacune des fonctions I peut être représentée comme fonction P à l'aide de $6.3 = 18$ variables différentes.

Dans le cas II, parmi les valeurs des variables correspondant à une valeur de x_5 donnée, les deux valeurs de x_6 et x_4, les six valeurs de x_3 et les six valeurs de x_1 combinées deux à deux conduisent toujours à un même système de six valeurs, tandis que les trois valeurs de x_2 conduisent à trois systèmes différents de six valeurs. Ainsi, x_1 et x_2 fournissent chacun trois systèmes de six valeurs et x_3, x_4, x_5, x_6 chacun un système de six valeurs, ce qui fait en tout, par suite, $6.10 = 60$ valeurs de variables, et chacune des fonctions II peut s'exprimer à l'aide des fonctions P de ces variables.

Enfin, dans le cas III, x_3, les deux valeurs de x_2, les deux valeurs de x_4 et les quatre valeurs de x_1 combinées deux à deux fournissent chacune un système de six valeurs, de sorte qu'alors chacune des fonctions III est représentable par des fonctions P correspondant à $6.5 = 30$ différentes variables.

Maintenant, dans chaque fonction P, l'on peut sans modifier la variable faire prendre des signes quelconques aux différences d'exposants à l'aide de la transformation générale; l'on peut donc, puisqu'aucune de ces différences d'exposants n'est égale à zéro, représenter une seule et même fonction comme fonction P de la même variable de huit manières distinctes. Comme nombre total de ces expressions nous avons donc ainsi :

Cas I : $8.6.3 = 144$; *Cas II :* $8.6.10 = 480$; *Cas III :* $8.6.5 = 240$.

§ VI.

Quand on fait varier de nombres entiers tous les exposants d'une fonction P, les grandeurs

$$\frac{\sin(\alpha+\beta+\gamma')\pi e^{-\alpha\pi i}}{\sin(\alpha'+\beta+\gamma')\pi e^{-\alpha'\pi i}}, \qquad \frac{\sin(\alpha+\beta'+\gamma')\pi e^{-\alpha\pi i}}{\sin(\alpha'+\beta'+\gamma')\pi e^{-\alpha'\pi i}},$$

$$\frac{\sin(\alpha+\beta+\gamma)\pi e^{-\alpha\pi i}}{\sin(\alpha'+\beta+\gamma)\pi e^{-\alpha'\pi i}}, \qquad \frac{\sin(\alpha+\beta'+\gamma)\pi e^{-\alpha\pi i}}{\sin(\alpha'+\beta'+\gamma)\pi e^{-\alpha'\pi i}}$$

dans les équations (3) du § III restent inaltérées.

Si, dans les fonctions

$$P\left\{\begin{matrix}\alpha & \beta & \gamma \\ \alpha' & \beta' & \gamma'\end{matrix}\; x\right\}, \qquad P_1\left\{\begin{matrix}\alpha_1 & \beta_1 & \gamma_1 \\ \alpha'_1 & \beta'_1 & \gamma'_1\end{matrix}\; x\right\},$$

les exposants correspondants α_1 et α, ... diffèrent de nombres entiers, l'on peut donc prendre les huit grandeurs $(\alpha_\beta)_1$, $(\alpha'_\beta)_1$, $(\alpha_{\beta'})_1$, ... égales aux huit grandeurs α_β, α'_β, $\alpha_{\beta'}$, ... puisque, de l'égalité pour cinq qui peuvent être prises arbitrairement, résulte l'égalité pour les trois restantes.

D'après le raisonnement dont on a fait usage dans le § IV, l'on en conclut

$$P^\alpha P_1^{\alpha'_1} - P^{\alpha'} P_1^{\alpha_1} = \text{Dét.}(b)\left(P^\beta P_1^{\beta'_1} - P^{\beta'} P_1^{\beta_1}\right) = \text{Dét.}(c)\left(P^\gamma P_1^{\gamma'_1} - P^{\gamma'} P_1^{\gamma_1}\right).$$

et, si parmi les grandeurs $\alpha+\alpha'_1$ et $\alpha_1+\alpha'$, $\beta+\beta'_1$ et $\beta_1+\beta'$, $\gamma+\gamma'_1$ et $\gamma_1+\gamma'$, l'on désigne les grandeurs de chaque paire qui sont inférieures d'un nombre entier *positif* aux autres par $\bar\alpha$, $\bar\beta$, $\bar\gamma$, l'on aura, en

$$(P^{\alpha}P_1^{\alpha'_1}-P^{\alpha'}P_1^{\alpha_1})\,x^{-\bar\alpha}(1-x)^{-\bar\gamma},$$

une fonction de x, qui reste uniforme et finie pour $x=0$, $x=1$, et toutes les autres valeurs finies de x, mais qui pour $x=\infty$ devient infinie d'ordre $-\bar\alpha-\bar\gamma-\bar\beta$, et par suite est une fonction entière F de degré $-\bar\alpha-\bar\beta-\bar\gamma$.

Désignons maintenant comme précédemment les différences d'exposants $\alpha-\alpha'$, $\beta-\beta'$, $\gamma-\gamma'$ par λ, μ, ν; relativement à celles-ci nous remarquerons d'abord que *leur somme varie d'un nombre pair lorsque* tous *les exposants varient de nombres entiers*. En effet, elle surpasse la somme de tous les exposants, somme inaltérée qui reste $=1$, de

$$-2(\alpha'+\beta'+\gamma')$$

grandeur qui varie ainsi d'un nombre pair. Mais les différences d'exposants peuvent varier de nombres entiers quelconques dont la somme est paire.

Désignons ensuite $\alpha_1-\alpha'_1$, $\beta_1-\beta'_1$, $\gamma_1-\gamma'_1$ par λ_1, μ_1, ν_1 et par $\Delta\lambda$, $\Delta\mu$, $\Delta\nu$ les valeurs absolues des différences $\lambda-\lambda_1$, $\mu-\mu_1$, $\nu-\nu_1$. Alors celle des grandeurs $\alpha+\alpha'_1$ et $\alpha'+\alpha_1$ qui est inférieure à l'autre du nombre positif $\Delta\lambda$ est égale à

$$\frac{\alpha+\alpha'_1+\alpha'+\alpha_1}{2}-\frac{\Delta\lambda}{2},$$

et, par conséquent,

$$-\bar\alpha=\frac{\Delta\lambda}{2}-\frac{\alpha+\alpha'_1+\alpha'+\alpha_1}{2},$$

et de même

$$-\bar\beta=\frac{\Delta\mu}{2}-\frac{\beta+\beta'_1+\beta'+\beta_1}{2},$$

$$-\bar\gamma=\frac{\Delta\nu}{2}-\frac{\gamma+\gamma'_1+\gamma'+\gamma_1}{2}.$$

Le degré de la fonction entière F, qui est égal à la somme de ces grandeurs, est donc égal à

$$\frac{\Delta\lambda+\Delta\mu+\Delta\nu}{2}-1.$$

§ VII.

Si l'on désigne maintenant par

$$P\begin{Bmatrix} \alpha & \beta & \gamma & \\ & & & x \\ \alpha' & \beta' & \gamma' & \end{Bmatrix}, \quad P_1\begin{Bmatrix} \alpha_1 & \beta_1 & \gamma_1 & \\ & & & x \\ \alpha'_1 & \beta'_1 & \gamma'_1 & \end{Bmatrix}, \quad P_2\begin{Bmatrix} \alpha_2 & \beta_2 & \gamma_2 & \\ & & & x \\ \alpha'_2 & \beta'_2 & \gamma'_2 & \end{Bmatrix}$$

trois fonctions où les exposants correspondants diffèrent de nombres entiers, l'on conclut de ce qui précède, au moyen de l'équation identique

$$P^{\alpha}(P_1^{\alpha_1} P_2^{\alpha'_2} - P_1^{\alpha'_1} P_2^{\alpha_2}) + P_1^{\alpha_1}(P_2^{\alpha_2} P^{\alpha'} - P_2^{\alpha'_2} P^{\alpha}) + P_2^{\alpha_2}(P^{\alpha} P_1^{\alpha'_1} - P^{\alpha'} P_1^{\alpha_1}) = 0,$$

cet important théorème d'après lequel a lieu, entre leurs termes correspondants, une équation linéaire homogène dont les coefficients sont des fonctions entières de x et d'après lequel, par conséquent :

Toutes les fonctions P *dont les exposants correspondants diffèrent entre eux de nombres entiers, peuvent s'exprimer linéairement à l'aide de deux quelconques d'entre elles avec des fonctions rationnelles de x comme coefficients.*

Une conséquence particulière des principes de démonstration de ce théorème, c'est que la dérivée seconde d'une fonction P peut être exprimée linéairement à l'aide de la dérivée première et de la fonction elle-même avec des fonctions rationnelles pour coefficients; et, par suite, la fonction satisfait à une équation différentielle linéaire homogène du second ordre.

Tenons-nous-en, pour simplifier le calcul autant que possible, au cas $\gamma = 0$, auquel on peut aisément ramener le cas général à l'aide du § II; posons $P = y$, $P^{\alpha} = y'$, $P^{\alpha'} = y''$; l'on reconnaît alors que les trois fonctions

$$y' \frac{dy''}{d\log x} - y'' \frac{dy'}{d\log x},$$

$$\frac{d^2y'}{d\log x^2} y'' - \frac{d^2y''}{d\log x^2} y',$$

$$\frac{dy'}{d\log x} \frac{d^2y''}{d\log x^2} - \frac{dy''}{d\log x} \frac{d^2y'}{d\log x^2},$$

multipliées par $x^{-\alpha-\alpha'}(1-x)^{-\gamma'+2}$ restent finies et uniformes pour les valeurs finies de x, et deviennent infinies du premier ordre pour $x=\infty$, et qu'en outre le premier de ces produits devient infiniment petit du premier ordre pour $x=1$. Pour

$$y = \text{const}'.y' + \text{const}''.y''$$

a donc lieu une équation de la forme

$$(1-x)\frac{d^2y}{d\log x^2} - (A+Bx)\frac{dy}{d\log x} + (A'-B'x)y = 0,$$

où A, B, A′, B′ désignent des coefficients qui restent encore à déterminer.

Par la méthode des coefficients indéterminés, l'on peut développer une solution de cette équation différentielle en une série

$$\sum a_n x^n,$$

procédant suivant des puissances ascendantes ou descendantes successives; l'exposant μ du premier terme dans le premier cas, cas où cet exposant est le plus petit, est déterminé alors par l'équation

$$\mu^2 - A\mu + A' = 0,$$

dans le second cas, où cet exposant est le plus élevé, par l'équation

$$\mu^2 - B\mu + B' = 0.$$

Les racines de la première équation doivent représenter α et α', celles de la seconde $-\beta$ et $-\beta'$ et, par suite,

$$A = \alpha + \alpha', \qquad A' = \alpha\alpha',$$
$$B = \beta + \beta', \qquad B' = \beta\beta',$$

et la fonction $P\begin{pmatrix} \alpha & \beta & 0 & \\ \alpha' & \beta' & \gamma' & x \end{pmatrix} = y$ satisfait à l'équation différentielle

$$(1-x)\frac{d^2y}{d\log x^2} - [\alpha+\alpha'+(\beta+\beta')x]\frac{dy}{d\log x} + (\alpha\alpha' - \beta\beta' x)y = 0.$$

Enfin les coefficients peuvent être déterminés au moyen de l'un quelconque d'entre eux à l'aide de la formule de récurrence

$$\frac{a_{n+1}}{a_n} = \frac{(n+\beta)(n+\beta')}{(n+1-\alpha)(n+1-\alpha')},$$

à laquelle satisfait

$$a_n = \frac{\text{const.}}{\Pi(n-\alpha)\Pi(n-\alpha')\Pi(-n-\beta)\Pi(-n-\beta')} \ (^1).$$

Ainsi la série

$$y = \text{const.} \sum \frac{x^n}{\Pi(n-\alpha)\Pi(n-\alpha')\Pi(-n-\beta)\Pi(-n-\beta')},$$

lorsque les exposants successifs commençant par α ou α' augmentent chaque fois de un, de même que lorsque ceux commençant par $-\beta$ ou $-\beta'$ diminuent successivement de un, représente une solution de l'équation différentielle : à savoir respectivement les quatre solutions particulières désignées précédemment par P^α, $P^{\alpha'}$, P^β, $P^{\beta'}$.

D'après Gauss, qui désigne par

$$F(a, b, c, x)$$

une série où le quotient du $(n+2)^{\text{ième}}$ terme par le $(n+1)^{\text{ième}}$ est égal à $\frac{(n+a)(n+b)}{(n+1)(n+c)}x$, et où le premier terme est égal à 1, ce résultat dans le cas le plus simple, où $\alpha = 0$, peut s'exprimer comme il suit :

$$P^\alpha \begin{Bmatrix} 0 & \beta & 0 & \\ \alpha' & \beta' & \gamma' & x \end{Bmatrix} = \text{const.}\, F(\beta, \beta', 1-\alpha', x)$$

ou encore

$$F(a, b, c, x) = P^\alpha \begin{Bmatrix} 0 & a & 0 & \\ 1-c & b & c-a-b & x \end{Bmatrix}.$$

On tire encore aisément de notre résultat une expression de la fonction P au moyen d'une intégrale définie, en introduisant dans le terme général de la série, au lieu des fonctions Π, une intégrale eulérienne de seconde espèce et en intervertissant alors l'ordre de

---

(1) A l'exemple de Gauss, Riemann désigne par $\Pi(x-1)$ la fonction que l'on désigne plus souvent aujourd'hui par $\Gamma(x)$. — (L. L.)

sommation et d'intégration. L'on trouve de cette manière que l'intégrale

$$x^{\alpha}(1-x)^{\gamma}\int s^{-\alpha'-\beta'-\gamma'}(1-s)^{-\alpha'-\beta-\gamma}(1-xs)^{-\alpha-\beta'-\gamma}\,ds,$$

prise depuis chacune des quatre valeurs 0, 1, $\frac{1}{x}$, ∞ jusqu'à l'une des trois autres valeurs le long d'un chemin quelconque, représente une fonction $P\left\{\begin{matrix}\alpha & \beta & \gamma & \\ \alpha' & \beta' & \gamma' & x\end{matrix}\right\}$ et que, par l'effet d'un choix convenable de ces limites et du chemin qui les joint l'une à l'autre, elle représente chacune des six fonctions P^{α}, P^{β}, ..., $P^{\gamma'}$ [2]. Mais l'on peut aussi montrer directement que cette intégrale possède les propriétés caractéristiques d'une telle fonction ; c'est ce que l'on verra dans la suite, où cette expression de la fonction P par une intégrale définie sera utilisée pour la détermination des facteurs qui restent encore arbitraires dans les P^{α}, $P^{\alpha'}$, ... Je ferai ici observer seulement que, pour rendre cette expression applicable dans chaque cas, il est nécessaire que le chemin d'intégration soit modifié lorsque la fonction sous le signe d'intégration devient, pour l'une des valeurs 0, 1, $\frac{1}{x}$, ∞, infinie de telle sorte qu'elle ne soit pas susceptible d'intégration jusqu'à cette valeur [3].

§ VIII.

D'après les deux équations, obtenues dans le § II et dans le § VII,

$$P^{\alpha}\left\{\begin{matrix}\alpha & \beta & \gamma & \\ \alpha' & \beta' & \gamma' & x\end{matrix}\right\} = x^{\alpha}(1-x)^{\gamma}P^{\alpha}\left\{\begin{matrix}0 & \beta+\alpha+\gamma & 0 & \\ \alpha'-\alpha & \beta'+\alpha+\gamma & \gamma'-\gamma & x\end{matrix}\right\}$$
$$= \text{const.}\,x^{\alpha}(1-x)^{\gamma}F(\beta+\alpha+\gamma,\ \beta'+\alpha+\gamma,\ \alpha-\alpha'+1,\ x),$$

de chaque expression d'une fonction à l'aide d'une fonction P, l'on conclut un développement de cette fonction en série hypergéométrique procédant suivant les puissances ascendantes de la variable que renferme la fonction P.

D'après le § V, il y a huit représentations d'une fonction par des fonctions P de la même variable, que l'on déduit les unes des autres par échange des exposants correspondants, et l'on a ainsi, par exemple, huit représentations avec la variable x. Mais, parmi ces dernières, chaque couple qui se présente lors de l'échange mutuel du second couple β et β', fournit le même développement; on obtient donc quatre développements suivant les puissances ascendantes de x, dont deux, qui résultent l'un de l'autre par l'échange de γ et γ', représentent la fonction P^α, les deux autres la fonction $P^{\alpha'}$.

Ces quatre développements sont convergents tant que le module de x est < 1 et sont divergents lorsqu'il est > 1; tandis que les quatre développements procédant suivant les puissances descendantes de x, et qui représentent P^β et $P^{\beta'}$, convergent dans le cas inverse du précédent.

Dans le cas où le module de $x = 1$, l'on conclut, d'après la série de Fourier, que les séries cessent d'être convergentes lorsque la fonction pour $x = 1$ devient infinie d'un ordre supérieur au premier, mais restent convergentes lorsque la fonction, pour $x = 1$, devient infinie d'ordre inférieur à 1, ou bien demeure finie [4]. Par conséquent, en ce cas aussi, des huit développements suivant les puissances de x, une moitié seulement converge lorsque la partie réelle de $\gamma' - \gamma$ n'est pas comprise entre -1 et $+1$, et ils convergent tous lorsque cette partie réelle est, au contraire, comprise entre ces limites.

Ainsi, l'on a en général, pour la représentation d'une fonction P, vingt-quatre séries hypergéométriques différentes procédant suivant les puissances ascendantes ou descendantes de trois grandeurs distinctes, et, parmi ces développements pour une grandeur donnée de x, la moitié, c'est-à-dire douze, sont en chaque cas convergents.

Dans le *cas I* (§ V), dans le *cas II* et dans le *cas III* tous ces nombres doivent être respectivement multipliés par 3, par 10 et par 5. Pour le calcul numérique, le choix le plus convenable sera le plus souvent celui de la série dont le quatrième élément a le plus petit module.

Pour ce qui est relatif aux expressions d'une fonction P au moyen d'intégrales définies, que l'on tire des intégrales à la fin du paragraphe précédent à l'aide des transformations du § V, ces expressions sont toutes différentes. L'on obtient donc dans le *cas gé-*

néral 48, dans le *cas I* 144, dans le *cas II* 480 et dans le *cas III* 240 intégrales définies qui représentent le même terme d'une fonction P et, par conséquent, ont entre elles un rapport indépendant de x.

Parmi ces intégrales, 24 paires, déduites l'une de l'autre par un nombre pair d'échanges d'exposants entre eux, sont aussi transformables entre elles par une substitution linéaire telle que pour trois quelconques des quatre valeurs $0, 1, \infty, \frac{1}{x}$ de la variable d'intégration s, la nouvelle variable prenne les valeurs $0, 1, \infty$.

Les équations restantes, autant que j'ai poursuivi cette recherche, nécessitent, pour être établies par les méthodes du Calcul intégral, la transformation d'intégrales multiples.

NOTES.

[1] (p. 71). Dans une Note de l'écriture de Riemann datée de juillet 1856, l'on trouve les formules suivantes, que l'on tire de (3) en attribuant aux cinq constantes arbitraires des valeurs convenablement choisies :

$$\alpha_\beta = \frac{\sin(\alpha+\beta'+\gamma')\pi}{\sin(\beta'-\beta)\pi}, \qquad \alpha_{\beta'} = -\frac{\sin(\alpha+\beta+\gamma)\pi}{\sin(\beta'-\beta)\pi},$$

$$\alpha'_\beta = \frac{\sin(\alpha'+\beta'+\gamma)\pi}{\sin(\beta'-\beta)\pi}, \qquad \alpha'_{\beta'} = -\frac{\sin(\alpha'+\beta+\gamma')\pi}{\sin(\beta'-\beta)\pi},$$

$$\alpha_\gamma = \frac{\sin(\alpha+\beta'+\gamma')\pi}{\sin(\gamma'-\gamma)\pi}\, e^{(\alpha'+\gamma)\pi i}, \qquad \alpha_{\gamma'} = -\frac{\sin(\alpha+\beta+\gamma)\pi}{\sin(\gamma'-\gamma)\pi}\, e^{(\alpha'+\gamma')\pi i},$$

$$\alpha'_\gamma = \frac{\sin(\alpha'+\beta+\gamma')\pi}{\sin(\gamma'-\gamma)\pi}\, e^{(\alpha+\gamma)\pi i}, \qquad \alpha'_{\gamma'} = -\frac{\sin(\alpha'+\beta'+\gamma)\pi}{\sin(\gamma'-\gamma)\pi}\, e^{(\alpha+\gamma')\pi i}.$$

[2] (p. 82). Si l'on pose, pour abréger,

$$S = s^{-\alpha'-\beta'-\gamma'}(1-s)^{-\alpha'-\beta-\gamma}(1-xs)^{-\alpha-\beta'-\gamma},$$

l'on obtient, à des facteurs constants près,

$$P^\alpha = x^\alpha(1-x)^\gamma\int_0^1 S\,ds, \quad P^\beta = x^\alpha(1-x)^\gamma\int_0^{\frac{1}{x}} S\,ds, \quad P^\gamma = x^\alpha(1-x)^\gamma\int_{-\infty}^0 S\,ds,$$

$$P^{\alpha'} = x^\alpha(1-x)^\gamma\int_{\frac{1}{x}}^\infty S\,ds, \quad P^{\beta'} = x^\alpha(1-x)^\gamma\int_1^\infty S\,ds, \quad P^{\gamma'} = x^\alpha(1-x)^\gamma\int_1^{\frac{1}{x}} S\,ds.$$

Dans chacune de ces intégrales, la signification de la fonction multiforme S peut être fixée d'une manière quelconque. Si on la prolonge alors d'une manière déterminée, l'on obtient, pour la détermination des facteurs constants,

$$
\begin{aligned}
(\mathrm{P}^{\alpha} x^{-\alpha})_0 &= \frac{\Pi(-\alpha'-\beta'-\gamma')\,\Pi(-\alpha'-\beta-\gamma)}{\Pi(\alpha-\alpha')},\\
(\mathrm{P}^{\alpha'} x^{-\alpha'})_0 &= \frac{\Pi(-\alpha-\beta-\gamma')\,\Pi(-\alpha-\beta'-\gamma)}{\Pi(\alpha'-\alpha)}\, e^{\pi i(\gamma-\gamma')},\\
(\mathrm{P}^{\beta} x^{\beta})_\infty &= \frac{\Pi(-\alpha'-\beta'-\gamma')\,\Pi(-\alpha-\beta'-\gamma)}{\Pi(\beta-\beta')}\, e^{\pi i\gamma},\\
(\mathrm{P}^{\beta'} x^{\beta'})_\infty &= \frac{\Pi(-\alpha-\beta-\gamma')\,\Pi(-\alpha'-\beta-\gamma)}{\Pi(\beta'-\beta)}\, e^{-\pi i\gamma'},\\
(\mathrm{P}^{\gamma} (1-x)^{-\gamma})_1 &= \frac{\Pi(-\alpha'-\beta'-\gamma')\,\Pi(-\alpha-\beta-\gamma')}{\Pi(\gamma-\gamma')}\, e^{-\pi i(\alpha'+\beta'+\gamma')},\\
(\mathrm{P}^{\gamma'} (1-x)^{-\gamma'})_1 &= \frac{\Pi(-\alpha-\beta'-\gamma)\,\Pi(-\alpha'-\beta-\gamma)}{\Pi(\gamma'-\gamma')}\, e^{\pi i(\alpha'+\beta+\gamma)}.
\end{aligned}
$$

Ces formules ont aussi été trouvées en divers endroits dans les papiers de Riemann.

L'on peut aussi déterminer les constantes α_β, ... de la manière suivante :

Considérons la fonction S dans le quadrilatère, indiqué dans la *fig.* 2, dont les sommets ont pour affixes les points $0, \infty, 1, \frac{1}{x}$; les branches P^{α}, $\mathrm{P}^{\alpha'}$, P^{β}, $\mathrm{P}^{\beta'}$, P^{γ}, $\mathrm{P}^{\gamma'}$ peuvent être définies par les intégrations prises ainsi

Fig. 2.

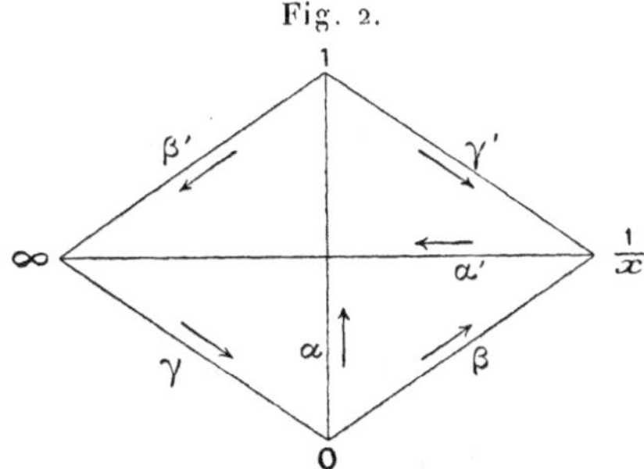

que l'indiquent les flèches dans la *fig.* 2. L'on conclut alors évidemment de cette figure les relations

$$
\begin{aligned}
\mathrm{P}^{\alpha} &= \quad \mathrm{P}^{\beta} - \mathrm{P}^{\gamma'} = -\mathrm{P}^{\beta'} - \mathrm{P}^{\gamma},\\
\mathrm{P}^{\alpha'} &= -\mathrm{P}^{\beta} - \mathrm{P}^{\gamma} = \quad \mathrm{P}^{\beta'} - \mathrm{P}^{\gamma'},
\end{aligned}
$$

qui, prises avec les formules (3) du § III, suffisent à la détermination des coefficients α_β, $\alpha_{\beta'}$, α'_β, $\alpha'_{\beta'}$, α_γ, $\alpha_{\gamma'}$, α'_γ, $\alpha'_{\gamma'}$.

[3] (p. 82). Un chemin d'intégration, qui peut être employé dans tous les cas, est indiqué par Pochhammer (*Math. Annalen*, t. XXXV). Ce chemin forme un double circuit autour de deux points de ramification, comme l'indique la *fig*. 3.

Si l'on peut intégrer jusqu'aux points a et b, ce chemin peut être rétréci de manière à être figuré par quatre lignes joignant a et b. Si l'on

Fig. 3.

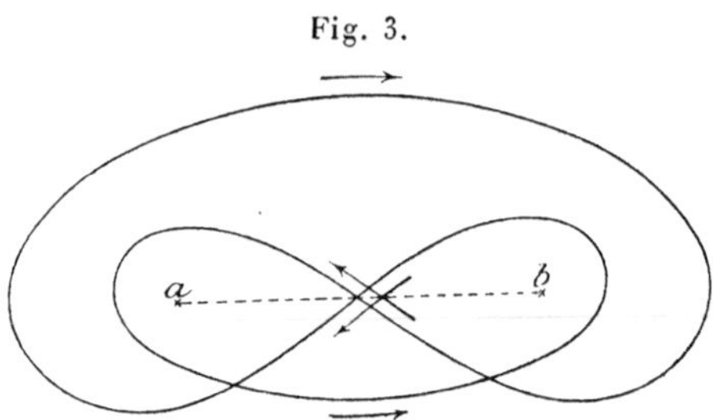

désigne par P l'intégrale prise le long d'une de ces lignes, l'intégrale étendue au double circuit est égale à

$$(1 - e^{2\alpha\pi i})(1 - e^{-2\beta\pi i})\,\mathrm{P}.$$

Félix Klein a donné une présentation encore plus élégante de ces expressions des fonctions P en introduisant des variables homogènes (*Math. Annalen*, t. XXXVIII).

[4] (p. 83). D'après le complément à sa démonstration de la convergence de la série de Fourier, donné par Dirichlet dans le Supplément au Mémoire *Sur les Fonctions sphériques* (*Journ. de Crelle*, t. 4; *Repertorium* de Dove, t. I; *Journ. de Crelle*, t. 17; *Œuvres* de Dirichlet, p. 117, 133, 305), une fonction périodique d'un argument réel qui devient en un point infinie d'ordre inférieur au premier peut être développée en une série de Fourier. Si l'on applique ce théorème aux valeurs qu'une fonction P, développable en série hypergéométrique, admet sur le cercle de rayon unité qui a l'origine pour centre, l'on obtient une série qui ne peut être différente de celle que l'on a lorsque l'on prend dans la série hypergéométrique le module (la valeur absolue) de x égal à 1.

ANNONCE DU PRÉCÉDENT MÉMOIRE PUBLIÉE PAR L'AUTEUR LUI-MÊME DANS LES *Göttinger Nachrichten,* n° 1 ; 1857.

Œuvres de Riemann, 2e édition, page 84.

Le 6 novembre 1856 a été présenté à la Société Royale, par l'un de ses membres, le Dr Riemann, un essai mathématique renfermant une *Contribution à la théorie des fonctions représentables par la série de Gauss* $F(\alpha, \beta, \gamma, x)$.

Ce Mémoire traite d'une classe de fonctions dont il est fait usage pour résoudre des problèmes divers de Physique mathématique.

Les séries que l'on forme à l'aide de ces fonctions remplissent dans des problèmes plus difficiles le même but que, dans des cas plus simples, les séries employées aujourd'hui si fréquemment, qui procédent suivant les cosinus et sinus des multiples d'une grandeur variable.

Ces applications, et notamment les applications astronomiques, après qu'Euler déjà se fut souvent occupé de ces fonctions au point de vue de l'intérêt théorique, paraissent avoir conduit Gauss à entreprendre ses recherches, dont il publia une partie dans le Mémoire sur la série qu'il désigne par $F(\alpha, \beta, \gamma, x)$, présenté par lui à la Société Royale, en 1812.

Cette série est une série où le quotient du $(n+2)^{\text{ième}}$ terme par le précédent donne

$$\frac{(n+\alpha)(n+\beta)}{(n+1)(n+\gamma)}x,$$

et où le premier terme est égal à 1. La désignation qu'on lui donne aujourd'hui, de *série hypergéométrique,* a été déjà proposée antérieurement par Johann Friedrich Pfaff pour ces séries plus générales, où le quotient d'un terme par le précédent donne une fonction rationnelle de l'indice; tandis qu'Euler d'après Wallis désigna ainsi une série où ce quotient est une fonction entière du premier degré de l'indice.

La partie non publiée des recherches de Gauss sur cette série, que l'on a trouvée dans ses manuscrits posthumes, a été complétée déjà en attendant par les travaux de Kummer, qui ont paru dans le tome 15 du *Journal de Crelle,* en 1835. Il y est question des expressions de cette série par des séries analogues, où l'élément x est remplacé par une fonction algébrique de cette grandeur.

Un cas particulier de ces transformations avait été déjà trouvé par Euler et traité par lui dans son *Calcul intégral* et dans plusieurs Mémoires (sous sa forme la plus simple, dans les *Nova Acta Acad. Petropol.,* t. XII, p. 58), et la relation en question est plus tard démontrée de différentes manières par Pfaff (*Disquis. analyt. Helmstadii,* 1797), par Gudermann (*J. de Crelle,* t. 7, p. 306), ainsi que par Jacobi.

Kummer, en partant de la méthode d'Euler, réussit à trouver un procédé à l'aide duquel toutes les transformations peuvent être obtenues; mais l'application effective de ce procédé exige de si pénibles discussions, qu'il recula devant l'exposition des détails relatifs aux transformations du troisième degré et se contenta d'exposer d'une manière complète celles du premier et du second et celles qui en sont composées.

Dans le Mémoire annoncé, l'auteur traite ces transcendantes d'après une méthode dont il a exposé les principes dans sa *Dissertation inaugurale* (§ XX), et par laquelle on arrive presque sans calcul à tous les résultats obtenus antérieurement. Aussi l'auteur espère-t-il pouvoir bientôt présenter, à la Société Royale, quelques nouveaux résultats obtenus à l'aide de cette méthode.

THÉORIE

DES

FONCTIONS ABÉLIENNES.

Journal de Crelle, t. 54; 1857. — *Œuvres de Riemann*, 2e édit., p. 88.

AVANT-PROPOS. — PRÉLIMINAIRES.

I. — Hypothèses générales et méthodes pour l'étude des fonctions de grandeurs à variabilité illimitée.

Le dessein de présenter aux lecteurs du *Journal de Mathématiques* mes recherches sur diverses transcendantes et en particulier aussi sur les fonctions abéliennes, m'inspire le désir, afin d'éviter les répétitions, de réunir au commencement, dans une exposition préliminaire, les principes généraux qui seront le point de départ de mon traitement du sujet.

Pour la grandeur variable indépendante je prendrai, comme point de départ, la représentation géométrique de Gauss, aujourd'hui bien connue, d'après laquelle une grandeur complexe $z = x + iy$ est regardée comme un point d'un plan indéfini dont les coordonnées rectangulaires sont x et y.

Je désignerai les grandeurs complexes et les points qui les représentent par les mêmes lettres. Je considérerai comme fonction de $x + yi$ toute grandeur w qui varie avec cette quantité en satisfaisant toujours à l'équation

$$i\frac{\partial w}{\partial x} = \frac{\partial w}{\partial y},$$

sans faire l'hypothèse d'une expression de w en x et y. Comme conséquence de cette équation différentielle, en vertu d'un théorème connu, la grandeur w est représentable par une série procédant suivant les puissances entières de $z - a$, de la forme

$$\sum_{n=0}^{n=\infty} a_n (z-a)^n,$$

pourvu que dans le voisinage de a elle admette partout *une* valeur déterminée variant d'une manière continue avec z; et cette possibilité de représentation a lieu jusqu'à une distance de a, c'est-à-dire une valeur de mod. $(z-a)$, où il se présente une discontinuité.

A l'aide de considérations, qui reposent sur les principes de la méthode des coefficients indéterminés, on reconnaît que les coefficients a_n sont complètement déterminés lorsque w est donné le long d'une ligne finie partant de a, quelque petite d'ailleurs qu'elle soit.

En réunissant ces deux propositions, l'on s'assurera aisément de l'exactitude de ce théorème :

Une fonction de $x + yi$, qui est donnée en une portion du plan des (x, y), ne peut être prolongée au delà d'une manière continue que d'une seule façon.

Maintenant, concevons que la fonction à traiter ne soit pas déterminée par des expressions ou équations analytiques quelconques contenant z, mais plutôt par ce fait que la valeur de la fonction est donnée en une portion du plan des z à contour d'encadrement quelconque et qu'elle est prolongée au delà d'une manière continue, en vertu de l'équation différentielle partielle

$$i \frac{\partial w}{\partial x} = \frac{\partial w}{\partial y}.$$

Ce prolongement, en vertu des propositions précédentes, est complètement déterminé, si l'on suppose qu'il est pratiqué, non le long de pures lignes, car alors l'on ne pourrait faire l'application d'une équation différentielle, mais sur des bandes de surface de largeur finie. Maintenant, d'après la nature de la fonction à prolonger, elle reprendra, ou non, toujours la même valeur pour une même valeur de z, quel que soit le chemin suivant lequel le prolongement a lieu.

Dans le premier cas, je la nommerai *uniforme;* c'est alors pour toute valeur de z une fonction parfaitement déterminée et elle ne devient jamais discontinue le long d'une ligne. Dans le second cas, où l'on dira qu'elle est *multiforme,* on doit avant tout, pour saisir la marche de cette fonction, porter son attention sur certains points du plan des z, autour desquels la fonction se prolonge en une autre. Un tel point, par exemple, est le point a pour la fonction $\log(z - a)$.

Concevons une ligne quelconque menée de ce point a; on peut, dans le voisinage de a, choisir la valeur de la fonction, de telle sorte que la fonction varie partout d'une manière continue sauf en cette ligne; mais, sur les deux bords de cette ligne, elle prend des valeurs différentes, la valeur sur le bord négatif surpassant de $2\pi i$ celle qu'elle prend sur le bord positif ([1]).

Le prolongement de la fonction au delà de l'un des bords de cette ligne, par exemple le bord négatif, dans la région située de l'autre côté, fournit alors évidemment une fonction différente de celle qui se présentait auparavant et qui, dans le cas envisagé ici, surpassera partout cette dernière de $2\pi i$.

Pour simplifier les désignations de ces relations, on nommera les divers prolongements d'*une* fonction pour une même portion du plan des z les *branches* de cette fonction, et un point autour duquel une branche de la fonction se prolonge en une autre un *point de ramification* de la fonction. Partout où il ne se trouve aucune ramification, la fonction est dite *monodrome* ou *uniforme*.

Une branche d'une fonction de plusieurs grandeurs variables indépendantes z, s, t, ... est *uniforme* dans le voisinage d'un système déterminé de valeurs $z = a$, $s = b$, $t = c$, ..., lorsqu'à toutes les combinaisons de valeurs jusqu'à une distance finie de celui-ci (c'est-à-dire lorsqu'à une grandeur finie déterminée des modules de $z - a$, $s - b$, $t - c$, ...), correspond une valeur dé-

---

([1]) Suivant les désignations de Gauss, qui nomme $+i$ unité positive latérale, je nomme bord positif d'une ligne donnée celui qui est situé par rapport à la direction de la ligne comme $+i$ l'est par rapport à 1. — (RIEMANN.)

terminée de cette branche de la fonction, variant d'une manière continue avec les grandeurs variables.

Un lieu de ramification, ou un lieu autour duquel une branche se prolonge en une autre, sera formé pour une fonction de plusieurs variables par toutes les valeurs des grandeurs variables indépendantes, satisfaisant à une équation entre ces variables.

D'après un théorème connu, dont on a parlé précédemment, la propriété d'être uniforme revient pour une fonction à la possibilité d'être développée suivant les puissances entières positives ou négatives des accroissements des grandeurs variables, et la ramification de la fonction revient à la non-possibilité d'un tel développement. Mais il ne semble pas utile d'exprimer les propriétés, qui sont indépendantes du mode de représentation, à l'aide de ces caractères, qui reposent sur une forme déterminée explicite de l'expression de la fonction.

Dans quelques recherches, notamment dans l'étude des fonctions algébriques et abéliennes, il sera utile de représenter le mode de ramification d'une fonction multiforme de la façon géométrique suivante :

Concevons une surface étendue sur le plan des (x, y) et coïncidant avec lui (ou si l'on veut un corps infiniment mince étendu sur ce plan), qui s'étend autant et seulement autant que la fonction y est donnée. Lorsque la fonction sera prolongée, cette surface sera donc également étendue davantage. En une région du plan où se présentent deux ou plusieurs prolongements de la fonction, la surface sera double ou multiple. Elle se composera alors de deux ou de plusieurs feuillets dont chacun correspond à une branche de la fonction. Autour d'un point de ramification de la fonction, un feuillet de la surface se prolongera en un autre feuillet, et de telle sorte que, dans le voisinage de ce point, la surface pourra être regardée comme un hélicoïde dont l'axe est perpendiculaire au plan des (x, y) en ce point et dont le pas de vis est infiniment petit. Mais lorsque la fonction, après que z a décrit plusieurs tours autour de la valeur de ramification, reprend sa valeur initiale [comme, par exemple, $(z-a)^{\frac{m}{n}}$, m, n étant premiers entre eux, après n tours décrits par z autour de a], on devra alors supposer que le feuillet supérieur de la surface se raccorde avec le feuillet inférieur en passant à travers le reste des feuillets.

La fonction multiforme admet en chaque point d'une surface, qui en représente ainsi le mode de ramification, *une seule* valeur déterminée, et peut donc être regardée comme une fonction parfaitement déterminée du lieu (d'un point) sur cette surface.

II. — Théorèmes de l'« Analysis situs » relatifs à la théorie des intégrales de différentielles totales à deux termes.

Dans l'étude des fonctions qui proviennent de l'intégration de différentielles totales, quelques théorèmes appartenant à l'*Analysis situs* sont presque indispensables. Sous cette désignation employée par Leibnitz, quoiqu'en un sens peut-être un peu différent, on peut ranger une partie de l'étude des grandeurs continues où l'on ne considère pas les grandeurs comme existant indépendamment de leur position et comme mesurables les unes par les autres, mais où l'on étudie seulement les rapports de situation des lieux et des régions, en faisant complètement abstraction de tout rapport métrique.

Comme j'ai l'intention, dans une autre occasion, de traiter ce sujet qui fait complètement abstraction des relations métriques, je me contenterai d'exposer sous forme géométrique quelques théorèmes nécessaires pour l'intégration des différentielles totales à deux termes.

Soit T une surface donnée, recouvrant une ou plusieurs fois le plan des (x, y) ([1]), et soient X, Y des fonctions continues du lieu sur cette surface, telles que $X\,dx + Y\,dy$ soit partout une différentielle totale, c'est-à-dire telles que l'on ait partout

$$\frac{\partial X}{\partial y} - \frac{\partial Y}{\partial x} = 0.$$

On sait alors que

$$\int (X\,dx + Y\,dy),$$

l'intégrale étant prise autour d'une partie de la surface T dans le

([1]) *Voir* page 92.

sens positif ou négatif, — c'est-à-dire prise autour de tout le contour d'encadrement, soit toujours dans la direction positive, soit toujours dans la direction négative, par rapport à la normale extérieure (comparer la note au bas de la page 91, § I), — est nulle, puisque dans le premier cas cette intégrale est identique à l'intégrale de surface

$$\int \left(\frac{\partial Y}{\partial x} - \frac{\partial X}{\partial y} \right) dT,$$

relative à cette partie de surface et, dans le second cas, est égale à l'expression ci-dessus changée de signe.

Par conséquent, l'intégrale

$$\int (X\,dx + Y\,dy),$$

prise entre deux points fixes, le long de deux chemins différents, a la même valeur lorsque ces deux chemins réunis forment l'encadrement complet d'une partie de la surface T. Par suite, lorsque, à l'intérieur de T, toute courbe qui se ferme en revenant sur elle-même forme le contour d'encadrement complet d'une partie de T, l'intégrale, prise à partir d'un point fixe initial jusqu'à un même point final, conserve toujours la même valeur et est une fonction de la position du point final continue partout sur T et indépendante du chemin d'intégration.

Ceci donne lieu à une distinction des surfaces en simplement connexes, où chaque courbe fermée encadre complètement une partie de la surface (comme, par exemple, un cercle), et en surfaces multiplement connexes où ce fait n'a pas lieu (comme, par exemple, la couronne annulaire dont le contour est formé par deux circonférences concentriques). Une surface multiplement connexe peut être transformée, par l'effet de coupures, en une surface simplement connexe. (*Voir* les exemples et les figures à la fin de ce paragraphe.)

Comme cette opération rend les plus importants services dans l'étude des intégrales de fonctions algébriques, nous présenterons ici rapidement les propositions qui y ont trait; elles sont valables pour des surfaces situées d'une façon quelconque dans l'espace.

Lorsque sur une surface F deux systèmes de courbes a et b

réunis forment le contour d'encadrement complet d'une partie de cette surface, tout autre système de courbes qui, réuni avec a, forme le contour d'encadrement complet d'une partie de F, forme aussi, lorsqu'il est réuni avec b, le contour d'encadrement d'une partie de surface, qui se compose alors des deux premières parties de surfaces situées le long de a (et cela par addition ou par soustraction, selon que ces deux parties ne sont pas situées du même côté de a ou bien le sont).

Les deux systèmes de courbes jouent donc le même rôle relativement à l'encadrement complet d'une partie de F, et peuvent donc se remplacer l'un l'autre dans ce but [1].

Quand sur une surface F *l'on peut mener n courbes fermées* $a_1, a_2, \ldots, a_n$ *qui, soit qu'on les considère séparément, soit qu'on les considère réunies, ne forment pas un contour d'encadrement complet d'une partie de cette surface, mais qui, jointes à toute autre courbe fermée, forment alors le contour d'encadrement complet d'une partie de la surface, la surface sera dite* $(n+1)$ *fois connexe.*

Ce caractère de la surface est indépendant du choix du système de courbes $a_1, a_2, \ldots, a_n$, puisque n autres courbes fermées $b_1, b_2, \ldots, b_n$, qui ne suffisent pas pour former le contour d'encadrement complet d'une partie de la surface, encadreront aussi totalement, si on les réunit avec toute autre courbe fermée, une partie de F.

En effet, puisque b_1, réunie avec les lignes a, encadre complètement une partie de F, une de ces courbes a peut être remplacée par b_1 et les courbes a restantes. Par conséquent, la réunion de b_1 et de ces $n-1$ courbes a avec toute autre courbe, par exemple b_2, suffira pour former l'encadrement complet d'une partie de F, et une de ces $n-1$ courbes a peut être remplacée par b_1, b_2 et les $n-2$ courbes a restantes. Lorsque, ainsi qu'il est supposé ici, les courbes b ne suffisent pas pour former le contour d'encadrement complet d'une partie de la surface F, ce procédé peut évidemment être continué jusqu'à ce que toutes les courbes a soient remplacées par les b.

Une surface F, $(n+1)$ *fois connexe, peut, par l'effet d'une section transverse* [1], *c'est-à-dire d'une coupure partant d'un point du contour d'encadrement, traversant l'intérieur de la surface et aboutissant en un point du contour d'encadrement, être transformée en une surface* F′, *n fois connexe. Les parties du contour d'encadrement, à mesure qu'elles prennent naissance par l'effet de la section, jouent le rôle de contour pendant toute la continuation de cette opération, en sorte qu'une section transverse ne peut traverser aucun point de la surface plusieurs fois, mais peut prendre fin en un point de son propre cours antérieur.*

Puisque les lignes $a_1, a_2, \ldots, a_n$ ne suffisent pas pour former l'encadrement complet d'une partie de F, il faut alors, lorsqu'on se figure F sectionnée par ces lignes, qu'aussi bien la portion de surface située le long du bord droit que la portion de surface située le long du bord gauche de a_n renferme encore une partie de contour d'encadrement distincte des lignes a et, par conséquent, faisant partie du contour de F. On peut donc, à partir d'un point de a_n, aussi bien à travers l'une de ces portions de surface qu'à travers l'autre, pratiquer une section ne traversant aucune des courbes a et aboutissant à l'encadrement de F. Ces deux lignes q' et q'' forment alors, par leur réunion, une section transverse q de la surface F, section qui remplit le but cherché.

En effet, considérons F′, surface en laquelle se décompose F par l'effet de cette section transverse; les lignes $a_1, a_2, \ldots, a_{n-1}$ ont leur parcours à l'intérieur de F′ et sont des courbes fermées qui ne suffisent pas à former l'encadrement d'une partie de F et, par suite, non plus de F′. Mais toute autre courbe fermée l, ayant son parcours à l'intérieur de F′, forme alors avec ces lignes l'encadrement complet d'une partie de F′. En effet, la ligne l, jointe à un système des lignes $a_1, a_2, \ldots, a_n$, forme l'encadrement complet d'une partie f de F. Or, on peut démontrer que, dans ce der-

[1] « Querschnitt. » Nous traduirons exclusivement ce mot allemand par section transverse, « taglio trasversale » (Casorati), « cross-cut » (Forsyth), comme le fait du reste M. Benoist dans la traduction des *Leçons* de Clebsch-Lindemann sur la Géométrie (Paris, Gauthier-Villars; 1879-1883); on marque bien ainsi l'opposition à la rétrosection « Rückkehrschnitt » (Picard, Appell et Goursat). Ce dernier mot du reste n'est pas employé par Riemann. Comparer la Dissertation inaugurale, § VI. — (L. L.)

nier encadrement, a_n ne peut se présenter; en effet, s'il en était ainsi, selon que f serait située sur le côté gauche ou sur le côté droit de a_n, q' ou bien q'' traverserait f pour aboutir en un point du contour de F, c'est-à-dire en un point qui n'appartient pas à f et, par suite, couperait le contour de f, ce qui serait contraire à l'hypothèse faite que l aussi bien que les lignes a, exception faite du point où a_n et q se coupent, sont toujours situées à l'intérieur de F'.

La surface F', résultant de la décomposition de F par la section transverse q, est donc, ainsi qu'on l'avait affirmé, une surface n fois connexe.

Il s'agit maintenant de démontrer que la surface F, par l'effet de toute section transverse p, qui ne la décompose pas en portions séparées, est décomposée en une surface F', n fois connexe. Lorsque les parties de surface, situées de part et d'autre de la section transverse p, sont connexes, c'est-à-dire ne sont pas séparées, on peut mener à travers F' une ligne b, partant d'un bord de la section transverse pour aboutir au même point sur le bord opposé.

Cette ligne b forme donc à l'intérieur de F une courbe fermée revenant sur elle-même et qui, puisque la section transverse conduit de part et d'autre de cette ligne à un point de l'encadrement, ne peut former le contour d'encadrement total d'aucune des deux portions de surface en lesquelles elle partage F. On peut donc remplacer une des courbes a par la courbe b, et chacune des $n-1$ courbes a restantes par une courbe dont le cours est à l'intérieur de F' et encore, si cela est nécessaire, par la courbe b; ce qui permet de démontrer, en se servant des méthodes de raisonnement employées auparavant, que F' est n fois connexe.

Une surface $(n+1)$ fois connexe est décomposée, par conséquent, en une surface n fois connexe par toute section transverse qui ne la morcelle pas.

La surface qui prend naissance par l'effet d'une section transverse peut être encore décomposée à nouveau par une autre section transverse, et la répétition de cette opération n fois de suite transformera, au moyen de n sections transverses pratiquées successivement sans morcellement, une surface $(n+1)$ fois connexe en une surface simplement connexe.

Pour rendre ces considérations applicables à une surface sans contour d'encadrement, c'est-à-dire une surface fermée, on devra transformer cette surface fermée en une surface qui possède un encadrement, en y pratiquant un trou en un point quelconque, de sorte que la première décomposition sera effectuée au moyen d'une section transverse partant de ce point pour y revenir et formant, par conséquent, une courbe fermée.

Par exemple, la surface extérieure d'un tore annulaire, surface triplement connexe, sera transformée en une surface simplement connexe au moyen d'une courbe fermée et d'une section transverse.

Nous allons maintenant appliquer la décomposition des surfaces multiplement connexes en surfaces simplement connexes à la considération de l'intégrale de la différentielle exacte

$$X\,dx + Y\,dy,$$

traitée au commencement du § II actuel. Lorsque la surface T, qui recouvre le plan des (x, y) et sur laquelle X, Y sont des fonctions du lieu partout continues, satisfaisant à l'équation

$$\frac{\partial X}{\partial y} - \frac{\partial Y}{\partial x} = 0,$$

est n fois connexe, on la décomposera en une surface T′ simplement connexe en pratiquant n sections transverses.

Alors l'intégration de $X\,dx + Y\,dy$, prise à partir d'un point fixe initial le long de courbes situées à l'intérieur de T′, fournit une valeur qui dépend seulement de la position du point final et qui peut être regardée comme fonction des coordonnées de ce point.

Substituant à ces coordonnées les grandeurs x, y, on obtient une fonction de x, y,

$$z = \int (X\,dx + Y\,dy)$$

complètement déterminée pour tout point de T′ et variant partout à l'intérieur de T′ d'une manière continue, mais qui, à la traversée d'une section transverse, varie en général d'une grandeur finie constante le long de la ligne qui mène d'un nœud du réseau de sections à un autre nœud.

Les variations à la traversée des sections transverses dépendent de grandeurs indépendantes entre elles dont le nombre est égal à celui des sections transverses; en effet, si l'on parcourt le réseau de sections dans le sens rétrograde, chaque section transverse devant être parcourue en commençant par son extrémité finale, chaque variation est partout déterminée, lorsque l'on en donne la valeur au commencement de la section transverse; mais ces valeurs sont indépendantes entre elles.

Pour donner une représentation plus intuitive de ce que l'on doit entendre par les surfaces n fois connexes que nous avons définies précédemment, nous faisons suivre ici des exemples figurés de surfaces simplement, doublement et triplement connexes.

Surface simplement connexe.

Toute section transverse, que l'on y pratiquerait, morcellerait

Fig. 4.

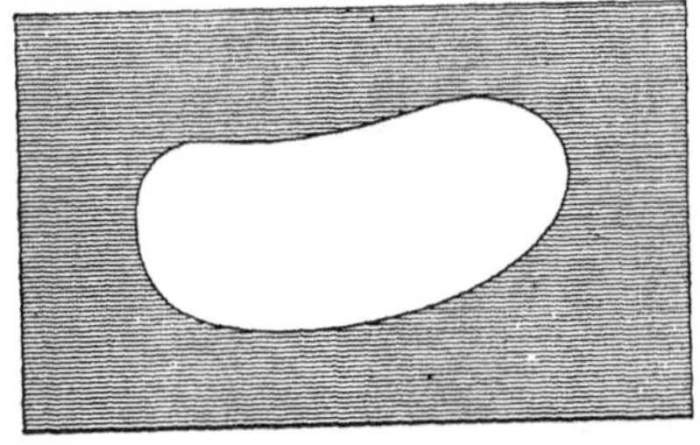

Fig. 5.

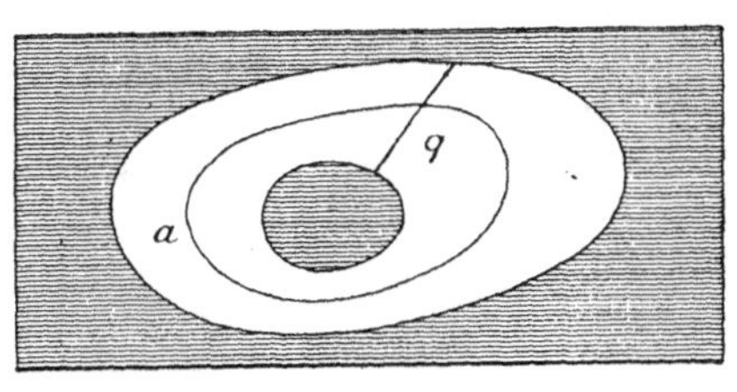

cette surface (*fig.* 4), et toute courbe fermée qui y suit son cours forme l'encadrement complet d'une partie de la surface.

Surface doublement connexe.

Cette surface (*fig.* 5) est décomposée en une surface simplement connexe par toute section transverse q qui ne la morcelle pas.

Par l'adjonction de la courbe a, toute courbe fermée peut alors former l'encadrement total d'une partie de la surface.

Surface triplement connexe.

Sur cette surface (*fig.* 6 ou 7) toute courbe fermée peut, avec l'adjonction des courbes a_1 et a_2, former l'encadrement total

Fig. 6.

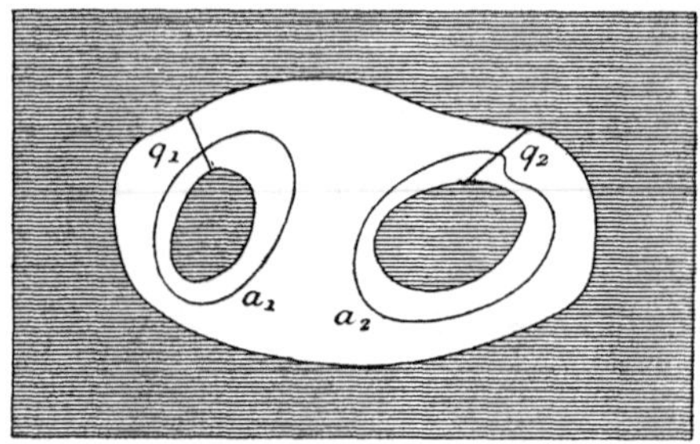

d'une partie de la surface. Elle est décomposée par toute section transverse qui ne la morcelle pas en une surface doublement connexe, et deux pareilles sections transverses q_1 et q_2 la décomposent en une surface simplement connexe.

Dans la partie $\alpha\beta\gamma\delta$ le plan est recouvert deux fois par la surface. En cette partie, le feuillet de la surface sur lequel a_1 suit son

Fig. 7.

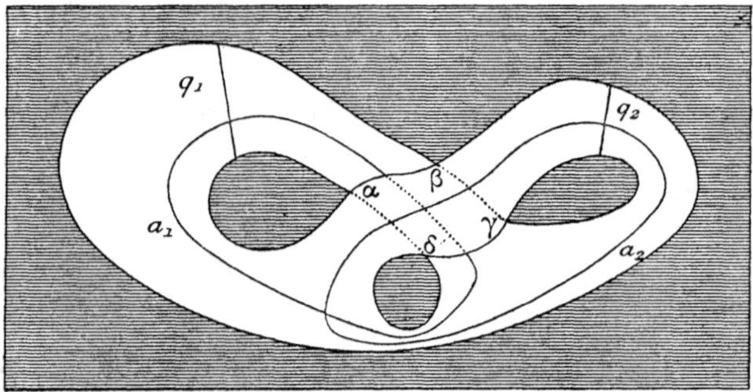

cours doit être considéré comme passant sous l'autre; c'est ce que l'on a indiqué en ponctuant les lignes sur cette partie.

III. — Détermination d'une fonction d'une grandeur variable complexe par les conditions qu'elle remplit relativement au contour et aux discontinuités.

Sur un plan, où les coordonnées rectangulaires d'un point sont x, y, lorsque la valeur d'une fonction de $x + yi$ est donnée le long d'une ligne finie, cette fonction ne peut être prolongée au delà d'une manière continue que d'une façon unique et, par conséquent, elle est par cela même parfaitement déterminée (*voir* p. 90). Mais elle ne peut non plus être prise arbitrairement le long de cette ligne, lorsqu'elle doit être susceptible d'un prolongement continu sur les portions de surface situées des deux côtés de cette ligne, puisque, par sa marche même le long d'une partie finie, si petite qu'elle soit, de la ligne, elle est déjà déterminée pour la partie restante. Ainsi, dans ce mode de détermination d'une fonction, les conditions qui servent à cette détermination ne sont donc pas indépendantes entre elles.

Comme principe de base dans l'étude d'une transcendante, il est, avant toute chose, nécessaire d'établir un système de conditions indépendantes entre elles, suffisant à déterminer cette fonction. Ici, en bien des cas, et notamment dans celui des intégrales de fonctions algébriques et de leurs fonctions inverses, on peut se servir d'un principe à l'aide duquel Dirichlet, inspiré probablement par une pensée analogue de Gauss, a traité, depuis une série d'années, dans ses Leçons sur les forces qui agissent en raison inverse du carré de la distance, la solution de ce problème relativement à une fonction de trois variables satisfaisant à l'équation aux dérivées partielles de Laplace. Il existe cependant, dans cette application à la théorie des transcendantes, un cas tout particulièrement important où l'on ne peut faire usage de ce principe sous sa forme la plus simple exposée par Dirichlet dans ses Leçons où ce cas peut être négligé comme y étant d'une importance subordonnée; ce cas est celui où la fonction, en certains points du domaine où elle est à déterminer, doit admettre des discontinuités prescrites; par là nous devons entendre qu'en chacun de ces points la fonction est soumise à la condition d'être discontinue, comme l'est une fonction assignée discontinue en ces points, ou ne doit différer de cette dernière que d'une fonction continue en ces points. Je présenterai le principe sous la forme nécessaire aux applications en vue, et je prendrai la liberté de renvoyer le lecteur, quant à certaines recherches accessoires, aux explications que j'ai publiées sur cette question dans ma Dissertation de Doctorat, où j'expose ce principe. (Mémoire I : *Dissertation inaugurale*, § XVII.)

Supposons données une surface T à contour d'encadrement quelconque recouvrant une ou plusieurs fois le plan des (x, y) et, sur cette surface, deux fonctions réelles de x, y, α et β, à détermination uniforme pour chacun des points de la surface; désignons par $\Omega(\alpha)$ l'intégrale

$$\int\left[\left(\frac{\partial\alpha}{\partial x}-\frac{\partial\beta}{\partial y}\right)^2+\left(\frac{\partial\alpha}{\partial y}+\frac{\partial\beta}{\partial x}\right)^2\right]dT,$$

relative à la surface T, les fonctions α et β pouvant admettre des discontinuités quelconques, pourvu que l'intégrale ne devienne pas infinie par ce fait. Alors $\Omega(\alpha-\lambda)$ aussi reste finie, lorsque λ est partout continue et admet partout des dérivées finies. Si cette fonction continue λ est soumise à la condition d'être, seulement en une partie infiniment petite de la surface T, différente d'une fonction discontinue γ, alors $\Omega(\alpha-\lambda)$ deviendra infiniment grande, lorsque γ est discontinue le long d'une ligne ou est discontinue en un point de telle sorte que

$$\int\left[\left(\frac{\partial\gamma}{\partial x}\right)^2+\left(\frac{\partial\gamma}{\partial y}\right)^2\right]dT$$

soit infiniment grand (*Dissertation inaugurale*, § XVII). Mais $\Omega(\alpha-\lambda)$ reste finie, lorsque γ est discontinue seulement en des points isolés et cela seulement de telle façon que l'intégrale

$$\int\left[\left(\frac{\partial\gamma}{\partial x}\right)^2+\left(\frac{\partial\gamma}{\partial y}\right)^2\right]dT,$$

relative à la surface T, reste finie, comme, par exemple, lorsque γ, dans le voisinage d'un point, est, à une distance r de ce point, égale à $(-\log r)^\varepsilon$, avec $0<\varepsilon<\frac{1}{2}$. Pour abréger le langage : les fonctions qui peuvent représenter la fonction λ, sans que $\Omega(\alpha-\lambda)$ cesse d'être finie, seront dites *discontinues de première espèce,* tandis que les fonctions, où ce fait n'est pas possible, seront dites *discontinues de seconde espèce.* Si l'on conçoit alors que dans $\Omega(\alpha - \mu)$ l'on prenne pour μ toutes les fonctions continues ou discontinues de première espèce qui s'évanouissent sur le contour, l'intégrale prendra toujours une valeur finie et qui, par sa nature même, ne sera jamais négative; il faut donc que pour $\alpha - \mu = u$ il se présente au moins une fois une valeur minima, en sorte que Ω, pour toute fonction $\alpha - \mu$ qui diffère infiniment peu de u, sera plus grande que $\Omega(u)$.

Désignons donc par σ une fonction quelconque du lieu sur la surface T, fonction continue ou bien discontinue de première espèce, et partout égale à zéro sur le contour, et par h une grandeur indépendante de x, y; il faut que $\Omega(u+h\sigma)$ soit plus grande que $\Omega(u)$, pour une valeur suffisamment petite de h, aussi bien positive que négative; de la sorte, dans le développement de cette expression suivant les puissances de h, le coefficient de h s'évanouit. Dans ce cas l'on a

$$\Omega(u+h\sigma) = \Omega(u) + h^2 \int \left[\left(\frac{\partial \sigma}{\partial x}\right)^2 + \left(\frac{\partial \sigma}{\partial y}\right)^2 \right] d\mathrm{T},$$

et, par suite, Ω est toujours un minimum. Le minimum ne se présente que pour une fonction unique u; en effet, si un minimum avait aussi lieu pour $u + \sigma$, l'on ne pourrait avoir

$$\Omega(u+\sigma) > \Omega(u);$$

autrement l'on aurait

$$\Omega(u+h\sigma) < \Omega(u+\sigma)$$

pour $h < 1$; $\Omega(u+\sigma)$ ne pourrait par conséquent être plus petit que la fonction Ω pour des valeurs voisines de $u+\sigma$. Mais si $\Omega(u+\sigma) = \Omega(u)$, σ doit être une constante, et puisqu'elle est nulle sur le contour elle doit l'être partout. Ce n'est donc que pour une fonction unique u que l'intégrale Ω est un minimum et que la variation du premier ordre ou le terme proportionnel à h en $\Omega(u+h\sigma)$,

$$2h \int d\mathrm{T} \left[\left(\frac{\partial u}{\partial x} - \frac{\partial \beta}{\partial y}\right) \frac{\partial \sigma}{\partial x} + \left(\frac{\partial u}{\partial y} + \frac{\partial \beta}{\partial x}\right) \frac{\partial \sigma}{\partial y} \right],$$

est nulle.

Il résulte de cette dernière proposition que l'intégrale

$$\int\left[\left(\frac{\partial\beta}{\partial x}+\frac{\partial u}{\partial y}\right)dx+\left(\frac{\partial\beta}{\partial y}-\frac{\partial u}{\partial x}\right)dy\right],$$

relative au contour d'encadrement complet d'une partie de la surface T, est toujours nulle.

Maintenant, si l'on décompose (d'après le travail précité) la surface T, lorsqu'elle est multiplement connexe, en une surface T′ simplement connexe, l'intégration prise à l'intérieur de T′, depuis un point fixe initial jusqu'au point (x, y), donne une fonction de x, y,

$$\nu=\int\left[\left(\frac{\partial\beta}{\partial x}+\frac{\partial u}{\partial y}\right)dx+\left(\frac{\partial\beta}{\partial y}-\frac{\partial u}{\partial x}\right)dy\right]+\text{const.},$$

qui sur T′ est partout continue ou bien discontinue de première espèce et qui, à la traversée des sections transverses, varie de grandeurs finies, constantes entre deux nœuds du réseau de sections. Alors $v=\beta-\nu$ satisfait aux équations

$$\frac{\partial v}{\partial x}=-\frac{\partial u}{\partial y},\qquad \frac{\partial v}{\partial y}=\frac{\partial u}{\partial x},$$

et, par conséquent, $u+iv$ est une solution de l'équation différentielle

$$\frac{\partial(u+vi)}{\partial y}-i\frac{\partial(u+vi)}{\partial x}=0,$$

c'est-à-dire est une fonction de $x+yi$.

L'on obtient ainsi le théorème suivant, énoncé au § XVIII du Mémoire déjà cité :

Lorsque sur une surface connexe T, *décomposée par des sections tranverses en une surface* T′ *simplement connexe, l'on donne une fonction complexe* $\alpha+\beta i$ *de* x, y, *pour laquelle l'intégrale*

$$\int\left[\left(\frac{\partial\alpha}{\partial x}-\frac{\partial\beta}{\partial y}\right)^2+\left(\frac{\partial\alpha}{\partial y}+\frac{\partial\beta}{\partial x}\right)^2\right]d\mathrm{T},$$

étendue à toute la surface, possède une valeur finie, cette fonction peut toujours, et cela d'une manière unique, être transformée en une fonction de $x+yi$ *par la soustraction d'une fonction* $\mu + \nu i$ *de* x, y, *qui satisfait aux conditions suivantes :*

1° *Sur le contour* $\mu = 0$, *ou du moins diffère de zéro seulement en des points isolés; en un point,* ν *est donnée d'une manière arbitraire;*

2° *Les variations de* μ *sur* T, *celles de* ν *sur* T′ *ne sont discontinues qu'en des points isolés, et cela seulement de telle sorte que les intégrales*

$$\int\left[\left(\frac{\partial\mu}{\partial x}\right)^2+\left(\frac{\partial\mu}{\partial y}\right)^2\right]dT \quad et \quad \int\left[\left(\frac{\partial\nu}{\partial x}\right)^2+\left(\frac{\partial\nu}{\partial y}\right)^2\right]dT,$$

relatives à toute la surface, restent finies; de plus les variations de ν *le long d'une section transverse sont égales sur les deux bords.*

Lorsque la fonction $\alpha + \beta i$, en des points où ses dérivées deviennent infinies, est discontinue comme une fonction discontinue de $x + yi$ en ces points, et lorsque la fonction ne présente aucune discontinuité qui disparaîtrait par l'effet d'une modification de sa valeur en un point isolé, alors $\Omega(\alpha)$ reste finie et $\mu + \nu i$ est partout continue sur T′.

En effet, puisqu'une fonction de $x + yi$ ne peut admettre certaines discontinuités, telles que, par exemple, des discontinuités de première espèce (*Dissertation inaugurale,* § XII), la différence de deux pareilles fonctions doit être continue, pourvu qu'elle ne soit pas discontinue de deuxième espèce.

Ainsi, d'après le théorème démontré, une fonction de $x + yi$ peut être déterminée de telle sorte qu'à l'intérieur de T, abstraction faite des discontinuités de la partie imaginaire relatives aux sections transverses, elle présente des discontinuités prescrites, et que sa partie réelle prenne sur le contour une valeur qui y est partout donnée arbitrairement; ceci présuppose que, en tout point où les dérivées de la fonction deviennent infinies, la discontinuité prescrite est celle d'une fonction de $x + yi$ donnée, discontinue en ce point.

La condition relative au contour peut, comme c'est aisé à reconnaître, être remplacée par maintes autres sans que les conclusions éprouvent de modifications essentielles.

IV. — Théorie des fonctions abéliennes.

Dans le travail qui suit, je traite des fonctions abéliennes d'après une méthode dont j'ai exposé les principes dans ma *Dissertation inaugurale,* et que je viens de présenter dans les trois paragraphes précédents sous une forme légèrement modifiée.

Pour faciliter la lecture de ces recherches, je les ferai précéder d'un compte rendu sommaire.

La première Section contient la théorie d'un système de fonctions algébriques à mêmes ramifications et de leurs intégrales, sans qu'il y soit nécessaire d'aborder la considération des séries thêta. Dans les § I-V, il s'agit de la détermination de ces fonctions d'après leur mode de ramification et leurs discontinuités; du § VI au § X, il s'agit de leurs expressions rationnelles en fonction de deux grandeurs variables liées par une équation algébrique, et du § XI au § XIII, de la transformation de ces expressions par les substitutions rationnelles. Dans cette étude s'offre alors la conception d'une *classe* d'équations algébriques, qui peuvent se transformer entre elles par des substitutions rationnelles, et qui pourra aussi être d'une haute importance dans d'autres recherches, et la transformation d'une équation de cette nature en équations de sa classe de degré minimum sera aussi utile en d'autres circonstances. Enfin cette Section traite, dans les derniers § XIV-XVI comme préliminaires à la Section II, des applications du théorème d'addition d'Abel, relatif à un système quelconque d'intégrales partout finies de fonctions algébriques à mêmes ramifications, à l'intégration d'un système d'équations différentielles.

Dans la seconde Section, dans le cas d'un système quelconque d'intégrales partout finies de fonctions algébriques, à mêmes ramifications et $(2p+1)$ fois connexes, l'on exprimera les fonctions d'inversion de Jacobi de p grandeurs variables, à l'aide de séries thêta p-uplement infinies, c'est-à-dire à l'aide de séries de la forme

$$\vartheta(v_1, v_2, \ldots, v_p) = \left(\sum_{-\infty}^{\infty}\right)^p e^{\left(\sum_1^p\right)^2 a_{\mu\mu'} m_\mu m_{\mu'} + 2\sum_1^p v_\mu m_\mu},$$

où les sommations dans l'exposant se rapportent à μ et μ', et où les sommations extérieures se rapportent à $m_1, m_2, \ldots, m_p$. On reconnaît que, pour la solution générale de ce problème, une certaine classe de fonctions thêta suffit; cette classe devient particulière pour $p > 3$, cas où, entre les $\frac{p(p+1)}{2}$ grandeurs a, ont lieu $\frac{(p-2)(p-3)}{1.2}$ relations, en sorte que, parmi ces grandeurs, $3p-3$ seulement restent arbitraires.

Cette partie du Mémoire forme en même temps une théorie de cette espèce particulière de fonctions ϑ. Les fonctions ϑ générales resteront exclues de cette étude; elles peuvent se traiter du reste par une méthode tout analogue.

Le problème d'inversion de Jacobi, résolu ici, l'a été déjà de plusieurs manières dans le cas des intégrales hyperelliptiques par les travaux persévérants et couronnés de tant de succès de M. Weierstrass; un aperçu en a paru dans le Tome 47 du *Journal de Mathématiques de Crelle,* page 289. Ce n'est cependant jusqu'à ce jour que la partie de ces travaux, esquissée dans les § I, II et la première moitié du § III relative aux fonctions elliptiques, dont l'exposition détaillée a été publiée (*Journal de Crelle,* t. 52, p. 285). La coïncidence qu'il peut y avoir entre les parties ultérieures des travaux de M. Weierstrass et ceux que je présente ici, non seulement dans les résultats, mais encore dans les méthodes qui y conduisent, ne pourra être connue en grande partie que lors de la publication de ces travaux qui a été annoncée.

Le travail qui suit, à l'exception des deux derniers § XXVI, XXVII, dont le sujet n'eût pu qu'être brièvement indiqué dans mes Leçons, est une analyse d'une partie de celles que j'ai professées à Gœttingue depuis la Saint-Michel 1855 jusqu'à la même date en 1856.

Relativement à la découverte de certains résultats et quant aux § I-V, IX et XII et aux théorèmes préliminaires que j'ai étendus plus tard en vue de mes Leçons, de la manière exposée dans ce travail, j'y ai été conduit pendant l'automne de l'année 1851 et le commencement de 1852, par des recherches sur la représentation conforme de surfaces multiplement connexes; mais, plus tard, j'étais détourné de cette recherche par un autre sujet. Je n'ai repris ce travail que vers Pâques en 1855 et l'ai continué, jusqu'au § XXI, pendant les vacances de Pâques et de la Saint-Michel de la même année. Le reste a été terminé vers la Saint-Michel de 1856.

Un certain nombre de propositions supplémentaires se sont présentées en maint endroit pendant la mise au net.

SECTION I.

§ I.

Soit s la racine d'une équation irréductible de degré n dont les coefficients sont des fonctions entières de z de degré m; à chaque valeur de z correspondent n valeurs de s, qui varient avec z d'une manière continue partout où elles ne deviennent pas infinies. Si l'on représente alors le mode de ramification de cette fonction (p. 93) par une surface T sans contour d'encadrement, recouvrant le plan des z, cette surface, en toute partie du plan, possède n feuillets et s est alors une fonction uniforme du lieu sur cette surface.

Une surface sans contour d'encadrement peut être considérée comme une surface dont l'encadrement est rejeté à l'infini ou comme une surface fermée, et c'est à ce point de vue que nous regarderons la surface T, en sorte qu'à la valeur $z=\infty$ correspond un point sur chacun des n feuillets, à moins que pour $z=\infty$ l'on n'ait un point de ramification.

Toute fonction rationnelle de s et z est également, c'est évident, une fonction uniforme du lieu sur la surface T, et possède donc le même mode de ramification que la fonction s, et l'on verra plus loin que la réciproque est également vraie.

L'intégration d'une pareille fonction donne une fonction dont les différents prolongements pour la même portion de la surface T ne diffèrent que par des constantes, puisque sa dérivée pour le même point de cette surface reprend toujours la même valeur.

Un pareil système de fonctions algébriques à mêmes ramifications et d'intégrales de ces fonctions fera d'abord l'objet de notre étude; mais, au lieu de prendre comme point de départ les expressions de ces fonctions, nous les définirons par leurs discontinuités en appliquant le *Principe de Dirichlet* (p. 104).

§ II.

Pour simplifier ce qui suit, je dirai qu'une fonction est *infiniment petite du premier ordre en un point de la surface* T lorsque son logarithme augmente de $2\pi i$, quand on décrit dans le sens positif le contour d'une portion de cette surface renfermant ce point où la fonction reste finie et différente de zéro. Pour un point où la surface T tourne sur elle-même μ fois, il en est ainsi, lorsque z est égal à une valeur finie a, de $(z-a)^{\frac{1}{\mu}}$, c'est-à-dire de $(dz)^{\frac{1}{\mu}}$; mais, lorsque $z=\infty$, c'est $\left(\frac{1}{z}\right)^{\frac{1}{\mu}}$ qui devient infiniment petit du premier ordre. Le cas où une fonction devient infiniment petite ou infiniment grande d'ordre ν en un point de la surface T peut être traité comme si la fonction y devenait infiniment petite ou infiniment grande du premier ordre en ν points qui coïncident (ou se rapprochent indéfiniment les uns des autres). C'est ce que nous ferons quelquefois par la suite.

La manière dont les fonctions que nous aurons à traiter ici deviennent discontinues peut alors s'exprimer ainsi. Si l'une d'elles est infinie en un point de la surface T, elle peut toujours, r désignant une fonction quelconque qui devient infiniment petite du premier ordre en ce point, être transformée par la soustraction d'une expression finie de la forme

$$A\log r + B r^{-1} + C r^{-2} + \ldots$$

en une fonction qui y est continue, ainsi que cela se voit d'après les propositions connues sur le développement d'une fonction en séries de puissances, propositions que l'on peut démontrer d'après Cauchy ou bien à l'aide de la série de Fourier.

§ III.

Concevons maintenant que l'on donne une surface connexe T, recouvrant partout n fois le plan des z, sans contour, mais que l'on peut, d'après ce qui précède, regarder comme une surface fermée, et que l'on ait décomposé cette surface en une surface simplement connexe T'. Comme la courbe d'encadrement d'une surface simplement connexe est formée par un contour unique, mais qu'une surface fermée prend, par l'effet d'un nombre impair de sections, un nombre pair de portions d'encadrement, et, par l'effet d'un nombre pair de sections, un nombre impair de portions d'encadrement, pour effectuer cette décomposition de la surface, il sera donc nécessaire de pratiquer un nombre pair de sections. Soit $2p$ le nombre de ces sections transverses. Pour simplifier ce qui va suivre, la décomposition sera pratiquée de telle sorte que chaque nouvelle section soit faite à partir d'un point d'une des sections précédentes et aboutisse au point avoisinant sur l'autre bord de cette même section; alors, lorsqu'une grandeur varie d'une manière continue le long du contour d'encadrement complet de la surface T', et éprouve dans tout le système de sections des variations égales sur les deux bords, la différence entre les deux valeurs qu'elle prend au même point du réseau de sections est égale à une même constante en toutes les parties d'une même section transverse.

Posons maintenant $z = x + yi$ et considérons sur T une fonction $\alpha + \beta i$ de x, y définie comme il suit :

Dans le voisinage des points $\varepsilon_1, \varepsilon_2, \ldots$ elle sera déterminée comme étant égale à des fonctions de $x+yi$ données qui sont infinies en ces points, et cela de telle sorte qu'en ε_ν, elle soit égale à une expression finie de la forme

$$A_\nu \log r_\nu + B_\nu r_\nu^{-1} + C_\nu r_\nu^{-2} + \ldots = \varphi_\nu(r_\nu),$$

où r_ν désigne une fonction quelconque de z qui devient infiniment petite du premier ordre en ε_ν, les A_ν, B_ν, C_ν, ... étant des constantes arbitraires. On mènera ensuite à l'intérieur de T', jusqu'en un point quelconque à partir de tous les points ε pour lesquels la grandeur A est différente de zéro, des lignes qui ne se coupent pas; la ligne partant de ε_ν sera désignée par l_ν. Enfin supposons la fonction, à l'intérieur de tout ce qui reste encore de la surface T, définie ainsi : En dehors des lignes l et des sections transverses, elle est partout continue; sur le bord positif (gauche) de la ligne l_ν elle surpasse de $-2\pi i A_\nu$, et sur le bord positif de la $\nu^{\text{ième}}$ section transverse elle surpasse de la constante donnée $h^{(\nu)}$ les valeurs respectives qu'elle possède sur les bords opposés de ces sections; enfin l'intégrale

$$\int \left[\left(\frac{\partial \alpha}{\partial x} - \frac{\partial \beta}{\partial y} \right)^2 + \left(\frac{\partial \alpha}{\partial y} + \frac{\partial \beta}{\partial x} \right)^2 \right] dT,$$

relative à la surface T, a une valeur finie. Il est aisé de reconnaître que cela est toujours possible quand la somme de toutes les grandeurs A est égale à zéro, et de plus n'est possible que sous cette condition, car c'est seulement en ce cas que la fonction, après un circuit décrit le long du système des lignes l, peut reprendre de nouveau sa précédente valeur.

Les constantes additives $h^{(1)}, h^{(2)}, \ldots, h^{(2p)}$, dont s'accroît une pareille fonction en passant du bord négatif au bord positif des sections transverses, seront dites les *modules de périodicité* de cette fonction.

Maintenant, d'après le principe de Dirichlet, la fonction $\alpha + \beta i$ peut être transformée en une fonction ω de $x + yi$ par la soustraction d'une pareille fonction de x, y, partout continue en T', à modules de périodicité purement imaginaires, et cette fonction est complètement déterminée à une constante additive près. La fonction ω admet les mêmes discontinuités que $\alpha + \beta i$ à l'intérieur de T' et les mêmes parties réelles des modules de périodicité. Par conséquent, dans la composition de ω, les fonctions φ_ν et les parties réelles des modules de périodicité peuvent être données arbitrairement. Eu égard à ces conditions, la fonction est complètement déterminée à une constante additive près et, par conséquent, il en est de même de la partie imaginaire de ses modules de périodicité. On verra que cette fonction ω comprend, comme cas particuliers, toutes les fonctions indiquées au § I.

§ IV.

Fonctions ω partout finies (intégrales de première espèce).

Nous allons d'abord considérer les plus simples parmi ces fonctions, celles qui restent toujours finies et qui, par conséquent, sont continues partout à l'intérieur de la surface T'. Si l'on désigne par $w_1, w_2, \ldots, w_p$ de telles fonctions, on a aussi, comme fonction de même nature,

$$w = \alpha_1 w_1 + \alpha_2 w_2 + \ldots + \alpha_p w_p + \text{const.},$$

les $\alpha_1, \alpha_2, \ldots, \alpha_p$ étant des constantes quelconques. Désignons les modules de périodicité des fonctions $w_1, w_2, \ldots, w_p$ relatifs à la $\nu^{\text{ième}}$ section transverse par $k_1^{(\nu)}, k_2^{(\nu)}, \ldots, k_p^{(\nu)}$. Le module de périodicité de w relatif à cette section transverse est alors

$$\alpha_1 k_1^{(\nu)} + \alpha_2 k_2^{(\nu)} + \ldots + \alpha_p k_p^{(\nu)} = k^{(\nu)};$$

et, si l'on écrit les grandeurs α sous la forme $\gamma + \delta i$, les parties réelles des $2p$ grandeurs $k^{(1)}, k^{(2)}, \ldots, k^{(2p)}$ sont des fonctions linéaires des grandeurs $\gamma_1, \gamma_2, \ldots, \gamma_p, \delta_1, \delta_2, \ldots, \delta_p$.

Maintenant, lorsque aucune équation linéaire à coefficients constants n'a lieu entre les grandeurs $w_1, w_2, \ldots, w_p$, le déterminant de ces expressions linéaires ne peut s'évanouir.

En effet, s'il n'en était pas ainsi, l'on pourrait déterminer les rapports des grandeurs α de telle sorte que les modules de périodicité de la partie réelle de w seraient tous égaux à zéro, et que, par suite, la partie réelle de w et, par conséquent aussi, w elle-même devraient, en vertu du principe de Dirichlet, se réduire à une constante.

Par conséquent les $2p$ grandeurs γ et δ peuvent être déterminées de telle sorte que les parties réelles des modules de périodicité prennent des valeurs données; par suite, w peut représenter toute fonction ω restant toujours finie, lorsque $w_1, w_2, \ldots, w_p$ ne satisfont à aucune équation linéaire à coefficients constants. Mais ces fonctions peuvent être toujours choisies de manière à remplir cette condition; en effet, tant que $\mu < p$, des équations de condition linéaires ont lieu entre les modules de périodicité de la partie réelle de

$$\alpha_1 w_1 + \alpha_2 w_2 + \ldots + \alpha_\mu w_\mu + \text{const.},$$

et ainsi $w_{\mu+1}$ n'est pas renfermé dans cette forme, quand on détermine les modules de périodicité de la partie réelle de cette fonction de telle sorte qu'ils ne satisfassent pas à ces équations de condition, ce qui est toujours possible, d'après ce qui précède.

Fonctions ω *qui sont infinies du premier ordre en un point de la surface* T (*intégrales de deuxième espèce*).

Supposons maintenant que ω devienne infinie en un seul point ε de la surface T, et que pour ce point tous les coefficients dans φ, sauf B, soient nuls. Une telle fonction est alors déterminée, à une constante additive près, par la grandeur B et par les parties réelles de ses modules de périodicité. Si l'on désigne par $t^0(\varepsilon)$ une fonction quelconque de cette nature, dans l'expression

$$t(\varepsilon) = \beta t^0(\varepsilon) + \alpha_1 w_1 + \alpha_2 w_2 + \ldots + \alpha_p w_p + \text{const.},$$

les constantes β, α_1, α_2, ..., α_p peuvent toujours être déterminées de telle sorte que pour cette expression la grandeur B et les parties réelles des modules de périodicité prennent des valeurs quelconques données. Cette expression représente donc toute pareille fonction.

Fonctions ω *qui sont logarithmiquement infinies en deux points de la surface* T (*intégrales de troisième espèce*).

Considérons en troisième lieu le cas où la fonction ω devient infinie seulement logarithmiquement; cela doit avoir lieu, puisque la somme des grandeurs A doit être égale à zéro, au moins en deux points de la surface T, ε_1, ε_2, et l'on doit avoir $A_2 = -A_1$. Si l'on désigne l'une quelconque des fonctions pour lesquelles ce fait a lieu, les deux dernières grandeurs étant égales à 1, par $\varpi^0(\varepsilon_1, \varepsilon_2)$, toutes les autres fonctions, en vertu de conclusions analogues à celles employées précédemment, sont comprises dans la forme

$$\varpi(\varepsilon_1, \varepsilon_2) = \varpi^0(\varepsilon_1, \varepsilon_2) + \alpha_1 w_1 + \alpha_2 w_2 + \ldots + \alpha_p w_p + \text{const.}$$

Dans les remarques qui suivent nous supposerons, pour simplifier, que les points ε ne sont pas des points de ramification et qu'ils ne sont pas situés à l'infini. On peut donc poser $r_\nu = z - z_\nu$, en désignant par z_ν la valeur de z au point ε_ν. Alors, lorsque l'on différentie $\varpi(\varepsilon_1, \varepsilon_2)$ par rapport à z_1 de telle sorte que les parties réelles des modules de périodicité (ou aussi p des modules de périodicité) et la valeur de $\varpi(\varepsilon_1, \varepsilon_2)$ en un point quelconque de la surface T restent constantes, l'on obtient une fonction $t(\varepsilon_1)$ qui est discontinue en ε_1 comme l'est $\dfrac{1}{z - z_1}$.

Réciproquement, $t(\varepsilon_1)$ désignant une telle fonction, l'intégrale $\int_{z_2}^{z_3} t(\varepsilon_1)\, dz_1$, prise le long d'une ligne quelconque, menant de ε_2 à ε_3, sur la surface T, est égale à une fonction $\varpi(\varepsilon_2, \varepsilon_3)$. D'une manière toute pareille, on obtient, par l'effet de n différentiations successives d'une telle fonction $t(\varepsilon_1)$, prises par rapport à z_1, des fonctions ω qui sont discontinues au point ε_1, comme l'est $n!(z - z_1)^{-n-1}$, et qui partout ailleurs restent finies.

Pour les positions des points ε que nous avons exclues, ces théorèmes exigent une légère modification.

Maintenant, il est évident que l'on peut déterminer une expression linéaire à coefficients constants formée de fonctions w, de fonctions ϖ et de leurs dérivées prises par rapport aux valeurs de discontinuité, expression telle qu'à l'intérieur de T' elle admette des discontinuités quelconques données de même forme que celles de ω, et telle que les parties réelles de ses modules de périodicité prennent des valeurs quelconques données. On peut, par conséquent, représenter toute fonction ω par une pareille expression.

§ V.

L'expression générale d'une fonction ω, qui devient infiniment grande du premier ordre en m points $\varepsilon_1, \varepsilon_2, \ldots, \varepsilon_m$ de la surface T est, d'après ce qui précède,

$$s = \beta_1 t_1 + \beta_2 t_2 + \ldots + \beta_m t_m + \alpha_1 w_1 + \alpha_2 w_2 + \ldots + \alpha_p w_p + \text{const.},$$

où t_ν est une fonction quelconque $t(\varepsilon_\nu)$ et où les grandeurs α et β sont des constantes. Lorsque, parmi les m points ε, un nombre ρ d'entre eux se réunissent au même point η de la surface T, les ρ fonctions t correspondant à ces points doivent être remplacées par une fonction $t(\eta)$ et par les $\rho - 1$ premières dérivées de cette fonction, prises par rapport à sa valeur de discontinuité (§ II).

Les $2p$ modules de périodicité de cette fonction s sont des fonctions linéaires homogènes des $p + m$ grandeurs α et β. Lorsque $m \geqq p + 1$, parmi les grandeurs α et β, $2p$ d'entre elles peuvent donc être déterminées comme fonctions linéaires homogènes de celles qui restent, de sorte que les modules de périodicité soient tous nuls. La fonction renferme alors encore $m - p + 1$ constantes arbitraires dont elle est fonction linéaire homogène, et elle peut être regardée comme une expression linéaire de $m - p$ fonctions, dont chacune devient infinie du premier ordre seulement pour $p + 1$ valeurs.

Lorsque $m = p + 1$, les rapports des $2p + 1$ grandeurs α et β sont complètement déterminés pour chaque position des $p + 1$ points ε. Mais, pour des positions particulières de ces points, quelques-unes des grandeurs β peuvent être égales à zéro. Soit, par exemple, $m - \mu$ le nombre de ces grandeurs égales à zéro, de sorte que la fonction ne devient infinie du premier ordre que pour μ points. Ces μ points doivent alors avoir une position telle que, parmi les $2p$ équations de condition entre les $p + \mu$ grandeurs restantes β et α, $p + 1 - \mu$ d'entre elles soient une conséquence identique de celles qui restent; par suite il n'y en a que $2\mu - p - 1$ qui peuvent être choisies arbitrairement. En outre la fonction contient encore deux constantes arbitraires.

Maintenant, proposons-nous de déterminer s de telle sorte que μ

soit le plus petit possible. Lorsque s est μ fois infinie du premier ordre, il en est de même de toute fonction rationnelle de s du premier degré; on peut donc, dans la résolution du problème, choisir un des μ points arbitrairement. La position des autres doit être alors déterminée telle que $p+1-\mu$ des équations de condition entre les grandeurs α et β soient une conséquence identique de celles qui restent.

Il faut donc, lorsque les valeurs de ramification de la surface T ne satisfont pas à des équations de condition particulières, que l'on ait

$$p+1-\mu \leqq \mu - 1 \quad \text{ou} \quad \mu \geqq \tfrac{1}{2}p+1.$$

Le nombre des constantes arbitraires que renferme une fonction s, qui ne devient infinie du premier ordre que pour m points de la surface T et reste continue partout ailleurs, est dans tous les cas égal à $2m-p+1$.

Une telle fonction est la racine d'une équation de degré n dont les coefficients sont des fonctions entières de z de degré m.

Soient $s_1, s_2, \ldots, s_n$ les n valeurs de la fonction s pour la même valeur de z et désignons par σ une grandeur quelconque; alors $(\sigma - s_1)(\sigma - s_2)\ldots(\sigma - s_n)$ est une fonction uniforme de z qui ne devient infinie qu'en un point du plan des z qui coïncide avec un point ε, et l'ordre de cet infini sera égal au nombre des points ε qui s'y réunissent.

En effet, en un point ε qui n'est pas un point de ramification, *un seul* des facteurs du produit est infini du premier ordre; pour un point ε, autour duquel la surface tourne sur elle-même μ fois, il y a μ facteurs infinis, chacun d'eux étant infini d'ordre $\frac{1}{\mu}$. Si l'on désigne maintenant les valeurs de z en *ces points* ε, où z n'est pas infini, par $\zeta_1, \zeta_2, \ldots, \zeta_\nu$, et le produit $(z-\zeta_1)(z-\zeta_2)\ldots(z-\zeta_\nu)$ par a_0, alors $a_0(\sigma-s_1)(\sigma-s_2)\ldots(\sigma-s_n)$ est une fonction uniforme de z qui est finie pour toutes les valeurs finies de z, et qui, pour $z=\infty$, devient infinie d'ordre m; c'est, par conséquent, une fonction entière de z du $m^{\text{ième}}$ degré. C'est également une fonction entière de σ du $n^{\text{ième}}$ degré qui s'évanouit pour $\sigma = s$. Désignons-la par F et désignons, comme nous le ferons dans ce qui suit, par

$F(\overset{n}{\sigma}, \overset{m}{z})$ *une fonction entière* F *de degré n en* σ *et de degré m en z*; alors s est racine d'une équation $F(\overset{n}{s}, \overset{m}{z}) = 0$.

La fonction F est une puissance d'une fonction irréductible, c'est-à-dire qui ne peut se décomposer en un produit de fonctions entières de σ et de z. En effet, tout facteur rationnel entier de $F(\sigma, z)$, puisqu'il doit s'évanouir pour certaines d'entre les racines $s_1, s_2, \ldots, s_n$, représente pour $\sigma = s$ une fonction de z qui doit s'évanouir en une portion de la surface T et qui, par suite, cette surface étant connexe, doit être nulle sur toute cette surface. Mais deux facteurs irréductibles de $F(\sigma, z)$ ne pourraient s'évanouir simultanément pour un nombre fini de couples de valeurs, que si l'un d'eux ne pouvait être obtenu en multipliant l'autre par une constante. Par suite, F est nécessairement puissance d'une fonction irréductible.

Lorsque l'exposant ν de cette puissance est > 1, le mode de ramification de la fonction s n'est pas représenté par la surface T, mais par une surface τ recouvrant partout $\frac{n}{\nu}$ fois le plan des z, et recouverte elle-même partout ν fois par la surface T. On peut alors considérer s, il est vrai, comme une fonction ramifiée comme l'est la surface T, mais l'on ne peut pas réciproquement dire que T est ramifiée comme l'est s.

Une fonction pareille à s, discontinue seulement en certains points de T, est représentée aussi par $\frac{d\omega}{dz}$. En effet, cette fonction reprend la même valeur sur les deux bords des sections transverses et des lignes l, puisque la différence des deux valeurs que possède ω sur ces coupures est constante le long des lignes. Elle peut être infinie seulement en les points où l'est ω et en les points de ramification de la surface, et partout ailleurs elle est continue, puisque la dérivée d'une fonction uniforme et finie est également uniforme et finie.

Toutes les fonctions ω sont donc des fonctions algébriques de z, ramifiées comme la surface T, ou sont des intégrales de telles fonctions. Ce système de fonctions est déterminé lorsque la surface T est donnée, et ne dépend que de la position de ses points de ramification.

§ VI.

Supposons maintenant que l'on donne l'équation irréductible

$$F(\overset{n}{s}, \overset{m}{z}) = 0$$

et que l'on demande de déterminer le mode de ramification de la fonction s ou de la surface T qui la représente. Lorsque, pour une valeur β de z, μ branches de la fonction se rattachent ensemble de telle sorte qu'une de ces branches, après μ circuits autour de β, se reproduise, ces μ branches de la fonction (comme c'est facile à démontrer d'après Cauchy ou à l'aide de la série de Fourier) peuvent être représentées par une série procédant suivant des puissances ascendantes rationnelles de $z - \beta$, dont les exposants ont pour plus petit dénominateur commun μ, et réciproquement.

Un point de la surface T, où se rattachent ensemble seulement deux branches d'une fonction de telle sorte qu'autour de ce point la première branche se prolonge en la seconde et la seconde en la première, je le nommerai *un point de ramification simple*.

Un point d'une surface autour duquel celle-ci tourne sur elle-même $(\mu + 1)$ fois, peut alors être regardé comme formant μ points de ramification simples coïncidents (ou infiniment voisins).

Pour le démontrer, soient, sur une portion du plan des z contenant ce point, $s_1, s_2, \ldots, s_{\mu+1}$ des branches uniformes de la fonction s, et soient $a_1, a_2, \ldots, a_\mu$ des points de ramification simples situés sur le contour de cette portion et se suivant en cet ordre dans le sens positif de l'encadrement. Supposons qu'un circuit décrit dans le sens positif autour de a_1 permute s_1 et s_2, qu'un circuit décrit dans le même sens autour de a_2 permute s_1 et $s_3, \ldots$, enfin qu'un circuit décrit dans le même sens autour de a_μ permute s_1 et $s_{\mu+1}$. Alors, après un circuit positif autour d'un domaine contenant tous ces points (et nul autre point de ramification),

$$s_1, \quad s_2, \quad \ldots, \quad s_\mu, \quad s_{\mu+1}$$

sont remplacés par

$$s_2, \quad s_3, \quad \ldots, \quad s_{\mu+1}, \quad s_1,$$

et, par suite, lorsqu'ils coïncident, c'est un point de ramification d'ordre μ qui prend naissance.

Les propriétés des fonctions ω dépendent essentiellement de l'ordre de connexion de la surface T. Pour le trouver, proposons-nous d'abord la détermination du nombre des points de ramification simples de la fonction s.

En un point de ramification les branches de la fonction qui se rattachent ensemble ont la même valeur et, par conséquent, deux ou plusieurs racines de l'équation

$$F(s) = a_0 s^n + a_1 s^{n-1} + \ldots + a_n = 0$$

deviennent égales. Cela peut seulement avoir lieu lorsque

$$F'(s) = a_0 n s^{n-1} + a_1 (n-1) s^{n-2} + \ldots + a_{n-1},$$

ou la fonction uniforme de z,

$$F'_{(s_1)} F'_{(s_2)} \ldots F'_{(s_n)}$$

s'évanouit. Cette fonction ne devient infinie, pour des valeurs finies de z, que lorsque $s = \infty$, et par conséquent lorsque $a_0 = 0$, et elle doit pour rester finie être multipliée par a_0^{n-2}. C'est alors une fonction uniforme de z, qui reste finie pour toute valeur finie de z, et qui, pour $z = \infty$, devient infinie d'ordre $2m(n-1)$ et c'est, par conséquent, une fonction entière de degré $2m(n-1)$. Les valeurs de z, pour lesquelles $F'(s)$ et $F(s)$ s'évanouissent simultanément, sont donc les racines de l'équation, de degré $2m(n-1)$,

$$Q(z) = a_0^{n-2} \prod_i F'(s_i) = 0,$$

ou encore, puisque $F'(s_i) = a_0 \prod_{i'} (s_i - s_{i'})$, $[i \gtrless i']$, de l'équation

$$Q(z) = a_0^{2(n-1)} \prod_{i,i'} (s_i - s_{i'}) = 0 \qquad [i \gtrless i'],$$

que l'on peut former en éliminant s entre

$$F'(s) = 0 \quad \text{et} \quad F(s) = 0.$$

Si $F(s, z) = 0$ pour $s = \alpha$, $z = \beta$, on a

$$F(s, z) = \frac{\partial F}{\partial s}(s-\alpha) + \frac{\partial F}{\partial z}(z-\beta) + \frac{1}{2}\left[\frac{\partial^2 F}{\partial s^2}(s-\alpha)^2 + 2\frac{\partial^2 F}{\partial s\, \partial z}(s-\alpha)(z-\beta) + \frac{\partial^2 F}{\partial z^2}(z-\beta)^2\right] + \ldots\ldots,$$

$$F'(s) = \frac{\partial F}{\partial s} + \frac{\partial^2 F}{\partial s^2}(s-\alpha) + \frac{\partial^2 F}{\partial s\, \partial z}(z-\beta) + \ldots.$$

Par conséquent si, pour $s = \alpha$, $z = \beta$, on a

$$\frac{\partial F}{\partial s} = 0,$$

et, si alors $\frac{\partial F}{\partial z}$, $\frac{\partial^2 F}{\partial s^2}$ ne s'évanouissent pas, $s - \alpha$ est infiniment petit, comme l'est $(z - \beta)^{\frac{1}{2}}$, et, par conséquent, il se présente un point de ramification simple. Dans le produit $\prod_i F'(s_i)$ deux facteurs également seront infiniment petits, comme l'est $(z - \beta)^{\frac{1}{2}}$, et $Q(z)$ a donc $(z - \beta)$ pour facteur. Dans le cas où $\frac{\partial F}{\partial z}$ et $\frac{\partial^2 F}{\partial s^2}$ ne s'évanouissent jamais lorsque F et $\frac{\partial F}{\partial s}$ sont simultanément nuls, à chaque facteur linéaire de $Q(z)$ correspond alors *un* point de ramification simple et le nombre de ces points est, par conséquent,

$$= 2m(n-1).$$

La position des points de ramification dépend des coefficients des puissances de z dans les fonctions a et varie avec eux d'une manière continue.

Lorsque ces coefficients prennent des valeurs telles que deux points de ramification simples, appartenant au même couple de branches, coïncident, ces points se détruisent et deux racines de $F(s) = 0$ deviennent égales entre elles, sans qu'un point de ramification prenne naissance.

Si, autour de chacun de ces points, s_1 se prolonge en s_2 et s_2 en s_1, alors, par l'effet d'un circuit autour d'une portion du plan des z renfermant les deux points, s_1 s'échange en s_1 et s_2 en s_2, et lors de la réunion des deux points les deux branches seront uniformes. Par conséquent, leur dérivée $\frac{ds}{dz}$ est alors uniforme et finie et, par suite, on aura

$$\frac{\partial F}{\partial z} = -\frac{ds}{dz}\frac{\partial F}{\partial s} = 0.$$

Si $F = \frac{\partial F}{\partial s} = \frac{\partial F}{\partial z} = 0$ pour $s = \alpha$, $z = \beta$, alors les trois termes suivants du développement de $F(s, z)$ fournissent deux valeurs pour

$$\frac{s-\alpha}{z-\beta} = \frac{ds}{dz} \qquad (s = \alpha, z = \beta).$$

Si ces valeurs sont inégales et finies, les deux branches de la fonction s, auxquelles elles appartiennent, ne peuvent s'y réunir ni par conséquent s'y ramifier. Alors $\frac{\partial F}{\partial s}$ devient pour les deux branches infiniment petite comme l'est $z - \beta$, et $Q(z)$ aura pour facteur $(z-\beta)^2$; par conséquent seulement deux points de ramifications simples coïncident.

Dans chaque cas, où, pour $z = \beta$, plusieurs racines de l'équation $F(s) = 0$ deviennent égales à α, pour distinguer combien de points de ramifications simples coïncident pour $(s = \alpha, z = \beta)$, et combien d'entre ceux-ci se détruisent, l'on devra développer ces racines [d'après le procédé de Lagrange (1)], suivant les puissances ascendantes de $z - \beta$, jusqu'à ce que ces développements soient tous différents, et l'on obtiendra ainsi toutes les ramifications ayant encore une existence effective. On doit ensuite chercher de quel ordre $F'(s)$ devient infiniment petite pour chacune de ces racines, afin de déterminer le nombre des facteurs linéaires correspondants de $Q(z)$, c'est-à-dire le nombre des points de ramifications simples coïncidents pour $s = \alpha$, $z = \beta$.

Si l'on désigne par ρ le nombre indiquant combien de fois la surface T tourne sur elle-même autour du point (s, z), $F'(s)$ sera au point (z) infiniment petite du premier ordre autant de fois qu'il s'y trouve de points de ramifications simples coïncidents, $dz^{1-\frac{1}{\rho}}$

(1) *Nouvelle méthode pour résoudre les équations littérales par le moyen des séries.* (*Mémoires* de l'Académie de Berlin, XXIV; 1780. *Œuvres de Lagrange*, t. III, p. 5.) — (WEBER.)

le sera autant de fois qu'il s'y présente de points de ramifications simples effectifs, et, par suite, $F'(s)\,dz^{\frac{1}{\rho}-1}$ le sera autant de fois que parmi les points de ramification il y en a qui se détruisent.

Désignons par w le nombre des ramifications simples effectives, et par $2r$ le nombre de celles qui se détruisent, on a

$$w + 2r = 2(n-1)m.$$

Si l'on suppose que les points de ramifications coïncident seulement par paires et en se détruisant, on aura, pour r paires de valeurs $(s = \gamma_\rho,\ z = \delta_\rho)$,

$$F = \frac{\partial F}{\partial s} = \frac{\partial F}{\partial z} = 0$$

et

$$\frac{\partial^2 F}{\partial z^2}\frac{\partial^2 F}{\partial s^2} - \frac{\partial^2 F}{\partial s\,\partial z} \gtrless 0,$$

et, pour w paires de valeurs de s et z, l'on aura

$$F = 0, \qquad \frac{\partial F}{\partial s} = 0$$

et

$$\frac{\partial F}{\partial z} \gtrless 0, \qquad \frac{\partial^2 F}{\partial s^2} \gtrless 0.$$

Nous nous en tiendrons, en général, à la considération de ce dernier cas, car l'on peut aisément en étendre les résultats aux autres, regardés comme cas limites; et nous pouvons le faire d'autant mieux que nous avons fait reposer la théorie de ces fonctions sur des principes indépendants de leur forme d'expression et qui ne sont soumis à aucune exception.

§ VII.

Maintenant, relativement à une surface simplement connexe recouvrant une portion finie du plan des z, la relation suivante a lieu entre le nombre des points de ramification simples et le nombre des circuits formés par le parcours de son contour d'encadrement : ce dernier nombre est d'une unité supérieur au premier;

à l'aide de cette relation l'on peut en tirer une autre, relativement à une surface multiplement connexe, entre ces nombres et le nombre de sections transverses qui décomposent cette surface en une surface simplement connexe.

Cette relation, indépendante au fond de toute relation métrique et qui se rapporte à l'*analysis situs,* peut se déduire pour la surface T comme il suit.

En vertu du principe de Dirichlet, sur la surface simplement connexe T′, la fonction de z, $\log\zeta$ peut être déterminée de telle sorte que ζ en un point quelconque à l'intérieur de cette surface soit infiniment petit du premier ordre, et que $\log\zeta$, le long d'une ligne quelconque ne se coupant pas elle-même et allant de ce point rejoindre le contour, soit plus grand de $-2\pi i$ sur le côté positif de cette ligne que sur le côté négatif, et soit partout ailleurs continu et le long du contour de T′ imaginaire pure. Alors la fonction ζ prend une fois chaque valeur dont le module est < 1. La totalité de ses valeurs sera donc représentée par une surface recouvrant une fois un cercle sur le plan des ζ. A tout point de T′ correspond donc un point du cercle et réciproquement. Par conséquent, en un point quelconque de la surface où $z = z'$, $\zeta = \zeta'$, la fonction $\zeta - \zeta'$ est infiniment petite du premier ordre et, par conséquent, en ce point, lorsque la surface T′ tourne sur elle-même $\mu + 1$ fois autour de ce point, pour z' fini,

$$(\mu + 1)\frac{z - z'}{(\zeta - \zeta')^{\mu+1}} = \frac{dz}{d\zeta(\zeta - \zeta')^{\mu}}$$

reste fini, mais, pour z' infini, c'est

$$(\mu + 1)\frac{z^{-1}}{(\zeta - \zeta')^{\mu+1}} = -\frac{dz}{z^2\, d\zeta(\zeta - \zeta')^{\mu}}$$

qui reste fini. L'intégrale

$$\int d\log\frac{dz}{d\zeta},$$

prise dans le sens positif autour du contour total du cercle, est égale à la somme des intégrales prises autour des points où $\dfrac{dz}{d\zeta}$ est infini ou nul, et, par suite, est égale à $2\pi i(w - 2n)$.

Désignons par s une portion du contour de T′, allant d'un seul et même point déterminé de ce contour jusqu'en un point variable de ce même contour, et par σ la portion correspondante sur le contour du cercle ; on aura

$$\log \frac{dz}{d\zeta} = \log \frac{dz}{ds} + \log \frac{ds}{d\sigma} - \log \frac{d\zeta}{d\sigma};$$

pour les intégrales étendues à tout le contour on aura

$$\int d \log \frac{dz}{ds} = (2p - 1)\, 2\pi i, \qquad \int d \log \frac{ds}{d\sigma} = 0,$$
$$-\int d \log \frac{d\zeta}{d\sigma} = -2\pi i,$$

et, par conséquent,

$$\int d \log \frac{dz}{d\zeta} = (2p - 2)\, 2\pi i.$$

On a donc alors

$$w - 2n = 2(p - 1).$$

Or, comme

$$w = 2[(n - 1)\, m - r],$$

on a, par suite,

$$p = (n - 1)(m - 1) - r. \quad [2].$$

§ VIII.

L'expression générale des fonctions s' de z, ramifiées comme la surface T, qui, pour m' points quelconques donnés de T, deviennent infinies du premier ordre et qui partout ailleurs restent continues, contient, d'après ce qui précède, $m' - p + 1$ constantes arbitraires et en est une fonction linéaire (§ V). Par conséquent, si on peut, comme on le démontrera tout à l'heure, former des expressions rationnelles en s et z, qui deviennent infinies du premier ordre pour m' paires de valeurs de s et z quelconques données, satisfaisant à l'équation $F = 0$, et qui sont des fonctions linéaires de $m' - p + 1$ constantes arbitraires, alors toute fonction s' peut être représentée par ces expressions.

Pour que le quotient de deux fonctions entières $\chi(s, z)$ et $\psi(s, z)$ puisse prendre, pour $s = \infty$ et $z = \infty$, des valeurs quelconques finies, les deux fonctions doivent être de même degré.

Désignons donc l'expression, par laquelle s' doit être représentée, par $\frac{\overset{\nu\ \mu}{\psi}(s, z)}{\overset{\nu\ \mu}{\chi}(s, z)}$, et soient en outre $\nu \geqq n - 1$, $\mu \geqq m - 1$. Lorsque deux branches de la fonction s deviennent égales sans se prolonger l'une dans l'autre, et lorsque l'on a, par conséquent, en deux points distincts de la surface T, $z = \gamma$, $s = \delta$, s', en général, prendra des valeurs différentes en ces deux points; pour que l'on ait partout $\psi - s'\chi = 0$, on doit donc avoir, pour deux valeurs différentes de s',

$$\psi(\gamma, \delta) - s'\chi(\gamma, \delta) = 0,$$

et, par suite,

$$\chi(\gamma, \delta) = 0 \quad \text{et} \quad \psi(\gamma, \delta) = 0.$$

Par conséquent, les fonctions χ et ψ s'évanouissent pour les r couples de valeurs ($s = \gamma_\rho$, $z = \delta_\rho$) [p. 120] (¹).

La fonction χ s'évanouit, pour une valeur de z, pour laquelle la fonction uniforme de z et finie pour z fini,

$$K(z) = a_0^\nu \chi(s_1)\chi(s_2)\ldots\chi(s_n),$$

est égale à zéro; cette fonction, pour z infini, devient infinie d'ordre $m\nu + n\mu$; c'est, par conséquent, une fonction entière de degré $m\nu + n\mu$.

Puisque, pour les couples de valeurs (γ, δ), deux facteurs du produit $\prod_i \chi(s_i)$ deviennent infiniment petits du premier ordre, et que, par conséquent, $K(z)$ devient infiniment petit du second ordre, alors χ sera en outre infiniment petit du premier ordre pour

$$i = m\nu + n\mu - 2r$$

couples de valeurs de s et z, c'est-à-dire de points sur T.

(¹) Ici, comme il a été indiqué précédemment, l'on ne s'occupe que du cas où les points de ramification de la fonction s coïncident seulement par paires en se détruisant. En général, les fonctions χ et ψ, en un point de T, où coïncident, conformément au § 6, des points de ramification qui se détruisent lorsque T tourne ρ fois autour de ce point, doivent devenir infiniment petites comme l'est $F'(s)\, dz^{\frac{1}{\rho}-1}$, afin que les premiers termes du développement suivant les puissances entières de $(\Delta z)^{\frac{1}{\rho}}$ de la fonction à représenter puissent prendre des valeurs quelconques. — (RIEMANN.)

Si $\nu > n - 1$, $\mu > m - 1$, alors la valeur de la fonction χ reste inaltérée lorsque l'on remplace

$$\chi(\overset{\nu}{s}, \overset{\mu}{z})$$

par

$$\chi(\overset{\nu}{s}, \overset{\mu}{z}) + \rho(\overset{\nu-n}{s}, \overset{\mu-m}{z})\,\mathrm{F}(\overset{n}{s}, \overset{m}{z}),$$

où ρ est quelconque; par conséquent, parmi les coefficients de cette expression, il y en a

$$(\nu - n + 1)(\mu - m + 1)$$

qui peuvent être pris arbitrairement. Maintenant, si parmi les

$$(\mu + 1)(\nu + 1) - (\nu - n + 1)(\mu - m + 1)$$

qui restent, on en détermine r comme fonctions linéaires des autres, en sorte que χ s'évanouit pour les r couples de valeurs (γ, δ), alors la fonction χ renferme encore

$$\begin{aligned} \varepsilon &= (\mu + 1)(\nu + 1) - (\nu - n + 1)(\mu - m + 1) - r \\ &= n\mu + m\nu - (n - 1)(m - 1) - r + 1 \end{aligned}$$

constantes arbitraires. On a, par conséquent,

$$i - \varepsilon = (n - 1)(m - 1) - r - 1 = p - 1.$$

Maintenant, si l'on choisit μ et ν tels que l'on ait $\varepsilon > m'$, l'on peut déterminer χ de telle sorte que, pour m' couples de valeurs quelconques donnés, cette fonction devienne infiniment petite du premier ordre, et alors, lorsque $m' > p$, l'on peut disposer de ψ, de façon que $\frac{\psi}{\chi}$ reste finie pour toutes les autres valeurs restantes.

En effet, ψ est également une fonction linéaire homogène de ε constantes arbitraires, et, par conséquent, on peut, lorsque $\varepsilon - i + m' > 1$, déterminer $i - m'$ d'entre elles comme fonctions linéaires de celles qui restent, en sorte que ψ s'évanouit également pour les $i - m'$ couples de valeurs de s et z pour lesquels χ est encore infiniment petit du premier ordre. La fonction ψ renferme donc

$$\varepsilon - i + m' = m' - p + 1$$

constantes arbitraires, et, par conséquent, $\frac{\psi}{\chi}$ peut représenter toute fonction s'.

§ IX.

Comme les fonctions $\frac{d\omega}{dz}$ sont des fonctions algébriques de z ramifiées comme l'est s, elles peuvent, en vertu de la proposition qui vient d'être démontrée, s'exprimer rationnellement en s et z, et toutes les fonctions ω peuvent être représentées comme intégrales de fonctions rationnelles de s et z.

Si l'on désigne par w une fonction ω qui est partout finie, $\frac{dw}{dz}$ sera infinie du premier ordre en chaque point de ramification simple de la surface T, puisque dw et $(dz)^{\frac{1}{2}}$ y sont infiniment petits du premier ordre, mais partout ailleurs elle reste continue, et, pour $z=\infty$, elle est infiniment petite du second ordre. Réciproquement, l'intégrale d'une fonction qui se comporte ainsi demeure partout finie.

Pour exprimer cette fonction $\frac{dw}{dz}$ comme quotient de deux fonctions entières de s et z, l'on doit (d'après le § VII), prendre pour dénominateur une fonction qui s'évanouit en les points de ramifications et pour les r couples de valeurs (γ, δ). On remplira cette condition de la manière la plus simple en prenant une fonction qui s'annule pour ces seules valeurs et

$$\frac{\partial F}{\partial s} = a_0 n s^{n-1} + a_1(n-1) s^{n-2} + \ldots + a_{n-1}$$

est une telle fonction.

Cette fonction, pour s infini, devient infinie d'ordre $(n-2)$ (puisque a_0 est alors infiniment petit du premier ordre), et, pour z infini, elle devient infinie d'ordre m.

De plus, $\frac{dw}{dz}$ devant, hormis en les points de ramification, rester fini, et, pour z infini, être infiniment petit du second ordre, le numérateur doit être, par conséquent, une fonction entière $F(\overset{n-2}{s}, \overset{m-2}{z})$, qui s'évanouit pour les r couples de valeurs (γ, δ) (p. 121).

On a donc

$$w = \int \frac{\varphi(\overset{n-2}{s}, \overset{m-2}{z})\,dz}{\frac{\partial F}{\partial s}} = -\int \frac{\varphi(\overset{n-2}{s}, \overset{m-2}{z})\,ds}{\frac{\partial F}{\partial z}},$$

où $\varphi = 0$ pour $s = \gamma_\rho$, $z = \delta_\rho$, avec $\rho = 1, 2, \ldots, r$.

La fonction φ renferme $(n-1)(m-1)$ coefficients constants, et lorsque r d'entre eux sont déterminés comme fonctions linéaires de ceux qui restent de telle sorte que $\varphi = 0$ pour les r couples de valeurs $s = \gamma$, $z = \delta$, alors il en reste encore $(m-1)(n-1)-r$, c'est-à-dire p, qui sont arbitraires et φ prend ainsi la forme

$$\alpha_1\varphi_1 + \alpha_2\varphi_2 + \ldots + \alpha_p\varphi_p,$$

où les $\varphi_1, \varphi_2, \ldots, \varphi_p$ sont des fonctions φ particulières, dont aucune n'est une fonction linéaire de celles qui restent, et où α_1, $\alpha_2, \ldots, \alpha_p$ désignent des constantes quelconques.

Comme expression la plus générale de w, on obtient, comme il a été fait précédemment [1] d'une autre manière,

$$\alpha_1 w_1 + \alpha_2 w_2 + \ldots + \alpha_p w_p + \text{const.}$$

Les fonctions ω qui ne restent pas partout finies et, par conséquent, les intégrales de deuxième et de troisième espèces, peuvent s'exprimer, en vertu des mêmes principes, rationnellement en s et z, mais nous ne nous arrêterons pas sur ce sujet, vu que les règles générales du paragraphe précédent n'ont besoin d'aucun éclaircissement ultérieur, et que, pour la considération de formes déterminées de ces intégrales, la théorie des fonctions $\mathfrak{S}$ nous fournira la première occasion d'y revenir.

§ X.

La fonction φ sera infiniment petite du premier ordre, outre pour les r couples de valeurs (γ, δ), encore pour

$$m(n-2) + n(m-2) - 2r,$$

[1] *Voir* le § IV. — (L. L.)

c'est-à-dire $2(p-1)$ couples de valeurs de s et z, satisfaisant à l'équation $F=0$. Soient maintenant

$$\varphi^{(1)} = \alpha_1^{(1)}\varphi_1 + \alpha_2^{(1)}\varphi_2 + \ldots + \alpha_p^{(1)}\varphi_p$$

et

$$\varphi^{(2)} = \alpha_1^{(2)}\varphi_1 + \alpha_2^{(2)}\varphi_2 + \ldots + \alpha_p^{(2)}\varphi_p$$

deux fonctions φ quelconques; on peut alors dans l'expression $\frac{\varphi^{(2)}}{\varphi^{(1)}}$ déterminer d'abord le dénominateur, de telle sorte qu'il soit nul pour $p-1$ couples de valeurs de s et z quelconques données satisfaisant à l'équation $F=0$, et ensuite le numérateur, de telle sorte qu'il s'évanouisse également pour $p-2$ parmi les couples de valeurs restantes pour lesquelles $\varphi^{(1)}$ est égal à zéro. C'est alors une fonction linéaire de deux constantes arbitraires et, par conséquent, c'est l'expression générale d'une fonction qui ne devient infinie du premier ordre que pour p points de la surface T. Une fonction qui devient infinie pour moins de p points forme un cas spécial de cette fonction. Par conséquent, toutes les fonctions qui deviennent infinies du premier ordre pour moins de $p+1$ points de la surface T peuvent être représentées sous la forme $\frac{\varphi^{(2)}}{\varphi^{(1)}}$, ou sous la forme $\frac{dw^{(2)}}{dw^{(1)}}$, lorsque $w^{(1)}$ et $w^{(2)}$ sont deux intégrales partout finies de fonctions rationnelles de s et z.

§ XI.

Une fonction z_1 de z, ramifiée comme T, qui devient infinie du premier ordre pour n_1 points de cette surface est, en vertu de ce qui précède (p. 116), racine d'une équation de la forme

$$G(\overset{n}{z_1}, \overset{n_1}{z}) = 0,$$

et, par suite, prend chaque valeur pour n_1 points de la surface T. Par conséquent, lorsque l'on s'imagine chaque point de T représenté par un point d'un plan représentant géométriquement la valeur de z_1 en ce point, la totalité de ces points forme une surface T_1 recouvrant partout n_1 fois le plan des z_1, surface qui est, comme l'on sait, une représentation, semblable en les plus petites parties, de la surface T. A chaque point d'une de ces surfaces correspond alors un point *unique* de l'autre. Les fonctions ω, c'est-à-dire les intégrales de fonctions de z, ramifiées comme l'est T, se transforment alors, lorsqu'au lieu de z, on introduit z_1 comme grandeur variable indépendante, en fonctions qui sur la surface T_1 ont partout une valeur *unique* déterminée et ont mêmes discontinuités que les fonctions ω aux points correspondants de T, et qui, par suite, sont des intégrales de fonctions de z_1, ramifiées comme l'est T_1.

Si l'on désigne par s_1 une autre fonction quelconque de z, ramifiée comme l'est T, qui, pour m_1 points de T et par suite aussi de T_1, devient infinie du premier ordre, alors (§ V) entre s_1 et z_1, a lieu une équation de la forme

$$F_1(\overset{n_1}{s_1}, \overset{m_1}{z_1}) = 0,$$

où F_1 est une puissance d'une fonction entière irréductible de s_1, z_1, et l'on peut, lorsque cette puissance a pour exposant l'unité, exprimer rationnellement en s_1 et z_1 toutes les fonctions de z_1 ramifiées comme l'est T_1, et, par suite, toutes les fonctions rationnelles de s et z (§ VIII).

L'équation $F(\overset{n}{s}, \overset{m}{z}) = 0$ peut donc, à l'aide d'une transformation rationnelle, être transformée en $F_1(\overset{n_1}{s_1}, \overset{m_1}{z_1}) = 0$ et *vice versa*.

Les domaines des grandeurs (s, z) et (s_1, z_1) ont donc même ordre de connexion, puisqu'à chaque point de l'un correspond un point *unique* de l'autre. Si l'on désigne donc par r_1 le nombre des cas où s_1 et z_1, pour deux points différents du domaine des grandeurs (s_1, z_1), reprennent tous deux la même valeur, cas où, par suite, on a simultanément

$$F_1, \quad \frac{\partial F_1}{\partial s_1} \quad \text{et} \quad \frac{\partial F_1}{\partial z_1} = 0$$

et

$$\frac{\partial^2 F}{\partial s_1^2}\frac{\partial^2 F}{\partial z_1^2} - \left(\frac{\partial^2 F}{\partial s_1\, \partial z_1}\right)^2 \neq 0,$$

on doit avoir nécessairement

$$(n_1 - 1)(m_1 - 1) - r_1 = p = (n - 1)(m - 1) - r.$$

§ XII.

On considérera maintenant, comme faisant partie d'une *même classe, toutes les équations algébriques irréductibles entre deux grandeurs variables, qui peuvent être transformées les unes dans les autres par des substitutions rationnelles;* de la sorte

$$F(s, z) = 0 \quad \text{et} \quad F_1(s_1, z_1) = 0$$

appartiennent à la même classe lorsque l'on peut remplacer s et z par des fonctions rationnelles de s_1 et z_1, telles que $F(s, z) = 0$ se transforme en $F_1(s_1, z_1) = 0$, s_1 et z_1 étant également des fonctions rationnelles de s et z.

Les fonctions rationnelles de s et z, considérées comme fonctions de l'une quelconque ζ d'entre elles, forment un système de fonctions algébriques à mêmes ramifications.

De cette manière, toute équation conduit évidemment à une classe de systèmes de fonctions algébriques à mêmes ramifications qui, par l'introduction d'une fonction du système comme grandeur variable indépendante, sont transformables les unes dans les autres, et cela en sorte que toutes les équations d'*une* classe conduisent à la même classe de systèmes de fonctions algébriques; et réciproquement (§ XI), toute classe de pareils systèmes conduit à *une* classe d'équations. Si le domaine des grandeurs (s, z) est $(2p+1)$ fois connexe et si la fonction ζ devient infiniment petite du premier ordre en μ points de ce domaine, le nombre des valeurs de ramification des fonctions de ζ, à mêmes ramifications, qui sont formées par les autres fonctions rationnelles de s et z restantes, est égal à $2(\mu+p-1)$, et le nombre des constantes arbitraires que renferme la fonction ζ est $2\mu-p+1$ (§ V). Ces constantes peuvent être déterminées de telle sorte que $2\mu-p+1$ valeurs de ramification prennent des valeurs données, quand ces valeurs de ramification sont des fonctions indépendantes entre elles de ces constantes, et cela seulement d'un nombre fini de manières, puisque les équations de condition sont algébriques. En chaque classe de systèmes de fonctions à mêmes ramifications et $(2p+1)$

fois connexes il existe donc un nombre fini de systèmes de fonctions à μ valeurs, pour lesquels $2\mu - p + 1$ valeurs de ramification prennent des valeurs données. D'autre part, lorsque les $2(\mu + p - 1)$ points de ramification d'une surface $(2p + 1)$ fois connexe, recouvrant partout μ fois le plan des ζ, sont donnés arbitrairement, il existe toujours alors (§ III-V) un système de fonctions algébriques de ζ, à mêmes ramifications que cette surface. Les $3p - 3$ valeurs de ramification restantes en ces systèmes de fonctions à mêmes ramifications et à μ valeurs peuvent donc prendre des valeurs quelconques; par conséquent, une classe de systèmes de fonctions à mêmes ramifications et $(2p + 1)$ fois connexes et la classe d'équations algébriques qui lui appartient, dépendent de $3p - 3$ grandeurs variant d'une manière continue, qui seront nommées les *modules de la classe*.

Cette détermination du nombre des modules d'une classe de fonctions algébriques $(2p + 1)$ fois connexes, est valable seulement dans l'hypothèse faite qu'il y a $2\mu - p + 1$ valeurs de ramification qui sont des fonctions, indépendantes entre elles, des constantes arbitraires que renferme la fonction ζ. Cette hypothèse ne se trouve juste que lorsque l'on a $p > 1$; le nombre des modules est alors égal à $3p - 3$; mais, pour $p = 1$, ce nombre est égal à 1. La recherche directe de ce nombre est difficile à cause du mode suivant lequel les constantes arbitraires entrent en ζ. Pour déterminer le nombre des modules, on introduira, comme grandeur variable indépendante dans un système de fonctions $(2p + 1)$ fois connexes à mêmes ramifications, non une de ces fonctions mêmes, mais une intégrale partout finie d'une telle fonction. Les valeurs que prend la fonction w de z sur la surface T′ seront représentées géométriquement par une surface recouvrant une ou plusieurs fois une partie finie du plan des w, surface que nous désignerons par S et qui est une représentation (semblable en les plus petites parties) de la surface T′. Comme la valeur de w sur le bord positif de la $\nu^{\text{ième}}$ section transverse surpasse de la constante additive $k^{(\nu)}$ la valeur qu'elle prend sur le bord négatif, le contour d'encadrement de S est formé de paires de courbes parallèles qui sont la représentation de la même portion du système de sections qui figurent l'encadrement de T′, et la différence de situation des points correspondants sur les portions parallèles de l'encadrement de S, qui sont la représentation de la $\nu^{\text{ième}}$ section transverse, sera exprimée par la grandeur complexe $k^{(\nu)}$. Le nombre des points de ramification simples de la surface S est $2p-2$, puisque dw est infiniment petit du second ordre en $2p-2$ points de la surface T. Les fonctions rationnelles de s et z sont alors des fonctions de w qui, pour chaque point de S, ont une valeur *unique* variant d'une manière continue partout où elles ne deviennent pas infinies, et qui reprennent la même valeur aux points correspondants sur les portions parallèles d'encadrement. Elles forment donc un système de fonctions de w à mêmes ramifications et $2p$-uplement périodiques. Maintenant (par une voie analogue à celle du § III-V) on peut, les $2p-2$ points de ramification et les $2p$ différences de situation des portions parallèles d'encadrement de la surface S étant par hypothèse donnés arbitrairement, démontrer qu'il existe toujours un système de fonctions à mêmes ramifications que cette surface, qui, aux points correspondants sur les portions parallèles d'encadrement, reprennent la même valeur et sont, par conséquent, $2p$-uplement périodiques et qui, regardées comme fonctions de l'une d'entre elles, forment un système de fonctions algébriques $(2p+1)$ fois connexes à mêmes ramifications et conduisent par suite à une classe de fonctions algébriques $(2p+1)$ fois connexes. En effet, en vertu du principe de Dirichlet, une fonction de w est déterminée sur la surface S, à une constante additive près, par ces conditions : à l'intérieur de S elle admettra des discontinuités quelconques données de même forme que celles de ω sur T', et aux points correspondants sur les portions parallèles d'encadrement elle prendra des valeurs qui diffèrent de constantes dont la partie réelle est donnée. On conclut de cela, comme on l'a fait d'une manière analogue au § V, la possibilité d'existence de fonctions qui ne deviennent discontinues qu'en des points isolés de S et qui reprennent la même valeur en les points correspondants sur les portions parallèles d'encadrement. Si une telle fonction z est infinie du premier ordre en n points de S et n'est discontinue nulle part ailleurs, elle prend alors chaque valeur complexe en n points de S; en effet, a désignant une constante quelconque, l'intégrale $\int d\log(z-a)$, prise autour de S, est nulle, les intégrales prises le long de parties parallèles de l'encadrement se détruisant, et $z - a$ devient donc sur la surface S autant de fois infiniment petit du premier ordre qu'il y devient de fois infiniment grand du premier ordre. Les valeurs que prend z seront, par suite, représentées par une surface recouvrant partout n fois le plan des z, et les autres fonctions de w ramifiées de même et périodiques forment donc un système de fonctions algébriques de z, $(2p+1)$ fois connexes, à mêmes ramifications que la surface, ce qu'il fallait démontrer.

Maintenant, étant donnée une classe quelconque de fonctions algébriques, $(2p+1)$ fois connexes, l'on peut, dans la grandeur

$$w = \alpha_1 w_1 + \alpha_2 w_2 + \ldots + \alpha_p w_p + c,$$

que l'on introduira comme variable indépendante, déterminer et les grandeurs α, de telle sorte que, parmi $2p$ modules de périodicité, p d'entre eux prennent des valeurs données, et la constante c, lorsque p est >1, de telle sorte qu'une des $2p-2$ valeurs de ramification des fonctions périodiques de w ait une valeur donnée. De cette manière w est complètement déterminé et, par conséquent, les $3p-3$ grandeurs restantes dont dépend le mode de ramification et la périodicité de ces fonctions de w le sont aussi; et, puisqu'à des valeurs quelconques de ces $3p-3$ grandeurs correspond une classe de fonctions algébriques, $(2p+1)$ fois connexes, une telle classe dépend de $3p-3$ grandeurs variables indépendantes.

Lorsque $p=1$, il ne se présente pas de points de ramifications, et, dans l'expression

$$w = \alpha_1 w_1 + c,$$

la grandeur α_1 peut être déterminée de telle sorte qu'*un* des modules de périodicité prenne une valeur donnée, et l'autre module de périodicité est déterminé par cela même.

Le nombre des modules d'une classe est, par conséquent, dans ce cas égal à 1.

§ XIII.

D'après les principes précédents de la transformation (développés au § XI), pour transformer, par une substitution rationnelle, une équation quelconque donnée $F(s, z) = 0$ en une équation

$$F_1(\overset{n_1}{s_1}, \overset{m_1}{z_1}) = 0$$

de la même classe et du degré le plus petit possible, on doit d'abord déterminer pour z_1 une expression $r(s, z)$, rationnelle en s et z, telle que n_1 soit aussi petit que possible, puis déterminer également pour s_1 une autre expression rationnelle $r'(s, z)$ de telle sorte que m_1 soit le plus petit possible et qu'en même temps les valeurs de s_1, correspondant à une valeur quelconque de z_1, ne soient pas distribuées en groupes de valeurs égales entre elles, de manière que $F_1(\overset{n_1}{s_1}, \overset{m_1}{z_1})$ ne puisse être une puissance d'une fonction irréductible supérieure à la première.

Lorsque le domaine des grandeurs (s, z) est $(2p+1)$ fois connexe, la plus petite valeur que puisse prendre n_1 est, d'une manière générale,

$$\geqq \frac{p}{2} + 1, \qquad (\S \text{ V}),$$

et le nombre des cas où s_1 et z_1 prennent tous deux la même valeur pour deux points différents du domaine de grandeurs est égal à

$$(n_1 - 1)(m_1 - 1) - p.$$

Dans une classe d'équations algébriques entre deux grandeurs variables, lorsque les modules de la classe ne sont pas astreints à vérifier des équations de condition particulières, les équations du degré minimum ont, par conséquent, la forme suivante :

Pour $p = 1$ . . . . $F(\overset{2}{s}, \overset{2}{z}) = 0,\qquad r = 0,$

Pour $p = 2$ . . . . $F(\overset{2}{s}, \overset{3}{z}) = 0,\qquad r = 0,$

Pour $p > 2$ $\begin{cases} p = 2\mu - 3 \ldots\ldots & F(\overset{\mu}{s}, \overset{\mu}{z}) = 0, \quad r = (\mu - 2)^2, \\ p = 2\mu - 2 \ldots\ldots & F(\overset{\mu}{s}, \overset{\mu}{z}) = 0, \quad r = (\mu - 1)(\mu - 3 \end{cases}$

Parmi les coefficients des puissances de s et z dans les fonctions entières F, l'on doit en déterminer r comme fonctions linéaires homogènes de ceux qui restent tels que $\frac{\partial F}{\partial s}$ et $\frac{\partial F}{\partial z}$ s'évanouissent simultanément pour r couples de valeurs satisfaisant à l'équation $F = 0$. Les fonctions rationnelles de s et z, considérées comme fonctions de l'une d'entre elles, représentent alors tous les systèmes de fonctions algébriques $(2p+1)$ fois connexes.

§ XIV.

Je ferai maintenant usage, d'après Jacobi [1] (*Journ. de Crelle*, vol. 9, n° 32, § VIII), du théorème d'addition d'Abel pour l'intégration d'un système d'équations différentielles. Sur ce point, je m'en tiendrai à ce qui sera plus tard nécessaire dans le cours de cette étude.

Lorsque dans une intégrale w, partout finie, d'une fonction rationnelle de s et z on introduit comme grandeur variable indépendante une fonction rationnelle ζ de s et z, qui, pour m couples de valeurs de s et z, devient infinie du premier ordre, alors $\frac{dw}{dz}$ est une fonction de ζ à m déterminations. Si l'on désigne les m valeurs de w pour le même ζ par $w^{(1)}, w^{(2)}, \ldots, w^{(m)}$, alors

$$\frac{dw^{(1)}}{d\zeta} + \frac{dw^{(2)}}{d\zeta} + \ldots + \frac{dw^{(m)}}{d\zeta}$$

est une fonction uniforme de ζ dont l'intégrale reste partout finie, et, par conséquent, l'intégrale

$$\int d\,(w^{(1)} + w^{(2)} + \ldots + w^{(m)})$$

est aussi partout uniforme et finie et, par suite, égale à une constante. D'une manière analogue, on trouve que, $\omega^{(1)}, \omega^{(2)}, \ldots, \omega^{(m)}$ désignant les valeurs, correspondant au même ζ, d'une inté-

(1) *Œuvres*, t. II, p. 15. — (W. et D.)

grale quelconque ω d'une fonction rationnelle de s et z, l'intégrale

$$\int d(\omega^{(1)} + \omega^{(2)} + \ldots + \omega^{(m)})$$

est déterminée, à une constante additive près, au moyen des discontinuités de ω, et cela sous la forme d'une somme d'une fonction rationnelle de ζ et de logarithmes de fonctions rationnelles de ζ affectés de coefficients constants.

A l'aide de ce théorème, comme il le sera démontré bientôt, on peut intégrer, d'une manière *générale* ou *complète*, les p équations différentielles simultanées entre les $p+1$ couples de valeurs (s_1, z_1), (s_2, z_2), ..., (s_{p+1}, z_{p+1}) de s et z satisfaisant à l'équation $F(s, z) = 0$,

$$\frac{\varphi_\pi(s_1, z_1)\,dz_1}{\dfrac{\partial F(s_1, z_1)}{\partial s_1}} + \frac{\varphi_\pi(s_2, z_2)\,dz_2}{\dfrac{\partial F(s_2, z_2)}{\partial s_2}} + \ldots + \frac{\varphi_\pi(s_{p+1}, z_{p+1})\,dz_{p+1}}{\dfrac{\partial F(s_{p+1}, z_{p+1})}{\partial s_{p+1}}} = 0,$$

où $\pi = 1, 2, \ldots, p$.

A l'aide de ces équations différentielles, parmi les couples de grandeurs (s_μ, z_μ), p d'entre eux sont complètement déterminés comme fonctions de l'un des couples qui reste, lorsque, pour une valeur quelconque de ce dernier, les valeurs des autres sont données.

Par conséquent, lorsque l'on détermine ces $p+1$ couples de grandeurs comme fonctions d'une unique grandeur variable ζ, de telle sorte que, pour la même valeur zéro de cette grandeur, elles prennent des valeurs initiales (s_1^0, z_1^0), (s_2^0, z_2^0), ..., (s_{p+1}^0, z_{p+1}^0) *quelconques* données et satisfont aux équations différentielles, on a ainsi par cela même intégré les équations différentielles d'une manière générale. Maintenant la grandeur $\frac{1}{\zeta}$ peut toujours être déterminée comme fonction uniforme et, par suite, rationnelle de (s, z), de telle sorte qu'elle soit infinie seulement, et cela seulement du premier ordre, pour la totalité ou une partie des $(p+1)$ couples de valeurs (s_μ^0, z_μ^0), puisque, dans l'expression

$$\sum_{\mu=1}^{\mu=p+1} \beta_\mu\, t(s_\mu^0, z_\mu^0) + \sum_{\mu=1}^{\mu=p} \alpha_\mu\, w_\mu + \text{const.},$$

les rapports des grandeurs α et β peuvent toujours être déterminés en sorte que les modules de périodicité soient tous égaux à zéro. Alors, lorsqu'aucun des β n'est égal à zéro, les $(p+1)$ branches des fonctions s et z de ζ, fonctions de ζ à mêmes ramifications et à $p+1$ déterminations, (s_1, z_1), (s_2, z_2), ..., (s_{p+1}, z_{p+1}), qui, pour $\zeta = 0$, prennent les valeurs (s_1^0, z_1^0), (s_2^0, z_2^0), ..., (s_{p+1}^0, z_{p+1}^0), satisfont aux équations différentielles à résoudre. Mais, lorsque parmi les grandeurs β, certaines d'entre elles, par exemple les $p+1-m$ dernières, sont égales à zéro, alors les équations différentielles à résoudre sont satisfaites par les m branches des fonctions, à m déterminations s et z, de ζ, (s_1, z_1), (s_2, z_2), ..., (s_m, z_m) qui, pour $\zeta = 0$, sont égales à (s_1^0, z_1^0), (s_2^0, z_2^0), ..., (s_m^0, z_m^0), et par des valeurs constantes des grandeurs $s_{m+1}, z_{m+1}, \ldots; s_{p+1}, z_{p+1}$, c'est-à-dire, par conséquent, par leurs valeurs initiales $s_{m+1}^0, z_{m+1}^0, \ldots; s_{p+1}^0, z_{p+1}^0$. Dans ce dernier cas, parmi les p équations linéaires homogènes

$$\sum_{\mu=1}^{\mu=m} \frac{\varphi_\pi(s_\mu, z_\mu)\,dz_\mu}{\frac{\partial F(s_\mu, z_\mu)}{\partial s_\mu}} = 0 \qquad (\pi = 1, 2, \ldots, p)$$

entre les grandeurs $\dfrac{dz_\mu}{\frac{\partial F(s_\mu, z_\mu)}{\partial s_\mu}}$, $p+1-m$ d'entre elles sont une conséquence de celles qui restent. Cela fournit donc $p+1-m$ équations de condition qui doivent, pour que ce cas se présente, avoir lieu entre les fonctions (s_1, z_1), (s_2, z_2), ..., (s_m, z_m) et, par conséquent, aussi entre leurs valeurs initiales (s_1^0, z_1^0), (s_2^0, z_2^0), ..., (s_m^0, z_m^0); par suite, comme on l'a déjà trouvé au § V, parmi celles-ci, $2m-p-1$ seulement peuvent être données arbitrairement.

§ XV.

Désignons maintenant l'intégrale

$$\int \frac{\varphi_\pi(s, z)\,dz}{\frac{\partial F(s, z)}{\partial s}} + \text{const.},$$

prise à l'intérieur de la surface T′, par w_π, et le module de périodicité de w_π, relatif à la $\nu^{\text{ième}}$ section transverse, par $k_\pi^{(\nu)}$; de la sorte les fonctions $w_1, w_2, \ldots, w_p$ du couple de grandeurs (s, z), lorsque le point (s, z) passe du bord négatif au bord positif de la $\nu^{\text{ième}}$ section transverse, éprouvent simultanément un accroissement de $k_1^{(\nu)}, k_2^{(\nu)}, \ldots, k_p^{(\nu)}$. Pour abréger le langage, l'on dira qu'un système de p grandeurs $(b_1, b_2, \ldots, b_p)$ est *congru à un autre* $(a_1, a_2, \ldots, a_p)$ *relativement à* $2p$ *systèmes de modules conjugués,* lorsqu'il peut être déduit de cet autre système par l'addition simultanée de modules conjugués (*zusammengehöriger*) à tous les éléments respectifs de ce système.

Ainsi, si le module de la $\pi^{\text{ième}}$ grandeur dans le $\nu^{\text{ième}}$ système est $k_\pi^{(\nu)}$, on dira que

$$(b_1, b_2, \ldots, b_p) \equiv (a_1, a_2, \ldots, a_p),$$

lorsque l'on a

$$b_\pi = a_\pi + \sum_{\nu=1}^{\nu=2p} m_\nu k_\pi^{(\nu)}$$

où $\pi = 1, 2, \ldots, p$, $m_1, m_2, \ldots, m_{2p}$ étant des nombres entiers.

Comme p grandeurs quelconques, $a_1, a_2, \ldots, a_p$ peuvent toujours, et cela seulement d'une manière unique, être mises sous la forme

$$a_\pi = \sum_{\nu=1}^{\nu=2p} \xi_\nu k_\pi^{(\nu)}$$

de telle sorte que les $2p$ grandeurs ξ soient réelles, et comme en faisant varier ces grandeurs ξ de nombres entiers l'on obtient tous les systèmes congrus à ce système de grandeurs $a_1, a, \ldots, a_p$ et ceux-ci seulement, l'on obtient alors un système, et un seul, de chaque série de systèmes congrus, lorsque, dans ces expressions, l'on fait varier d'une manière continue chaque grandeur ξ, en lui faisant prendre successivement toutes les valeurs depuis une grandeur quelconque jusqu'à une grandeur qui la surpasse de 1, une de ces deux limites étant comprise dans l'intervalle.

Ceci posé, des équations différentielles précédentes ou des p équations

$$\sum_{\mu=1}^{\mu=p+1} dw_\pi^{(\mu)} = 0 \qquad (\pi = 1, 2, \ldots, p),$$

l'on tire, par intégration,

$$\left[\sum w_1^{(\mu)},\ \sum w_2^{(\mu)},\ \ldots,\ \sum w_p^{(\mu)}\right] \equiv (c_1, c_2, \ldots, c_p),$$

où les c_1, c_2, ..., c_p sont des grandeurs constantes qui dépendent des valeurs (s^0, z^0).

§ XVI.

Si l'on exprime ζ comme quotient $\frac{\chi}{\psi}$ de deux fonctions entières de s et z, les couples de grandeurs (s_1, z_1), ..., (s_m, z_m) sont les racines communes des équations

$$F = 0 \quad \text{et} \quad \frac{\chi}{\psi} = \zeta.$$

Puisque la fonction entière

$$\chi - \zeta\psi = f(s, z)$$

s'évanouit pour tous les couples de valeurs pour lesquels χ et ψ s'évanouissent simultanément, quel que soit ζ, alors les couples de grandeurs (s_1, z_1), ..., (s_m, z_m) peuvent être aussi définis comme des racines communes à l'équation $F = 0$ et à une équation $f(s, z) = 0$, dont les coefficients varient de telle sorte que toutes les autres racines communes demeurent constantes. Lorsque l'on a

$$m < p + 1,$$

ζ peut être représenté (§ X) sous la forme

$$\frac{\varphi^{(1)}}{\varphi^{(2)}}$$

et f sous la forme

$$\varphi^{(1)} - \zeta\varphi^{(2)} = \varphi^{(3)}.$$

Les valeurs les plus générales des couples de fonctions (s_1, z_1), ..., (s_p, z_p), satisfaisant aux p équations

$$\sum_{\mu=1}^{\mu=p} dw_\pi^{(\mu)} = 0 \qquad (\pi = 1, 2, \ldots, p),$$

seront donc formées par p racines communes aux équations $F = 0$ et $\varphi = 0$, qui varient de telle sorte que les autres racines communes qui restent demeurent constantes. D'où l'on conclut aisément une proposition qui sera nécessaire dans la suite, proposition énonçant que le problème de la détermination de $(p-1)$ d'entre les $(2p-2)$ couples de grandeurs

$$(s_1, z_1), \quad \ldots, \quad (s_{2p-2}, z_{2p-2})$$

comme fonctions des $(p-1)$ qui restent, de manière que les p équations

$$\sum_{\mu=1}^{\mu=2p-2} dw_\pi^{(\mu)} = 0 \qquad (\pi = 1, 2, \ldots, p)$$

soient satisfaites, est résolu d'une manière absolument générale quand, pour ces $2p-2$ couples de valeurs, l'on choisit les racines communes aux deux équations $F = 0$, $\varphi = 0$, qui sont différentes des r racines $s = \gamma_\rho$, $z = \delta_\rho$ (§ VI), c'est-à-dire les $2p-2$ couples de valeurs pour lesquels dw devient infiniment petit du second ordre; de la sorte le problème n'admet qu'une solution *unique*. De pareils couples de grandeurs sont dits *associés par l'entremise de l'équation* $\varphi = 0$. Comme conséquence des équations

$$\sum_1^{2p-2} dw_\pi^{(\mu)} = 0 \qquad (\pi = 1, 2, \ldots, p)$$

le système

$$\left[\sum_1^{2p-2} w_1^{(\mu)}, \quad \sum_1^{2p-2} w_2^{(\mu)}, \quad \ldots, \quad \sum_1^{2p-2} w_p^{(\mu)}\right],$$

les sommes s'étendant aux couples de grandeurs (associés), est congru à un système

$$(c_1, c_2, \ldots, c_p)$$

de grandeurs constantes, où c_π dépend seulement de la constante additive dans la fonction w_π, c'est-à-dire de la valeur initiale de l'intégrale exprimant cette fonction.

SECTION II.

§ XVII.

Pour l'étude ultérieure des intégrales de fonctions algébriques $(2p+1)$ fois connexes, il sera d'une grande utilité de considérer une série $\mathfrak{J}$ p-uplement infinie, c'est-à-dire une série p-uplement infinie où le logarithme du terme général est une fonction entière du second degré des indices. Dans cette fonction, pour un terme dont les indices sont $m_1, m_2, \ldots, m_p$, nous désignerons le coefficient du carré m_μ^2 par $a_{\mu,\mu}$, celui du double produit $m_\mu m_{\mu'}$ par $a_{\mu,\mu'} = a_{\mu',\mu}$, celui du double de la grandeur m_μ par v_μ, et le terme constant sera pris égal à zéro. La somme de la série, étendue à toutes les valeurs entières positives ou négatives des grandeurs m, sera regardée comme une fonction des p grandeurs v, et nous la désignerons par $\mathfrak{J}(v_1, v_2, \ldots, v_p)$, de sorte que l'on a

$$(1) \qquad \mathfrak{J}(v_1, v_2, \ldots, v_p) = \left(\sum_{-\infty}^{+\infty}\right)^p e^{\left(\sum_1^p\right)^2 a_{\mu,\mu'} m_\mu m_{\mu'} + 2\sum_1^p v_\mu m_\mu},$$

où les sommations dans l'exposant se rapportent à μ et μ', et celles du signe extérieur à $m_1, m_2, \ldots, m_p$. Pour que cette série soit convergente, la partie réelle de $\left(\sum_1^p\right)^2 a_{\mu\mu'} m_\mu m_{\mu'}$ doit être essentiellement négative, c'est-à-dire que, représentée comme une somme de carrés positifs ou négatifs de fonctions réelles linéaires indépendantes entre elles des grandeurs m, elle doit être composée de p carrés négatifs.

La fonction $\mathfrak{J}$ jouit de cette propriété qu'il existe des systèmes d'accroissements simultanés des valeurs des p grandeurs v, pour lesquels $\log\mathfrak{J}$ ne varie que d'une fonction linéaire des grandeurs v, et le nombre de ces systèmes indépendants entre eux (c'est-à-dire aucun d'eux n'étant une conséquence des autres) est $2p$. En effet, en négligeant d'écrire sous le signe fonctionnel $\mathfrak{S}$ les grandeurs v, qui n'éprouvent pas de changement de valeur, l'on a, pour $\mu = 1, 2, \ldots, p$,

$$\mathfrak{S} = \mathfrak{S}(v_\mu + \pi i) \tag{2}$$

et

$$\mathfrak{S} = e^{2v_\mu + a_{\mu,\mu}} \mathfrak{S}(v_1 + a_{1,\mu}, v_2 + a_{2,\mu}, \ldots, v_p + a_{p,\mu}), \tag{3}$$

comme cela se voit de suite, lorsque dans la série $\mathfrak{S}$ l'on change l'indice m_μ en $m_\mu + 1$, opération qui, sans en altérer la valeur, lui fait prendre la forme dans le second membre de (3).

La fonction $\mathfrak{S}$ est déterminée, à un facteur constant près, et par ces relations, et par la propriété dont elle jouit de rester partout finie. En effet, par suite de cette dernière propriété et des relations (2), c'est une fonction de $e^{2v_1}, e^{2v_2}, \ldots, e^{2v_p}$ uniforme et finie pour les v finis, et, par conséquent, c'est une fonction développable en une série p-uplement infinie de la forme

$$\left(\sum_{-\infty}^{+\infty}\right)^p A_{m_1, m_2, \ldots, m_p} e^{2\sum_1^p v_\mu m_\mu}$$

à coefficients constants A. Mais des relations (3) l'on tire

$$A_{m_1, \ldots, m_\nu + 1, \ldots, m_p} = A_{m_1, \ldots, m_\nu, \ldots, m_p} e^{2\sum_1^p a_{\mu,\nu} m_\mu + a_{\nu,\nu}}$$

et, par suite,

$$A_{m_1, \ldots, m_p} = \text{const.}\, e^{\left(\sum_1^p\right)^2 a_{\mu,\mu'} m_\mu m_{\mu'}}.$$

C. Q. F. D.

On peut donc employer ces propriétés de la fonction pour la définir. Les systèmes des accroissements simultanés des valeurs des grandeurs v, par l'effet desquels $\log \mathfrak{S}$ ne varie que d'une fonction linéaire, seront dits *systèmes des modules de périodicité conjugués* des grandeurs variables indépendantes dans cette fonction $\mathfrak{S}$.

§ XVIII.

Je substituerai maintenant aux p grandeurs $v_1, v_2, \ldots, v_p$, p intégrales $u_1, u_2, \ldots, u_p$, restant toujours finies, de fonctions rationnelles d'une grandeur variable z et d'une fonction algébrique s, $(2p+1)$ fois connexe, de cette grandeur z, et aux modules de périodicité conjugués des grandeurs v je substituerai des modules de périodicité conjugués (c'est-à-dire qui sont relatifs à la même section transverse) de ces intégrales, de telle sorte qu'ainsi $\log \mathfrak{S}$ est transformé en une fonction d'une variable *unique* z qui varie d'une fonction linéaire des grandeurs u lorsque s et z reprennent la même valeur après une variation continue de z.

Il s'agit d'abord de démontrer qu'une telle substitution est possible pour toute fonction s de z, $(2p+1)$ fois connexe. A cet effet, la décomposition de la surface T doit être pratiquée à l'aide de $2p$ sections $a_1, a_2, \ldots, a_p, b_1, b_2, \ldots, b_p$ revenant sur elles-mêmes de manière à remplir les conditions suivantes :

Lorsque l'on choisit $u_1, u_2, \ldots, u_p$, de façon que le module de périodicité de u_μ, relatif à la section a_μ, soit égal à πi, et que, relativement aux autres sections a, les modules de périodicité de u_μ soient nuls, alors, le module de périodicité de u_μ, relatif à la section b_ν, étant désigné par $a_{\mu,\nu}$, l'on devra avoir

$$a_{\mu,\nu} = a_{\nu,\mu},$$

et la partie réelle de

$$\sum_{\mu,\mu'} a_{\mu,\mu'} m_\mu m_{\mu'}$$

devra être négative pour toutes les valeurs réelles (entières) des p grandeurs m.

§ XIX.

La décomposition de la surface T ne sera pas pratiquée, comme on l'a fait jusqu'ici, à l'aide seule de sections transverses revenant sur elles-mêmes, mais de la manière suivante. On pratiquera d'abord une coupure a_1 revenant sur elle-même et ne morcelant pas la surface, puis on découpera une section transverse b_1, partant du bord positif de a_1 et rejoignant au point de départ le bord négatif de cette même coupure, ce qui forme un contour d'encadrement d'*une seule* pièce. Ensuite, l'on pourra pratiquer une troisième section transverse (lorsque la surface n'est pas encore rendue simplement connexe), partant d'un point quelconque de ce contour pour rejoindre un autre point quelconque du contour d'encadrement, point qui, par conséquent, peut être aussi situé sur le parcours antérieur de cette section transverse. On adoptera ce dernier mode d'opération; de la sorte cette section transverse est formée par une ligne a_2 revenant sur elle-même et par une portion c_1, parcourue avant cette ligne et la rattachant au système de sections précédent. La section transverse suivante b_2 sera menée depuis le bord positif de a_2 jusqu'au point de départ sur le bord négatif, et le contour d'encadrement formé jusqu'ici est encore d'*une seule* pièce.

La décomposition ultérieure, lorsqu'elle est nécessaire, sera de nouveau encore formée par deux sections a_3 et b_3, issues des mêmes points et y aboutissant, et par une ligne de rattachement c_2, réunissant le système de lignes a_2 et b_2 à ces lignes a_3, b_3. Si l'on continue ce procédé d'opérations jusqu'à ce que la surface devienne simplement connexe, l'on obtient un réseau de sections formé par p paires de deux lignes, a_1 et b_1, a_2 et b_2, ..., a_p et b_p, commençant et finissant respectivement en un même point, et par $p-1$ lignes c_1, c_2, ..., c_{p-1} qui rattachent chaque paire à la suivante. La ligne de rattachement c_ν pourra être menée d'un point de b_ν à un point de $a_{\nu+1}$. Le réseau de sections sera alors regardé comme pratiqué ainsi : la $(2\nu-1)^{\text{ième}}$ section transverse sera formée par la combinaison de la ligne $c_{\nu-1}$ et de la ligne a_ν, partant de l'extrémité de $c_{\nu-1}$ pour y revenir, et la $2\nu^{\text{ième}}$ section transverse sera formée par la ligne b_ν, partant du bord *positif* de a_ν pour revenir en a_ν sur le bord *négatif*. Le contour d'encadrement de la surface est ainsi, après un nombre pair de sections, formé d'*une seule* pièce; après un nombre impair de sections, il est formé de *deux* pièces.

Une intégrale w, partout finie, d'une fonction rationnelle de s et z reprend alors la même valeur sur les deux bords d'une ligne c. En effet, tout l'encadrement antérieur est formé d'*une seule* pièce, et, dans l'intégration prise le long de celui-ci et partant d'un bord de la ligne c pour revenir en l'autre bord, l'intégrale $\int dw$ est prise, relativement à chaque élément de section pratiquée précédemment, deux fois et en sens contraires. Une telle fonction est donc partout continue sur la surface T, hormis en les lignes a et b. La surface T décomposée ainsi par toutes ces lignes nous la désignerons par T''.

§ XX.

Soient maintenant $w_1, w_2, \ldots, w_p$ de pareilles fonctions indépendantes entre elles; soient $A_\mu^{(\nu)}$ le module de périodicité de w_μ relatif à la section transverse a_ν et $B_\mu^{(\nu)}$ celui relatif à la section transverse b_ν. Alors l'intégrale $\int w_\mu \, dw_{\mu'}$, prise positivement autour de la surface T'', est $= 0$, puisque la fonction sous le signe d'intégration est partout finie. Pendant cette intégration, chacune des lignes a et b est décrite une fois dans le sens positif, une fois dans le sens négatif et pendant l'intégration, lorsque ces lignes servent de contour au domaine dont l'encadrement est décrit dans le sens positif, il faut prendre pour w_μ la valeur sur les bords positifs, valeur que l'on désignera par w_μ^+, tandis qu'au cas opposé on devra prendre la valeur sur les bords négatifs, valeur que l'on désignera par w_μ^-.

L'intégrale est, par conséquent, égale à la somme de toutes les intégrales $\int (w_\mu^+ - w_\mu^-) \, dw_{\mu'}$ relatives aux lignes a et b. Les lignes b mènent du bord positif au bord négatif des lignes a, et, par suite, les lignes a mènent du bord négatif au bord positif des lignes b. L'intégrale prise le long de la ligne a_ν est donc égale à

$$\int A_\mu^{(\nu)} \, dw_{\mu'} = A_\mu^{(\nu)} \int dw_{\mu'} = A_\mu^{(\nu)} B_{\mu'}^{(\nu)};$$

l'intégrale prise le long de b_ν

$$= \int B_\mu^{(\nu)} \, dw_{\mu'} = - B_\mu^{(\nu)} A_{\mu'}^{(\nu)}.$$

L'intégrale $\int w_\mu \, dw_{\mu'}$, prise dans le sens positif autour de la surface T'', est donc égale à

$$\sum_\nu A_\mu^{(\nu)} B_{\mu'}^{(\nu)} - B_\mu^{(\nu)} A_{\mu'}^{(\nu)},$$

et, par suite, cette somme est égale à zéro. Cette dernière relation a lieu pour chaque combinaison de deux fonctions $w_1, w_2, \ldots, w_p$ et elle fournit, par suite, $\frac{p(p-1)}{1.2}$ relations entre leurs modules de périodicité.

Lorsque, pour les fonctions w, l'on prend les fonctions u, c'est-à-dire qu'on les choisit de telle sorte que $A_\mu^{(\nu)}$, pour μ différent de ν, soit nul et que $A_\nu^{(\nu)}$ soit égal à πi, ces relations se transforment en

$$B_{\mu'}^{(\mu)} \pi i - B_{\mu}^{(\mu')} \pi i = 0,$$

ou en

$$a_{\mu,\mu'} = a_{\mu',\mu}.$$

§ XXI.

Il reste encore à démontrer que les grandeurs a possèdent la seconde propriété que nous avons précédemment trouvée être nécessaire.

Posons

$$w = \mu + \nu i,$$

et, pour le module de cette fonction, relatif à la section transverse a_ν, posons

$$A^{(\nu)} = \alpha_\nu + \gamma_\nu i,$$

et, pour celui relatif à la section b_ν,

$$B^{(\nu)} = \beta_\nu + \delta_\nu i.$$

Alors l'intégrale

$$\int \left[\left(\frac{\partial \mu}{\partial x} \right)^2 + \left(\frac{\partial \mu}{\partial y} \right)^2 \right] dT$$

ou

$$\int \left(\frac{\partial \mu}{\partial x} \frac{\partial \nu}{\partial y} - \frac{\partial \mu}{\partial y} \frac{\partial \nu}{\partial x} \right) dT \quad (^1),$$

relative à T'', est égale à l'intégrale $\int \mu\, d\nu$, prise autour du contour de T'' dans le sens positif, et, par conséquent, elle est égale

(1) Cette intégrale exprime l'aire de la surface qui représente sur le plan des w la totalité des valeurs prises par w à l'intérieur de T''. — (RIEMANN.)

à la somme des intégrales $\int(\mu^+ - \mu^-)\,d\nu$ relatives aux lignes a et b. L'intégrale relative à la ligne a_ν est égale à $\alpha_\nu \int d\nu = \alpha_\nu \delta_\nu$, l'intégrale relative à la ligne b_ν est égale à $\beta_\nu \int d\nu = -\beta_\nu \gamma_\nu$, et, par suite,

$$\int\left[\left(\frac{\partial\mu}{\partial x}\right)^2 + \left(\frac{\partial\mu}{\partial y}\right)^2\right] dT = \sum_{\nu=1}^{\nu=p} (\alpha_\nu \delta_\nu - \beta_\nu \gamma_\nu).$$

Cette somme est donc toujours positive.

On en tire la propriété des grandeurs a, qu'il s'agit de démontrer, en remplaçant w par

$$u_1 m_1 + u_2 m_2 + \ldots + u_p m_p.$$

En effet, alors

$$A^{(\nu)} = m_\nu \pi i, \qquad B^{(\nu)} = \sum_\mu a_{\mu,\nu} m_\mu\,;$$

par suite, α_ν est toujours égal à zéro, et l'on a

$$\int\left[\left(\frac{\partial\mu}{\partial x}\right)^2 + \left(\frac{\partial\mu}{\partial y}\right)^2\right] dT = -\sum \beta_\nu \gamma_\nu = -\pi \sum m_\nu \beta_\nu,$$

c'est-à-dire que l'intégrale est égale à la partie réelle de

$$-\pi \sum_{\mu,\nu} a_{\mu,\nu} m_\mu m_\nu,$$

expression qui, par conséquent, est positive pour toutes les valeurs réelles des grandeurs m.

§ XXII.

Dans la série ϑ [(1), § XVII] remplaçons maintenant $a_{\mu,\mu'}$ par le module de périodicité de la fonction u_μ relativement à la coupure $b_{\mu'}$, et en désignant par $e_1, e_2, \ldots, e_p$ des constantes quelconques, remplaçons v_μ par $u_\mu - e_\mu$; on obtient alors une fonction de z déterminée et uniforme en tout point de T,

$$\vartheta(u_1 - e_1, u_2 - e_2, \ldots, u_p - e_p),$$

qui, sauf en les lignes b, est continue et finie et qui, sur le bord positif de la ligne b_ν, est $(e^{-2(u_\nu - e_\nu)})$-fois plus grande qu'elle ne l'est sur le bord négatif, lorsque l'on attribue aux fonctions u sur les lignes b elles-mêmes la moyenne des valeurs qu'elles prennent sur les deux bords. Le nombre de points de T', c'est-à-dire le nombre de paires de valeurs de s et z pour lesquelles cette fonction devient infiniment petite du premier ordre, peut être déterminé par la considération de l'intégrale $\int d \log \mathfrak{S}$, prise positivement autour du contour de T'. En effet, cette intégrale est égale au nombre des points en question multiplié par $2\pi i$. D'autre part, cette intégrale est égale à la somme des intégrales $\int (d \log \mathfrak{S}^{+} - d \log \mathfrak{S}^{-})$ relatives à toutes les lignes de section a, b et c. Les intégrales relatives aux lignes a et c sont égales à 0, mais l'intégrale relative à b_ν est égale à $-2\int du_\nu = 2\pi i$, et, par conséquent, la somme de toutes les intégrales est égale à $p 2\pi i$. La fonction $\mathfrak{S}$ sera donc infiniment petite du premier ordre sur la surface T' en p points que l'on pourra désigner par $\eta_1, \eta_2, \ldots, \eta_p$.

Un circuit positif, décrit par le point (s, z) autour d'un de ces points, augmente $\log \mathfrak{S}$ de $2\pi i$, mais le long de la paire de sections a_ν, b_ν de $-2\pi i$; par conséquent, pour déterminer la fonction $\log \mathfrak{S}$ d'une manière partout uniforme, on pratiquera, à partir de chacun de ces points η, une section à travers l'intérieur de la surface, aboutissant chaque fois à une des paires de lignes, la section l_ν partant de η_ν se rapportant à a_ν et b_ν, et cela en la faisant aboutir à l'origine commune de ces lignes, et la fonction sera déterminée comme étant partout continue sur la surface T* formée de la sorte. Elle est alors sur le bord positif des lignes l plus grande de $-2\pi i$, sur le bord positif de la ligne a_ν plus grande de $g_\nu 2\pi i$, et sur le bord positif de la ligne b_ν plus grande de $-2(u_\nu - e_\nu) - h_\nu 2\pi i$, qu'elle ne l'est sur les bords négatifs desdites lignes, g_ν et h_ν désignant des nombres entiers.

La position des points η et les valeurs des nombres g et h dépendent des grandeurs e, et cette dépendance peut être déterminée comme il suit avec plus de précision. L'intégrale $\int \log \mathfrak{S}\, du_\mu$, prise positivement autour de T* est $= 0$, puisque la fonction $\log \mathfrak{S}$ reste continue sur T*. Mais cette intégrale est égale à la somme des intégrales $\int (\log \mathfrak{S}^{+} - \log \mathfrak{S}^{-})\, du_\mu$, relatives à toutes les lignes de section l, a, b et c, et l'on trouve, en désignant la valeur de u_μ au point η_ν par $\alpha_\mu^{(\nu)}$, qu'elle est égale à

$$2\pi i\left(\sum_\nu \alpha_\mu^{(\nu)} + h_\mu \pi i + \sum_\nu g_\nu a_{\nu,\mu} - e_\mu + k_\mu\right),$$

expression où k_μ est indépendant des grandeurs e, g, h et de la position des points η. Cette expression est donc égale à zéro.

La grandeur k_μ dépend du choix de la fonction u_μ, qui est déterminée seulement, à une constante additive près, par la condition à laquelle elle est soumise d'admettre relativement à la section a_μ le module de périodicité πi et relativement aux sections a restantes le module de périodicité zéro. Si l'on prend pour u_μ une fonction qui la surpasse d'une constante c_μ et, si l'on augmente en même temps e_μ de c_μ, la fonction $\mathfrak{S}$ reste invariable et, par suite, les points η et les grandeurs g, h restent inaltérés, mais la valeur de u_μ au point η_ν deviendra $\alpha_\mu^{(\nu)} + c_\mu$; par conséquent, k_μ est transformé en $k_\mu - (p-1)c_\mu$ et s'évanouit si l'on prend

$$c_\mu = \frac{k_\mu}{p-1}.$$

On peut donc, par suite, comme nous le ferons ultérieurement, déterminer les constantes additives dans les fonctions u ou les valeurs initiales dans les intégrales qui les expriment, de telle sorte qu'en substituant $u_\mu - \Sigma\alpha_\mu^{(\nu)}$ à v_μ dans $\log\mathfrak{S}(v_1, v_2, \ldots, v_p)$ l'on obtienne une fonction qui devient logarithmiquement infinie aux points η et qui, prolongée d'une manière continue sur T*, soit sur les bords positifs des lignes l plus grande de $-2\pi i$, sur ceux des lignes a plus grande de o, et sur le bord négatif de la ligne b_ν plus grande de $-2\left(u_\nu - \sum_1^p \alpha_\nu^{(\mu)}\right)$, qu'elle ne l'est sur les bords négatifs de ces lignes respectives.

Pour déterminer ces valeurs initiales, on emploiera plus loin des moyens plus faciles que ceux donnés par l'expression de k_μ par des intégrales.

§ XXIII.

Si l'on pose

$$(u_1, u_2, \ldots, u_p) \equiv (\alpha_1^{(p)}, \alpha_2^{(p)}, \ldots, \alpha_p^{(p)}),$$

relativement aux $2p$ systèmes de modules des fonctions u (§ XV), et, par suite,

$$(v_1, v_2, \ldots, v_p) \equiv \left(-\sum_1^{p-1} \alpha_1^{(\nu)}, -\sum_1^{p-1} \alpha_2^{(\nu)}, \ldots, -\sum_1^{p-1} \alpha_p^{(\nu)}\right),$$

l'on aura

$$\vartheta = 0.$$

Réciproquement, si $\vartheta = 0$ pour $v_\mu = r_\mu$, alors $(r_1, r_2, \ldots, r_p)$ est congru à un système de grandeurs de la forme

$$\left(-\sum_1^{p-1} \alpha_1^{(\nu)}, -\sum_1^{p-1} \alpha_2^{(\nu)}, \ldots, -\sum_1^{p-1} \alpha_p^{(\nu)}\right).$$

En effet, si l'on pose

$$v_\mu = u_\mu - \alpha_\mu^{(p)} + r_\mu,$$

η_p étant choisi arbitrairement, la fonction ϑ, infiniment petite du premier ordre en η_p, le sera encore en $p - 1$ autres points; et, si on les désigne par $\eta_1, \eta_2, \ldots, \eta_{p-1}$, l'on a

$$\left(-\sum_1^{p-1} \alpha_1^{(\nu)}, -\sum_1^{p-1} \alpha_2^{(\nu)}, \ldots, -\sum_1^{p-1} \alpha_p^{(\nu)}\right) \equiv (r_1, r_2, \ldots, r_p) \text{ (1)}.$$

La fonction ϑ reste inaltérée, lorsque l'on change les grandeurs v en $-v$; en effet, si dans la série pour

$$\vartheta(v_1, v_2, \ldots, v_p)$$

on change les signes de tous les indices m, ce qui n'altère pas la valeur de la série, puisque $-m_\nu$ prend les mêmes valeurs que m_ν, $\vartheta(v_1, v_2, \ldots, v_p)$ devient $\vartheta(-v_1, -v_2, \ldots, -v_p)$.

---

(1) *Voir* le Mémoire *Sur l'évanouissement des fonctions* ϑ. — (W. et D.)

Si l'on prend arbitrairement les points $\eta_1, \eta_2, \ldots, \eta_{p-1}$, on aura

$$\vartheta\left(-\sum_1^{p-1}\alpha_1^{(\nu)}, -\sum_1^{p-1}\alpha_2^{(\nu)}, \ldots, -\sum_1^{p-1}\alpha_p^{(\nu)}\right) = 0,$$

et, par conséquent, puisque la fonction ϑ est paire comme nous venons de le voir, l'on aura aussi

$$\vartheta\left(\sum_1^{p-1}\alpha_1^{(\nu)}, \sum_1^{p-1}\alpha_2^{(\nu)}, \ldots, \sum_1^{p-1}\alpha_p^{(\nu)}\right) = 0.$$

On peut donc déterminer les $p - 1$ points $\eta_p, \eta_{p+1}, \ldots, \eta_{2p-2}$, de telle sorte que

$$\left(\sum_1^{p-1}\alpha_1^{(\nu)}, \ldots, \sum_1^{p-1}\alpha_p^{(\nu)}\right) \equiv \left(-\sum_p^{2p-2}\alpha_1^{(\nu)}, \ldots, -\sum_p^{2p-2}\alpha_p^{(\nu)}\right),$$

et, par conséquent, que

$$\left(\sum_1^{2p-2}\alpha_1^{(\nu)}, \ldots, \sum_1^{2p-2}\alpha_p^{(\nu)}\right) \equiv (0, \ldots, 0).$$

La position des $p - 1$ derniers points dépend alors de celle des $p - 1$ premiers, de telle sorte que, ceux-ci variant de position d'une manière continue, l'on a

$$\sum_1^{2p-2} d\alpha_\pi^{(\nu)} = 0 \qquad (\text{avec } \pi = 1, 2, \ldots, p),$$

et que, par suite (§ XVI), les points η sont $2p - 2$ points pour lesquels une des expressions dw devient infiniment petite du second ordre; cela revient à dire que, si l'on désigne la valeur du couple de grandeurs (s, z) au point η_ν par (σ_ν, ζ_ν), les (σ_1, ζ_1), (σ_2, ζ_2), $\ldots$, $(\sigma_{2p-2}, \zeta_{2p-2})$ sont des couples de valeurs associés (§ XVI) par l'entremise de l'équation $\varphi = 0$.

Si l'on choisit les valeurs initiales des intégrales u comme nous l'avons fait ici, l'on aura, par conséquent,

$$\left(\sum_1^{2p-2} u_1^{(\nu)}, \ldots, \sum_1^{2p-2} u_p^{(\nu)}\right) \equiv (0, \ldots, 0),$$

les sommations étant prises relativement à toutes les racines communes aux équations

$$F = 0 \quad \text{et} \quad c_1\varphi_1 + c_2\varphi_2 + \ldots + c_p\varphi_p = 0$$

et différentes des couples de grandeurs $(\gamma_\rho, \delta_\rho)$ (§ VI), *les constantes c étant quelconques.*

Si $\varepsilon_1, \varepsilon_2, \ldots, \varepsilon_m$ désignent m points pour lesquels une fonction rationnelle ξ de s et de z, qui devient m fois infinie du premier ordre, reprend la même valeur, et si $u_\pi^{(\mu)}$, s_μ, z_μ désignent les valeurs de u_π, s, z en un point ε_μ, alors (§ XV)

$$\left(\sum_1^m u_1^{(\mu)}, \sum_1^m u_2^{(\mu)}, \ldots, \sum_1^m u_p^{(\mu)}\right)$$

est congru à un système constant de grandeurs $(b_1, b_2, \ldots, b_p)$, c'est-à-dire à un système indépendant de la valeur de la grandeur ξ, et l'on peut alors, pour chaque position arbitraire d'un point ε, déterminer la position de ceux qui restent, de telle sorte que l'on ait

$$\left(\sum_1^m u_1^{(\mu)}, \sum_1^m u_2^{(\mu)}, \ldots, \sum_1^m u_p^{(\mu)}\right) \equiv (b_1, b_2, \ldots, b_p).$$

On peut donc, lorsque $m = p$, ramener

$$(u_1 - b_1, \ldots, u_p - b_p),$$

et, lorsque $m < p$, ramener

$$\left(u_1 - \sum_1^{p-m} \alpha_1^{(\nu)} - b_1, \ldots, u_p - \sum_1^{p-m} \alpha_p^{(\nu)} - b_p\right),$$

pour chaque position arbitraire du point (s, z) et des $p - m$ points η, à la forme

$$\left(-\sum_1^{p-1} \alpha_1^{(\nu)}, \ldots, -\sum_1^{p-1} \alpha_p^{(\nu)}\right),$$

en faisant coïncider un des points ε avec (s, z), et l'on a, par suite,

$$\vartheta\left(u_1 - \sum_1^{p-m} \alpha_1^{(\nu)} - b_1, \ldots, u_p - \sum_1^{p-m} \alpha_p^{(\nu)} - b_p\right) = 0$$

pour toutes les valeurs, quelles qu'elles soient, des couples de grandeurs (s, z) et des $p - m$ couples de grandeurs (σ_ν, ζ_ν).

§ XXIV.

Des considérations du § XXII résulte comme corollaire qu'un système de grandeurs quelconque donné $(e_1, \ldots, e_p)$ est toujours congru à un seul et unique système de grandeurs de la forme

$$\left(\sum_1^p \alpha_1^{(\nu)}, \ldots, \sum_1^p \alpha_p^{(\nu)}\right),$$

lorsque la fonction $\vartheta(u_1 - e_1, \ldots, u_p - e_p)$ ne s'évanouit pas identiquement; en effet, il faut alors que les points η soient les p points pour lesquels cette fonction est égale à zéro.

Mais lorsque la fonction $\vartheta(u_1^{(p)} - e_1, \ldots, u_p^{(p)} - e_p)$ s'évanouit pour chaque valeur de (s_p, z_p), on peut écrire (§ XXIII)

$$(u_1^{(p)} - e_1, \ldots, u_p^{(p)} - e_p) \equiv \left(-\sum_1^{p-1} u_1^{(\nu)}, \ldots, -\sum_1^{p-1} u_p^{(\nu)}\right),$$

et, par conséquent, pour chaque valeur du couple de grandeurs (s_p, z_p), l'on peut déterminer les couples de grandeurs $(s_1, z_1), \ldots, (s_{p-1}, z_{p-1})$, de telle sorte que l'on ait

$$\left(\sum_1^p u_1^{(\nu)}, \ldots, \sum_1^p u_p^{(\nu)}\right) \equiv (e_1, \ldots, e_p);$$

par suite, la position de (s_p, z_p) variant d'une manière continue, l'on a, pour $\pi = 1, 2, \ldots, p$,

$$\sum_1^p du_\pi^{(\nu)} = 0.$$

Les p couples de grandeurs (s_ν, z_ν) sont donc p racines, différentes des couples de grandeurs $(\gamma_\rho, \delta_\rho)$, d'une équation $\varphi = 0$, dont les coefficients varient d'une manière continue et de telle sorte que les $p - 2$ autres racines restantes demeurent constantes.

Si l'on désigne les valeurs de u_π, pour ces $p - 2$ couples de valeurs de s et z, par $u_\pi^{(p+1)}, u_\pi^{(p+2)}, \ldots, u_\pi^{(2p-2)}$, on a

$$\left(\sum_1^{2p-2} u_1^{(\nu)}, \ldots, \sum_1^{2p-2} u_p^{(\nu)}\right) \equiv (0, \ldots, 0),$$

et, par suite,

$$(e_1, \ldots, e_p) \equiv \left(-\sum_{p+1}^{2p-2} u_1^{(\nu)}, \ldots, -\sum_{p+1}^{2p-2} u_p^{(\nu)}\right).$$

Réciproquement, lorsque cette congruence a lieu, on a

$$\mathfrak{S}(u_1^{(p)} - e_1, \ldots, u_p^{(p)} - e_p) = \mathfrak{S}\left(\sum_p^{2p-2} u_1^{(\nu)}, \ldots, \sum_p^{2p-2} u_p^{(\nu)}\right) = 0.$$

Un système de grandeurs quelconque donné $(e_1, \ldots, e_p)$ est, par conséquent, congru à un seul et unique système de grandeurs de la forme

$$\left(\sum_1^p \alpha_1^{(\nu)}, \ldots, \sum_1^p \alpha_p^{(\nu)}\right),$$

lorsqu'il **n'est pas** *congru à un système de grandeurs de la forme*

$$\left(-\sum_1^{p-2} \alpha_1^{(\nu)}, \ldots, -\sum_1^{p-2} \alpha_p^{(\nu)}\right);$$

au cas contraire, il est congru à une infinité de systèmes.

Puisque

$$\mathfrak{S}\left(u_1 - \sum_1^p \alpha_1^{(\mu)}, \ldots, u_p - \sum_1^p \alpha_p^{(\mu)}\right) = \mathfrak{S}\left(\sum_1^p \alpha_1^{(\mu)} - u_1, \ldots, \sum_1^p \alpha_p^{(\mu)}\right),$$

$\mathfrak{S}$ est une fonction de chacun des p couples de grandeurs (σ_μ, ζ_μ), absolument de même qu'elle l'est de (s, z). Cette fonction de (σ_μ, ζ_μ) sera nulle pour le couple de valeurs (s, z) et pour les $p-1$ points associés, par l'entremise de l'équation $\varphi = 0$, aux $p-1$ couples de grandeurs restantes (σ, ζ). En effet, si l'on désigne la valeur de u_π en ces points par $\beta_\pi^{(1)}, \beta_\pi^{(2)}, \ldots, \beta_\pi^{(p-1)}$, on a

$$\left(\sum_1^p \alpha_1^{(\mu)}, \ldots, \sum_1^p \alpha_p^{(\mu)}\right) = \left(\alpha_1^{(\mu)} - \sum_1^{p-1} \beta_1^{(\nu)}, \ldots, \alpha_p^{(\mu)} - \sum_1^{p-1} \beta_p^{(\nu)}\right),$$

et, par suite, $\vartheta = 0$, lorsque η_μ coïncide avec un de ces points ou avec le point (s, z).

§ XXV.

Grâce aux propriétés précédemment exposées de la fonction ϑ, on obtient l'expression de $\log \vartheta$ à l'aide d'intégrales de fonctions algébriques de $(s, z), (\sigma_1, \zeta_1), \ldots, (\sigma_p, \zeta_p)$.

La grandeur

$$\log \vartheta\left(u_1^{(2)} - \sum_1^p \alpha_1^{(\mu)}, \ldots\right) - \log \vartheta\left(u_1^{(1)} - \sum_1^p \alpha_1^{(\mu)}, \ldots\right),$$

regardée comme fonction de (σ_μ, ζ_μ), est une fonction de la position du point η_μ, qui devient discontinue au point ε_1, comme l'est $-\log(\zeta_\mu - z_1)$, au point ε_2, comme l'est $-\log(\zeta_\mu - z_2)$; sur le bord positif d'une ligne joignant ε_1 à ε_2, cette fonction est plus grande de $2\pi i$, sur le bord positif de la ligne b_ν elle est plus grande de $2(u_\nu^{(1)} - u_\nu^{(2)})$, qu'elle ne l'est sur les bords négatifs de ces lignes respectives, mais, hormis en les lignes b et en la ligne de rattachement allant de ε_1 à ε_2, elle reste partout continue.

Désignons maintenant par $\varpi^{(\mu)}(\varepsilon_1, \varepsilon_2)$ une fonction quelconque de (σ_μ, ζ_μ) qui, sauf en les lignes b, est discontinue d'une manière pareille, et qui, sur l'un des bords d'une telle ligne, est également plus grande d'une constante qu'elle ne l'est sur le bord opposé; cette fonction ne diffère de la précédente (§ III) que d'une grandeur indépendante de (σ_μ, ζ_μ), et, par suite, elle ne diffère de $\sum_1^p \varpi^{(\mu)}(\varepsilon_1, \varepsilon_2)$ que d'une grandeur indépendante de toutes les grandeurs (σ, ζ) et qui, par conséquent, dépend seulement de (s_1, z_1) et de (s_2, z_2). Alors $\varpi^{(\mu)}(\varepsilon_1, \varepsilon_2)$ exprime, pour $(s, z) = (\sigma_\mu, \zeta_\mu)$, la valeur d'une fonction $\varpi(\varepsilon_1, \varepsilon_2)$ du § IV, fonction dont les modules de périodicité relatifs aux sections a sont égaux à o. Si l'on ajoute à cette fonction une constante c, $\sum_1^p \varpi^{(\mu)}(\varepsilon_1, \varepsilon_2)$ est augmentée de pc; l'on peut donc, comme il sera fait dans la suite, déterminer la constante additive dans la fonction $\varpi(\varepsilon_1, \varepsilon_2)$, ou la valeur initiale dans l'intégrale de troisième espèce qui représente cette fonction, de telle sorte que l'on ait

$$\log \vartheta^{(2)} - \log \vartheta^{(1)} = \sum_1^p \varpi^{(\mu)}(\varepsilon_1, \varepsilon_2).$$

Comme ϑ dépend de chaque couple de grandeurs (σ, ζ) d'une manière tout analogue à celle dont elle dépend de (s, z), la variation qu'éprouve $\log \vartheta$, lorsqu'un quelconque des couples de grandeurs (s, z), (σ_1, ζ_1), ..., (σ_p, ζ_p) éprouve une variation finie, tandis que les autres demeurent constants, peut s'exprimer par une somme de fonctions ϖ.

On peut évidemment, par conséquent, en faisant varier successivement chaque couple de grandeurs (s, z), (σ_1, ζ_1), ..., (σ_p, ζ_p), exprimer $\log \vartheta$ par une somme de fonctions ϖ et par

$$\log \vartheta(0, 0, \ldots, 0)$$

ou la valeur de $\log \vartheta$ pour un autre système quelconque de valeurs.

La détermination de $\log \vartheta(0, 0, \ldots, 0)$, comme fonction des $3p-3$ modules du système de fonctions rationnelles de s et z (§ XII), nécessite des considérations analogues à celles employées par Jacobi dans ses travaux sur les fonctions elliptiques pour la détermination de $\Theta(0)$. On peut y parvenir lorsque, à l'aide des équations

$$4 \frac{\partial \vartheta}{\partial a_{\mu,\mu}} = \frac{\partial^2 \vartheta}{\partial v_\mu^2}$$

et

$$2 \frac{\partial \vartheta}{\partial a_{\mu,\mu'}} = \frac{\partial^2 \vartheta}{\partial v_\mu \, \partial v_{\mu'}},$$

μ étant différent de μ', l'on exprime, dans l'équation

$$d\log\mathfrak{I} = \sum \frac{\partial \log \mathfrak{I}}{\partial a_{\mu,\mu'}}\, da_{\mu,\mu'},$$

les dérivées de $\log\mathfrak{I}$, prises par rapport aux grandeurs a, au moyen d'intégrales de fonctions algébriques.

Pour pratiquer ces calculs, une théorie plus complète des fonctions qui satisfont à une équation différentielle linéaire à coefficients algébriques semble nécessaire, théorie dont je pense à entreprendre l'étude prochainement en faisant usage des méthodes employées ici.

Si (s_2, z_2) est infiniment peu différent de (s_1, z_1), $\varpi(\varepsilon_1, \varepsilon_2)$ devient $dz_1\, t(\varepsilon_1)$, $t(\varepsilon_1)$ désignant une intégrale de deuxième espèce d'une fonction rationnelle de s et z, qui en ε_1 est discontinue comme l'est $\frac{1}{z - z_1}$, et dont les modules de périodicité relatifs aux sections a ont la valeur zéro. On trouve ainsi que le module de périodicité d'une telle intégrale relativement à la section b_ν est égal à $2\frac{du_\nu^{(1)}}{dz_1}$, et que la constante d'intégration peut être déterminée de telle sorte que la somme des valeurs de $t(\varepsilon_1)$ pour les p couples de valeurs $(\sigma_1, \zeta_1), \ldots, (\sigma_p, \zeta_p)$ soit égale à $\frac{\partial \log \mathfrak{I}^{(1)}}{\partial z_1}$.

Alors $\frac{\partial \log \mathfrak{I}^{(1)}}{\partial \zeta_\mu}$ est égal à la somme des valeurs de $t(\eta_\mu)$ pour les $(p-1)$ couples de valeurs associés, par l'entremise de l'équation $\varphi = 0$, aux $(p-1)$ couples de valeurs (σ, ζ) différant de (σ_μ, ζ_μ) et pour le couple de valeurs (s, z). Pour

$$\frac{\partial \log \mathfrak{I}^{(1)}}{\partial z_1} dz_1 + \sum_1^p \frac{\partial \log \mathfrak{I}^{(1)}}{\partial \zeta_\mu} d\zeta_\mu = d \log \mathfrak{I}^{(1)},$$

l'on trouve alors une expression qui a été donnée par Weierstrass [*Journal de Crelle*, t. 47, p. 300, expression (35)] pour le cas où s est une fonction de z qui ne possède que deux déterminations.

Les propriétés de $\varpi(\varepsilon_1, \varepsilon_2)$ et $t(\varepsilon_1)$, comme fonctions de (s_1, z_1) et (s_2, z_2), se tirent des équations

$$\varpi(\varepsilon_1, \varepsilon_2) = \frac{1}{p}\left[\log\mathfrak{I}(u_1^{(2)} - pu_1, \ldots) - \log\mathfrak{I}(u_1^{(1)} - pu_1, \ldots)\right]$$

et

$$t(z_1) = \frac{1}{p} \frac{\partial \log \vartheta(u_1^{(1)} - pu_1, \ldots)}{\partial z_1},$$

qui sont renfermées, comme cas particuliers, dans les expressions précédentes pour $\log \vartheta^{(2)} - \log \vartheta^{(1)}$ et $\frac{\partial \log \vartheta^{(1)}}{\partial z_1}$ [3].

§ XXVI.

On peut maintenant traiter le problème qui consiste à représenter des fonctions algébriques de z sous forme de quotients de deux produits, chacun d'un même nombre de fonctions

$$\vartheta(u_1 - e_1, \ldots),$$

multipliés par des puissances des grandeurs e^u.

Une telle expression, lors de la traversée des sections transverses par (s, z), éprouve l'adjonction de facteurs constants, et ceux-ci doivent être des racines de l'unité, lorsque cette expression devra dépendre de z algébriquement, c'est-à-dire, par conséquent, lorsque, prolongée d'une manière continue, elle ne devra prendre pour le même z qu'un nombre fini de valeurs. Si tous ces facteurs sont des racines $\mu^{\text{ièmes}}$ de l'unité, alors la $\mu^{\text{ième}}$ puissance de cette expression est une fonction uniforme et, par suite, rationnelle de s et de z.

Réciproquement, l'on peut aisément démontrer que toute fonction algébrique r de z qui, prolongée d'une manière continue sur l'intérieur de la surface T′, ne prend partout qu'*une* valeur et qui, à la traversée d'une section transverse, est multipliée par un facteur constant, peut être exprimée d'une foule de manières comme quotient de deux produits de fonctions ϑ et de puissances des grandeurs e^u. Désignons une valeur de u_μ pour $r = \infty$ par β_μ et pour $r = 0$ par γ_μ, et menons chaque fois, à partir de chacun des points où r est infini du premier ordre jusqu'à l'un de ceux où r est infiniment petit du premier ordre, une ligne à l'intérieur de T′. De la sorte la fonction $\log r$ sera partout continue sur T, sauf en ces lignes. Alors, si $\log r$, sur le bord positif de la ligne b_ν, est plus grand de $g_\nu 2\pi i$ et, sur le bord positif de la ligne a_ν, plus grand de $-h_\nu 2\pi i$, qu'il ne l'est sur les bords négatifs de ces lignes, la considération de l'intégrale de contour $\int \log r\, du_\mu$, nous donnera

$$\sum \gamma_\mu - \sum \beta_\mu = g_\mu \pi i + \sum_\nu h_\nu a_{\mu,\nu},$$

où $\mu = 1, 2, \ldots, p$ et où g_ν et h_ν, d'après les remarques précédentes, doivent être des nombres rationnels et où les sommes du premier membre de l'équation précédente doivent se rapporter à tous les points où r est infiniment petit ou infiniment grand du premier ordre, en observant qu'un point où r est infiniment petit ou infiniment grand d'un ordre plus élevé doit être regardé (§ II) comme la réunion de plusieurs points où l'ordre est simple.

Lorsque tous ces points sont donnés, hormis p d'entr'eux, ces derniers p points peuvent toujours être déterminés, et cela, en général, d'une seule et unique manière, de telle sorte que les $2p$ facteurs $e^{g_\nu 2\pi i}$, $e^{-h_\nu 2\pi i}$ prennent des valeurs données (§XV, XXIV).

Maintenant, dans l'expression

$$\frac{P}{Q} e^{-2\sum h_\nu u_\nu},$$

où P et Q désignent chacun un produit d'un même nombre de fonctions $\vartheta\left(u_1 - \sum \alpha_1^{(\pi)}, \ldots\right)$ à même (s, z) et à (σ, ζ) différents, si l'on substitue les couples de valeurs de s et z, pour lesquels r devient infini, à des couples de grandeurs (σ, ζ) dans les fonctions ϑ du dénominateur, et les couples de valeurs, pour lesquels r s'évanouit, à des couples de grandeurs (σ, ζ) dans les fonctions ϑ du numérateur, et, si l'on prend égaux les couples de grandeurs restants (σ, ζ), au dénominateur comme au numérateur, alors le logarithme de cette expression admet les mêmes discontinuités que $\log r$, à l'intérieur de la surface T′, et éprouve, de même que $\log r$, à la traversée des lignes a et b, l'addition d'une grandeur constante le long de ces lignes et imaginaire pure.

D'après le principe de Dirichlet, ce logarithme, par conséquent, ne diffère de $\log r$ que par une constante, et l'expression elle-même ne diffère de r que par un facteur constant. Bien entendu cette substitution n'est admissible que lorsque aucune des fonctions ϑ ne s'évanouit pour chacune des valeurs de z.

Ce fait aurait lieu (§ XXIII) si tous les couples de valeurs, pour lesquels s'évanouit une fonction uniforme de (s, z), étaient substitués dans une même fonction $\mathfrak{I}$ à des couples de grandeurs (σ, ζ).

§ XXVII.

Une fonction uniforme, c'est-à-dire rationnelle de (s, z), ne peut donc pas être exprimée sous la forme d'un quotient de *deux* fonctions $\mathfrak{I}$, multiplié par des puissances des grandeurs e^u. Mais toutes les fonctions r qui, pour le même couple de valeurs de s et z, prennent plusieurs valeurs et ne deviennent infinies du premier ordre que pour un nombre p ou moindre de couples de valeurs, sont représentables sous cette forme ; et ces fonctions r renferment toutes les fonctions algébriques de z représentables sous cette forme. On obtient, abstraction faite d'un facteur constant, chacune d'elles une fois et une seule fois, lorsque, dans

$$\frac{\mathfrak{I}\left(v_1 - g_1\pi i - \sum_\nu h_\nu a_{1,\nu}, \ldots\right)}{\mathfrak{I}(v_1, \ldots, v_p)} e^{-2\sum_\nu v_\nu h_\nu},$$

on prend pour h_ν et g_ν des fractions rationnelles positives et plus petites que 1, et que l'on remplace v_ν par $u_\nu - \sum_1^p \alpha_\nu^{(\mu)}$.

Cette grandeur est également une fonction algébrique de chacune des grandeurs ζ, et les principes développés (dans le paragraphe précédent) suffisent complètement pour trouver son expression algébrique au moyen des grandeurs $z, \zeta_1, \ldots, \zeta_p$.

En effet, regardée comme fonction de s, z, lorsqu'elle est prolongée sur toute la surface T′, elle prend partout une valeur *unique* déterminée, elle devient infinie du premier ordre pour les couples de valeurs $(\sigma_1, \zeta_1), \ldots, (\sigma_p, \zeta_p)$, et, lorsque l'on passe du bord positif au bord négatif de la section a_ν, elle éprouve l'adjonction du facteur $e^{h_\nu 2\pi i}$ et, de même, sur la section b_ν, celle du facteur $e^{-g_\nu 2\pi i}$; toute autre fonction de (s, z) qui remplit ces mêmes conditions n'en diffère que par un facteur indépendant de (s, z).

Regardée comme fonction de (σ_μ, ζ_μ), lorsqu'elle est prolongée d'une manière continue sur toute la surface T′, elle prend partout une valeur *unique* déterminée, elle devient infinie du premier ordre pour le couple de valeurs (s, z) et pour les $(p-1)$ couples de valeurs $(\sigma_1^{(\mu)}, \zeta_1^{(\mu)}), \ldots, (\sigma_{p-1}^{(\mu)}, \zeta_{p-1}^{(\mu)})$, associés, par l'entremise de l'équation $\varphi = 0$, aux $(p-1)$ autres couples de grandeurs restants (σ, ζ); elle éprouve, relativement à la coupure a_ν, l'adjonction du facteur $e^{-h_\nu 2\pi i}$ et, relativement à la coupure b_ν, celle du facteur $e^{g_\nu 2\pi i}$; toute autre fonction de (σ_μ, ζ_μ) qui remplit les mêmes conditions n'en diffère que par un facteur indépendant de (σ_μ, ζ_μ). Si l'on détermine, par conséquent, une fonction algébrique

$$f[(s, z); (\sigma_1, \zeta_1), \ldots, (\sigma_p, \zeta_p)]$$

de $z, \zeta_1, \ldots, \zeta_p$, de sorte que, en tant que fonction de chacune de ces grandeurs, elle admette ces mêmes propriétés, elle ne différera de la fonction envisagée que par un facteur indépendant de toutes les grandeurs $z, \zeta_1, \ldots, \zeta_p$, et sera donc égale à Af, A désignant ce facteur. Pour déterminer ce dernier, exprimons dans f les couples de grandeurs (σ, ζ) qui diffèrent de (σ_μ, ζ_μ) par $(\sigma_1^{(\mu)}, \zeta_1^{(\mu)}), \ldots, (\sigma_{p-1}^{(\mu)}, \zeta_{p-1}^{(\mu)})$, ce qui fera prendre à f la forme

$$g[(\sigma_\mu, \zeta_\mu); (s, z), (\sigma_1^{(\mu)}, \zeta_1^{(\mu)}), \ldots, (\sigma_{p-1}^{(\mu)}, \zeta_{p-1}^{(\mu)})].$$

Évidemment, l'on obtient alors la valeur inverse de la fonction à représenter et, par conséquent, une expression qui doit être égale à $\frac{1}{Af}$ lorsque, dans Ag, l'on substitue à (σ_μ, ζ_μ) le couple de grandeurs (s, z) et, lorsque aux couples de grandeurs (s, z), $(\sigma_1^{(\mu)}, \zeta_1^{(\mu)}), \ldots, (\sigma_{p-1}^{(\mu)}, \zeta_{p-1}^{(\mu)})$ on substitue les couples de valeurs de (s, z) pour lesquels la fonction à représenter, et par suite f aussi, sera égale à zéro.

On obtient de cette manière A^2 et, par suite, aussi A, abstraction faite du signe qui peut être déterminé par la considération directe des séries ϑ dans l'expression à représenter [4].

NOTES.

[1] (p. 95). Le théorème énoncé ici demande certaines restrictions et plus de précision, comme Tonelli l'a fait observer (*Atti della R. Accademia dei Lincei*, 2ᵉ série, vol. II; 1875. — Extrait publié dans les *Nachrichten der Gesellschaft der Wissenschaften* de Göttingue; 1875).

Lorsque le système de courbes a, considéré aussi bien dans sa réunion avec le système de courbes b que dans sa réunion avec un second système de courbes c, forme l'encadrement complet d'une portion de la surface F, alors en général, pour que la réunion des systèmes de courbes b et c forme également l'encadrement complet d'une portion de F, il est nécessaire *qu'une partie* des courbes a, réunie soit aux b, soit aux c, ne forme pas déjà l'encadrement d'une portion de surface.

La portion de surface encadrée par les systèmes de courbes b et c et qui, même lorsque les portions de surface a, b et a, c sont simples, peut être formée par plusieurs pièces séparées, est décrite par Tonelli comme il suit : cette portion est formée de la totalité des portions de surface a, b et a, c, quand on ne tient pas compte, parmi les morceaux *communs* à ces deux portions de surface, de ceux dont l'encadrement est formé par les courbes a.

L'exemple, choisi par Tonelli, d'une double surface annulaire, dont l'encadrement est un point (surface percée d'un trou) et quintuplement connexe, éclaircit et rend intuitive cette discussion.

Dans l'application que fait Riemann de ce théorème à la définition de la connexion $(n+1)$-uple, comme le système désigné précédemment par a n'est jamais formé par plus d'*une* courbe, courbe a qui sera remplacée par b, ces remarques ne portent pas sur l'exactitude de ce qui suit.

[2] (p. 124). Si l'on pose

$$dz = ds\, e^{i\varphi},$$

φ sera l'angle compris entre la direction de l'élément ds de la ligne d'encadrement et l'axe des x, et, par conséquent, l'intégrale

$$\frac{1}{2\pi i}\int d\log\frac{dz}{ds} = \frac{1}{2\pi}\int d\varphi$$

est égale au nombre des circuits décrits par la direction de la ligne d'encadrement lorsqu'on la parcourt dans le sens positif. Alors chaque section transverse sera parcourue deux fois, en sens opposés, de telle sorte que ces portions du chemin se détruisent et qu'il ne reste que les parties relatives aux $2p-1$ nœuds du réseau de sections transverses (§ III), chacune contribuant à la valeur 2π. L'on obtient ainsi la relation

$$w - 2n = 2(p-1),$$

formule dont la proposition qui commence le § VII est la traduction.

Une démonstration de ce théorème où il n'est fait aucun usage du principe de Dirichlet, et où il est fait surtout complètement abstraction de toutes relations métriques, a été donnée par C. Neumann (*Vorlesungen über Riemann's Theorie der Abelschen Integrale*, Chap. VII, § 8, 2e édition, Leipzig, Teubner; 1884).

[3] (p. 159). La marche des idées et les théories exposées dans ce § XXV ont été plus tard poursuivies et perfectionnées par J. Thomae (*Journal de Crelle*, t. 66, 71, 75); Fuchs (*Ibid.*, t. 73) et Félix Klein (*Mathematische Annalen*, t. 36).

[4] (p. 162). L'on peut encore faire quelques remarques sur la forme des fonctions algébriques f :

Lorsque n est le plus petit dénominateur commun des grandeurs h_ν et g_ν, la $n^{\text{ième}}$ puissance de f est une fonction uniforme aussi bien de (s, z) que de tous les couples de grandeurs (σ, ζ), et, par suite, f est racine $n^{\text{ième}}$ d'une fonction rationnelle. Cette fonction rationnelle doit être déterminée comme fonction de (s, z), de telle sorte qu'elle soit infinie du $n^{\text{ième}}$ ordre pour les p couples de grandeurs (σ, ζ), et que, parmi les np points pour lesquels elle devient infiniment petite, n d'entre eux soient coïncidents.

Alors l étant une fonction quelconque de (s, z), qui éprouve sur les sections transverses l'adjonction des mêmes facteurs que la fonction f, et λ_μ désignant la valeur de cette fonction pour le couple de valeurs (σ_μ, ζ_μ), la fonction $f.l^{-1}\lambda_1\lambda_2\ldots\lambda_p$ est une fonction rationnelle ρ de (s, z) et de toutes les grandeurs (σ, ζ), et l'on a, par conséquent,

$$f = \frac{\rho l}{\lambda_1\lambda_2\ldots\lambda_p}.$$

[Cette dernière Note a été tirée du brouillon ou première esquisse du précédent Mémoire trouvé dans les papiers laissés par Riemann.]

SUR

LE NOMBRE DES NOMBRES PREMIERS

INFÉRIEURS A UNE GRANDEUR DONNÉE.

Monatsberichte der Berliner Akademie, novembre 1859.
Œuvres de Riemann, 2e édition, pages 145-155.

Je ne crois pouvoir mieux exprimer mes remercîments à l'Académie pour la distinction à laquelle elle m'a fait participer en m'admettant au nombre de ses Correspondants qu'en faisant immédiatement usage du privilège attaché à ce titre pour lui communiquer une étude sur la fréquence des nombres premiers. C'est un sujet qui, par l'intérêt que Gauss et Dirichlet lui ont voué pendant de longues années, ne me semble peut-être pas indigne de faire l'objet d'une telle Communication.

Je prendrai pour point de départ dans cette étude la remarque faite par Euler que le produit

$$\prod \frac{1}{1-\frac{1}{p^s}} = \sum \frac{1}{n^s},$$

lorsque p prend pour valeur tous les nombres premiers, et n tous les nombres entiers. La fonction de la variable complexe s, qui sera représentée par ces deux expressions, tant qu'elles convergent, je la désignerai par $\zeta(s)$. Toutes deux ne convergent qu'autant que la partie réelle de s est supérieure à 1. Néanmoins il est facile de trouver pour la fonction une expression qui reste toujours valable.

En faisant usage de l'équation

$$\int_0^\infty e^{-nx} x^{s-1}\, dx = \frac{\Pi(s-1)}{n^s},$$

on obtient d'abord

$$\Pi(s-1)\zeta(s) = \int_0^\infty \frac{x^{s-1}\, dx}{e^x - 1}.$$

Si maintenant l'on considère l'intégrale

$$\int \frac{(-x)^{s-1}\, dx}{e^x - 1},$$

prise dans le sens positif de $+\infty$ à $+\infty$ et autour d'un domaine de grandeurs qui contient à son intérieur la valeur 0, mais qui ne contient aucune autre valeur de discontinuité de la fonction sous le signe d'intégration, on obtient aisément pour la valeur de cette intégrale

$$(-e^{-\pi s i} - e^{\pi s i}) \int_0^\infty \frac{x^{s-1}\, dx}{e^x - 1},$$

en faisant l'hypothèse que, dans la fonction multiforme

$$(-x)^{s-1} = e^{(s-1)\log(-x)},$$

le logarithme de $-x$ est déterminé de telle sorte qu'il soit réel pour x négatif. On aura donc

$$2 \sin \pi s \, \Pi(s-1)\zeta(s) = i \int_\infty^\infty \frac{(-x)^{s-1}\, dx}{e^x - 1},$$

l'intégrale étant définie de la manière indiquée ci-dessus.

Cette équation donne maintenant la valeur de la fonction $\zeta(s)$ pour chaque valeur complexe de s et nous enseigne que cette fonction est uniforme, qu'elle est finie pour toutes les valeurs finies de s, sauf 1, et aussi qu'elle s'évanouit lorsque s est égal à un nombre pair négatif [1].

Lorsque la partie réelle de s est négative, l'intégrale, au lieu d'être prise dans le sens positif autour du domaine de grandeurs assigné, peut être prise dans le sens négatif autour du domaine de grandeurs qui contient toutes les grandeurs complexes restantes, car l'intégrale, pour des valeurs dont le module est infiniment grand, est alors infiniment petite. Mais, à l'intérieur de ce domaine, la fonction sous le signe d'intégration ne devient discontinue que lorsque x est égal à un multiple entier de $\pm 2\pi i$ et l'intégrale, par conséquent, est égale à la somme des intégrales prises dans le sens négatif autour de ces valeurs. Mais l'intégrale relative à la valeur $n 2\pi i$ égale $(-2\pi i)^{s-1}(-2\pi i)$; on obtient donc

$$2 \sin \pi s \, \Pi(s-1)\zeta(s) = (2\pi)^s \sum n^{s-1}[(-i)^{s-1} + i^{s-1}],$$

c'est-à-dire une relation entre $\zeta(s)$ et $\zeta(1-s)$ qui, en vertu de propriétés connues de la fonction Π, peut aussi s'exprimer ainsi : la quantité

$$\Pi\left(\frac{s}{2}-1\right)\pi^{-\frac{s}{2}}\zeta(s)$$

reste inaltérée lorsque s est remplacé par $1-s$.

Cette propriété de la fonction m'a engagé à introduire, au lieu de $\Pi(s-1)$, l'intégrale $\Pi\left(\frac{s}{2}-1\right)$ dans le terme général de la série $\sum \frac{1}{n^s}$, ce qui fournit une expression très commode de la fonction $\zeta(s)$. On a en effet

$$\frac{1}{n^s}\Pi\left(\frac{s}{2}-1\right)\pi^{-\frac{s}{2}} = \int_0^\infty e^{-n^2\pi x} x^{\frac{s}{2}-1}\,dx,$$

et, par conséquent, si l'on pose

$$\sum_1^\infty e^{-n^2\pi x} = \psi(x),$$

on a

$$\Pi\left(\frac{s}{2}-1\right)\pi^{-\frac{s}{2}}\zeta(s) = \int_0^\infty \psi(x)\, x^{\frac{s}{2}-1}\,dx;$$

ou bien, puisque

$$2\psi(x)+1 = x^{-\frac{1}{2}}\left[2\psi\left(\frac{1}{x}\right)+1\right] \quad (^1),$$

(1) JACOBI, *Fund. nova*, p. 184 (RIEMANN.) — *Œuvres complètes de Jacobi*, vol. I, p. 235.

on a encore

$$\Pi\left(\frac{s}{2}-1\right)\pi^{-\frac{s}{2}}\zeta(s)$$

$$=\int_1^\infty \psi(x)x^{\frac{s}{2}-1}\,dx+\int_0^1 \psi\left(\frac{1}{x}\right)x^{\frac{s-3}{2}}\,dx+\frac{1}{2}\int_0^1\left(x^{\frac{s-3}{2}}-x^{\frac{s}{2}-1}\right)dx$$

$$=\frac{1}{s(s-1)}+\int_1^\infty \psi(x)\left(x^{\frac{s}{2}-1}+x^{-\frac{1+s}{2}}\right)dx.$$

Je pose maintenant

$$s=\frac{1}{2}+ti$$

et

$$\Pi\left(\frac{s}{2}\right)(s-1)\pi^{-\frac{s}{2}}\zeta(s)=\xi(t),$$

en sorte que

$$\xi(t)=\frac{1}{2}-\left(t^2+\frac{1}{4}\right)\int_1^\infty \psi(x)x^{-\frac{3}{4}}\cos\left(\frac{1}{2}t\log x\right)dx,$$

ou encore

$$\xi(t)=4\int_1^\infty \frac{d\left[x^{\frac{3}{2}}\psi'(x)\right]}{dx}x^{-\frac{1}{4}}\cos\left(\frac{1}{4}t\log x\right)dx.$$

Cette fonction est finie pour toutes les valeurs finies de t et peut être développée suivant les puissances de t^2 en une série qui converge très rapidement. Puisque, pour une valeur de s dont la partie réelle est plus grande que 1, $\log\zeta(s)=-\Sigma\log(1-p^{-s})$ reste fini et que ce même fait a lieu pour les logarithmes des facteurs restants de $\xi(t)$, la fonction $\xi(t)$ peut seulement s'évanouir lorsque la partie imaginaire de t se trouve comprise entre $\frac{1}{2}i$ et $-\frac{1}{2}i$. Le nombre des racines de $\xi(t)=0$ dont les parties réelles sont comprises entre 0 et T est environ égal à

$$\frac{T}{2\pi}\log\frac{T}{2\pi}-\frac{T}{2\pi},$$

car l'intégrale $\int d\log\xi(t)$ prise le long d'un contour décrit dans le sens positif, comprenant à son intérieur l'ensemble des valeurs de t dont les parties imaginaires sont situées entre $\frac{1}{2}i$ et $-\frac{1}{2}i$

et les parties réelles entre o et T, est égale $\left(\text{abstraction faite d'une partie fractionnaire de même ordre que la grandeur } \frac{1}{T}\right)$ à $\left(T \log \frac{T}{2\pi} - T\right) i$; or cette intégrale est égale au nombre des racines de $\xi(t) = 0$ situées dans ce domaine, multiplié par $2\pi i$. On trouve, en effet, entre ces limites un nombre environ égal à celui-ci, de racines réelles, et il est très probable que toutes les racines sont réelles.

Il serait à désirer, sans doute, que l'on eût une démonstration rigoureuse de cette proposition; néanmoins j'ai laissé cette recherche de côté pour le moment après quelques rapides essais infructueux, car elle paraît superflue pour le but immédiat de mon étude.

Si l'on désigne par α toute racine de l'équation $\xi(\alpha) = 0$, on peut exprimer $\log \xi(t)$ par

$$\sum \log\left(1 - \frac{t^2}{\alpha^2}\right) + \log \xi(0).$$

En effet, puisque la densité des racines de grandeur t augmente seulement avec t comme le fait $\log \frac{t}{2\pi}$, cette expression converge et pour t infini ne devient infinie que comme l'est $t \log t$; elle diffère de $\log \xi(t)$ par conséquent d'une fonction de t^2 qui, pour t fini, reste finie et continue et qui, divisée par t^2, sera infiniment petite pour t infini.

Cette différence, par suite, est une constante dont la valeur peut être déterminée en posant $t = 0$.

A l'aide de ces principes auxiliaires, nous pouvons maintenant déterminer le nombre des nombres premiers qui sont inférieurs à x.

Soit $F(x)$ ce nombre lorsque x n'est pas exactement égal à un nombre premier, et soit $F(x)$ ce nombre augmenté de $\frac{1}{2}$, lorsque x est premier, de telle sorte que, pour une valeur x pour laquelle $F(x)$ varie par un saut brusque, on ait

$$F(x) = \frac{F(x+0) + F(x-0)}{2}.$$

Si, maintenant, dans l'expression

$$\log\zeta(s) = -\sum\log(1-p^{-s}) = \sum p^{-s} + \frac{1}{2}\sum p^{-2s} + \frac{1}{3}\sum p^{-3s} + \ldots$$

on remplace p^{-s} par $s\int_p^\infty x^{-s-1}\,dx$, p^{-2s} par $s\int_{p^2}^\infty x^{-s-1}\,dx$, ..., on obtient

$$\frac{\log\zeta(s)}{s} = \int_1^\infty f(x)x^{-s-1}\,dx,$$

où l'on a désigné par $f(x)$ l'expression

$$\mathrm{F}(x) + \frac{1}{2}\mathrm{F}\left(x^{\frac{1}{2}}\right) + \frac{1}{3}\mathrm{F}\left(x^{\frac{1}{3}}\right) + \ldots.$$

Cette équation a lieu pour toute valeur complexe $a + bi$ de s lorsque $a > 1$. Mais lorsque, sous ces hypothèses, l'équation suivante

$$g(s) = \int_0^\infty h(x)x^{-s}\,d\log x$$

a lieu, l'on peut, à l'aide du théorème de Fourier, exprimer la fonction h par la fonction g. Cette équation, quand $h(x)$ est réel et que

$$g(a+bi) = g_1(b) + ig_2(b)$$

se décompose en les deux suivantes :

$$g_1(b) = \int_0^\infty h(x)x^{-a}\cos(b\log x)\,d\log x,$$

$$ig_2(b) = -i\int_0^\infty h(x)x^{-a}\sin(b\log x)\,d\log x.$$

Lorsque l'on multiplie les deux équations par

$$[\cos(b\log y) + i\sin(b\log y)]\,db,$$

et que l'on intègre de $-\infty$ à $+\infty$, l'on obtient, en vertu du théorème de Fourier, dans les seconds membres des deux équations $\pi h(y)y^{-\alpha}$, et, par conséquent, en ajoutant les deux équations et multipliant par iy^α, on a

$$2\pi ih(y) = \int_{a-\infty i}^{a+\infty i} g(s)y^s\,ds,$$

où l'intégration doit être prise de telle sorte que la partie réelle de s reste constante [2].

Cette intégrale représente, pour une valeur de y pour laquelle a lieu une variation par saut brusque de la fonction, la valeur moyenne des valeurs de la fonction h de chaque côté du saut. Avec les modes de détermination exposés ci-dessus, la fonction $f(x)$ possède cette même propriété, et l'on a donc, d'une manière toute générale,

$$f(y) = \frac{1}{2\pi i}\int_{a-\infty i}^{a+\infty i} \frac{\log\zeta(s)}{s}\, y^s\, ds.$$

On peut maintenant substituer à $\log\zeta$ l'expression trouvée précédemment

$$\frac{s}{2}\log\pi - \log(s-1) - \log\Pi\,\frac{s}{2} + \sum_{\alpha}\log\left[1 + \frac{(s-\frac{1}{2})^2}{\alpha^2}\right] + \log\xi(0)$$

Mais les intégrales de chaque terme de cette expression, prises jusqu'à l'infini, ne convergent pas; il sera donc convenable de transformer l'équation précédente à l'aide d'une intégration par parties en

$$f(x) = -\frac{1}{2\pi i}\,\frac{1}{\log x}\int_{a-\infty i}^{a+\infty i} \frac{d\,\dfrac{\log\zeta(s)}{s}}{ds}\, x^s\, ds.$$

Comme

$$-\log\Pi\left(\frac{s}{2}\right) = \lim\left[\sum_{n=1}^{n=m}\log\left(1+\frac{s}{2n}\right) - \frac{s}{2}\log m\right],$$

pour $m = \infty$, et que, par suite,

$$-\frac{d\,\dfrac{1}{s}\log\Pi\left(\dfrac{s}{2}\right)}{ds} = \sum_{1}^{\infty}\frac{d\,\dfrac{1}{s}\log\left(1+\dfrac{s}{2n}\right)}{ds},$$

tous les termes de l'expression de $f(x)$, à l'exception de

$$\frac{1}{2\pi i}\,\frac{1}{\log x}\int_{a-\infty i}^{a+\infty i}\frac{1}{s^2}\log\xi(0)\, x^s\, ds = \log\xi(0),$$

prennent alors la forme

$$\pm\frac{1}{2\pi i}\log x\int_{a-\infty i}^{a+\infty i}\frac{d\left[\dfrac{1}{s}\log\left(1-\dfrac{s}{\beta}\right)\right]}{ds}\, x^s\, ds.$$

Mais on a maintenant

$$\frac{d\left[\frac{1}{s}\log\left(1-\frac{s}{\beta}\right)\right]}{d\beta}=\frac{1}{(\beta-s)\beta},$$

et, lorsque la partie réelle de s est plus grande que la partie réelle de β,

$$-\frac{1}{2\pi i}\int_{a-\infty i}^{a+\infty i}\frac{x^s\,ds}{(\beta-s)\beta}=\frac{x^\beta}{\beta}=\int_\infty^x x^{\beta-1}\,dx,$$

ou bien

$$=\int_0^x x^{\beta-1}\,dx,$$

selon que la partie réelle de β est négative ou positive. On a donc, dans le premier cas,

$$\frac{1}{2\pi i}\frac{1}{\log x}\int_{a-\infty i}^{a+\infty i}\frac{d\left[\frac{1}{s}\log\left(1-\frac{s}{\beta}\right)\right]}{ds}x^s\,ds$$

$$=\frac{1}{2\pi i}\int_{a-\infty i}^{a+\infty i}\frac{1}{s}\log\left(1-\frac{s}{\beta}\right)x^s\,ds=\int_\infty^x\frac{x^{\beta-1}}{\log x}\,dx+\text{const.},$$

et, dans le second cas,

$$=\int_0^x\frac{x^{\beta-1}}{\log x}\,dx+\text{const.}$$

Dans le premier cas, la constante d'intégration peut être déterminée en faisant tendre la partie réelle de β vers l'infini négatif.

Dans le second cas, l'intégrale de o à x prend des valeurs qui diffèrent de $2\pi i$, lorsque l'intégrale relative à des valeurs complexes est prise dans le sens positif ou dans le sens négatif, et elle sera, prise dans ce dernier sens, infiniment petite lorsque le coefficient de i dans la valeur de β est égal à l'infiniment grand positif; mais ce fait aura lieu, dans le premier cas, lorsque ce coefficient est égal à l'infiniment grand négatif.

Ceci nous enseigne comment $\log\left(1-\frac{s}{\beta}\right)$ doit être déterminé dans le premier membre de manière à faire disparaître la constante d'intégration.

En portant ces valeurs dans l'expression de $f(x)$, on obtient

$$f(x) = \mathrm{Li}(x) - \sum_{\alpha} \left[\mathrm{Li}\left(x^{\frac{1}{2}+\alpha i}\right) + \mathrm{Li}\left(x^{\frac{1}{2}-\alpha i}\right) \right] + \int_x^{\infty} \frac{1}{x^2-1} \frac{dx}{x \log x} + \log \xi(0), \quad [3]$$

où, dans la série $\sum\limits_{\alpha}$, on donnera à α pour valeurs toutes les racines positives (ou à partie réelle positive) de l'équation $\xi(\alpha) = 0$, en les rangeant par ordre de grandeur. On peut alors, après une discussion plus approfondie de la fonction ξ, démontrer aisément que, lorsque les termes sont rangés, comme il est prescrit ci-dessus, dans la série

$$\sum \left[\mathrm{Li}\left(x^{\frac{1}{2}+\alpha i}\right) + \mathrm{Li}\left(x^{\frac{1}{2}-\alpha i}\right) \right],$$

celle-ci converge vers la même limite que l'expression

$$\frac{1}{2\pi i} \int_{a-bi}^{a+bi} \frac{d \frac{1}{s} \sum \left[1 + \frac{(s-\frac{1}{2})^2}{\alpha^2} \right]}{ds} x^s \, ds,$$

lorsque la grandeur b croît sans limites. Mais, si l'on changeait cet ordre des termes de la série, on pourrait obtenir pour résultat n'importe quelle valeur réelle.

A l'aide de $f(x)$ l'on obtient $F(x)$ par inversion de la relation

$$f(x) = \sum \frac{1}{n} F\left(x^{\frac{1}{n}}\right),$$

ce qui donne l'équation

$$F(x) = \sum (-1)^{\mu} \frac{1}{m} f\left(x^{\frac{1}{m}}\right),$$

où m doit être remplacé successivement par tous les nombres qui ne sont divisibles par aucun carré excepté 1, et où μ désigne le nombre des facteurs premiers de m.

Si on limite $\sum\limits_{\alpha}$ à un nombre fini de termes, la dérivée de l'expression $f(x)$ c'est-à-dire, abstraction faite d'une partie qui décroît très rapidement lorsque x croît,

$$\frac{1}{\log x} - 2\sum_{\alpha} \frac{\cos(\alpha \log x)\, x^{-\frac{1}{2}}}{\log x},$$

fournit une expression approchée pour la densité des entiers premiers + la moitié de la densité des carrés, + le tiers de celle des cubes, +... des entiers premiers inférieurs à x.

La formule approchée connue, $F(x) = \mathrm{Li}(x)$, n'est, par conséquent, exacte qu'aux grandeurs près de l'ordre de $x^{\frac{1}{2}}$ et fournit une valeur un peu trop grande ; car les termes non périodiques dans l'expression de $F(x)$ sont, abstraction faite de grandeurs qui ne croissent pas indéfiniment avec x,

$$\mathrm{Li}(x) - \frac{1}{2}\mathrm{Li}\left(x^{\frac{1}{2}}\right) - \frac{1}{3}\mathrm{Li}\left(x^{\frac{1}{3}}\right) - \frac{1}{5}\mathrm{Li}\left(x^{\frac{1}{5}}\right) + \frac{1}{6}\mathrm{Li}\left(x^{\frac{1}{6}}\right) - \frac{1}{7}\mathrm{Li}\left(x^{\frac{1}{7}}\right) + \ldots.$$

Du reste, la comparaison, entreprise par Gauss et Goldschmidt, de $\mathrm{Li}(x)$ avec le nombre des nombres premiers inférieurs à x et poursuivie jusqu'à $x = 3$ millions a révélé que ce nombre, à partir de la première centaine de mille, est toujours inférieur à $\mathrm{Li}(x)$ et que la différence des valeurs, soumises à maintes oscillations, croît néanmoins toujours avec x. Mais la fréquence et la réunion plus dense par endroits des nombres premiers, si l'on peut s'exprimer ainsi, sous l'influence des termes périodiques, avaient déjà attiré l'attention, lors du dénombrement des nombres premiers, sans que l'on eût aperçu la possibilité d'établir une loi à ce sujet.

Il serait intéressant, dans un nouveau dénombrement, d'étudier l'influence de chaque terme périodique contenu dans l'expression donnée pour la totalité des nombres premiers. Une marche plus régulière que celle donnée par $F(x)$ serait obtenue à l'aide de la fonction $f(x)$ qui, cela se reconnaît déjà très évidemment dans la première centaine, coïncide en moyenne avec $\mathrm{Li}(x) + \log \xi(0)$.

NOTES.

Dans une lettre, dont le brouillon existe dans les papiers laissés par Riemann, on lit, après la Communication du résultat de son travail, la remarque suivante :

« ... Je n'ai pas encore complété la démonstration ... et, à ce propos, je dois faire remarquer que les deux théorèmes que je n'ai fait qu'énoncer ici :

» *Entre* o *et* T *sont situées environ* $\frac{T}{2\pi}\log\frac{T}{2\pi}-\frac{T}{2\pi}$ *racines réelles de l'équation* $\xi(0)$, et

» *La série* $\sum\limits_{\alpha}\left[\mathrm{Li}\left(x^{\frac{1}{2}+\alpha i}\right)+\mathrm{Li}\left(x^{\frac{1}{2}-\alpha i}\right)\right]$, *lorsque les termes en sont rangés suivant l'ordre croissant des* α, *tend vers la même limite que l'expression*

$$\frac{1}{2\pi i\log x}\int_{a-bi}^{a+bi}\frac{d\,\frac{1}{s}\log\frac{\xi[(s-\frac{1}{2})i]}{\xi(0)}}{ds}\,x^s\,ds,$$

lorsque la grandeur b croît sans limites,

sont des conséquences d'un nouveau développement de la fonction ξ que je n'ai pas encore suffisamment simplifié pour pouvoir vous le communiquer. »

Malgré maintes recherches subséquentes (Scheibner, Piltz, Stieltjes), les obscurités de cette question n'ont pas encore été complètement éclaircies.

[1] (p. 166). Ce mode d'existence de la fonction $\zeta(s)$ se reconnaît en se servant de la seconde forme de cette fonction

$$2\zeta(s)=\pi i\,\Pi(-s)\int_{\infty}^{\infty}\frac{(-x)^{s-1}}{e^{x-1}}\,dx,$$

et en remarquant, en outre, que $\frac{1}{e^x-1}+\frac{1}{2}$, dans le développement suivant les puissances ascendantes de x, ne contient que des puissances impaires.

[2] (p. 171). L'énoncé de ce théorème manque de rigueur. Les deux équations traitées séparément comme il est indiqué, les limites d'intégration o, ∞ se rapportant à $\log x$, donnent

$$\pi y^{-\alpha}\left[h(y) \pm h\left(\frac{1}{y}\right)\right],$$

et, par conséquent, fournissent en premier lieu par leur somme la formule du texte.

[3] (p. 173). La fonction $\mathrm{Li}(x)$ doit être définie pour les valeurs réelles de x qui sont plus grandes que 1 par l'intégrale

$$\int_0^x \frac{dx}{\log x} \pm \pi i,$$

où l'on doit prendre le signe supérieur ou bien le signe inférieur, selon que l'intégration est prise relativement à des valeurs complexes dans le sens positif ou bien dans le sens négatif. De là l'on déduit aisément le développement donné par Scheibner (*Schlömilch's Zeitschrift*, t. V)

$$\mathrm{Li}(x) = \log\log x - \Gamma'(1) + \sum_{1,\infty}^{x} \frac{(\log x)^n}{n.n!},$$

qui est valable pour toutes les valeurs de x, et présente une discontinuité pour les valeurs réelles négatives (comparer la correspondance entre Gauss et Bessel).

Si l'on poursuit le calcul indiqué par Riemann, on trouve dans la formule $\log\frac{1}{2}$ au lieu de $\log\xi(0)$. Il est très possible que ceci ne soit qu'un *lapsus calami*, ou une faute d'impression, $\log\xi(0)$ au lieu de $\log\zeta(0)$; en effet, $\zeta(0) = \frac{1}{2}$.

SUR

LA PROPAGATION D'ONDES AÉRIENNES PLANES

AYANT UNE AMPLITUDE DE VIBRATION FINIE.

(*Memoires de l'Académie royale des Sciences de Göttingen*, t. VIII; 1860.)
Traduit par M. Stouff, professeur à la Faculté des Sciences de Besançon.

Bien que les équations aux dérivées partielles d'après lesquelles on détermine le mouvement des gaz aient été établies depuis longtemps, leur intégration n'a guère été effectuée que pour le cas où les différences de pression peuvent être considérées comme des fractions infiniment petites de la pression totale, et l'on s'est contenté, jusqu'à l'époque la plus récente, de tenir compte des premières puissances de ces fractions. C'est seulement depuis peu qu'Helmholtz a fait intervenir dans le calcul les termes du second ordre, et expliqué ainsi l'existence objective de sons accessoires (1). Cependant, pour les cas où le mouvement initial se fait partout dans la même direction, et où la vitesse et la pression restent constantes dans chaque plan perpendiculaire à cette direction, on peut intégrer complètement les équations exactes. Le problème a, il est vrai, été traité jusqu'ici d'une manière parfaitement satisfaisante pour l'explication des phénomènes constatés par l'expérience. Mais, par suite des grands progrès qu'Helmholtz a fait faire tout récemment aux méthodes expérimentales en Acoustique,

(1) Le mot *Combinationstöne* du texte allemand est celui même employé par Helmholtz dans ses Mémoires [*Ueber Combinationstöne* (*Œuvres complètes*, vol. I)]. — (Stouff.)

les résultats du calcul plus précis que contient ce Mémoire pourront peut-être, dans un temps qui n'est pas trop éloigné, fournir quelques points d'appui à la recherche expérimentale. Ceci justifiera la présente Communication en dehors de l'intérêt théorique qu'offre l'étude d'équations aux dérivées partielles non linéaires.

On devrait admettre la loi de Boyle, comme relation entre la pression et la densité, si les différences de température produites par les changements de pression se neutralisaient assez rapidement pour que l'on eût le droit de considérer la température du gaz comme constante. Mais l'échange de chaleur par lequel ces différences disparaîtraient est probablement tout à fait négligeable, et l'on doit en conséquence adopter, pour cette relation, la loi d'après laquelle la pression du gaz change avec la densité quand il ne reçoit ni n'abandonne de chaleur.

D'après les lois de Boyle et de Gay-Lussac, si v est le volume de l'unité de poids, p la pression et T la température comptée à partir de — 273° C., on a

$$\log p + \log v = \log T + \text{const.}$$

Considérons ici T comme fonction de p et de v; désignons par c la chaleur spécifique à pression constante, par c' la chaleur spécifique à volume constant, toutes deux rapportées à l'unité de poids; cette unité de poids, quand p et v varient de dp et de dv, gagne la quantité de chaleur

$$c\,\frac{\partial T}{\partial v}\,dv + c'\,\frac{\partial T}{\partial p}\,dp,$$

ou, comme

$$\frac{\partial \log T}{\partial \log v} = \frac{\partial \log T}{\partial \log p} = 1,$$

$$T(c\,d\log v + c'\,d\log p).$$

Si donc il n'y a aucun gain de chaleur, on a

$$d\log p = -\frac{c}{c'}\,d\log v,$$

et, si l'on admet avec Poisson que le rapport des deux chaleurs spécifiques $\frac{c}{c'} = k$ est indépendant de la température et de la pression

$$\log p = -k\log v + \text{const.}$$

D'après les nouveaux essais de Regnault, Joule et W. Thomson, ces lois sont probablement vraies avec une très grande approximation pour l'oxygène, l'azote, l'hydrogène et leurs mélanges à toutes les températures et les pressions que présente la Physique.

Regnault a prouvé que ces gaz suivent de très près les lois de Boyle et de Gay-Lussac et que la chaleur spécifique à pression constante c est indépendante de la température et de la pression.

Pour l'air atmosphérique, Regnault a trouvé, entre

$$
\begin{array}{lll}
-30^\circ\text{ C.} & \text{et} \quad +10^\circ\text{ C.}\ldots\ldots & c = 0{,}2377 \\
+10^\circ\text{ C.} & \text{et} \quad +100^\circ\text{ C.}\ldots\ldots & c = 0{,}2379 \\
+100^\circ\text{ C.} & \text{et} \quad +215^\circ\text{ C.}\ldots\ldots & c = 0{,}2376
\end{array}
$$

Pour des pressions variant de une à dix atmosphères, il ne se produisit non plus aucune variation sensible de la chaleur spécifique.

En outre, d'après des expériences de Regnault et de Joule, l'hypothèse de Mayer adoptée par Clausius paraît être tout près de l'exactitude, à savoir : un gaz se dilatant à température constante n'absorbe que juste la chaleur nécessaire pour produire le travail extérieur. Si le volume du gaz varie de dv, la température restant constante, on a

$$d \log p = - d \log v :$$

la quantité de chaleur reçue est $T(c - c')\, d \log v$, le travail effectué $p\, dv$. Cette hypothèse donne donc, si A désigne l'équivalent mécanique de la chaleur,

$$AT(c - c')\, d \log v = p\, dv,$$

ou

$$c - c' = \frac{pv}{AT},$$

donc $c - c'$ est indépendant de la pression et de la température.

D'après ceci, $k = \frac{c}{c'}$ est aussi indépendant de la pression et de la température. Suivant Joule, A égale $424^{\text{kgm}},55$; pour la température de 0° C., ce qui correspond à la température absolue $T = \frac{100^\circ\text{ C.}}{0{,}3665}$, pv a pour valeur, d'après Regnault, $7990^{\text{m}},267$. De ces données résulte $k = 1{,}4101$. La vitesse du son dans l'air sec à 0° C. est par seconde

$$\sqrt{7990^{\mathrm{m}},267 \times 9^{\mathrm{m}},8088\, k}$$

et serait trouvée, avec cette valeur, de k égale à $332^{\mathrm{m}},440$, tandis que les deux séries complètes d'expériences de Moll et Van Beek, calculées séparément, donnent $332^{\mathrm{m}},528$ et $331^{\mathrm{m}},867$, et réunies $332^{\mathrm{m}},271$, et que les expériences de Martins et A. Bravais fournissent, d'après leurs propres calculs, $332^{\mathrm{m}},37$.

§ I.

Il n'est pas nécessaire de faire tout d'abord une hypothèse déterminée sur la relation entre la pression et la densité; nous supposons donc la pression correspondant à une densité ρ égale à $\varphi(\rho)$ et nous laissons la fonction φ provisoirement encore indéterminée.

Introduisons un système de coordonnées rectangulaires x, y, z, l'axe des x dans la direction du mouvement, et désignons par ρ la densité, p la pression, u la vitesse des points matériels qui correspondent à la coordonnée x au temps t et par ω un élément du plan parallèle au plan des yz à la distance x.

Le volume du cylindre droit ayant pour base l'élément ω et de hauteur dx est $\omega\, dx$, et la masse contenue dans ce cylindre $\omega\rho\, dx$. La variation de cette masse pendant l'élément de temps dt est égale à $\omega \frac{\partial \rho}{\partial t}\, dt\, dx$. On obtient une autre formule pour cette variation en remarquant qu'elle est égale à la valeur algébrique de la masse qui pénètre dans le cylindre pendant le temps dt, soit à $-\omega \frac{\partial(\rho u)}{\partial x}\, dx\, dt$. L'accélération d'une molécule matérielle du cylindre est

$$\frac{\partial u}{\partial t} + u \frac{\partial u}{\partial x},$$

et la force qui l'entraîne dans le sens des x positifs est

$$-\frac{\partial p}{\partial x}\, \omega\, dx = -\varphi'(\rho) \frac{\partial \rho}{\partial x}\, \omega\, dx,$$

où $\varphi'(\rho)$ désigne la dérivée de $\varphi(\rho)$. On a donc, pour ρ et pour u, les deux équations aux dérivées partielles

$$\frac{\partial \rho}{\partial t} = -\frac{\partial \rho u}{\partial x} \quad \text{et} \quad \rho\left(\frac{\partial u}{\partial t} + u\frac{\partial u}{\partial x}\right) = -\varphi'(\rho)\frac{\partial \rho}{\partial x},$$

ou

$$\frac{\partial u}{\partial t} + u\frac{\partial u}{\partial x} = -\varphi'(\rho)\frac{\partial \log \rho}{\partial x}$$

et

$$\frac{\partial \log \rho}{\partial t} + u\frac{\partial \log \rho}{\partial x} = -\frac{\partial u}{\partial x}.$$

Si l'on multiplie la seconde équation par $\pm\sqrt{\varphi'(\rho)}$, qu'on l'ajoute à la première, et qu'on pose, pour abréger,

$$(1) \qquad \int \sqrt{\varphi'(\rho)}\, d\log \rho = f(\rho)$$

et

$$(2) \qquad f(\rho) + u = 2r, \qquad f(\rho) - u = 2s,$$

les équations prennent la forme plus simple

$$(3) \qquad \frac{\partial r}{\partial t} = -\left[u + \sqrt{\varphi'(\rho)}\right]\frac{\partial r}{\partial x}, \qquad \frac{\partial s}{\partial t} = -\left[u - \sqrt{\varphi'(\rho)}\right]\frac{\partial s}{\partial x},$$

où u et ρ sont des fonctions de r et de s déterminées par les équations (2). De l'équation (3) il vient

$$(4) \qquad dr = \frac{\partial r}{\partial x}\left\{dx - \left[u + \sqrt{\varphi'(\rho)}\right]dt\right\},$$

$$(5) \qquad ds = \frac{\partial s}{\partial x}\left\{dx - \left[u - \sqrt{\varphi'(\rho)}\right]dt\right\}.$$

En supposant $\varphi'(\rho)$ positif, hypothèse toujours vérifiée dans la nature, ces équations expriment que r reste constant, quand x varie avec t de telle sorte que $dx = \left[u + \sqrt{\varphi'(\rho)}\right]dt$ et que s reste constant quand x varie avec t de façon que $dx = \left[u - \sqrt{\varphi'(\rho)}\right]dt$.

Le point géométrique de l'axe des x pour lequel r, ou, ce qui revient au même, $f(\rho) + u$, a une valeur déterminée se meut donc, dans le sens des x positifs, avec une vitesse $\sqrt{\varphi'(\rho)} + u$; un point géométrique correspondant à une valeur déterminée de s ou de $f(\rho) - u$ dans le sens des x négatifs avec la vitesse $\sqrt{\varphi'(\rho)} - u$.

Un point géométrique correspondant à une valeur déterminée de r rencontrera donc successivement tous les points géométriques correspondant à des valeurs déterminées de s qui se trouvent d'abord avant lui sur l'axe des x, et sa vitesse dépend, à chaque instant, du point géométrique s avec lequel il coïncide.

§ II.

L'Analyse est maintenant prête à nous donner les moyens de répondre à la question suivante : où et quand le point géométrique qui correspond à une valeur r' de r rencontre-t-il un point géométrique correspondant à une valeur s' de s qui se trouve devant lui? Cela revient à déterminer x et t comme fonctions de r et de s. Et, en effet, si l'on prend, dans les équations (3) du paragraphe précédent, r et s comme variables indépendantes, ces équations deviennent des équations aux dérivées partielles linéaires par rapport à x et t, et peuvent être intégrées par des méthodes connues. Pour la réduction des équations aux dérivées partielles à une équation linéaire, le procédé le plus avantageux est de mettre les équations (4) et (5) du paragraphe précédent sous la forme

$$(1)\quad \left\{\begin{aligned} dr = \frac{\partial r}{\partial x}\Bigg(& d\left\{x-\left[u+\sqrt{\varphi'(\rho)}\right]t\right\} \\ &+\left\{dr\left[\frac{d\log\sqrt{\varphi'(\rho)}}{d\log\rho}+1\right]+ds\left[\frac{d\log\sqrt{\varphi'(\rho)}}{d\log\rho}-1\right]\right\}t\Bigg),\end{aligned}\right.$$

$$(2)\quad \left\{\begin{aligned} ds = \frac{\partial s}{\partial x}\Bigg(& d\left\{x-\left[u-\sqrt{\varphi'(\rho)}\right]t\right\} \\ &-\left\{ds\left[\frac{d\log\sqrt{\varphi'(\rho)}}{d\log\rho}+1\right]+dr\left[\frac{d\log\sqrt{\varphi'(\rho)}}{d\log\rho}-1\right]\right\}t\Bigg).\end{aligned}\right.$$

On obtient alors, si l'on considère s et r comme variables indépendantes, pour x et t les deux équations linéaires aux dérivées partielles

$$\frac{\partial\left\{x-\left[u+\sqrt{\varphi'(\rho)}\right]t\right\}}{\partial s}=-t\left[\frac{d\log\sqrt{\varphi'(\rho)}}{d\log\varphi}-1\right],$$

$$\frac{\partial\left\{x-\left[u-\sqrt{\varphi'(\rho)}\right]t\right\}}{\partial r}=t\left[\frac{d\log\sqrt{\varphi'(\rho)}}{d\log\rho}-1\right].$$

Il en résulte que

$$(3) \qquad \left\{ x - [u + \sqrt{\varphi'(\rho)}]\, t \right\} dr - \left\{ x - [u - \sqrt{\varphi'(\rho)}]\, t \right\} ds$$

est une différentielle totale exacte, dont l'intégrale w satisfait à l'équation

$$\frac{\partial^2 w}{\partial r\, \partial s} = -t \left[\frac{d \log \sqrt{\varphi'(\rho)}}{d \log \rho} - 1 \right] = m \left(\frac{\partial w}{\partial r} + \frac{\partial w}{\partial s} \right),$$

où

$$m = \frac{1}{2\sqrt{\varphi'(\rho)}} \left(\frac{d \log \sqrt{\varphi'(\rho)}}{d \log \rho} - 1 \right)$$

et est, par suite, une fonction de $r+s$. Si l'on pose

$$f(\rho) = r + s = \sigma,$$

il vient

$$\sqrt{\varphi'(\rho)} = \frac{d\sigma}{d \log \rho},$$

et, en conséquence,

$$m = -\frac{1}{2} \frac{d \log \dfrac{d\rho}{d\sigma}}{d\sigma}.$$

Dans l'hypothèse de Poisson $\varphi(\rho) = aa\rho^k$, et

$$f(\rho) = \frac{2a\sqrt{k}}{k-1} \rho^{\frac{k-1}{2}} + \text{const.},$$

et si l'on prend la constante arbitraire égale à zéro,

$$\sqrt{\varphi'(\rho)} + u = \frac{k+1}{2} r + \frac{k-3}{2} s, \qquad \sqrt{\varphi'(\rho)} - u = \frac{k-3}{2} r + \frac{k+1}{2} s,$$

$$m = \left(\frac{1}{2} - \frac{1}{k-1} \right) \frac{1}{\sigma} = \frac{k-3}{2(k-1)(r+s)}.$$

Dans l'hypothèse de la loi de Boyle, $\varphi(\rho) = aa\,\rho$, on obtient

$$f(\rho) = a \log \rho,$$

$$\sqrt{\varphi'(\rho)} + u = r - s + a, \qquad \sqrt{\varphi'(\rho)} - u = s - r + a,$$

$$m = -\frac{1}{2a},$$

valeurs que l'on peut déduire des précédentes en retranchant de

$f(\rho)$ la constante $\frac{2a\sqrt{k}}{k-1}$, par suite de r et de s $\frac{a\sqrt{k}}{k-1}$, et en faisant ensuite $k=1$ ([1]).

L'introduction de r et de s comme variables indépendantes n'est toutefois possible que si le déterminant fonctionnel de ces quantités par rapport à x et t, déterminant dont la valeur est $2\sqrt{\varphi'(\rho)}\,\frac{\partial r}{\partial x}\,\frac{\partial s}{\partial x}$, n'est pas nul, donc que si $\frac{\partial r}{\partial x}$ et $\frac{\partial s}{\partial x}$ sont tous deux différents de zéro.

Si $\frac{\partial r}{\partial x}$ est nul, de l'équation (1) résulte $dr=0$; l'équation (2) montre alors que $x-\left[u-\sqrt{\varphi'(\rho)}\right]t$ est une fonction de s. L'expression (3) est, par suite, encore une différentielle exacte, et w est une fonction de s seulement.

Pour des raisons analogues, si $\frac{\partial s}{\partial x}$ est nul, s, qui devient alors constant par rapport à x, devient aussi constant par rapport à t, $x-\left[u+\sqrt{\varphi'(\rho)}\right]t$ et w deviennent de simples fonctions de r.

Si enfin $\frac{\partial r}{\partial x}$ et $\frac{\partial s}{\partial x}$ sont tous deux nuls, r, s, w deviennent, en vertu des équations aux différentielles totales, des constantes.

§ III.

Pour résoudre notre problème, il faut actuellement déterminer w comme fonction de r et de s, de telle sorte qu'elle satisfasse à l'équation aux dérivées partielles

$$\frac{\partial^2 w}{\partial r\,\partial s}-m\left(\frac{\partial w}{\partial r}+\frac{\partial w}{\partial s}\right)=0 \tag{1}$$

et aux conditions initiales, ce qui la détermine à une constante près, qui peut évidemment lui être ajoutée à volonté.

La fonction w étant supposée connue, l'époque et le lieu où un point géométrique, correspondant à une valeur déterminée de r, rencontre un point géométrique correspondant à une valeur déter-

([1]) On prend les vraies valeurs pour $k=1$. — (STOUFF.)

minée de s, s'obtiennent par l'équation

$$(2) \quad \{x-[u+\sqrt{\varphi'(\rho)}]t\}\,dr-\{x-[u-\sqrt{\varphi'(\rho)}]t\}\,ds=dw \text{ [1]};$$

là-dessus on obtiendra finalement les quantités u et ρ comme fonctions de x et t en joignant à l'équation précédente les équations

$$(3) \qquad f(\rho)+u=2r, \qquad f(\rho)-u=2s.$$

En effet, on obtient, comme conséquences de (2), à moins que dr ou ds ne soient nuls le long d'un segment fini et, par suite, r ou s constants pour ce segment, les équations

$$(4) \qquad x-[u+\sqrt{\varphi'(\rho)}]t=\frac{\partial w}{\partial r},$$

$$(5) \qquad x-[u-\sqrt{\varphi'(\rho)}]t=\frac{\partial w}{\partial s},$$

qui, jointes aux équations (3), permettent de trouver les expressions de u et ρ en x et t.

Mais si, dans les circonstances initiales, r conserve la même valeur r' sur une étendue finie, les points géométriques qui appartiennent à la valeur r' se déplacent avec le temps dans le sens des x positifs. A l'intérieur de ce domaine, où $r=r'$, on ne peut pas déduire de l'équation (2) la valeur de $x-[u+\sqrt{\varphi'(\rho)}]t$; car dr est nul; et, en effet, la question : où et quand un point correspond-il à la fois à la valeur r' de r et à une valeur déterminée de s? n'admet aucune réponse précise. L'équation (4) n'est alors valable qu'aux limites de ce domaine et fait connaître entre quelles valeurs de x à une époque déterminée r prend la valeur constante r', ou aussi, pendant quel espace de temps r conserve cette valeur en un point déterminé.

Entre ces limites, u et ρ s'obtiennent comme fonctions de x et de t à l'aide des équations (3) et (5). On obtient ces fonctions par une voie analogue si s garde la valeur s' dans un domaine fini, r étant variable, aussi bien que dans le cas où r et s sont constants tous deux. Dans ce dernier cas, ρ et u prennent des valeurs con-

---

[1] En remplaçant dw par $\frac{\partial w}{\partial r}dr+\frac{\partial w}{\partial s}ds$ et égalant alors les multiplicateurs de dr et de ds dans les deux membres de (2). — (Stouff.)

stantes déterminées par les équations (3) entre certaines limites déterminées par les équations (4) et (5).

§ IV.

Avant d'aborder l'intégration de l'équation (1) du paragraphe précédent, il semble avantageux de faire quelques discussions préalables, qui ne supposent pas que cette intégration ait été effectuée. Relativement à la fonction $\varphi(\rho)$ une seule hypothèse est nécessaire, c'est que sa dérivée n'est pas décroissante quand ρ augmente. Ce fait se présente sûrement toujours dans la réalité; nous faisons dès à présent une remarque qui sera appliquée plusieurs fois dans le présent paragraphe : c'est qu'alors la quantité

$$\frac{\varphi(\rho_1)-\varphi(\rho_2)}{\rho_1-\rho_2}=\int_0^1 \varphi'[\alpha\rho_1+(1-\alpha)\rho_2]\,d\alpha,$$

si l'on ne fait varier que ρ_1 ou ρ_2 séparément, reste constante ou varie dans le même sens que celle de ces deux quantités dont la valeur change. Il en résulte aussi que la valeur de cette expression est toujours comprise entre $\varphi'(\rho_1)$ et $\varphi'(\rho_2)$.

Nous considérons maintenant le cas où la perturbation initiale de l'équilibre est limitée à un domaine fini déterminé par les inégalités $a<x<b$. En dehors, u et ρ et, par suite aussi, r et s sont constants; j'emploie ces lettres affectées de l'indice 1 pour désigner les valeurs quand $x<a$, et de l'indice 2 pour les valeurs quand $x>b$. D'après le § I, le domaine où r est variable s'avance peu à peu, sa limite postérieure avec la vitesse $\sqrt{\varphi'(\rho_1)}+u_1$, tandis que la limite antérieure de la région où s est variable recule avec la vitesse $\sqrt{\varphi'(\rho_2)}-u_2$. Après un espace de temps égal à

$$\frac{b-a}{\sqrt{\varphi'(\rho_1)}+\sqrt{\varphi'(\rho_2)}+u_1-u_2},$$

les deux domaines se séparent, et entre eux se forme un intervalle dans lequel s égale s_2 et r égale r_1, et où par suite les molécules gazeuses sont de nouveau en équilibre. De la région ébranlée d'abord partent donc deux ondes qui marchent dans des directions opposées. Dans celle qui va en avant, $s = s_2$; la vitesse d'une molécule matérielle $u = f(\rho) - 2s_2$ y est donc une fonction de la densité ρ; un point géométrique correspondant à une valeur déterminée de ρ correspond aussi à une valeur fixe de u et s'avance avec la vitesse constante

$$\sqrt{\varphi'(\rho)} + u = \sqrt{\varphi'(\rho)} + f(\rho) - 2s_2.$$

Dans l'onde qui recule à la densité ρ appartient la vitesse

$$-f(\rho) + 2r_1;$$

le point géométrique correspondant se meut en arrière avec la vitesse

$$\sqrt{\varphi'(\rho)} + f(\rho) - 2r_1.$$

Ces vitesses, qui sont les vitesses de propagation des deux ondes, vont en croissant avec la densité, parce que $\varphi'(\rho)$ et $f(\rho)$ croissent avec ρ.

Si l'on prend ρ pour ordonnée d'une courbe correspondant à l'abscisse x, chaque point de cette courbe se meut parallèlement à l'axe des abscisses avec une vitesse constante et d'autant plus considérable que son ordonnée est plus grande. Cette remarque fait voir facilement que les points dont les ordonnées sont les plus grandes finiraient par dépasser les points à ordonnées moindres situés d'abord en avant d'eux, de sorte qu'à une valeur de x appartiendraient plusieurs valeurs de ρ. Comme cela est impossible dans la réalité, il doit se présenter une circonstance qui rende la loi précédente inapplicable. En effet, pour obtenir les équations aux dérivées partielles, nous sommes partis de l'hypothèse que u et ρ sont des fonctions continues de x et ont des dérivées finies; cette hypothèse cesse d'avoir lieu dès que la courbe des densités devient en l'un de ses points perpendiculaire à l'axe des abscisses, et, à partir de ce moment, la courbe présente une discontinuité, une valeur de ρ étant suivie immédiatement par une plus grande. Cette circonstance sera discutée dans le prochain paragraphe.

Les ondes condensées, c'est-à-dire les parties de l'onde où la densité décroît dans le sens de la propagation, deviennent donc dans leur marche de plus en plus étroites et se transforment finalement en condensations brusques; l'amplitude des ondes dilatées croît au contraire continuellement et proportionnellement au temps.

On peut montrer facilement, du moins dans la loi de Poisson (ou dans celle de Boyle), que, même lorsque la perturbation initiale d'équilibre n'est pas limitée à une étendue finie, il se formera toujours, dans la suite du mouvement, des condensations brusques, excepté dans des cas tout à fait spéciaux. La vitesse avec laquelle avance un point géométrique r est, dans la loi de Poisson,

$$\frac{k+1}{2}r+\frac{k-3}{2}s;$$

en moyenne les plus grandes valeurs de r auront des vitesses plus grandes, et une grande valeur r' en atteindra finalement une plus petite r'', qui chemine devant elle, si les valeurs de s qui coïncident successivement avec r'' ne sont pas inférieures en moyenne aux valeurs de s qui coïncident simultanément avec r' d'une quantité supérieure à

$$(r'-r'')\frac{1+k}{3-k}.$$

Dans ce dernier cas, s aurait une valeur négative infiniment grande pour x égal à l'infini positif; donc, pour $x=+\infty$, ou bien la vitesse u serait $+\infty$, ou bien, mais seulement dans l'hypothèse de la loi de Boyle, la densité serait infiniment petite. Donc, en dehors de cas particuliers, le cas où une valeur de r sera suivie immédiatement par une plus grande, offrant avec la première une différence finie, se présentera toujours; par suite, $\frac{\partial r}{\partial x}$ devenant infini, les équations aux dérivées partielles perdront leur validité et il se formera des condensations brusques se propageant en avant. De même, presque toujours, $\frac{\partial s}{\partial x}$ devenant infini, il se formera des condensations brusques se propageant en arrière.

Pour déterminer les temps et les endroits auxquels $\frac{\partial r}{\partial x}$ ou $\frac{\partial s}{\partial x}$ deviennent infinis et où commencent des condensations brusques, on obtient, à l'aide des équations (1) et (2) du § II, en y introduisant la fonction w,

$$\frac{\partial r}{\partial x}\left\{\frac{\partial^2 w}{\partial r^2}+\left[\frac{d\log\sqrt{\varphi'(\rho)}}{d\log\rho}+1\right]t\right\}=1,$$

$$\frac{\partial s}{\partial x}\left\{-\frac{\partial^2 w}{\partial s^2}-\left[\frac{d\log\sqrt{\varphi'(\rho)}}{d\log\rho}+1\right]t\right\}=1.$$

§ V.

Il nous faut maintenant, puisque des condensations subites se présentent presque toujours, même quand la densité et la vitesse varient partout d'une manière continue dans les conditions initiales, rechercher les lois de la marche de ces condensations.

Nous supposons qu'au temps t pour $x = \xi$, u et ρ varient brusquement, et nous désignons les valeurs de ces quantités et de celles qui en dépendent au moyen de l'indice 1 pour $x = \xi - 0$, et au moyen de l'indice 2 pour $x = \xi + 0$; désignons par v_1 et v_2 les vitesses relatives avec lesquelles le gaz se meut dans le voisinage du point de discontinuité, vitesses égales respectivement à $u_1 - \frac{d\xi}{dt}$, $u_2 - \frac{d\xi}{dt}$. La masse, qui traverse pendant l'élément de temps dt un élément ω du plan ayant pour équation $x = \xi$, dans le sens des x positifs, est alors égale à $v_1\rho_1\omega\,dt = v_2\rho_2\omega\,dt$: la force qui lui est appliquée $[\varphi(\rho_1) - \varphi(\rho_2)]\,\omega$ [1] et l'augmentation de vitesse produite par cette force $v_2 - v_1$; on a, par suite,

$$[\varphi(\rho_1) - \varphi(\rho_2)]\,\omega\,dt = (v_2 - v_1)\,v_1\rho_1\,\omega\,dt,$$

où

$$v_1\rho_1 = v_2\rho_2;$$

il en résulte

$$v_1 = \mp\sqrt{\frac{\rho_2}{\rho_1}\,\frac{\varphi(\rho_1) - \varphi(\rho_2)}{\rho_1 - \rho_2}},$$

donc

$$(1)\qquad \frac{d\xi}{dt} = u_1 \pm \sqrt{\frac{\rho_2}{\rho_1}\,\frac{\varphi(\rho_1) - \varphi(\rho_2)}{\rho_1 - \rho_2}} = u_2 \pm \sqrt{\frac{\rho_1}{\rho_2}\,\frac{\varphi(\rho_1) - \varphi(\rho_2)}{\rho_1 - \rho_2}}.$$

Pour une condensation brusque la différence $\rho_2 - \rho_1$ doit être de même signe que v_1 et v_2, négative si cette condensation se propage en avant, positive si elle se propage en arrière. Dans le premier cas, on doit prendre les signes supérieurs et ρ_1 est plus

---

[1] Il y a dans le texte $[\varphi(\rho_1) - \varphi(\rho_2)]\,\omega\,dt$, ce qui ne correspond pas au sens classique actuel du mot *force*. — (STOUFF.)

grand que ρ_2; par suite, d'après l'hypothèse faite sur la fonction $\varphi(\rho)$ au commencement du paragraphe précédent,

$$(2) \qquad u_1 + \sqrt{\varphi'(\rho_1)} > \frac{d\xi}{dt} > u_2 + \sqrt{\varphi'(\rho_2)};$$

d'après ces inégalités le point de discontinuité avance plus lentement que les valeurs de r qui le suivent et plus rapidement que celles qui le précèdent; r_1 et r_2 sont donc à chaque instant déterminés par les équations aux dérivées partielles applicables de part et d'autre du point de discontinuité.

Comme les valeurs de s se meuvent en arrière avec la vitesse $\sqrt{\varphi'(\rho)} - u$, s_2 et, par suite, ρ_2 et u_2 s'obtiennent de la même façon; mais cela n'a pas lieu pour s_1. Les valeurs de s_1 et de $\frac{d\xi}{dt}$ se déduisent sans ambiguïté de celles de r_1, ρ_2 et u_2 par les équations (1). En effet, l'équation

$$(3) \qquad 2(r_1 - r_2) = f(\rho_1) - f(\rho_2) + \sqrt{\frac{(\rho_1 - \rho_2)[\varphi(\rho_1) - \varphi(\rho_2)]}{\rho_1\rho_2}}$$

n'est vérifiée que par une seule valeur de ρ_1; car le second membre, quand ρ_1 croît de ρ_2 à l'infini, prend une fois et une seule toute valeur positive, car $f(\rho_1)$, aussi bien que les deux facteurs

$$\sqrt{\frac{\rho_1}{\rho_2}} - \sqrt{\frac{\rho_2}{\rho_1}} \quad \text{et} \quad \sqrt{\frac{\varphi(\rho_1) - \varphi(\rho_2)}{\rho_1 - \rho_3}},$$

dans lesquels on peut décomposer le dernier terme, est constamment croissant, le dernier facteur pouvant aussi rester constant; ρ_1 étant déterminé, on a également des valeurs tout à fait déterminées pour u_1 et $\frac{d\xi}{dt}$ par les équations (1).

Les condensations brusques qui se propagent en arrière donnent lieu à des conclusions complètement analogues.

§ VI.

Nous venons de trouver que dans la marche d'une condensation brusque, entre les valeurs de u et de ρ de part et d'autre du point de discontinuité, existe toujours l'équation

$$(u_1 - u_2)^2 = \frac{(\rho_1 - \rho_2[\varphi(\rho_1) - \varphi(\rho_2)]}{\rho_1 \rho_2}.$$

Il y a maintenant lieu de se demander ce qui arrive quand on se donne arbitrairement des discontinuités à un temps et à un endroit donnés. Suivant les valeurs de u_1, ρ_1, u_2, ρ_2 du point de discontinuité peuvent partir en sens opposés deux condensations brusques, ou une seule en avant ou une seule en arrière. Il peut aussi arriver qu'il ne s'en propage aucune de manière que le mouvement ait lieu d'après les équations aux dérivées partielles.

Si l'on désigne à l'aide d'un accent les valeurs que prennent u et ρ en arrière d'une condensation ou entre deux condensations au premier instant après leur entrée en mouvement, dans le premier cas ρ' est supérieure à ρ_1 et à ρ_2, et l'on a

$$(1) \quad \begin{cases} u_1 - u' = \sqrt{\dfrac{(\rho' - \rho_1)[\varphi(\rho') - \varphi(\rho_1)]}{\rho' \rho_1}}, \\ u' - u_2 = \sqrt{\dfrac{(\rho' - \rho_2)[\varphi(\rho') - \varphi(\rho_2)]}{\rho' \rho_2}}, \end{cases}$$

$$(2) \quad u_1 - u_2 = \sqrt{\frac{(\rho' - \rho_1)[\varphi(\rho') - \varphi(\rho_1)]}{\rho' \rho_1}} + \sqrt{\frac{(\rho' - \rho_2)[\varphi(\rho') - \varphi(\rho_2)]}{\rho' \rho_2}}.$$

Donc, comme les deux termes du second membre de l'équation (2) croissent tous deux avec ρ', il faut que $u_1 - u_2$ soit positif et

$$(u_1 - u_2)^2 > \frac{(\rho_1 - \rho_2)[\varphi(\rho_1) - \varphi(\rho_2)]}{\rho_1 \rho_2},$$

et, réciproquement, si ces conditions sont remplies il y a toujours un système de valeurs de u' et de ρ', et un seul, satisfaisant aux équations (1).

Pour que le dernier cas se présente et, par suite, que le mouvement puisse se déterminer conformément aux équations aux dérivées partielles, il faut et il suffit que $r_1 \leqq r_2$ et $s_1 \geqq s_2$, donc que $u_1 - u_2$ soit négatif et $(u_1 - u_2)^2 \geqq [f(\rho_1) - f(\rho_2)]^2$. Alors r_1 et s_2 se séparent respectivement de r_2 et de s_1, parce que chacune de ces valeurs va moins vite que celle qui la précède dans son mouvement, de sorte que la discontinuité disparaît.

Lorsque ni les premières ni les dernières conditions ne sont remplies, les conditions initiales conviennent à une seule condensation brusque, qui se propagera en avant ou en arrière suivant que ρ_1 est supérieur ou inférieur à ρ_2. En effet, alors, si $\rho_1 > \rho_2$, la quantité $2(r_1 - r_2)$ ou $f(\rho_1) - f(\rho_2) + u_1 - u_2$ est positive (parce que

$$(u_1 - u_2)^2 < [f(\rho_1) - f(\rho_2)]^2);$$

cette quantité est aussi inférieure ou égale à

$$f(\rho_1) - f(\rho_2) + \sqrt{\frac{(\rho_1 - \rho_2)[\varphi(\rho_1) - \varphi(\rho_2)]}{\rho_1 \rho_2}}$$

(parce que

$$\left.(u_1 - u_2)^2 \leqq \frac{(\rho_1 - \rho_2)[\varphi(\rho_1) - \varphi(\rho_2)]}{\rho_1 \rho_2}\right).$$

On peut donc trouver pour la densité ρ', en arrière du point de condensation brusque, une valeur satisfaisant à la condition (3) du paragraphe précédent, valeur inférieure ou égale à ρ_1. Par suite, comme $s' = f(\rho') - r_1$, $s_1 = f(\rho_1) - r_1$, on a aussi $s' \leqq s_1$, de sorte que le mouvement, en arrière de la condensation brusque, peut s'effectuer conformément aux équations aux dérivées partielles. L'autre cas, où $\rho_1 < \rho_2$, ne diffère évidemment pas d'une manière essentielle de celui-ci.

§ VII.

Pour élucider les théories qui précèdent par un exemple simple, où le mouvement puisse se déterminer par les méthodes que nous avons acquises jusqu'ici, nous supposerons que la pression et la densité dépendent l'une de l'autre par la loi de Boyle, et que, dans les conditions initiales, la pression et la densité changent brusquement pour $x = 0$, mais restent constantes de part et d'autre du plan des yz.

D'après la discussion faite antérieurement il y a quatre cas à distinguer :

I. Si $u_1 - u_2 > 0$, donc si les deux masses gazeuses vont à la rencontre l'une de l'autre, et si $\left(\frac{u_1 - u_2}{a}\right)^2 > \frac{(\rho_1 - \rho_2)^2}{\rho_1 \rho_2}$, il se forme deux condensations brusques se propageant en sens contraire. D'après le § VI, équation (1), si l'on désigne $\sqrt[4]{\frac{\rho_1}{\rho_2}}$ par α et par θ la racine positive de l'équation

$$\frac{u_1 - u_2}{a\left(\alpha + \frac{1}{\alpha}\right)} = \theta - \frac{1}{\theta},$$

la densité entre les deux condensations brusques ρ' a pour valeur $\theta\theta\sqrt{\rho_1\rho_2}$, et, d'après le § V, équation (1), on a, pour la condensation brusque qui marche en avant,

$$\frac{d\xi}{dt} = u_2 + a\alpha\theta = u' + \frac{a}{\alpha\theta};$$

pour celle qui marche en arrière,

$$\frac{d\xi}{dt} = u_1 - a\frac{\theta}{\alpha} = u' - a\frac{\alpha}{\theta};$$

les valeurs de la vitesse et de la densité sont donc, après un espace de temps t, u' et ρ' pour les valeurs de x qui satisfont à la double inégalité

$$\left(u_1 - a\frac{\theta}{\alpha}\right)t < x < (u_2 + a\alpha\theta)t,$$

u_1 et ρ_1 pour les valeurs de x inférieures à la plus petite de ces deux limites, u_2 et ρ_2 pour celles qui sont supérieures à la plus grande.

II. — Si $u_1 - u_2 < 0$, et qu'en conséquence les masses gazeuses tendent à s'éloigner l'une de l'autre, et qu'en même temps on ait

$$\left(\frac{u_1 - u_2}{a}\right)^2 \geqq \left(\log\frac{\rho_1}{\rho_2}\right)^2,$$

de la limite partent, dans des sens opposés, deux ondes dilatées [1] dont l'étendue va peu à peu en augmentant. D'après le § IV on a, entre elles, $r = r_1$, $s = s_2$, $u = r_1 - s_2$. Dans celle qui se propage en avant, $s = s_2$; $x - (u + a)t$ est fonction de r seulement, et

[1] Deux ondes où la densité croît dans le sens de la propagation. — (STOUFF.)

cette fonction, d'après les valeurs initiales $x = 0$, $t = 0$, se trouve égale à zéro; pour l'onde qui se propage en arrière on a $r = r_1$, et $x - (u - a)t = 0$. L'une des équations pour la détermination de u et de ρ est donc

$$u = -a + \frac{x}{t},$$

pour

$$(r_1 - s_2 + a)t < x < (u_2 + a)t;$$

pour les valeurs de x inférieures à $(r_1 - s_2 + a)t$, $r = r_1$, et pour les valeurs de x supérieures à $(u_2 + a)t$, $r = r_2$; l'autre équation est

$$u = -a + \frac{x}{t},$$

pour

$$(u_1 - a)t < x < (r_1 - s_2 - a)t;$$

pour les valeurs de x moindres que celles-ci, $s = s_1$, et pour les valeurs plus grandes, $s = s_2$.

III. — Si aucun de ces deux cas ne se présente, et si $\rho_1 > \rho_2$, il se produit une onde dilatée qui marche en arrière, et une condensation brusque qui se propage en avant. Pour cette dernière on trouve, d'après le § V, équation (3), en désignant par θ la racine de l'équation

$$\frac{2(r_1 - r_2)}{a} = 2\log\theta + \theta - \frac{1}{\theta},$$

$\rho' = \theta\theta\rho_2$, et d'après le § V, équation (1),

$$\frac{d\xi}{dt} = u_2 + a\theta = u' + \frac{a}{\theta};$$

après un espace de temps t, on a, en avant de la condensation brusque, c'est-à-dire lorsque $x > (u_2 + a\theta)t$,

$$u = u_2, \qquad \rho = \rho_2;$$

en arrière de cette condensation on a $r = r_1$ et de plus, pour

$$(u_1 - a)t < x < (u' - a)t,$$

$$u = a + \frac{x}{t};$$

pour les valeurs de x moindres que celles-ci $u = u_1$, et pour les valeurs plus grandes $u = u'$.

IV. — Si enfin les deux premiers cas ne se présentent pas, et si $\rho_1 < \rho_2$, tout se passe comme dans le cas III : les phénomènes présentent seulement une disposition inverse.

§ VIII.

Pour résoudre notre problème d'une manière générale il faut, d'après le § III, déterminer la fonction w de telle sorte qu'elle satisfasse aux dérivées partielles

$$\frac{\partial^2 w}{\partial r\,\partial s} - m\left(\frac{\partial w}{\partial r} + \frac{\partial w}{\partial s}\right) = 0 \tag{1}$$

et aux conditions initiales.

Si l'on exclut le cas où des discontinuités se présentent, le temps et le lieu, c'est-à-dire les valeurs de x et de t, pour lesquels le point géométrique correspondant à une valeur déterminée r' de r rencontre le point géométrique correspondant à une valeur déterminée s' de s, sont complètement déterminés si les valeurs initiales de r et s sont données pour le segment de l'axe des x qui s'étend entre les positions initiales des points géométriques r et s', et si les équations aux dérivées partielles (3) du § I ont lieu dans toute la multiplicité (S) qui comprend toutes les valeurs de x correspondant aux points intermédiaires entre les points r' et s' pour chaque valeur de t. La valeur de w pour $r = r'$, $s = s'$ est donc complètement déterminée, si w satisfait partout dans la multiplicité S à l'équation aux dérivées partielles (1), et si les valeurs de $\frac{\partial w}{\partial r}$ et $\frac{\partial w}{\partial s}$ sont données pour les valeurs initiales de r et de s, ce qui détermine pour ces valeurs initiales w à une constante près, et si enfin cette constante a été choisie arbitrairement. En effet, ces conditions ont un sens équivalent aux précédentes. Il résulte aussi du § III que, si r garde une valeur constante r'' le long d'un segment fini, $\frac{\partial w}{\partial r}$ prend des valeurs présentant une différence finie pour $r'' - 0$ et $r'' + 0$, mais que $\frac{\partial w}{\partial r}$ varie partout d'une manière continue avec s; que, de même, $\frac{\partial w}{\partial s}$ est continu par rapport à r, et que la fonction w est continue partout à la fois par rapport à r et à s.

Après ces préliminaires, nous pouvons aborder la résolution de notre problème, c'est-à-dire la détermination de w pour deux valeurs arbitraires r' et s' de r et de s.

Pour représenter le phénomène prenons x et t comme abscisse et ordonnée d'un point d'un plan et imaginons dans ce plan les courbes $r = \text{const.}$ et $s = \text{const.}$ Nous désignerons les premières par (r), les secondes par (s), et sur chacune d'elles nous considérerons comme positive la direction où t va en croissant. La multiplicité (S) est alors représentée par une partie du plan, limitée par la courbe (r'), la courbe (s') et la portion de l'axe des x interceptée entre ces deux courbes, et il s'agit d'obtenir la valeur de w au point d'intersection des deux courbes à l'aide des valeurs de $\frac{\partial w}{\partial r}$, $\frac{\partial w}{\partial s}$ données sur ce dernier segment. Nous généraliserons encore un peu le problème, et nous supposerons que le domaine (S), au lieu d'être limité par ce segment, est limité par une courbe arbitraire c, qui ne coupe pas plus d'une fois chacune des courbes (r) et (s); on se donne pour les systèmes de valeurs de r et de s, qui correspondent à chaque point de c, les valeurs de $\frac{\partial w}{\partial r}$ et de $\frac{\partial w}{\partial s}$. Comme la solution du problème le fera voir, ces valeurs de $\frac{\partial w}{\partial r}$ et de $\frac{\partial w}{\partial s}$ sont seulement soumises à la condition de varier d'une manière continue avec le point de la courbe, mais peuvent être prises d'ailleurs arbitrairement, tandis que ces valeurs ne seraient pas indépendantes les unes des autres, si la courbe c coupait plus d'une fois l'une des deux courbes (r) et (s).

Pour déterminer des fonctions, qui doivent satisfaire à des équations linéaires aux dérivées partielles et à des conditions linéaires aux limites, on peut employer un procédé absolument analogue à celui qui consiste, dans la résolution d'un système d'équations linéaires, à multiplier toutes les équations par des facteurs indéterminés, puis à les ajouter et à déterminer ensuite ces facteurs de manière à annuler les coefficients de toutes les inconnues sauf une.

Imaginons la partie (S) du plan partagée en parallélogrammes infiniment petits par les courbes (r) et (s), et désignons par δr et δs les variations qu'éprouvent les quantités r et s, quand les éléments d'arcs qui forment les côtés de ces parallélogrammes sont parcourus dans le sens positif; soit, de plus, v une fonction arbitraire de r et de s, qui soit partout continue et ait des dérivées continues. En conséquence de l'équation (1), on a alors

$$(2)\qquad o = \int v\left[\frac{\partial^2 w}{\partial r\,\partial s} - m\left(\frac{\partial w}{\partial r} + \frac{\partial w}{\partial s}\right)\right]\delta r\,\delta s,$$

cette intégrale étant étendue à toute la multiplicité (S). Il faut ordonner le second membre de cette équation par rapport aux inconnues, c'est-à-dire ici le transformer à l'aide d'intégrations par parties, de sorte qu'il ne contienne plus, en dehors de quantités connues, que la fonction cherchée, mais non ses dérivées. Par cette opération l'intégrale se change en l'intégrale suivante, étendue à la multiplicité S,

$$\int w\left(\frac{\partial^2 v}{\partial r\,\partial s} + \frac{\partial m v}{\partial r} + \frac{\partial m v}{\partial s}\right)\delta r\,\delta s,$$

et une intégrale simple qui, à cause de la continuité de $\frac{dw}{dr}$ par rapport à s, de celle de $\frac{dw}{ds}$ par rapport à r et de celle de w par rapport à r et à s, n'est étendue qu'au contour de (S). Si dr et ds désignent les variations de r et de s dans un élément du contour de S, ce contour étant parcouru dans une direction telle qu'en chaque point du contour la normale vers l'intérieur présente, par rapport à cette direction, la même disposition que la direction positive des courbes (s) par rapport à la direction positive des courbes (r), cette intégrale curviligne est égale à

$$-\int\left[v\left(\frac{\partial w}{\partial s} - m w\right)ds + w\left(\frac{\partial v}{\partial r} + m v\right)dr\right].$$

L'intégrale étendue au contour entier de (S) est égale à la somme des intégrales relatives aux courbes (c), (s'), (r') qui forment ce contour; donc, en désignant leurs points d'intersection par (c, r'), (c, s'), (r', s'), elle a pour valeur

$$\int_{c,r'}^{c,s'} + \int_{c,s'}^{r',s'} + \int_{s',r'}^{c,r}.$$

De ces trois parties : la première ne contient, en dehors de la fonction v, que des quantités connues ; la seconde ne contient, ds étant nul dans cette intégrale, que la fonction inconnue w, mais non ses dérivées ; la troisième peut, à l'aide d'une intégration par parties, se transformer en

$$(v w)_{r', s'} - (v w)_{c, r'} + \int_{s', r'}^{c, r'} w \left(\frac{\partial v}{\partial s} + m v\right) ds,$$

de sorte que la fonction cherchée w s'y présente seule.

Après ces transformations, l'équation (2) donne évidemment la valeur de la fonction w au point r', s' exprimée par des quantités connues, si l'on détermine la fonction v conformément aux conditions suivantes :

1° Partout dans S

$$\frac{\partial^2 v}{\partial r\, \partial s} + \frac{\partial m v}{\partial r} + \frac{\partial m v}{\partial r} = 0;$$

2° Pour $r = r'$

$$\frac{\partial v}{\partial s} + m v = 0;$$

3° Pour $s = s'$

$$\frac{\partial v}{\partial r} + m v = 0;$$

4° Pour $r = r'$, $s = s'$

$$v = 1.$$

On a alors

$$(4) \qquad w_{r, s'} = (v w)_{c, r'} + \int_{c, r'}^{c, s'} \left[v \left(\frac{\partial w}{\partial s} - m w\right) ds + w \left(\frac{\partial v}{\partial r} + m v\right) dr \right].$$

§ IX.

Le procédé que nous venons d'appliquer réduit le problème, de déterminer une fonction w par une équation linéaire aux dérivées partielles et par des conditions linéaires aux limites, à la résolution d'un problème analogue, mais beaucoup plus simple, pour une autre fonction v ; ce qui est ordinairement le plus facile pour obtenir la fonction v, c'est de choisir un cas spécial du problème primitif et de le traiter par la méthode de Fourier. Nous devons nous contenter ici d'indiquer la marche de ce calcul et de démontrer le résultat par une autre méthode.

Si, dans l'équation (1) du paragraphe précédent, à la place de r et de s on introduit $r+s=\sigma$ et $r-s=u$ comme variables indépendantes, et si l'on choisit pour la courbe c une courbe sur laquelle σ soit constant, le problème peut être traité par les règles de Fourier, et l'on obtient, par la comparaison du résultat avec l'équation (4) du paragraphe précédent, en posant $r'+s'=\sigma'$, $r'-s'=u'$,

$$v=\frac{2}{\pi}\int_0^\infty \cos\mu(u-u')\frac{d\rho}{d\sigma}\left[\psi_1(\sigma')\psi_2(\sigma)-\psi_2(\sigma')\psi_1(\sigma)\right]d\mu,$$

où $\psi_1(\sigma)$ et $\psi_2(\sigma)$ désignent deux solutions particulières de l'équation différentielle

$$\psi''-2m\psi'+\mu\mu\psi=0,$$

telles que

$$\psi_1\psi_2'-\psi_2\psi_1'=\frac{d\sigma}{d\rho}.$$

Si l'on suppose applicable la loi de Poisson, on sait que, d'après cette loi,

$$m=\left(\frac{1}{2}-\frac{1}{k-1}\right)\frac{1}{\sigma},$$

on peut alors exprimer ψ_1 et ψ_2 par des intégrales définies de manière à obtenir pour v une intégrale triple, qui se réduit à

$$v=\left(\frac{r'+s'}{r+s}\right)^{\frac{1}{2}-\frac{1}{k-1}}F\left[\frac{3}{2}-\frac{1}{k-1},\ \frac{1}{k-1}-\frac{1}{2},\ 1,\ -\frac{(r-r')(s-s')}{(r+s)(r'+s')}\right].$$

Il est facile de prouver *a posteriori* l'exactitude de ce résultat, en montrant qu'il satisfait effectivement aux conditions (3) du paragraphe précédent.

Si l'on pose

$$v=e^{-\int_{\sigma'}^{\sigma} m\,d\sigma}y,$$

ces conditions deviennent, pour y,

$$\frac{\partial^2 y}{\partial r\,\partial s}+\left(\frac{dm}{d\sigma}-mm\right)y=0,$$

et $y = 1$ aussi bien pour $r = r'$ que pour $s = s'$. Dans l'hypothèse de Poisson, on peut satisfaire à ces conditions en supposant que y est une fonction de $z = -\frac{(r-r')(s-s')}{(r+s)(r'+s')}$ seulement. En effet, si l'on désigne par λ la quantité

$$\frac{1}{2} - \frac{1}{k-1},$$

on a

$$m = \frac{\lambda}{\sigma},$$

donc

$$\frac{dm}{d\sigma} - mm = -\frac{\lambda + \lambda^2}{\sigma^2}$$

et

$$\frac{\partial^2 y}{\partial s\, \partial r} = \frac{1}{\sigma^2}\left[\frac{d^2 y}{d \log z^2}\left(1 - \frac{1}{z}\right) + \frac{dy}{d \log z}\right].$$

Par suite

$$v = \left(\frac{\sigma'}{\sigma}\right)^{\lambda} y,$$

et y est une solution de l'équation différentielle

$$(1-z)\frac{d^2 y}{d \log z^2} - z' \frac{dy}{d \log z} + (\lambda + \lambda^2) z y = 0$$

ou, d'après la notation introduite dans mon Mémoire sur la série de Gauss, y est une fonction

$$P\begin{pmatrix} 0 & -\lambda & 0 & \\ 0 & 1+\lambda & 0 & z \end{pmatrix},$$

y est la solution particulière qui devient égale à 1 pour $z = 0$.

D'après les principes de transformation développés dans ce Mémoire, y peut s'exprimer non seulement par les fonctions

$$P(0,\ 2\lambda + 1,\ 0),$$

mais encore par les fonctions

$$P\left(\frac{1}{2},\ 0,\ \lambda + \frac{1}{2}\right), \qquad P\left(0,\ \lambda + \frac{1}{2},\ \lambda + \frac{1}{2}\right);$$

on obtient par suite pour y un grand nombre de représentations par des séries hypergéométriques et des intégrales définies, parmi lesquelles nous remarquons seulement les suivantes

$$y = F(1+\lambda, -\lambda, 1, z) = (1-z)^{\lambda} F\left(-\lambda, -\lambda, 1, \frac{z}{z-1}\right)$$
$$= (1-z)^{-1-\lambda} F\left(1+\lambda, 1+\lambda, 1, \frac{z}{z-1}\right),$$

qui suffisent à tous les cas.

Pour déduire de ces résultats, trouvés pour la loi de Poisson, ceux qui conviennent pour la loi de Boyle, on doit, d'après le § II, diminuer les quantités r, s, r', s' de $\frac{a\sqrt{k}}{k-1}$ et faire ensuite $k=1$; on obtient ainsi

$$m = -\frac{1}{2a}$$

et

$$v = e^{\frac{1}{2a}(r-r'+s-s')} \sum_{0}^{\infty} \frac{(r-r')^n (s-s')^n}{n!\, n!\, (2a)^{2n}}.$$

§ X.

Si l'on porte l'expression trouvée pour v dans le paragraphe précédent, dans l'équation (4) du § VIII, on obtient la valeur de w pour $r=r'$, $s=s'$ exprimée par les valeurs de w, $\frac{\partial w}{\partial r}$ et $\frac{\partial w}{\partial s}$ sur la courbe c; mais comme, dans notre problème, les valeurs de $\frac{\partial w}{\partial r}$, $\frac{\partial w}{\partial s}$ sont toujours seules données immédiatement, et qu'il faudrait en déduire w par une quadrature, il est convenable de transformer l'expression de $w_{r',s'}$, de telle sorte que les dérivées de w figurent seules sous le signe d'intégration.

Désignons les intégrales des expressions

$$-mv\,ds + \left(\frac{\partial v}{\partial r} + mv\right) dr$$

et

$$\left(\frac{\partial v}{\partial s} + mv\right) ds - mv\,dr,$$

qui, à cause de l'équation

$$\frac{\partial^2 v}{\partial r\,\partial s} + \frac{\partial mv}{\partial r} + \frac{\partial mv}{\partial s} = 0,$$

sont des différentielles exactes, par P et Σ, et par ω l'intégrale de $P\,dr + \Sigma\,ds$, expression qui, à cause de

$$\frac{\partial P}{\partial s} = -mv = \frac{\partial \Sigma}{\partial r},$$

est aussi une différentielle exacte.

Si l'on détermine dans ces intégrales les constantes d'intégration de manière que $\omega \frac{\partial\omega}{\partial r}, \frac{\partial\omega}{\partial s}$ s'annulent pour $r = r'$, $s = s'$, ω satisfait alors aux équations

$$\frac{\partial\omega}{\partial r} + \frac{\partial\omega}{\partial s} + 1 = v, \qquad \frac{\partial^2\omega}{\partial r\,\partial s} = -mv.$$

De plus on a, soit pour $r = r'$, soit pour $s = s'$,

$$\omega = 0.$$

Enfin, remarquons-le en passant, ω est complètement déterminé par ces dernières conditions aux limites et l'équation aux dérivées partielles

$$\frac{\partial^2\omega}{\partial r\,\partial s} + m\left(\frac{\partial\omega}{\partial r} + \frac{\partial\omega}{\partial s} + 1\right) = 0.$$

Si l'on introduit ω au lieu de v dans l'expression de $w_{r's'}$, on peut, en intégrant par parties, transformer cette expression en

$$(1) \qquad w_{r',s'} = w_{c,r'} + \int_{c,r'}^{c,s'} \left[\left(\frac{\partial\omega}{\partial s} + 1\right)\frac{\partial w}{\partial s}\,ds - \frac{\partial\omega}{\partial r}\,\frac{\partial w}{\partial r}\,dr\right].$$

Pour déterminer le mouvement du gaz d'après son état initial, on doit prendre pour c la courbe qui correspond à $t = 0$; sur cette courbe on a

$$\frac{\partial w}{\partial r} = x, \qquad \frac{\partial w}{\partial s} = -x,$$

et l'on obtient, en intégrant par parties,

$$w_{r',s'} = w_{c,r'} + \int_{c,r'}^{c,s'} (\omega\,dx - x\,ds);$$

en conséquence, d'après les équations (4) et (5), § III,

$$(2) \qquad \begin{cases} \left\{ x - \left[\sqrt{\varphi'(\rho)} + u\right] t \right\}_{r',s'} = x_{r'} + \displaystyle\int_{x_{r'}}^{x_{s'}} \frac{\partial\omega}{\partial r'}\,dx, \\ \left\{ x + \left[\sqrt{\varphi'(\rho)} - u\right] t \right\}_{r',s'} = x_{s'} - \displaystyle\int_{x_r}^{x_{s'}} \frac{\partial\omega}{\partial s'}\,dx; \end{cases}$$

les équations (2) ne représentent le mouvement qu'aussi longtemps que

$$\frac{\partial^2 w}{\partial r^2} + \left(\frac{d \log \sqrt{\varphi'(\rho)}}{d \log \rho} + 1\right) t \quad \text{et} \quad \frac{\partial^2 w}{\partial s^2} + \left(\frac{d \log \sqrt{\varphi'(\rho)}}{d \log \rho} + 1\right) t$$

restent différents de zéro. Aussitôt qu'une de ces quantités s'annule, il se produit une condensation brusque et l'équation (1) n'est applicable qu'en dedans de domaines situés tout entiers d'un seul et même côté par rapport à cette condensation. Alors les principes développés ici ne suffisent pas, du moins en général, pour déterminer le mouvement d'après l'état initial; on peut, il est vrai, à l'aide de l'équation (1) et des équations qui, d'après le § V, conviennent à une condensation brusque, déterminer le mouvement, si le lieu de cette condensation est donné au temps t, c'est-à-dire si ξ est donné en fonction de t. Nous ne poursuivrons cependant pas davantage ce sujet, et nous renonçons à traiter le cas où l'air est limité par une paroi fixe, le calcul ne présentant pas de difficultés, et une comparaison des résultats avec l'expérience n'étant pas encore possible actuellement.

ANNONCE DU MÉMOIRE PRÉCÉDENT

Publiée par Riemann dans les *Göttinger Nachrichten*, n° 19; 1859.

Cette étude n'a point la prétention de fournir à la recherche expérimentale des résultats utiles; l'auteur désire seulement qu'on la considère comme une contribution à la théorie des équations aux dérivées partielles non linéaires. De même que les méthodes les plus fécondes pour l'intégration des équations linéaires aux dérivées partielles n'ont pas été trouvées en développant l'idée générale du problème, mais ont tiré leur origine de l'étude de questions de Physique particulières, la théorie des équations non linéaires aux dérivées partielles paraît surtout devoir obtenir ses progrès du traitement approfondi de problèmes de Physique spéciaux et d'une considération attentive de toutes les conditions accessoires de ces problèmes; et, en effet, la solution de la question toute spéciale qui forme le sujet de ce Mémoire a exigé de nouvelles méthodes et des conceptions originales, et nous a conduits à des résultats qui joueront probablement un rôle dans des questions plus générales.

La solution complète de ce problème permettrait de décider d'une manière plus précise les questions agitées avec vivacité, il y a quelque temps, entre les mathématiciens anglais Challis, Airy et Stokes (1), autant du moins que Stokes ne les a pas déjà éclaircies (2), et de juger plus complètement le différend qui s'est élevé sur une question relative au même sujet dans la Société Impériale et Royale des Sciences de Vienne, entre MM. Petzval, Doppler et A. von Ettinghausen (3).

La seule loi empirique qu'il était nécessaire de supposer, en dehors des lois générales du mouvement, est la loi d'après laquelle varie la pression d'un gaz avec sa densité quand il ne gagne ni ne perd de chaleur. L'hypothèse déjà faite par Poisson, mais reposant alors sur une base fort peu solide, que la pression pour une densité ρ est proportionnelle à ρ^k, k étant le rapport de la chaleur spécifique à pression constante à la chaleur spécifique à volume constant, peut maintenant s'établir à l'aide des expériences de Regnault et d'un principe de la Théorie mécanique de la chaleur. Il a paru nécessaire de mettre cette démonstration de la loi de Poisson dans l'Introduction; car elle paraît encore peu connue. On trouve ainsi pour k la valeur 1,4101 tandis que la vitesse du son à 0° C. et dans l'air sec serait, d'après les expériences de Martins et A. Bravais (4), égale à $\frac{332^{\mathrm{m}},37}{1''}$ et fournirait pour k la valeur 1,4095.

Bien que la comparaison avec l'expérience des résultats de nos recherches, exécutée par l'observation, présente de grandes difficultés et soit à peine praticable actuellement, nous nous permettons d'exposer ici ces résultats autant que cela est possible sans prolixité.

Le Mémoire ne traite le mouvement de l'air ou d'un gaz que

---

(1) *Phil. mag.*, vol. XXXIII, XXXIV et XXXV.

(2) *Phil. mag.*, vol. XXXIII, p. 349.

(3) *Sitzungsberichte der K. K. Ges. d. W.*, vom 15 janv., 21 mai et 1er juin 1852.

(4) *Ann. de Chim. et de Phys.*, 3e sér., t. XIII, p. 5.

pour le cas où, au commencement et, par conséquent, aussi dans la suite, la direction du mouvement est partout la même, et où la pression et la densité restent constantes dans tout plan perpendiculaire à cette direction. Pour le cas où la perturbation initiale d'équilibre est limitée à une étendue finie, et où, comme on le suppose habituellement, les différences de pression sont des fractions infiniment petites de la pression totale, on sait que de la région ébranlée partent deux ondes, dans chacune desquelles la vitesse est une fonction déterminée de la densité et que ces deux ondes cheminent en sens contraire avec la vitesse $\sqrt{\varphi'(\rho)}$, *constante dans cette hypothèse* [$\varphi(\rho)$ est la pression pour la densité ρ et $\varphi'(\rho)$ la dérivée de $\varphi(\rho)$]. Il se passe aussi quelque chose de tout à fait analogue quand les différences de pression sont finies. La région où l'équilibre a été troublé se décompose de même, après un espace de temps fini, en deux ondes se propageant en sens contraires. Dans celles-ci la vitesse, mesurée dans le sens de la propagation, est une fonction déterminée, $\int\sqrt{\varphi'(\rho)}\,d\log\rho$, de la densité; la constante d'intégration pouvant être différente dans les deux ondes. Mais dans chacune d'elles, prises séparément, à la même valeur de la densité correspond toujours la même valeur de la vitesse, à une plus grande valeur de la densité une valeur algébrique plus grande de la vitesse. Les deux valeurs correspondantes se déplacent avec une vitesse constante. Leur vitesse commune relative aux molécules du gaz est $\sqrt{\varphi'(\rho)}$, leur vitesse absolue s'obtient en ajoutant à cette quantité la vitesse des molécules gazeuses, mesurée dans le sens de la propagation. Sous l'hypothèse, toujours réalisée dans la nature, que $\varphi'(\rho)$ n'est pas décroissant pour ρ croissant, les plus grandes densités sont animées de vitesses plus grandes. Il s'ensuit que les ondes dilatées, c'est-à-dire les parties de l'onde où la densité croît dans le sens de la propagation, croissent en amplitude proportionnellement au temps, les ondes condensées diminuent de largeur et se transforment nécessairement en condensations brusques. Les lois applicables avant la séparation des deux ondes, ou convenant à une perturbation d'équilibre s'étendant à tout l'espace, ne peuvent être données ici, à cause de la complication des formules qu'elles exigeraient.

Au point de vue de l'Acoustique, la recherche présente fait connaître ce résultat que, dans le cas où les différences de pression ne peuvent pas être considérées comme infiniment petites, il se produit un changement dans la forme des ondes sonores, et, par conséquent, dans le son, pendant la propagation. Une vérification expérimentale de ce résultat paraît fort difficile, malgré les progrès qu'Helmholtz a fait faire récemment à l'analyse du son; car, aux petites distances, le changement de son n'est pas sensible, et aux grands éloignements il sera difficile de séparer les causes variées qui peuvent modifier le son. Il ne faut pas songer à une application à la Météorologie, car les mouvements de l'air, étudiés dans notre Mémoire, appartiennent à ceux qui se propagent avec la vitesse du son, tandis qu'au contraire les courants atmosphériques ont, selon toute apparence, une vitesse beaucoup moins grande.

SUR

L'ÉVANOUISSEMENT DES FONCTIONS THÊTA.

Œuvres mathématiques de Riemann, 2e édition, page 212.

La seconde Partie de mon Mémoire sur la *Théorie des fonctions abéliennes*, parue dans le *Journal de Crelle,* contient la démonstration d'un théorème sur l'évanouissement des fonctions thêta, sur laquelle je me propose de revenir, en supposant connues les méthodes employées dans ce Mémoire. Ce qui suit ici n'est qu'une courte exposition des applications de ce théorème, qui, dans notre méthode fondée sur la détermination des fonctions à l'aide de leurs discontinuités et de leurs infinis, doit, comme cela se reconnaît aisément, être le principe de base de la théorie des fonctions abéliennes. Quant au théorème lui-même, et à sa démonstration, l'on n'y avait pas rendu compte de cette circonstance que la fonction thêta peut s'évanouir identiquement par la substitution des intégrales de fonctions algébriques d'une variable, c'est-à-dire pour chaque valeur de ces variables. Remplir cette lacune est le but de l'opuscule suivant (1).

Dans les recherches où l'on emploie la représentation des fonctions ϑ à nombre indéterminé de variables, le besoin se fait sentir d'une abréviation d'écriture pour une suite telle que

$$v_1, \quad v_2, \quad \ldots, \quad v_m,$$

l'expression de v_ν se compliquant de ν.

(1) Pour le théorème et sa démonstration, *voir* § XXIII et suivants du Mémoire *Sur les Fonctions abéliennes.* — (L. L.)

L'on pourrait imaginer un symbole tout analogue aux signes somme et produit, mais une telle notation serait encombrante et incommode à imprimer clairement sous le signe fonctionnel.

Je préfère désigner

$$v_1, \quad v_2, \quad \ldots, \quad v_m$$

par

$$\left(\overset{m}{\underset{1}{\nu}}(v_\nu)\right)$$

et, par conséquent,

$$\vartheta(v_1, v_2, \ldots, v_p)$$

par

$$\vartheta\left(\overset{p}{\underset{1}{\nu}}(v_\nu)\right).$$

§ I.

Lorsque dans la fonction $\vartheta(v_1, v_2, \ldots, v_p)$ au lieu des p variables v l'on introduit les p intégrales $u_1 - e_1$, $u_2 - e_2$, $\ldots$, $u_p - e_p$ de fonctions algébriques de z, ramifiées comme l'est la surface T, on obtient alors une fonction de z qui varie d'une manière continue sur toute la surface T, sauf en les lignes b, et qui, lors du passage du bord négatif au bord positif de la ligne b_ν, est multipliée par le facteur

$$e^{-u_\nu^+ - u_\nu^- + 2e_\nu}.$$

Ainsi qu'il a été démontré au § XXII (*loc. cit.*), cette fonction, lorsqu'elle ne s'évanouit pas pour toutes les valeurs de z, est infiniment petite seulement en p points de la surface T et du premier ordre. Ces points ont été désignés par $\eta_1, \eta_2, \ldots, \eta_p$ et la valeur de la fonction u_ν au point η_μ l'était par $\alpha_\nu^{(\mu)}$. On a obtenu alors pour les $2p$ systèmes de modules (modules de périodicité) de la fonction ϑ, la congruence

$$(1)\quad (e_1, e_2, \ldots, e_p) \equiv \left(\sum_1^p \alpha_1^{(\mu)} + K_1, \; \sum_1^p \alpha_2^{(\mu)} + K_2, \; \ldots, \; \sum_1^p \alpha_p^{(\mu)} + K_p\right),$$

où les grandeurs K dépendent des constantes additives, arbitraires encore pour l'instant, dans les fonctions u, mais ne dépendent ni des grandeurs e ni des points η.

Si l'on poursuit le calcul indiqué (*loc. cit.*) l'on trouve

$$(2) \qquad 2K_\nu = \sum \frac{1}{\pi i} \int (u_\nu^+ + u_\nu^-)\, du_{\nu'} - \varepsilon_\nu \pi i - \sum_{\mu=1}^{\mu=p} \varepsilon'_\mu a_{\mu,\nu}.$$

Dans cette expression l'intégrale $\int (u_\nu^+ + u_\nu^-)\, du_{\nu'}$, doit être prise dans le sens positif le long de $b_{\nu'}$, et dans la somme l'on doit faire prendre à ν' toutes les valeurs entières de 1 jusqu'à p, à l'exception de ν; $\varepsilon_\nu = \pm 1$, selon que l'extrémité de l_ν rejoint le bord positif ou le bord négatif de a_ν, et $\varepsilon'_\nu = \pm 1$, selon que cette même extrémité rejoint le bord positif ou le bord négatif de b_ν.

La détermination des signes est, d'ailleurs, seulement nécessaire lorsque les grandeurs e doivent être déterminées complètement, d'après les équations données au § XXII, à l'aide des discontinuités de $\log \vartheta$. La congruence précédente (1) reste exacte, quelque signe que l'on puisse choisir.

Nous nous en tiendrons d'abord à l'hypothèse, faite pour simplifier les choses, que les constantes additives dans les fonctions u sont déterminées de telle sorte que les grandeurs K soient toutes égales à zéro. Pour lever cette restriction hypothétique et en débarrasser les résultats qu'on obtiendrait alors, il est évident qu'il suffirait seulement d'ajouter partout $-K_1, -K_2, -\ldots, -K_p$ aux arguments dans la fonction ϑ.

Par conséquent, lorsque la fonction

$$\vartheta(u_1 - e_1, u_2 - e_2, \ldots, u_p - e_p)$$

s'évanouit pour les p points $\eta_1, \eta_2, \ldots, \eta_p$ *et ne s'évanouit pas identiquement pour chaque valeur de* z, l'on a

$$(e_1, e_2, \ldots, e_p) \equiv \left(\sum_1^p \alpha_1^{(\mu)}, \sum_1^p \alpha_2^{(\mu)}, \ldots, \sum_1^p \alpha_p^{(\mu)} \right).$$

Ce théorème a lieu pour des valeurs absolument quelconques des grandeurs e, et en faisant coïncider le point (s, z) avec le point η_p, nous avons conclu que

$$\mathfrak{S}\left(-\sum_1^{p-1}\alpha_1^{(\mu)}, -\sum_1^{p-1}\alpha_2^{(\mu)}, \ldots, -\sum_1^{p-1}\alpha_p^{(\mu)}\right) = 0,$$

c'est-à-dire, puisque la fonction $\mathfrak{S}$ est paire,

$$\mathfrak{S}\left(\sum_1^{p-1}\alpha_1^{(\mu)}, \sum_1^{p-1}\alpha_2^{(\mu)}, \ldots, \sum_1^{p-1}\alpha_p^{(\mu)}\right) = 0,$$

quels que soient les points $\eta_1, \eta_2, \ldots, \eta_{p-1}$.

§ II.

La démonstration de cette proposition demande néanmoins à être complétée, à cause de ce fait que la fonction

$$\mathfrak{S}(u_1 - e_1, u_2 - e_2, \ldots, u_p - e_p)$$

peut s'évanouir identiquement (ce qui a lieu, en effet, pour certaines valeurs des grandeurs e) dans chaque système de fonctions algébriques à mêmes ramifications.

Eu égard à cette circonstance, l'on doit se contenter d'abord de faire voir que le théorème reste exact lorsque les points η varient de position, indépendamment les uns des autres, entre des limites finies.

L'on conclut alors l'exactitude générale du théorème d'après ce principe qu'une fonction d'une grandeur complexe ne peut s'annuler à l'intérieur d'un domaine fini à moins qu'elle ne soit partout égale à zéro.

Lorsque z est donné, les grandeurs $e_1, e_2, \ldots, e_p$ peuvent être choisies telles que

$$\mathfrak{S}(u_1 - e_1, u_2 - e_2, \ldots, u_p - e_p)$$

ne s'évanouisse pas; en effet, s'il en était autrement, il faudrait que la fonction $\mathfrak{S}(v_1, v_2, \ldots, v_p)$ s'évanouisse pour toutes les valeurs des grandeurs v et, par suite, il faudrait que tous les coefficients soient nuls dans le développement suivant les puissances entières de e^{2v_1}, e^{2v_2}, ..., e^{2v_p}, ce qui n'est pas le cas. Les grandeurs e peuvent donc varier indépendamment entre elles à l'intérieur de domaines de grandeurs finis sans que la fonction

$$\vartheta(u_1 - e_1, u_2 - e_2, \ldots, u_p - e_p)$$

s'évanouisse pour cette valeur de z. Ou bien, en d'autres termes : on peut toujours assigner un domaine de grandeurs E à $2p$ dimensions, à l'intérieur duquel le système de grandeurs e peut être mobile sans que la fonction

$$\vartheta(u_1 - e_1, u_2 - e_2, \ldots, u_p - e_p)$$

s'évanouisse pour cette valeur de z. Cette fonction sera donc infiniment petite du premier ordre seulement pour p positions de (s, z), et si l'on désigne ces points par $\eta_1, \eta_2, \ldots, \eta_p$, l'on a

$$(1) \qquad (e_1, e_2, \ldots, e_p) \equiv \left(\sum_1^p \alpha_1^{(\mu)}, \; \sum_1^p \alpha_2^{(\mu)}, \; \ldots, \; \sum_1^p \alpha_p^{(\mu)} \right).$$

A chaque mode de détermination du système des grandeurs e à l'intérieur de E, c'est-à-dire à chaque point de E, correspond alors un mode unique de détermination des points η et l'ensemble de ces déterminations forme un domaine de grandeurs H correspondant au domaine de grandeurs E. Or, en vertu de l'équation (1), à chaque point de H correspond aussi un point unique de E. Par conséquent, si H avait seulement $2p - 1$, ou un nombre moindre de dimensions, E ne pourrait avoir $2p$ dimensions; par suite, H a bien $2p$ dimensions.

Les raisonnements sur lesquels se base notre théorème restent donc applicables, pour des positions quelconques des points η, à l'intérieur de domaines finis, et l'équation

$$\vartheta\left(-\sum_1^{p-1} \alpha_1^{(\mu)}, \; -\sum_1^{p-1} \alpha_2^{(\mu)}, \; \ldots, \; -\sum_1^{p-1} \alpha_p^{(\mu)} \right) = 0$$

a donc lieu pour des positions quelconques des points $\eta_1, \eta_2, \ldots, \eta_{p-1}$, à l'intérieur de domaines finis, et, par suite, a lieu d'une manière générale.

§ III.

Il s'ensuit que l'on peut toujours écrire que le système de grandeurs $(e_1, e_2, \ldots, e_p)$ est congru, et cela d'une manière unique, à une expression de la forme

$$\left(\overset{p}{\underset{1}{\nu}}\left(\sum_1^p \alpha_\nu^{(\mu)}\right)\right),$$

lorsque $\mathfrak{S}\left(\overset{p}{\underset{1}{\nu}}(u_\nu - e_\nu)\right)$ ne s'évanouit pas pour chaque valeur de z; en effet, si les points $\eta_1, \eta_2, \ldots, \eta_p$ pouvaient être déterminés de plusieurs manières, de telle sorte que la congruence

$$\left(\overset{p}{\underset{1}{\nu}}(e_\nu)\right) \equiv \left(\overset{p}{\underset{1}{\nu}}\left(\sum_1^p \alpha_\nu^{(\mu)}\right)\right)$$

fût satisfaite, alors, d'après le théorème qui vient d'être démontré, la fonction

$$\mathfrak{S}\left(\overset{p}{\underset{1}{\nu}}(u_\nu - e_\nu)\right)$$

s'évanouirait pour plus de p points sans être identiquement nulle, ce qui est impossible.

Lorsque $\mathfrak{S}\left(\overset{p}{\underset{1}{\nu}}(u_\nu - e_\nu)\right)$ s'évanouit identiquement, l'on doit, afin d'obtenir $\left(\overset{p}{\underset{1}{\nu}}(e_\nu)\right)$ sous la forme précédente, considérer la fonction

$$\mathfrak{S}\left(\overset{p}{\underset{1}{\nu}}(u_\nu + \alpha_\nu^{(1)} - u_\nu^{(1)} - e_\nu)\right),$$

et lorsque cette fonction s'évanouit identiquement pour toute valeur z, ζ_1, z_1, l'on doit considérer celle-ci :

$$\mathfrak{S}\left(\overset{p}{\underset{1}{\nu}}\left(u_\nu + \sum_1^2 \alpha_\nu^{(\mu)} - \sum_1^2 u_\nu^{(\mu)} - e_\nu\right)\right).$$

Nous supposerons donc que

(1)
$$\vartheta\left(\begin{smallmatrix}p\\ \nu\\ 1\end{smallmatrix}\left(\sum_1^m \alpha_\nu^{(p+2-\mu)} - \sum_1^{m-1} u_\nu^{(p-\mu)} - e_\nu\right)\right)$$
s'évanouit identiquement, mais que
$$\vartheta\left(\begin{smallmatrix}p\\ \nu\\ 1\end{smallmatrix}\left(\sum_1^{m+1} \alpha_\nu^{(p+2-\mu)} - \sum_1^{m} u_\nu^{(p-\mu)} - e_\nu\right)\right)$$
ne s'évanouit pas identiquement.

Cette dernière fonction, considérée comme fonction de ζ_{p+1}, s'évanouit pour ε_{p-1}, ε_{p-2}, ..., ε_{p-m} et, par conséquent, en outre, s'évanouit encore pour $p-m$ autres points; désignons ces derniers par $\eta_1, \eta_2, \ldots, \eta_{p-m}$, l'on aura

$$\left(\begin{smallmatrix}p\\ \nu\\ 1\end{smallmatrix}\left(-\sum_{p-m+1}^{p} \alpha_\nu^{(\mu)} + e\right)\right) \equiv \left(\begin{smallmatrix}p\\ \nu\\ 1\end{smallmatrix}\left(\sum_1^{p-m} \alpha_\nu^{(\mu)}\right)\right),$$

et, pour qu'ils satisfassent à la congruence, ces points ne peuvent être déterminés que d'une manière unique, sinon la fonction s'évanouirait pour plus de p points. La même fonction, considérée comme fonction de z_{p-1}, s'évanouit, en sus des points

$$\eta_{p+1}, \quad \eta_p, \quad \ldots, \quad \eta_{p-m+1},$$

encore pour $p-m-1$ autres points et, si l'on désigne ces derniers par

$$\varepsilon_1, \quad \varepsilon_2, \quad \ldots, \quad \varepsilon_{p-m-1},$$

l'on aura

$$\left(\begin{smallmatrix}p\\ \nu\\ 1\end{smallmatrix}\left(-\sum_{p-m}^{p-2} u_\nu^{(\mu)} - e_\nu\right)\right) \equiv \left(\begin{smallmatrix}p\\ \nu\\ 1\end{smallmatrix}\left(\sum^{p-m-1} u_\nu^{(\mu)}\right)\right),$$

et les points $\varepsilon_1, \varepsilon_2, \ldots, \varepsilon_{p-m-1}$ seront complètement déterminés par cette congruence.

Par conséquent, sous l'hypothèse faite en (1), afin de satisfaire aux congruences

(2)
$$\left(\begin{smallmatrix}p\\ \nu\\ 1\end{smallmatrix}(e_\nu)\right) \equiv \left(\begin{smallmatrix}p\\ \nu\\ 1\end{smallmatrix}\left(\sum_1^p \alpha_\nu^{(\mu)}\right)\right)$$

et

$$(3)\qquad \left(\overset{p}{\underset{1}{\nu}}(-e_\nu)\right) \equiv \left(\overset{p}{\underset{1}{\nu}}\left(\sum_1^{p-2} u_\nu^{(\mu)}\right)\right),$$

m d'entre les points η et $m-1$ d'entre les points ε peuvent être choisis arbitrairement; mais, par cela même, les points restants sont déterminés. Il est évident aussi que la réciproque de ces propositions est également exacte, c'est-à-dire que la fonction s'évanouit lorsque l'une de ces conditions est remplie. Par conséquent, lorsque la congruence (2) peut être satisfaite de plus d'une manière, la congruence (3) peut aussi être satisfaite, et lorsque, parmi les points η, m d'entre eux, mais non davantage, peuvent être choisis arbitrairement, il en sera de même des points ε au nombre de $m-1$, et les points restants sont, par cela même, déterminés, et réciproquement.

On reconnaît d'une manière toute pareille que, lorsque

$$\mathfrak{S}\left(\overset{p}{\underset{1}{\nu}}(r_\nu)\right) = 0,$$

les congruences

$$(4)\qquad \left(\overset{p}{\underset{1}{\nu}}\quad(r_\nu)\right) \equiv \left(\overset{p}{\underset{1}{\nu}}\left(\sum_1^{p-1} \alpha_\nu^{(\mu)}\right)\right),$$

$$(5)\qquad \left(\overset{p}{\underset{1}{\nu}}(-r_\nu)\right) \equiv \left(\overset{p}{\underset{1}{\nu}}\left(\sum_1^{p-1} u_\nu^{(\mu)}\right)\right)$$

admettent toujours des solutions; et aussi bien parmi les points η que parmi les points ε, m d'entre eux peuvent être choisis arbitrairement, et, par cela même, les autres $p-1-m$ points restants sont déterminés lorsque

$$\mathfrak{S}\left(\overset{p}{\underset{1}{\nu}}\left(\sum_1^{m} u_\nu^{(\mu)} - \sum_1^{m} \alpha_\nu^{(\mu)} + r_\nu\right)\right)$$

est identiquement nulle,

$$\mathfrak{S}\left(\overset{p}{\underset{1}{\nu}}\left(\sum_1^{m+1} u_\nu^{(\mu)} - \sum_1^{m+1} \alpha_\nu^{(\mu)} + r_\nu\right)\right)$$

par contre ne l'étant pas, le cas $m = 0$ n'étant pas exclus. Ce théorème également admet une réciproque exacte.

Par conséquent, lorsque parmi les points η, m d'entre eux, et pas davantage, peuvent être choisis arbitrairement, l'hypothèse dont il s'agit est remplie, et, par suite, parmi les points ε, m d'entre eux, et pas davantage, pourront être également choisis arbitrairement.

§ IV.

Désignons les dérivées premières de

$$(1)\qquad \vartheta(v_1, v_2, \ldots, v_p),$$

prises par rapport à v_ν par ϑ'_ν, les dérivées secondes par rapport à v_ν et v_μ par $\vartheta''_{\nu,\mu}$, ... et ainsi de suite ; alors, lorsque

$$\vartheta\left(\overset{p}{\underset{1}{\nu}}(u_\nu^{(1)} - \alpha_\nu^{(1)} + r_\nu)\right)$$

s'évanouit identiquement pour chaque valeur de z_1 et ζ_1, toutes les fonctions $\vartheta'\left(\overset{p}{\underset{1}{\nu}}(r_\nu)\right)$ sont égales à zéro. En effet, l'équation

$$\vartheta\left(\overset{p}{\underset{1}{\nu}}(u_\nu^{(1)} - \alpha_\nu^{(1)} + r_\nu)\right) = 0,$$

quand s_1 et z_1 diffèrent infiniment peu de σ_1 et ζ_1, se transforme en l'équation

$$\sum_1^p \vartheta'_\mu\left(\overset{p}{\underset{1}{\nu}}(r_\nu)\right) d\alpha_\mu^{(1)} = 0.$$

Supposons que l'on ait

$$du_\mu = \frac{\varphi_\mu(s, z)\, dz}{\dfrac{\partial F}{\partial s}},$$

alors cette expression, après suppression du facteur

$$\frac{d\zeta_1}{\dfrac{\partial F(\sigma_1, \zeta_1)}{\partial \sigma_1}},$$

se transforme en

$$\sum_1^p \vartheta'_\mu \left(\overset{p}{\underset{1}{\nu}} (r_\nu) \right) \varphi_\mu(\sigma_1, \zeta_1) = 0,$$

et, comme entre les fonctions φ aucune équation linéaire à coefficients constants n'a lieu, il s'ensuit que toutes les dérivées premières de $\vartheta(v_1, v_2, \ldots, v_p)$ doivent s'évanouir pour

$$\overset{p}{\underset{1}{\nu}} (v_\nu = r_\nu).$$

Pour démontrer la réciproque du théorème supposons que

$$\overset{p}{\underset{1}{\nu}} (v_\nu = r_\nu) \qquad \text{et} \qquad \overset{p}{\underset{1}{\nu}} (v_\nu = t_\nu)$$

soient deux systèmes de valeurs pour lesquels la fonction ϑ s'évanouisse sans qu'elle s'évanouisse identiquement pour

$$\overset{p}{\underset{1}{\nu}} (v_\nu = u_\nu^{(1)} - \alpha_\nu^{(1)} + r_\nu) \qquad \text{et} \qquad \overset{p}{\underset{1}{\nu}} (v_\nu = u_\nu^{(1)} - \alpha_\nu^{(1)} + t_\nu),$$

et formons alors l'expression

$$(2) \qquad \frac{\vartheta \left(\overset{p}{\underset{1}{\nu}} (u_\nu^{(1)} - \alpha_\nu^{(1)} + r_\nu) \right) \vartheta \left(\overset{p}{\underset{1}{\nu}} (\alpha_\nu^{(1)} - u_\nu^{(1)} + r_\nu) \right)}{\vartheta \left(\overset{p}{\underset{1}{\nu}} (u_\nu^{(1)} - \alpha_\nu^{(1)} + t_\nu) \right) \vartheta \left(\overset{p}{\underset{1}{\nu}} (\alpha_\nu^{(1)} - u_\nu^{(1)} + t_\nu) \right)}.$$

Considérons cette expression comme fonction de z_1; l'on reconnaît que c'est une fonction algébrique de z_1, et cela, fonction rationnelle de s_1 et z_1, puisque le dénominateur et le numérateur sont continus sur (la surface) T'' et acquièrent les mêmes facteurs à la traversée des sections transverses.

Pour $z_1 = \zeta_1$ et $s_1 = \sigma_1$ le dénominateur et le numérateur deviennent infiniment petits du second ordre, de sorte que la fonction reste finie; mais, quant aux autres valeurs, pour lesquelles le dénominateur ou le numérateur s'évanouissent, elles sont, comme il a été précédemment démontré, complètement déterminées par les valeurs des grandeurs r et des grandeurs t et, par conséquent, sont tout à fait indépendantes de ζ_1. Maintenant, puisqu'une fonction algébrique est déterminée, abstraction faite d'un facteur constant, par les valeurs pour lesquelles elle devient nulle et infinie, l'expression considérée est égale à une fonction rationnelle de s_1 et z_1, $\chi(s_1, z_1)$, indépendante de ζ_1 et multipliée par une constante, c'est-à-dire une grandeur indépendante de z_1. Comme l'expression est symétrique relativement aux systèmes de grandeurs (s_1, z_1) et (σ_1, ζ_1), cette constante est égale à $\chi(\sigma_1, \zeta_1)$ multiplié par une grandeur A, indépendante aussi de ζ_1. Si l'on pose alors

$$\sqrt{A}\,\chi(s, z) = \rho(s, z),$$

on obtient, pour notre expression (2), la valeur

$$\rho(s_1, z_1)\,\rho(\sigma_1, \zeta_1), \tag{3}$$

où $\rho(s, z)$ est une fonction rationnelle de s et de z.

Pour la déterminer, il suffit de faire tendre ζ_1 vers z_1 et σ_1 vers s_1. On obtient ainsi

$$[\rho(s_1, z_1)]^2 = \left(\frac{\sum\limits_{\mu} \vartheta'_\mu\left(\overset{p}{\underset{1}{\nu}}(r_\nu)\right) du_\mu^{(1)}}{\sum\limits_{\mu} \vartheta'_\mu\left(\overset{p}{\underset{1}{\nu}}(t_\nu)\right) du_\mu^{(1)}}\right)^2$$

ou, en extrayant la racine carrée et supprimant le facteur $\dfrac{dz_1}{\dfrac{\partial F(s_1, z_1)}{\partial s_1}}$,

$$\rho(s_1, z_1) = \pm \frac{\sum\limits_{\mu} \vartheta'_\mu\left(\overset{p}{\underset{1}{\nu}}(r_\nu)\right) \varphi_\mu(s_1, z_1)}{\sum\limits_{1} \vartheta'_\mu\left(\overset{p}{\underset{1}{\nu}}(t_\nu)\right) \varphi_\mu(s_1, z_1)}. \tag{4}$$

En vertu de cette équation, on tire de (3) et de (4) la suivante,

$$\left\{\begin{aligned} &\frac{\vartheta\left(\overset{p}{\underset{1}{\nu}}(u_\nu^{(1)} - \alpha_\nu^{(1)} + r_\nu)\right) \vartheta\left(\overset{p}{\underset{1}{\nu}}(\alpha_\nu^{(1)} - u_\nu^{(1)} + r_\nu)\right)}{\vartheta\left(\overset{p}{\underset{1}{\nu}}(u_\nu^{(1)} - \alpha_\nu^{(1)} + t_\nu)\right) \vartheta\left(\overset{p}{\underset{1}{\nu}}(\alpha_\nu^{(1)} - u_\nu^{(1)} + t_\nu)\right)} \\ &\quad = \frac{\sum\limits_{\mu} \vartheta'_\mu\left(\overset{p}{\underset{1}{\nu}}(r_\nu)\right) \varphi_\mu(s_1, z_1)}{\sum\limits_{\mu} \vartheta'_\mu\left(\overset{p}{\underset{1}{\nu}}(t_\nu)\right) \varphi_\mu(s_1, z_1)}\; \frac{\sum\limits_{1} \vartheta'_\mu\left(\overset{p}{\underset{1}{\nu}}(r_\nu)\right) \varphi_\mu(\sigma_1, \zeta_1)}{\sum\limits_{1} \vartheta'_\mu\left(\overset{p}{\underset{1}{\nu}}(t_\nu)\right) \varphi_\mu(\sigma_1, \zeta_1)}. \end{aligned}\right. \tag{5}$$

Il s'ensuit de cette équation que

$$\vartheta\left(\overset{p}{\underset{1}{\nu}}\,(u_\nu^{(1)} - \alpha_\nu^{(1)} + r_\nu)\right)$$

doit, pour toute valeur de z_1 et ζ_1, être égal à zéro, lorsque les dérivées premières de la fonction $\vartheta(v_1, v_2, \ldots, v_p)$ s'évanouissent toutes pour

$$\overset{p}{\underset{1}{\nu}}\,(v_\nu = r_\nu).$$

§ V.

Lorsque

$$(1)\qquad \vartheta\left(\overset{p}{\underset{1}{\nu}}\left(\sum_1^m \alpha_\nu^{(\mu)} - \sum_1^m u_\nu^{(\mu)} + r_\nu\right)\right)$$

s'évanouit identiquement, c'est-à-dire pour chaque valeur de $\overset{m}{\underset{1}{\mu}}\,(\sigma_\mu, \zeta_\mu)$ et de $\overset{m}{\underset{1}{\mu}}\,(s_\mu, z_\mu)$, l'on reconnaît, ainsi qu'il a été indiqué précédemment, en faisant tendre ζ_m vers z_m et σ_m vers s_m, d'abord que les dérivées premières de la fonction $\vartheta(v_1, v_2, \ldots, v_p)$ s'évanouissent toutes pour

$$\overset{p}{\underset{1}{\nu}}\left(v_\nu = \sum_1^{m-1} \alpha_\nu^{(\mu)} - \sum_1^{m-1} u_\nu^{(\mu)} + r_\nu\right),$$

ensuite, lorsque l'on fait tendre $\zeta_{m-1} - z_{m-1}$ et $\sigma_{m-1} - s_{m-1}$ vers zéro, que pour

$$\overset{p}{\underset{1}{\nu}}\left(v_\nu = \sum_1^{m-2} \alpha_\nu^{(\mu)} - \sum_1^{m-2} u_\nu^{(\mu)} + r_\nu\right)$$

toutes les dérivées secondes s'évanouissent également; et l'on reconnaît encore, évidemment, que les dérivées d'ordre n s'évanouissent toutes pour

$$\overset{p}{\underset{1}{\nu}}\left(v_\nu = \sum_1^{m-n} \alpha_\nu^{(\mu)} - \sum_1^{m-n} u_\nu^{(\mu)} + r_\nu\right),$$

quelles que soient les valeurs des grandeurs z et des grandeurs ζ.

L'on en conclut, sous l'hypothèse (1) du paragraphe actuel, que pour $\overset{p}{\underset{1}{\nu}} (v_\nu = r_\nu)$ toutes les dérivées de la fonction $\mathfrak{S}(v_1, v_2, \ldots, v_p)$, depuis les premières jusqu'aux $m^{\text{ièmes}}$, sont égales à zéro.

Pour montrer que la réciproque de ce théorème est également vraie, démontrons d'abord que, lorsque

$$\mathfrak{S}\left(\overset{p}{\underset{1}{\nu}}\left(\sum_1^{m-1} \alpha_\nu^{(\mu)} - \sum_1^{m-1} u_\nu^{(\mu)} + r_\nu\right)\right)$$

s'évanouit identiquement et que les grandeurs $\mathfrak{S}^{(m)}\left(\overset{p}{\underset{1}{\nu}}(r_\nu)\right)$ sont toutes nulles,

$$\mathfrak{S}\left(\overset{p}{\underset{1}{\nu}}\left(\sum_1^{m} \alpha_\nu^{(\mu)} - \sum_1^{m} u_\nu^{(\mu)} + r_\nu\right)\right)$$

doit aussi s'évanouir identiquement, et dans ce but généralisons l'équation (5) du § IV.

A cet effet, nous supposerons que

$$\mathfrak{S}\left(\overset{p}{\underset{1}{\nu}}\left(\sum_1^{m-1} u_\nu^{(\mu)} - \sum_1^{m-1} \alpha_\nu^{(\mu)} + r_\nu\right)\right)$$

s'évanouit identiquement, mais que

$$\mathfrak{S}\left(\overset{p}{\underset{1}{\nu}}\left(\sum_1^{m} u_\nu^{(\mu)} - \sum_1^{m} \alpha_\nu^{(\mu)} + r_\nu\right)\right)$$

ne s'évanouit pas identiquement; nous conserverons, relativement aux grandeurs t, l'hypothèse faite précédemment, et nous considérerons l'expression

$$(2)\quad \frac{\left\{\begin{array}{c}\mathfrak{S}\left(\overset{p}{\underset{1}{\nu}}\left(\sum_1^{m} u_\nu^{(\mu)} - \sum_1^{m} \alpha_\nu^{(\mu)} + r_\nu\right)\right)\mathfrak{S}\left(\overset{p}{\underset{1}{\nu}}\left(\sum_1^{m} \alpha_\nu^{(\mu)} - \sum_1^{m} u_\nu^{(\mu)} + r_\nu\right)\right)\\ \times \prod\limits_{\rho,\rho'} \mathfrak{S}\left(\overset{p}{\underset{1}{\nu}}\left(u_\nu^{(\rho)} - u_\nu^{(\rho')} + t_\nu\right)\right)\mathfrak{S}\left(\overset{p}{\underset{1}{\nu}}\left(\alpha_\nu^{(\rho)} - \alpha_\nu^{(\rho')} + t_\nu\right)\right)\end{array}\right\}}{\left(\prod\limits_1^m\right)^2 \mathfrak{S}\left(\overset{p}{\underset{1}{\nu}}\left(u_\nu^{(\rho)} - \alpha_\nu^{(\rho')} + t_\nu\right)\right)\mathfrak{S}\left(\overset{p}{\underset{1}{\nu}}\left(\alpha_\nu^{(\rho)} - u_\nu^{(\rho')} + t_\nu\right)\right)}.$$

Dans cette expression, sous les signes produit, l'on doit donner à ρ, comme à ρ', toutes les valeurs depuis 1 jusqu'à m, mais au dénominateur les cas où $\rho = \rho'$ doivent être exclus.

Si nous considérons cette expression comme fonction de z_1, nous voyons que, relativement aux sections transverses, elle est affectée du facteur 1, et que, par conséquent, elle est fonction algébrique de z_1. Pour $z_1 = \zeta_\rho$, et $s_1 = \sigma_\rho$, le dénominateur et le numérateur deviennent infiniment petits du second ordre, et la fraction reste par conséquent finie; quant aux grandeurs restantes pour lesquelles le dénominateur et le numérateur s'évanouissent, ces grandeurs, comme il a été démontré précédemment au § III, sont complètement déterminées à l'aide des grandeurs $\overset{m}{\underset{2}{\mu}} (s_\mu, z_\mu)$, des grandeurs v et des grandeurs t, et sont, par suite, complètement indépendantes des grandeurs ζ. Maintenant, comme l'expression est une fonction symétrique des grandeurs z, elle jouit également des précédentes propriétés pour chaque z_μ quelconque; c'est une fonction algébrique de z_μ, et les valeurs de cette grandeur z_μ, pour lesquelles elle devient infiniment grande ou infiniment petite, sont indépendantes des grandeurs ζ. Elle est donc égale à une fonction algébrique $\chi(z_1, z_2, \ldots, z_m)$ des grandeurs z, indépendante des grandeurs ζ, multipliée par un facteur indépendant des grandeurs z. Mais puisqu'elle reste invariable lorsque l'on échange les grandeurs z et les grandeurs ζ, ce facteur est égal à $\chi(\zeta_1, \zeta_2, \ldots, \zeta_m)$ multiplié par une constante A indépendante des grandeurs z et des grandeurs ζ; et nous pouvons ainsi, en posant

$$\sqrt{A}\, \chi(z_1, z_2, \ldots, z_m) = \psi(z_1, z_2, \ldots, z_m),$$

mettre notre expression (2) sous la forme

$$\psi(z_1, z_2, \ldots, z_m)\, \psi(\zeta_1, \zeta_2, \ldots, \zeta_m),$$

où $\psi(z_1, z_2, \ldots, z_m)$ est une fonction algébrique des grandeurs z, indépendante des grandeurs ζ, fonction qui, par suite de son mode de ramification, doit être exprimable rationnellement en $\overset{m}{\underset{1}{\mu}} (s_\mu, z_\mu)$.

Maintenant, si l'on fait coïncider les points η avec les points ε, en sorte que les grandeurs $\zeta_\mu - z_\mu$ et les grandeurs $\sigma_\mu - s_\mu$ deviennent toutes infiniment petites, l'on obtient, en désignant les dérivées de $\vartheta(v_1, v_2, \ldots, v_p)$ comme précédemment (1), § IV,

$$(4)\quad \psi(z_1, z_2, \ldots, z_m) = \pm \frac{\left(\sum_1^p\right)^m \vartheta^{(m)}_{\nu_1,\nu_2,\ldots,\nu_m}\left(\overset{p}{\underset{1}{\rho}}(r_\rho)\right) du^{(1)}_{\nu_1}\, du^{(2)}_{\nu_2} \ldots du^{(m)}_{\nu_m}}{\prod_{\mu=1}^{\mu=m}\prod_{\nu=1}^{\nu=p} \vartheta'_\nu\left(\overset{p}{\underset{1}{\rho}}(r_\rho)\right) du^{(\mu)}_\nu},$$

où les sommations au numérateur sont relatives à $\nu_1, \nu_2, \ldots, \nu_m$. Il est à peine nécessaire de remarquer, et que le choix du signe est indifférent puisqu'il n'a aucune influence sur la valeur de $\psi(z_1, z_2, \ldots, z_m)\,\psi(\zeta_1, \zeta_2, \ldots, \zeta_m)$, et que l'on peut introduire simultanément au numérateur et au dénominateur, aux lieu et place des grandeurs $du^{(\mu)}_1, du^{(\mu)}_2, \ldots, du^{(\mu)}_p$, les grandeurs $\varphi_1(s_\mu, z_\mu)$, $\varphi_2(s_\mu, z_\mu), \ldots, \varphi_p(s_\mu, z_\mu)$ qui leur sont proportionnelles.

De l'équation que l'on peut déduire de (2), (3) et (4) et qui est démontrée exacte pour le cas où

$$\vartheta\left(\overset{p}{\underset{1}{\nu}}\left(\sum_1^{m-1} u^{(\mu)}_\nu - \sum_1^{m-1} \alpha^{(\mu)}_\nu + r_\nu\right)\right)$$

est égal à zéro et où

$$\vartheta\left(\overset{p}{\underset{1}{\nu}}\left(\sum_1^{m} u^{(\mu)}_\nu - \sum_1^{m} \alpha^{(\mu)}_\nu + r_\nu\right)\right)$$

est différent de zéro, l'on conclut que

$$\vartheta\left(\overset{p}{\underset{1}{\nu}}\left(\sum_1^{m} u^{(\mu)}_\nu - \sum_1^{m} \alpha^{(\mu)}_\nu + r_\nu\right)\right)$$

ne peut être différent de zéro, lorsque les fonctions $\vartheta^{(m)}\left(\overset{p}{\underset{1}{\nu}}(r_\nu)\right)$ sont toutes nulles.

Par conséquent, lorsque les fonctions $\vartheta^{(m+1)}\left(\overset{p}{\underset{1}{\nu}}(r_\nu)\right)$ sont toutes égales à zéro, de l'exactitude de l'équation

$$\vartheta\left(\overset{p}{\underset{1}{\nu}}\left(\sum_1^{n} u^{(\mu)}_\nu - \sum_1^{n} \alpha^{(\mu)}_\nu + r_\nu\right)\right) = 0,$$

pour $n=m$, résulte son exactitude pour $n=m+1$. Si l'équation est donc exacte pour $n=0$, c'est-à-dire si $\vartheta\left(\overset{p}{\underset{1}{\nu}}(r_\nu)\right)=0$, et si les dérivées de la fonction $\vartheta\left(\overset{p}{\underset{1}{\nu}}(v_\nu)\right)$, depuis les premières jusqu'aux $m^{\text{ièmes}}$, s'évanouissent toutes pour $\overset{p}{\underset{1}{\nu}}(v_\nu=r_\nu)$, cela au contraire n'ayant plus lieu pour toutes les $(m+1)^{\text{ièmes}}$ dérivées, alors l'équation est exacte aussi pour toutes les valeurs plus grandes de n, jusqu'à $n=m$, mais ne l'est plus pour $n=m+1$; en effet, dans ce dernier cas, si l'on avait

$$\vartheta\left(\overset{p}{\underset{1}{\nu}}\left(\sum_1^{m+1} u_\nu^{(\mu)}-\sum_1^{m+1}\alpha_\nu^{(\mu)}+r_\nu\right)\right)=0,$$

il faudrait, comme nous l'avons déjà trouvé, que toutes les grandeurs $\vartheta^{(m+1)}\left(\overset{p}{\underset{1}{\nu}}(r_\nu)\right)$ s'évanouissent.

§ VI.

Réunissons ce qui vient d'être démontré aux propositions précédentes, nous obtiendrons alors le résultat suivant :

Si $\vartheta(r_1, r_2, \ldots, r_p)=0$, l'on peut déterminer $(p-1)$ points $\eta_1, \eta_2, \ldots, \eta_{p-1}$, tels que

$$(r_1, r_2, \ldots, r_p)\equiv\left(\sum_1^{p-1}\alpha_1^{(\mu)}, \sum_1^{p-1}\alpha_2^{(\mu)}, \ldots, \sum_1^{p-1}\alpha_p^{(\mu)}\right)$$

et réciproquement.

Lorsque, outre la fonction $\vartheta(v_1, v_2, \ldots, v_p)$, ses dérivées également, depuis les premières jusqu'aux $m^{\text{ièmes}}$, sont toutes nulles pour

$$v_1=r_1, \qquad v_2=r_2, \qquad \ldots, \qquad v_p=r_p,$$

cela au contraire n'ayant plus lieu pour toutes les $(m+1)^{\text{ièmes}}$ dérivées, alors m d'entre ces points η peuvent être choisis arbitrairement, sans que les grandeurs r éprouvent de variation, et les

$p - 1 - m$ points restants sont par cela même complètement déterminés.

Et réciproquement :

Lorsque parmi les points η, m, et pas davantage, peuvent être choisis arbitrairement sans que les grandeurs r éprouvent de variation, alors, outre la fonction $\vartheta(v_1, v_2, \ldots, v_p)$, ses dérivées également, depuis les premières jusqu'aux $m^{\text{ièmes}}$, sont toutes nulles pour

$$v_1 = r_1, \qquad v_2 = r_2, \qquad \ldots, \qquad v_p = r_p,$$

mais les dérivés $(m+1)^{\text{ièmes}}$ au contraire ne sont pas toutes nulles.

L'étude complète de tous les cas particuliers, qui peuvent se présenter lors de l'évanouissement d'une fonction ϑ, était nécessaire, bien moins par rapport aux systèmes particuliers de fonctions algébriques à mêmes ramifications, pour lesquels ces cas se présentent, qu'à cause surtout du fait suivant : Sans cette étude il y aurait des lacunes dans la démonstration des propositions basées sur notre théorème relatif à l'évanouissement d'une fonction thêta.

DEUXIÈME PARTIE.

MÉMOIRES PUBLIÉS APRÈS LA MORT DE RIEMANN.

SUR

LA POSSIBILITÉ DE REPRÉSENTER UNE FONCTION

PAR UNE SÉRIE TRIGONOMÉTRIQUE.

Mémoires de la Société Royale des Sciences de Göttingue, t. XIII [1].
Œuvres de Riemann, 2e édit., p. 230.

(Traduction publiée dans le *Bulletin des Sciences mathém. et astron.*, tome V; juillet 1873.)

Le présent travail sur les séries trigonométriques se compose de deux Parties essentiellement distinctes. La première contient une histoire des recherches et des opinions des géomètres sur les fonctions arbitraires données graphiquement, et sur la possibilité

(1) Ce Mémoire a été présenté par l'auteur, en 1854, à la Faculté de Philosophie pour son habilitation à l'Université de Göttingue. Bien que l'auteur ne semble pas l'avoir destiné à la publicité, cependant l'impression de ce travail sans aucun changement de forme paraîtra suffisamment justifiée tant par l'intérêt considérable qui s'attache au sujet, que par la manière dont y sont traités les principes les plus importants de l'Analyse infinitésimale.

Brunswick, juillet 1867. R. DEDEKIND.

de les représenter par des séries trigonométriques. Le rapprochement de ces résultats m'a permis de mettre à profit quelques indications de l'illustre géomètre ([1]) à qui l'on doit le premier travail sur cet objet. Dans la seconde, je soumets la représentation d'une fonction par une série trigonométrique à un examen qui embrasse des cas qui n'ont pas encore été traités jusqu'ici. Il a été nécessaire de faire précéder cette étude d'une courte Note sur la notion d'intégrale définie, et sur l'étendue dans laquelle cette notion est applicable.

Histoire des recherches relatives à la représentation par une série trigonométrique d'une fonction donnée arbitrairement.

§ I.

Les séries trigonométriques, ainsi appelées par Fourier, c'est-à-dire les séries de la forme

$$\begin{aligned} &a_1 \sin x + a_2 \sin 2x + a_3 \sin 3x + \ldots \\ &+ \tfrac{1}{2} b_0 + b_1 \cos x + b_2 \cos 2x + b_3 \cos 3x + \ldots, \end{aligned}$$

jouent un rôle considérable dans la partie des Mathématiques où l'on rencontre des fonctions entièrement arbitraires; on est même fondé à dire que les progrès les plus essentiels de cette partie des Mathématiques, si importante pour la Physique, ont été subordonnés à la connaissance plus exacte de la nature de ces séries. Dès les premières recherches mathématiques qui ont conduit à la considération des fonctions arbitraires, s'est posée la question de savoir si une fonction entièrement arbitraire pouvait se représenter par une série de la forme ci-dessus.

Cette question a pris naissance vers le milieu du siècle précédent, à l'occasion des recherches sur les cordes vibrantes, dont s'occupaient alors les plus célèbres géomètres. Il serait difficile d'exposer leurs vues sur ce sujet sans entrer dans les détails du problème.

([1]) Lejeune-Dirichlet.

Sous certaines hypothèses, qui s'accordent de très près avec la réalité, la forme d'une corde tendue, vibrant dans son plan (en désignant par x la distance d'un quelconque de ses points à son extrémité initiale, et par y la distance, au bout du temps t, de ce point à sa position d'équilibre), est, comme on sait, déterminée par l'équation aux différentielles partielles

$$\frac{\partial^2 y}{\partial t^2} = \alpha^2 \frac{\partial^2 y}{\partial x^2},$$

α étant indépendant de t et, dans le cas d'une corde d'épaisseur uniforme, indépendant de x.

D'Alembert est le premier qui ait donné une solution générale de cette équation différentielle.

Il a montré ([1]) que toute fonction de x et de t qui, mise à la place de y, rend cette équation identique, doit être contenue dans la formule

$$f(x+\alpha t) + \varphi(x-\alpha t),$$

ainsi qu'on le voit en introduisant comme variables indépendantes $x+\alpha t$, $x-\alpha t$ à la place de x, t, ce qui change

$$\frac{\partial^2 y}{\partial x^2} - \frac{1}{\alpha^2}\frac{\partial^2 y}{\partial t^2} \quad \text{en} \quad 4\,\frac{\partial \dfrac{\partial y}{\partial(x+\alpha t)}}{\partial(x-\alpha t)}.$$

Outre cette équation aux différentielles partielles, qui résulte des lois générales du mouvement, il faut encore que y satisfasse à la condition d'être constamment $= 0$ aux points d'attache de la corde; on a donc, en faisant pour l'un de ces points $x = 0$, pour l'autre $x = l$,

$$f(\alpha t) = -\varphi(-\alpha t), \qquad f(l+\alpha t) = -\varphi(l-\alpha t),$$

et, par suite,

$$f(z) = -\varphi(-z) = -\varphi[l-(l+z)] = f(2l+z),$$
$$y = f(\alpha t + x) - f(\alpha t - x).$$

Après avoir poussé jusque-là la solution générale du problème, d'Alembert s'occupe, dans une suite à son Mémoire ([2]), de l'équa-

---

([1]) *Mémoires de l'Académie de Berlin*, p. 214; 1747.

([2]) *Ibid.*, p. 220.

tion $f(z) = f(2l+z)$, c'est-à-dire qu'il cherche des expressions analytiques qui restent invariables lorsque z croît de $2l$.

C'est le mérite essentiel d'Euler, qui a donné, dans le Volume suivant des Mémoires de Berlin ([1]), une nouvelle exposition de ces travaux de d'Alembert, d'avoir reconnu plus exactement la nature des conditions auxquelles la fonction $f(z)$ doit satisfaire. Il remarqua que, d'après la nature du problème, le mouvement de la corde est complètement déterminé si l'on donne, pour un instant quelconque, la forme de la corde et la vitesse de chaque point $\left(\text{c'est-à-dire } y \text{ et } \frac{\partial y}{\partial t}\right)$, et il fit voir que, si l'on imagine que ces deux fonctions soient définies par des courbes tracées arbitrairement, on peut toujours en déduire, par une simple construction géométrique, la fonction $f(z)$ de d'Alembert. Supposons, en effet, que l'on ait, pour $t = 0$,

$$y = g(x) \quad \text{et} \quad \frac{\partial y}{\partial t} = h(x);$$

il vient, pour les valeurs de x entre 0 et l,

$$f(x) - f(-x) = g(x), \qquad f(x) + f(-x) = \frac{1}{\alpha}\int h(x)\,dx,$$

et, par suite, on obtient la fonction $f(z)$ entre $-l$ et l. Or de là on déduit la valeur de cette fonction pour toute autre valeur de z, au moyen de l'équation $f(z) = f(2l+z)$. Telle est, en notions abstraites, mais actuellement bien connues, la détermination due à Euler de la fonction $f(z)$.

Cependant d'Alembert protesta contre cette extension donnée à sa méthode par Euler ([2]), parce que sa méthode supposait nécessairement que y pût s'exprimer analytiquement en t et en x.

Avant qu'Euler eût fait connaître sa réponse, parut un troisième travail sur ce sujet, tout différent des deux premiers et dû à Daniel Bernoulli ([3]). Déjà, avant d'Alembert, Taylor avait vu

---

([1]) *Mémoires de l'Académie de Berlin*, p. 69; 1748.

([2]) *Ibid.*, p. 358; 1750. « En effet, on ne peut, ce me semble, exprimer y analytiquement d'une manière plus générale qu'en le supposant une fonction de t » et de x. Mais, dans cette supposition, on ne trouve la solution du problème » que pour les cas où les différentes figures de la corde vibrante peuvent être » renfermées dans une seule et même équation. »

([3]) *Ibid.*, p. 147; 1753.

que l'on a

$$\frac{\partial^2 y}{\partial s^2} = \alpha^2 \frac{\partial^2 y}{\partial y^2},$$

et que, en même temps, y est toujours égal à o pour $x = 0$ et pour $x = l$, si l'on pose

$$y = \sin \frac{n\pi x}{l} \cos \frac{n\pi\alpha t}{l},$$

en prenant pour n un nombre entier. Il expliquait ainsi le fait physique qu'une corde, outre le son fondamental qui lui est propre, peut encore donner le son fondamental d'une corde ayant une longueur égale à $\frac{1}{2}$, $\frac{1}{3}$, $\frac{1}{4}$, ... de la sienne (et d'une constitution d'ailleurs identique), et il regardait sa solution particulière comme une solution générale, croyant que la vibration de la corde, si le nombre entier n était déterminé d'après la hauteur du son, serait représentée, au moins très approximativement, par cette équation. L'observation qu'une corde pouvait donner simultanément ses différents sons conduisit maintenant Bernoulli à cette remarque, que la corde (suivant la théorie) pouvait aussi vibrer conformément à l'équation

$$y = \sum a_n \sin \frac{n\pi x}{l} \cos \frac{n\pi\alpha}{l}(t - \beta_n),$$

et, comme cette équation donnait l'explication de toutes les modifications observées du phénomène, il la considérait comme la plus générale ([1]). A l'appui de cette opinion, il étudia les vibrations d'un fil tendu, sans masse, chargé en certains points de masses finies, et fit voir que ces vibrations pouvaient toujours se décomposer en un nombre, égal au nombre des points, de vibrations dont chacune est de même durée pour toutes les masses.

Ces travaux de Bernoulli furent l'occasion d'un nouveau Mémoire d'Euler, imprimé immédiatement à leur suite, dans les *Mémoires de l'Académie de Berlin* ([2]). Euler y soutient ([3]), à l'encontre de d'Alembert, que la fonction peut être complètement arbitraire avec les limites $-l$ et $+l$, et remarque ([4]) que la so-

([1]) *Loc. cit.*, p. 157, art. XIII.
([2]) Année 1753, p. 196.
([3]) *Loc. cit.*, p. 214.
([4]) *Loc. cit.*, art. III-X.

lution de Bernoulli (qu'il avait déjà prouvé n'être qu'une solution particulière) serait générale dans le cas, et seulement dans le cas, où la série

$$a_1 \sin \frac{x\pi}{l} + a_2 \sin \frac{2x\pi}{l} + \ldots + \frac{1}{2} b_0 + b_2 \cos \frac{x\pi}{l} + b_2 \cos \frac{2x\pi}{l} + \ldots$$

pourrait représenter, pour l'abscisse x, l'ordonnée d'une courbe entièrement arbitraire entre o et l. Or personne, à cette époque, n'avait mis en doute que toutes les transformations que l'on pouvait faire subir à une expression analytique, qu'elle fût finie ou infinie, ne fussent légitimes pour toutes les valeurs des quantités indéterminées, ou du moins que, si elles devenaient inapplicables, ce ne fût seulement que dans des cas tout à fait spéciaux. Il semblait donc impossible de représenter une courbe algébrique, ou généralement une courbe analytique donnée *non périodique* par l'expression périodique ci-dessus, et Euler croyait, en conséquence, devoir décider la question contre Bernoulli.

Cependant le débat entre Euler et d'Alembert n'était pas encore terminé. Cela engagea un jeune géomètre, encore peu connu alors, Lagrange, à tenter la résolution du problème par une voie toute nouvelle, par laquelle il arriva aux résultats d'Euler. Il entreprit ([1]) de déterminer les vibrations d'un fil sans masse, chargé d'un nombre indéterminé et fini de masses égales et équidistantes, et il rechercha ensuite comment varient ces vibrations lorsque le nombre des masses croît à l'infini. Mais, quelque habileté, quelque richesse d'artifices analytiques qu'il eût déployée dans la première partie de cette étude, le passage du fini à l'infini laissait encore beaucoup à désirer; si bien que d'Alembert, dans un écrit qu'il plaça en tête de ses *Opuscules mathématiques*, put continuer à réclamer pour sa propre solution le mérite de la plus grande généralité. Les opinions des plus grands géomètres de cette époque continuèrent donc à rester divisées sur ce sujet; car, dans leurs travaux ultérieurs, chacun conserva, au fond, son point de vue.

Pour résumer finalement les manières de voir qu'ils ont développées à l'occasion de ce problème touchant les fonctions arbi-

---

([1]) *Miscellanea Taurinensia*, t. I. Recherches sur la nature et la propagation du son.

traires et la possibilité de les représenter par une série trigonométrique, Euler avait, le premier introduit ces fonctions dans l'Analyse, et, s'appuyant sur l'intuition géométrique, leur avait appliqué le Calcul infinitésimal. Lagrange [1] tint pour exacts les résultats d'Euler (sa construction géométrique de la courbe des vibrations); mais il ne trouva pas satisfaisant les procédés géométriques d'Euler pour traiter ces fonctions. D'Alembert [2], au contraire, admettait la manière dont Euler envisageait le Calcul différentiel, et se bornait à contester la justesse de ses résultats, parce que, dans le cas des fonctions entièrement arbitraires, on ne pouvait pas savoir si leurs quotients différentiels étaient continus. Pour ce qui est de la solution de Bernoulli, ils s'accordaient tous les trois à ne pas la considérer comme générale; mais, tandis que d'Alembert [3], pour pouvoir déclarer la solution de Bernoulli moins générale que la sienne, était forcé de soutenir qu'une fonction analytique donnée, même périodique, ne peut pas toujours être représentée par une série trigonométrique, Lagrange [4] croyait pouvoir démontrer cette possibilité.

§ II.

Près de cinquante années s'étaient écoulées sans que la question de la possibilité de la représentation analytique des fonctions arbitraires fît aucun progrès essentiel, quand une remarque de Fourier vint jeter un nouveau jour sur cet objet. Une nouvelle ère s'ouvrit pour le développement de cette partie des Mathématiques, et s'annonça bientôt d'une manière éclatante par de grandioses développements de la Physique mathématique. Fourier remarqua que, dans la série trigonométrique

$$f(x) = a_1 \sin x + a_2 \sin 2x + \ldots + \tfrac{1}{2} b_0 + b_1 \cos x + b_2 \cos 2x + \ldots,$$

(1) *Miscellanea Taurinensia*, t. II, Pars math., p. 18.

(2) *Opuscules mathématiques*, t. I, 1761, p. 16, art. VII-XX.

(3) *Opuscules mathématiques*, t. I. p. 42, art. XXIV.

(4) *Miscellanea Taurinensia*, t. III, Pars math., p. 221, art. XXV.

les coefficients se déterminent par les formules

$$a_n = \frac{1}{\pi}\int_{-\pi}^{\pi} f(x)\sin nx\,dx, \qquad b_n = \frac{1}{\pi}\int_{-\pi}^{\pi} f(x)\cos nx\,dx.$$

Il vit que cette détermination reste encore applicable lorsque la fonction $f(x)$ est donnée tout à fait arbitrairement; il substitua d'abord pour $f(x)$ une fonction de celles qu'on nomme *discontinues* (l'ordonnée d'une ligne présentant un point de rupture pour certaines valeurs de l'abscisse x), et il obtint ainsi une série qui, effectivement, donnait toujours la valeur de la fonction.

Quand Fourier, dans un de ses premiers travaux sur la chaleur, présenté à l'Académie des Sciences le 21 décembre 1807 (¹), énonça pour la première fois cette proposition, qu'une fonction donnée (graphiquement) d'une manière tout à fait arbitraire pouvait s'exprimer par une série trigonométrique, cette assertion parut à Lagrange si inattendue, que l'illustre vieillard la contesta de la manière la plus formelle. Il doit exister encore (²) sur ce débat une pièce écrite dans les Archives de l'Académie de Paris. Malgré cela, Poisson, partout où il se sert des séries trigonométriques pour représenter des fonctions arbitraires, renvoie (³) à un passage des travaux de Lagrange sur les cordes vibrantes, où cette représentation doit se trouver. Pour réfuter cette allégation, qu'on ne peut expliquer qu'en se rappelant la rivalité qui existait entre Fourier et Poisson (⁴), nous sommes forcés de revenir encore une fois au Mémoire de Lagrange; car les Recueils publiés par l'Académie ne contiennent rien sur cet objet.

On trouve effectivement, à l'endroit cité par Poisson (⁵), la formule

$$\begin{aligned} y = {} & 2\int Y\sin X\pi\,dX \times \sin x\pi + 2\int Y\sin 2X\pi\,dX \times \sin 2x\pi \\ & + 2\int Y\sin 3X\pi\,dX \times \sin 3x\pi + \ldots + 2\int Y\sin nX\pi\,dX \times \sin nx\pi, \end{aligned}$$

(¹) *Bulletin des Sciences pour la Société philomathique,* t. I, p. 112.

(²) D'après une Communication verbale du professeur Dirichlet.

(³) Notamment dans son Ouvrage le plus répandu, son *Traité de Mécanique,* n° 323, t. I, p. 638.

(⁴) Le Compte rendu dans le *Bulletin des Sciences* sur le Mémoire présenté par Fourier à l'Académie est de Poisson.

(⁵) *Miscellanea Taurinensia,* t. III, Pars math., p. 261.

« de sorte que, lorsque $x = X$, on aura $y = Y$, Y étant l'ordonnée qui répond à l'abscisse X. »

Cette formule a bien le même aspect que la série de Fourier, et peut, au premier coup d'œil, être confondue avec elle; mais cette apparence provient simplement de ce que Lagrange a employé le signe $\int dX$ là où nous emploierions aujourd'hui le signe $\Sigma\Delta X$. Elle donne la solution de ce problème : Déterminer la série finie de sinus

$$a_1 \sin x\pi + a_2 \sin 2x\pi + \ldots + a_n \sin nx\pi,$$

de façon que, pour les valeurs $\frac{1}{n+1}, \frac{2}{n+1}, \ldots, \frac{n}{n+1}$ de x, que Lagrange désigne d'une façon indéterminée par X, elle prenne des valeurs données. Si Lagrange avait fait n infini dans cette formule, il serait bien parvenu au résultat de Fourier; mais, lorsqu'on lit complètement son Mémoire, on voit qu'il est fort éloigné de croire qu'une fonction tout à fait arbitraire puisse réellement être représentée par une série infinie de sinus. Il avait, au contraire, entrepris tout son travail, parce qu'il croyait que ces fonctions arbitraires ne sont pas exprimables par une formule, et, quant à la série trigonométrique, il pensait qu'elle peut représenter toute fonction périodique donnée analytiquement. Aujourd'hui, il est vrai, nous avons peine à concevoir que Lagrange ne dût pas arriver de sa formule de sommation à la série de Fourier; mais cela s'explique par cette circonstance, que le débat entre Euler et d'Alembert avait fait naître dans son esprit une opinion arrêtée sur la voie qu'il fallait suivre. Il croyait que l'on devait commencer par résoudre complètement le problème des vibrations pour un nombre fini indéterminé de masses, avant d'employer les considérations de limites. Ces considérations exigent une étude assez étendue ([1]), qui eût été inutile s'il avait connu la série de Fourier.

C'est Fourier qui a, le premier, compris d'une manière exacte et complète la nature des séries trigonométriques ([2]). Celles-ci ont été, depuis, employées de diverses manières en Physique ma-

([1]) *Miscellanea Taurinensia,* t. III, Pars math., p. 251.

([2]) *Bulletin des Sciences,* t. I, p. 115. « Les coefficients a, a', a'', ... étant ainsi déterminés, etc. »

thématique pour la représentation des fonctions arbitraires, et, dans chaque cas particulier, on s'est aisément convaincu que la série de Fourier convergeait effectivement vers la valeur de la fonction; mais on est resté longtemps avant de pouvoir démontrer généralement cet important théorème.

La démonstration donnée par Cauchy dans un Mémoire lu, le 27 février 1826, à l'Académie de Paris (¹), est insuffisante, comme Dirichlet l'a fait voir (²). Cauchy suppose que, si, dans une fonction périodique $f(x)$, donnée arbitrairement, on remplace x par un argument complexe $x+yi$, cette fonction est finie pour toute valeur de y; mais cela n'a lieu que pour le *seul* cas où la fonction est égale à une grandeur constante. Il est cependant facile de voir que cette supposition n'est pas nécessaire pour la suite des conclusions. Il suffit que l'on ait une fonction $\varphi(x+yi)$, qui soit finie pour toutes les valeurs positives de y, et dont la partie réelle devienne égale, pour $y=0$, à la fonction périodique donnée $f(x)$. Si l'on admet préalablement cette proposition, qui est, en effet, vraie (³), la voie proposée par Cauchy conduit alors au but, comme, réciproquement, cette proposition peut se déduire du théorème de Fourier.

§ III.

En janvier 1829 parut, dans le *Journal de Crelle* (⁴) un Mémoire de Dirichlet, où la possibilité de la représentation par les séries trigonométriques se trouvait établie en toute rigueur pour les fonctions qui sont, en général, susceptibles d'intégration, et qui ne présentent pas une infinité de maxima et de minima.

Il arriva à la découverte du chemin à suivre pour obtenir la solution de ce problème, par la considération que les séries infinies se partagent en deux classes, suivant qu'elles restent ou non convergentes, lorsqu'on rend tous leurs termes positifs. Dans les premières, les termes peuvent être intervertis d'une manière quel-

(¹) *Mémoires de l'Académie des Sciences*, t. VI, p. 603.

(²) *Journal de Crelle*, t. 4, p. 157 et 158.

(³) La démonstration se trouve dans la Dissertation inaugurale de l'auteur.

(⁴) T. 4, p. 157.

conque; dans les autres, au contraire, la valeur dépend de l'ordre des termes. Si l'on désigne, en effet, dans une série de la seconde classe, les termes positifs successifs par

$$a_1, \quad a_2, \quad a_3, \quad \ldots,$$

et les termes négatifs par

$$-b_1, \quad -b_2, \quad -b_3, \quad \ldots,$$

il est clair que Σa, ainsi que Σb, doit être infinie; car, si ces deux sommes étaient finies l'une et l'autre, la série serait encore convergente lorsqu'on donnerait à tous les termes le même signe; si une seule était infinie, la série serait divergente. Il est clair maintenant que la série, en plaçant les termes dans un ordre convenable, pourra prendre une valeur donnée quelconque C; car, si l'on prend alternativement des termes positifs de la série jusqu'à ce que sa valeur soit plus grande que C, puis des termes négatifs jusqu'à ce que sa valeur soit moindre que C, la différence entre cette valeur et C ne surpassera jamais la valeur du terme qui précède le dernier changement de signe. Or les quantités a, aussi bien que les quantités b, finissant toujours par devenir infiniment petites pour des valeurs croissantes de l'indice, les écarts entre la somme de la série et C deviendront encore infiniment petits, lorsqu'on prolongera assez loin la série, c'est-à-dire que la série converge vers C.

C'est aux seules séries de la première classe que l'on peut appliquer les lois des sommes finies; elles seules peuvent être considérées comme l'ensemble de leurs termes; celles de la seconde classe ne le peuvent pas : circonstance qui avait échappé aux mathématiciens du siècle dernier, principalement par la raison que les séries qui procèdent suivant les puissances ascendantes d'une variable appartiennent, généralement parlant (c'est-à-dire à l'exception de certaines valeurs particulières de cette variable), à la première classe.

La série de Fourier, évidemment, n'appartient pas nécessairement à la première classe; on ne pouvait donc point, comme Cauchy avait vainement tenté de le faire (¹), déduire sa conver-

(¹) Dirichlet, *Journal de Crelle*, t. 4, p. 158 : « Quoi qu'il en soit de cette première observation, ... à mesure que n croît. »

gence de la loi suivant laquelle les termes décroissent. Il fallait montrer, au contraire, que la série finie

$$\begin{aligned}
&\frac{1}{\pi}\int_{-\pi}^{\pi} f(\alpha)\sin\alpha\,d\alpha\sin x\\
&\quad+\frac{1}{\pi}\int_{-\pi}^{\pi} f(\alpha)\sin 2\alpha\,d\alpha\sin 2x+\ldots+\frac{1}{\pi}\int_{-\pi}^{\pi} f(\alpha)\sin n\alpha\,d\alpha\sin nx\\
&\quad+\frac{1}{2\pi}\int_{-\pi}^{\pi} f(\alpha)\,d\alpha+\frac{1}{\pi}\int_{-\pi}^{\pi} f(\alpha)\cos\alpha\,d\alpha\cos x\\
&\quad+\frac{1}{\pi}\int_{-\pi}^{\pi} f(\alpha)\cos 2\alpha\,d\alpha\cos 2x+\ldots+\frac{1}{\pi}\int_{-\pi}^{\pi} f(\alpha)\cos n\alpha\,d\alpha\cos nx,
\end{aligned}$$

ou, ce qui est la même chose, que l'intégrale

$$\frac{1}{2\pi}\int_{-\pi}^{\pi} f(\alpha)\,\frac{\sin\frac{2n+1}{2}(x-\alpha)}{\sin\frac{x-\alpha}{2}}\,d\alpha$$

s'approche indéfiniment de la valeur $f(x)$, pour n croissant à l'infini.

Dirichlet fonde cette démonstration sur les deux propositions suivantes :

1° Si $0 < c \leqq \frac{\pi}{2}$, l'intégrale

$$\int_b^c \varphi(\beta)\,\frac{\sin(2n+1)\beta}{\sin\beta}\,d\beta,$$

pour n croissant indéfiniment, tend vers la valeur $\frac{\pi}{2}\varphi(0)$;

2° Si $0 < b < c \leqq \frac{\pi}{2}$, l'intégrale

$$\int_0^c \varphi(\beta)\,\frac{\sin(2n+1)\beta}{\sin\beta}\,d\beta,$$

pour n croissant indéfiniment, tend vers la valeur zéro;

la fonction $\varphi(\beta)$ étant supposée toujours décroissante ou toujours croissante entre les limites de ces intégrales.

A l'aide de ces deux propositions, on peut évidemment, si la fonction ne passe pas un nombre infini de fois d'une marche croissante à une marche décroissante et *vice versa,* décomposer l'intégrale

$$\frac{1}{2\pi}\int_{-\pi}^{\pi} f(\alpha)\,\frac{\sin\dfrac{2n+1}{2}(x-\alpha)}{\sin\dfrac{x-\alpha}{2}}\,d\alpha$$

en un nombre *fini* de termes, dont l'un converge vers $\frac{1}{2}f(x+0)$(¹), un autre vers $f(x-0)$, et tous les autres vers 0, lorsque n croît à l'infini.

De là résulte que l'on peut représenter par une série trigonométrique toute fonction se reproduisant périodiquement après l'intervalle 2π, et

1° Qui est généralement susceptible d'intégration;

2° Qui n'a pas un nombre infini de maxima et de minima;

3° Qui, dans le cas où sa valeur varie brusquement, prend la valeur moyenne entre les valeurs limites prises de part et d'autre de la discontinuité.

Une fonction qui jouit des deux premières propriétés, et non de la troisième, ne peut évidemment pas être représentée par une série trigonométrique : car la série trigonométrique qui la représenterait en dehors des discontinuités en différerait aux points mêmes de discontinuité; mais une fonction ne remplissant pas les deux premières conditions peut-elle, et dans quel cas peut-elle être représentée par une série trigonométrique? C'est le point que les recherches de Dirichlet laissent indécis.

Ce travail de Dirichlet a donné une base solide à un grand nombre de recherches analytiques importantes. En mettant en pleine lumière un point sur lequel Euler s'était trompé, il a réussi à éclaircir une question qui avait occupé, depuis plus de soixante-dix ans (depuis l'année 1753), tant d'éminents géomètres. En effet, pour tous les cas de la nature, les seuls dont il s'agit ici, la

---

(¹) On démontre sans difficulté que la valeur d'une fonction f, qui n'a pas un nombre infini de maxima et de minima, l'argument tendant vers x, soit par des valeurs décroissantes, soit par des valeurs croissantes, doit toujours ou converger vers les valeurs finies $f(x+0)$ et $f(x-0)$ (d'après la notation de Dirichlet, *Dove's Repertorium der Physik,* t. I, p. 170), ou devenir infiniment grande [1].

question était complètement résolue; car, si peu que nous sachions comment les forces et les états de la matière varient avec le lieu et avec le temps dans les infiniment petits, nous pouvons cependant admettre en toute sécurité que les fonctions auxquelles ne s'appliqueraient pas les recherches de Dirichlet ne se rencontrent pas dans la nature.

Toutefois, ces cas non élucidés par Dirichlet semblent, pour une double raison, mériter l'attention.

En premier lieu, comme Dirichlet lui-même le remarque à la fin de son Mémoire, cet objet est intimement lié avec les principes du Calcul infinitésimal, et peut servir à porter dans ces principes une plus grande clarté et une plus grande précision. Sous ce rapport, l'étude de cette question offre un intérêt immédiat.

Mais, en second lieu, l'application des séries de Fourier n'est pas restreinte aux seules recherches physiques; on l'emploie aussi maintenant avec succès dans une branche des Mathématiques pures, la Théorie des nombres, et ici ce sont précisément les fonctions dont Dirichlet n'a pas étudié la représentation en série trigonométrique qui semblent être les plus importantes.

A la fin de son Mémoire, Dirichlet promet bien de revenir plus tard sur ces cas; mais sa promesse est restée jusqu'ici sans effet. Les travaux de Dirksen et de Bessel sur les séries de sinus et de cosinus ne fournissent pas ce complément; ils sont, au contraire, inférieurs à celui de Dirichlet sous le rapport de la rigueur et de la généralité. Le Mémoire de Dirksen, publié presque en même temps que celui de Dirichlet (1), dont évidemment Dirksen n'avait pu prendre connaissance, suit en général une bonne marche; mais il contient quelques inexactitudes de détail. Sans parler, en effet, de ce que, dans un cas spécial (2), il trouve pour la somme de la série un résultat faux, il s'appuie, dans une étude accessoire, sur un développement en série (3), qui n'est possible que dans des cas particuliers, de sorte que sa démonstration n'est complète que pour les fonctions dont la première dérivée est toujours finie. Bessel (4)

---

(1) *Journal de Crelle*, t. 4, p. 176.

(2) *Loc. cit.*, formule (22).

(3) *Loc. cit.*, art. 3.

(4) SCHUMACHER, *Astronomische Nachrichten*, n° 374 (t. XVI, p. 229).

cherche à simplifier la démonstration de Dirichlet; mais les modifications apportées dans cette démonstration ne donnent aucune simplification essentielle dans les conclusions, et servent tout au plus à les revêtir d'une forme plus habituelle, ce dont la rigueur et la généralité ont notablement à souffrir.

La question de la possibilité de représenter une fonction par une série trigonométrique n'est donc résolue, jusqu'ici, que dans ces deux hypothèses, que la fonction soit généralement susceptible d'intégration et n'ait pas un nombre infini de maxima et de minima. Si cette dernière hypothèse n'est pas admise, les deux théorèmes d'intégration de Dirichlet ne suffisent plus pour décider la question; mais si la première hypothèse est rejetée, la règle de Fourier pour la détermination des coefficients n'est déjà plus applicable. La voie que nous allons suivre pour étudier cette question, sans faire de suppositions particulières sur la nature de la fonction, dépend de là, comme on le verra; une voie aussi directe que celle de Dirichlet n'est pas possible par la nature même du problème.

Sur la notion de l'intégrale définie, et sur l'étendue dans laquelle elle est applicable.

§ IV.

L'incertitude qui règne encore sur quelques points fondamentaux de la théorie des intégrales définies nous oblige à placer ici quelques remarques sur la notion de l'intégrale définie, et sur la généralité dont elle est susceptible.

Et d'abord que doit-on entendre par

$$\int_a^b f(x)\,dx?$$

Pour répondre à cette question, prenons entre a et b une série de valeurs x_1, x_2, ..., x_{n-1}, rangées par ordre de grandeur, depuis a jusqu'à b, et désignons pour abréger $x_1 - a$ par δ_1, $x_2 - x_1$ par δ_2, ..., $b - x_{n-1}$ par δ_n; soient, en outre, ε_i des nombres positifs plus petits que l'unité. Il est clair que la valeur de la somme

$$S = \delta_1 f(a + \varepsilon_1 \delta_1) + \delta_2 f(x_1 + \varepsilon_2 \delta_2) + \delta_3 f(x_2 + \varepsilon_3 \delta_3) + \ldots + \delta_n f(x_{n-1} + \varepsilon_n \delta_n)$$

dépendra du choix des intervalles δ et des fractions ε. Si elle a la propriété, de quelque manière que les δ et les ε puissent être choisis, de s'approcher indéfiniment d'une limite fixe A, quand les δ tendent tous vers zéro, cette limite s'appelle *la valeur de l'intégrale définie* $\int_a^b f(x)\,dx$.

Si la somme S ne tend vers aucune limite, la notation

$$\int_a^b f(x)\,dx$$

ne peut avoir aucune signification. On a cependant cherché dans plusieurs cas à conserver à ce signe une définition précise, et parmi les généralisations de la notion d'intégrale définie il en est une qui a reçu l'assentiment de tous les géomètres. Si la fonction $f(x)$ devient infinie quand son argument x s'approche d'une valeur particulière c, comprise dans l'intervalle (a, b), alors évidemment la somme S, quel que soit le degré de petitesse attribué aux δ, peut prendre une valeur quelconque : elle n'a donc aucune limite et le signe $\int_a^b f(x)\,dx$ n'aurait, d'après ce qui précède, aucune signification; mais, si l'expression

$$\int_a^{c-\alpha_1} f(x)\,dx + \int_{c+\alpha_2}^{b} f(x)\,dx$$

s'approche, lorsque α_1 et α_2 deviennent infiniment petits, d'une limite fixe, c'est cette limite que l'on désigne par

$$\int_a^b f(x)\,dx.$$

D'autres extensions, dues à Cauchy, de la définition de l'intégrale définie dans le cas où cette définition ne découle pas des notions fondamentales qui précèdent, peuvent être commodes pour certaines classes de recherches, mais elles ne sont pas généralement admises, et l'arbitraire qui préside aux définitions de Cauchy suffirait seul à les empêcher d'être universellement acceptées.

§ V.

Recherchons maintenant l'étendue et la limite de la définition précédente, et posons-nous cette question : dans quels cas une fonction est-elle susceptible d'intégration? dans quels cas ne l'est-elle pas ?

Considérons d'abord la définition de l'intégrale dans son sens le plus étroit, c'est-à-dire supposons que la fonction ne devienne pas infinie, et que la somme S converge, quand tous les δ tendent vers zéro. Désignons la plus grande oscillation de la fonction entre a et x_1, c'est-à-dire la différence entre sa plus grande et sa plus petite valeur dans cet intervalle par D_1 ; de même, les plus grandes oscillations entre x_1 et x_2 par D_2, ..., entre x_{n-1} et b par D_n ; alors la somme

$$\delta_1 D_1 + \delta_2 D_2 + \ldots + \delta_n D_n$$

doit devenir infiniment petite avec les quantités δ. Supposons que la plus grande valeur que cette somme puisse prendre, quand tous les δ sont plus petits que d, soit Δ ; Δ sera alors une fonction de d, diminuant et devenant infiniment petite avec d. Maintenant, si la somme totale des intervalles pour lesquels les oscillations sont plus grandes qu'une quantité σ est s, le contribution de ces intervalles à la somme

$$\delta_1 D_1 + \delta_2 D_2 + \ldots + \delta_n D_n$$

sera évidemment égale ou supérieure à σs. On aura donc

$$\sigma s \leqq \delta_1 D_1 + \ldots + \delta_n D_n \leqq \Delta; \qquad \text{d'où} \qquad s \leqq \frac{\Delta}{\sigma}.$$

$\frac{\Delta}{\sigma}$ peut d'ailleurs, si σ est fixe et donné, être rendu infiniment petit par un choix convenable de d; il en sera donc de même de s, et l'on peut énoncer la proposition suivante :

Pour que la somme S *converge, quand tous les* δ *deviennent infiniment petits, il faut non seulement que la fonction demeure finie, mais encore que la somme totale des intervalles pour lesquels les oscillations sont plus grandes que* σ, *quel que soit* σ, *puisse être rendue infiniment petite par un choix convenable de* d.

Cette proposition admet une réciproque :

Si la fonction $f(x)$ *est toujours finie, et si, par le décroissement indéfini de toutes les quantités* δ, *la grandeur totale* s *des intervalles dans lesquels les oscillations de la fonction sont plus grandes qu'une quantité donnée* σ *peut toujours être rendue infiniment petite, là somme* S *converge quand tous les* δ *tendent vers zéro.*

Car ces intervalles, dans lesquels les oscillations sont plus grandes que σ, apportent à la somme $\delta_1 D_1 + \delta_2 D_2 + \ldots + \delta_n D_n$ une contribution plus petite que s multiplié par la plus grande oscillation de la fonction entre a et b, oscillation qui est finie par hypothèse : les autres intervalles donnent dans la somme une partie plus petite que $\sigma(b - a)$; on peut prendre évidemment σ aussi petit qu'on le veut, et, alors, par hypothèse, on peut déterminer la grandeur des intervalles, de telle manière que s soit aussi petit qu'on le veut.

On peut donc rendre $\delta_1 D_1 + \delta_2 D_2 + \ldots + \delta_n D_n$ aussi petit qu'on le veut, et, par suite, renfermer la somme S entre des limites aussi rapprochées qu'on le voudra.

Nous avons donc trouvé les conditions qui sont nécessaires et suffisantes pour que la somme S converge, quand les intervalles δ tendent vers zéro, et, par suite, pour qu'il puisse être question, dans le sens restreint, de l'intégrale de la fonction $f(x)$ entre les limites a et b [2].

Si l'on étend, comme nous l'avons indiqué plus haut, la notion d'intégrale aux cas où la fonction devient infinie, pour que l'intégration soit possible, il faudra encore que la seconde des conditions trouvées ci-dessus soit satisfaite; mais à la place de la première, à savoir que la fonction demeure toujours finie, il faudra faire intervenir la suivante : que la fonction ne devienne infinie que lorsque son argument s'approche de certaines valeurs particulières, et que l'on obtienne une valeur limite parfaitement déterminée, quand les limites des intégrations s'approchent indéfiniment de ces valeurs pour lesquelles la fonction devient infinie.

§ VI.

Après avoir trouvé les conditions pour la possibilité d'une intégrale définie d'une manière générale, c'est-à-dire sans hypothèse particulière sur la nature de la fonction à intégrer, nous devons en partie appliquer, en partie poursuivre cette recherche en particulier pour les fonctions qui, entre deux limites aussi rapprochées qu'on le veut, deviennent discontinues un nombre infini de fois.

Comme ces fonctions n'ont pas encore été considérées, il sera bon de partir d'un exemple particulier. Désignons, pour abréger, par (x) l'excès de x sur le nombre entier le plus voisin, ou zéro si x est à égale distance des deux nombres entiers les plus voisins. Soient d'ailleurs n un entier et p un entier impair, et formons la série

$$f(x) = \frac{(x)}{1} + \frac{(2x)}{4} + \frac{(3x)}{9} + \ldots = \sum_1^\infty \frac{(nx)}{n^2}.$$

Cette série converge, comme il est facile de le voir, pour toutes les valeurs de x; sa valeur, toutes les fois que l'argument tend d'une manière continue vers une valeur x, soit par des valeurs décroissantes, soit par des valeurs croissantes, tend vrrs une limite fixe, et l'on a, si $x = \frac{p}{2n}$ (p et n étant premiers entee eux),

$$f(x+0) = f(x) - \frac{1}{2n^2}\left(1 + \frac{1}{9} + \frac{1}{25} + \ldots\right) = f(x) - \frac{\pi^2}{16n^2},$$

$$f(x-0) = f(x) + \frac{1}{2n^2}\left(1 + \frac{1}{9} + \frac{1}{25} + \ldots\right) = f(x) + \frac{\pi^2}{16n^2}.$$

Pour toutes les valeurs de x qui ne sont pas de la forme $\frac{p}{2n}$, on a

$$f(x+0) = f(x), \qquad f(x-0) = f(x).$$

Cette fonction est donc discontinue pour toute valeur rationnelle de x qui, réduite à sa plus simple expression, a un dénominateur pair; elle est donc discontinue un nombre infini de fois dans un intervalle, si petit qu'il soit, mais *de telle manière* que le nombre des variations brusques qui sont supérieures à une grandeur donnée est toujours fini. Elle est pourtant susceptible d'intégration. Cela résulte, en effet, de ce que, outre qu'elle est une valeur finie, cette fonction jouit des deux propriétés suivantes : que pour chaque valeur de x, il y a de part et d'autre une valeur limite $f(x+0)$ et $f(x-0)$, et que le nombre des variations brusques qui sont plus grandes qu'une quantité donnée σ est toujours fini. Alors, si nous appliquons les méthodes des articles précédents, nous pourrons prendre d assez petit pour que, dans chacun des intervalles qui ne renferment pas de ces variations brusques, les oscillations soient plus petites que σ, et que la grandeur totale des intervalles qui contiennent ces variations brusques soit aussi petite qu'on le voudra.

Il importe de remarquer que les fonctions qui n'ont pas un nombre infini de maxima et de minima (auxquelles d'ailleurs n'appartient pas la fonction que l'on vient de considérer) possèdent toujours ces deux propriétés là où elles ne deviennent pas infinies, et, par suite, qu'elles sont susceptibles d'une intégration, comme il est facile de le montrer directement [3].

Si nous passons maintenant à l'examen détaillé du cas où la fonction à intégrer devient infinie pour une valeur particulière de x, nous pouvons supposer que cela ait lieu pour $x=0$, et de telle manière que, pour x positif décroissant, la valeur de la fonction dépasse toute grandeur donnée.

On démontre d'abord facilement que $xf(x)$ ne peut pas, quand x décroît à partir de a, demeurer constamment supérieur à une quantité finie c; car on aurait alors

$$\int_x^a f(x)\,dx > c\int_x^a \frac{dx}{x},$$

et, par suite,

$$\int_x^a f(x)\,dx > c\left(\log\frac{1}{x}-\log\frac{1}{a}\right),$$

quantité qui croît indéfiniment quand x tend vers zéro : donc, si la fonction n'a pas un nombre infini de maxima et de minima dans le voisinage de $x = 0$, il faut nécessairement que $xf(x)$ devienne infiniment petit avec x, pour que la fonction $f(x)$ soit susceptible d'intégration. Si, d'autre part,

$$f(x)x^{\alpha} = \frac{f(x)\,dx(1-\alpha)}{d(x^{1-\alpha})},$$

pour une valeur de $\alpha < 1$, est infiniment petit avec x, il est clair que l'intégrale converge, quand sa limite inférieure tend vers zéro.

On trouve de même que, dans le cas de la convergence de l'intégrale, les fonctions

$$f(x)x\log\frac{1}{x} = \frac{f(x)\,dx}{-d\log\log\frac{1}{x}},$$

$$f(x)x\log\frac{1}{x}\log\log\frac{1}{x} = \frac{f(x)\,dx}{-d\log\log\log\frac{1}{x}}, \quad \ldots,$$

$$f(x)\,x\log\frac{1}{x}\log\log\frac{1}{x}\ldots\log^{n-1}\frac{1}{x}\log^{n}\frac{1}{x} = \frac{f(x)\,dx}{-d\log^{n+1}\frac{1}{x}}$$

ne peuvent, lorsque x décroît à partir d'une limite finie jusqu'à zéro, demeurer plus grandes qu'une quantité finie, et, par suite, que, si elles n'ont pas un nombre infini de maxima et de minima, elles doivent devenir infiniment petites avec x; qu'au contraire l'intégrale converge, quand sa limite inférieure tend vers zéro, toutes les fois que l'expression

$$f(x)x\log\frac{1}{x}\ldots\log^{n-1}\frac{1}{x}\left(\log^{n}\frac{1}{x}\right)^{\alpha} = \frac{f(x)\,dx(1-\alpha)}{-d\left(\log^{n}\frac{1}{x}\right)^{1-\alpha}},$$

pour $\alpha < 1$, devient infiniment petite avec x.

Mais si la fonction $f(x)$ a, dans le voisinage de zéro, un nombre infini de maxima et de minima, on ne peut rien déterminer sur son ordre de grandeur dans le voisinage de zéro. En effet, supposons que les valeurs absolues de la fonction et, par conséquent, son ordre de grandeur soient donnés. On pourra toujours disposer des signes de telle manière que l'intégrale $\int f(x)\,dx$ converge, quand sa limite inférieure décroît. On peut prendre comme exemple d'une telle fonction, qui devient infinie, et de telle manière que son ordre $\left(\text{l'ordre de } \frac{1}{x} \text{ étant pris pour unité}\right)$ soit infiniment grand, la fonction suivante :

$$\frac{\left[d \cos x \left(e^{\frac{1}{x}}\right)\right]}{dx} = \cos e^{\frac{1}{x}} + \frac{1}{x}\, e^{\frac{1}{x}} \sin e^{\frac{1}{x}}.$$

Nous nous contenterons de ce qui vient d'être dit sur cet objet, qui appartient à une autre branche de l'Analyse; nous allons maintenant aborder le problème spécial que nous nous sommes proposé : la recherche générale des conditions sous lesquelles une fonction peut être représentée par une série trigonométrique.

Étude sur la possibilité de représenter une fonction par une série trigonométrique, sans faire aucune supposition sur la nature de la fonction.

§ VII.

Les travaux que nous avons signalés sur cette question avaient pour but de démontrer la série de Fourier pour les fonctions que l'on rencontre en Physique mathématique; on pouvait donc commencer la démonstration pour des fonctions tout à fait arbitraires, et ensuite soumettre la marche de la fonction à des restrictions quelconques, nécessaires pour la démonstration, si ces restrictions n'allaient pas contre le but que l'on s'était proposé, et convenaient aux fonctions que l'on avait en vue. Dans notre problème, la seule condition que nous imposerons aux fonctions, c'est de pouvoir être représentées par une série trigonométrique; nous rechercherons donc les conditions nécessaires et suffisantes pour un tel mode de développement des fonctions. Tandis que les travaux antérieurs établissaient des propositions de ce genre : « si une fonction jouit de telle et telle propriété, elle peut être développée en une série de Fourier », nous nous proposons la question inverse : « si une fonction est développable en une série de Fourier, que résulte-t-il de là sur la marche de cette fonction, sur la variation de sa valeur, quand l'argument varie d'une manière continue? »

A cet effet, considérons la série

$$a_1 \sin x + a_2 \sin 2x + \ldots + \frac{1}{2} b_0 + b_1 \cos x + b_2 \cos 2x + \ldots,$$

ou, si pour abréger nous posons

$$\frac{1}{2} b_0 = A_0, \quad a_1 \sin x + b_1 \cos x = A_1, \quad a_2 \sin 2x + b_2 \cos 2x = A_2, \quad \ldots,$$

la série

$$A_0 + A_1 + A_2 + \ldots,$$

que nous supposons donnée. Nous désignerons cette série par Ω, et sa valeur par $f(x)$, en sorte que cette fonction est déterminée seulement pour les valeurs de x qui rendent la série convergente.

Il est nécessaire, pour la convergence de la série, que ses termes finissent par devenir infiniment petits. Si les coefficients a_n, b_n tendent vers zéro pour n croissant à l'infini, les termes de la série Ω finiront par devenir infiniment petits, quel que soit x; sinon, ils ne pourront le devenir que pour des valeurs particulières de x. Les deux cas doivent être traités séparément.

§ VIII.

Supposons d'abord que les termes de la série Ω finissent par devenir infiniment petits, quel que soit x.

Dans cette hypothèse, la série

$$C + C'x + A_0 \frac{x^2}{2} - A_1 - \frac{A_2}{4} - \frac{A_3}{9} - \ldots = F(x)$$

qu'on déduit de Ω, en intégrant deux fois consécutivement chaque terme, sera convergente, quel que soit x. Sa valeur $F(x)$ varie d'une manière continue avec x, et cette fonction $F(x)$ est, par suite, toujours susceptible d'intégration.

Pour reconnaître à la fois la convergence de la série et la continuité de la fonction $F(x)$, désignons la somme des termes jusqu'à

$-\frac{A_n}{n^2}$ par N; le reste de la série, c'est-à-dire la série

$$-\frac{A_{n+1}}{(n+1)^2}-\frac{A_{n+2}}{(n+2)^2}-\ldots,$$

par R, et la plus grande valeur de A_m, pour $m>n$, par ε. La valeur de R, quelque loin qu'on prolonge cette série, est évidemment plus petite, abstraction faite du signe, que

$$\varepsilon\left[\frac{1}{(n+1)^2}+\frac{1}{(n+2)^2}+\ldots\right]<\frac{\varepsilon}{n},$$

et, par suite, R peut être renfermé entre des limites aussi petites qu'on le veut, quand n prend des valeurs suffisamment grandes; donc la série est convergente. De plus, la fonction F est continue, c'est-à-dire que son accroissement peut être rendu aussi petit qu'on le veut, en assignant à x un accroissement suffisamment petit; car l'accroissement de $F(x)$ se compose de deux parties : celui de N et celui de R; or on peut prendre d'abord n assez grand pour que R, quel que soit x, soit aussi petit qu'on le veut, et, par conséquent, pour que l'accroissement de R, pour chaque accroissement de x, soit infiniment petit; et ensuite on peut prendre l'accroissement de x assez petit pour que celui de N soit au-dessous de toute quantité donnée.

Il sera bon de présenter maintenant, sur la fonction $F(x)$, quelques théorèmes dont la démonstration interromprait la suite de notre étude.

Théorème I. — *Quand la série Ω est convergente, l'expression*

$$\frac{F(x+\alpha+\beta)-F(x+\alpha-\beta)-F(x-\alpha+\beta)+F(x-\alpha-\beta)}{4\alpha\beta},$$

où α et β sont des infiniment petits dont le rapport est fini, converge vers la même limite que la série.

En effet, on a

$$\frac{F(x+\alpha+\beta)-F(x+\alpha-\beta)-F(x-\alpha+\beta)+F(x-\alpha-\beta)}{4\alpha\beta}$$
$$=A_0+A_1\frac{\sin\alpha}{\alpha}\frac{\sin\beta}{\beta}+A_2\frac{\sin 2\alpha}{2\alpha}\frac{\sin 2\beta}{2\beta}+A_3\frac{\sin 3\alpha}{3\alpha}\frac{\sin 3\beta}{3\beta}+\ldots,$$

ou, pour traiter d'abord le cas plus simple où $\alpha = \beta$,

$$\frac{F(x+2\alpha)-2F(x)+F(x-2\alpha)}{4\alpha^2} = A_0 + A_1\left(\frac{\sin\alpha}{\alpha}\right)^2 + A_2\left(\frac{\sin 2\alpha}{2\alpha}\right)^2 + \ldots$$

si la série infinie $A_0 + A_1 + A_2 + \ldots$ est désignée par $f(x)$, et que l'on fasse

$$A_0 + A_1 + \ldots + A_{n-1} = f(x) + \varepsilon_n,$$

on doit pouvoir trouver, pour une grandeur donnée à volonté δ, une valeur m de n telle que, si $n > m$, ε_n devienne plus petit que δ. Prenons maintenant α assez petit pour que $m\alpha < \pi$; transformons, par la substitution

$$A_n = \varepsilon_{n+1} + \varepsilon_n,$$

la série

$$\sum_0^\infty A_n\left(\frac{\sin n\alpha}{n\alpha}\right)^2$$

dans la suivante

$$f(x) + \sum_1^\infty \varepsilon_n \left\{\left[\frac{\sin(n-1)\alpha}{(n-1)\alpha}\right]^2 - \left(\frac{\sin n\alpha}{n\alpha}\right)^2\right\},$$

et partageons cette série en trois parties, en réunissant :

1° Tous les termes de rang 1 à m inclusivement;

2° Les termes de rang $m+1$, jusqu'au plus grand nombre entier, que nous désignerons par s, inférieur à $\frac{\pi}{\alpha}$;

3° Depuis $s+1$ jusqu'à l'infini.

La première partie se compose de termes variant d'une manière continue, et peut être rendue, par conséquent, aussi voisine qu'on le voudra de sa valeur limite zéro, si l'on prend α suffisamment petit.

La deuxième partie, comme le facteur de ε_m est toujours positif, est évidemment plus petite, abstraction faite du signe, que

$$\delta\left[\left(\frac{\sin m\alpha}{m\alpha}\right)^2 - \left(\frac{\sin s\alpha}{s\alpha}\right)^2\right].$$

Pour trouver enfin des limites entre lesquelles soit renfermée la troisième partie, décomposons son terme général en deux parties,

$$\varepsilon_n \left\{ \left[\frac{\sin(n-1)\alpha}{(n-1)\alpha}\right]^2 - \left[\frac{\sin(n-1)\alpha}{n\alpha}\right]^2 \right\},$$

et

$$\varepsilon_n \left\{ \left[\frac{\sin(n-1)\alpha}{n\alpha}\right]^2 - \left(\frac{\sin n\alpha}{n\alpha}\right)^2 \right\} = -\varepsilon_n \frac{\sin(2n-1)\alpha \sin\alpha}{(n\alpha)^2}.$$

Sous cette forme, il est clair que le terme général est plus petit que

$$\delta \left[\frac{1}{(n-1)^2\alpha^2} - \frac{1}{n^2\alpha^2}\right] + \frac{1}{n^2\alpha^2},$$

et, par suite, la somme depuis $s+1$ jusqu'à l'infini est plus petite que

$$\delta \left(\frac{1}{s^2\alpha^2} + \frac{1}{s\alpha}\right),$$

valeur qui, pour α infiniment petit, se transforme en

$$\delta \left(\frac{1}{\pi^2} + \frac{1}{\pi}\right).$$

La série

$$\sum \varepsilon_n \left\{ \left[\frac{\sin(n-1)\alpha}{(n-1)\alpha}\right]^2 - \left(\frac{\sin n\alpha}{n\alpha}\right)^2 \right\}$$

approche donc, pour une valeur décroissante de α, d'une valeur limite qui n'est pas supérieure à

$$\delta \left(1 + \frac{1}{\pi} + \frac{1}{\pi^2}\right),$$

et, par conséquent, qui est nulle ; et, partant, l'expression

$$\frac{F(x+2\alpha) - 2F(x) + F(x-2\alpha)}{4\alpha^2}$$
$$= f(x) + \sum \varepsilon_n \left\{ \left[\frac{\sin(n-1)\alpha}{(n-1)\alpha}\right]^2 - \left(\frac{\sin n\alpha}{n\alpha}\right)^2 \right\}$$

converge, lorsque α décroît indéfiniment, vers la limite $f(x)$: ce qui démontre notre théorème pour $\alpha = \beta$.

Pour le démontrer dans le cas général, soit

$$F(x+\alpha+\beta) - 2F(x) + F(x-\alpha-\beta) = (\alpha+\beta)^2[f(x) + \delta_1],$$
$$F(x+\alpha-\beta) - 2F(x) + F(x-\alpha+\beta) = (\alpha-\beta)^2[f(x) + \delta_2],$$

d'où

$$F(x+\alpha+\beta)-F(x+\alpha-\beta)-F(x-\alpha+\beta)+F(x-\alpha-\beta)$$
$$=4\alpha\beta f(x)+(\alpha+\beta)^2\delta_1-(\alpha-\beta)^2\delta_2.$$

Par suite de la démonstration déjà faite, δ_1 et δ_2 sont infiniment petits quand α et β le sont : donc il en sera de même de

$$\frac{(\alpha+\beta)^2}{4\alpha\beta}\delta_1-\frac{(\alpha-\beta)^2}{4\alpha\beta}\delta_2,$$

pourvu que les coefficients de δ_1 et de δ_2 ne deviennent pas infinis, ce qui n'a pas lieu si le rapport $\frac{\beta}{\alpha}$ demeure fini; et, par suite,

$$\frac{F(x+\alpha+\beta)-F(x+\alpha-\beta)-F(x-\alpha+\beta)+F(x-\alpha-\beta)}{4\alpha\beta}$$

converge vers $f(x)$. C. Q. F. D.

Théorème II.

$$\frac{F(x+2\alpha)+F(x-2\alpha)-2F(x)}{2\alpha}$$

est toujours infiniment petit avec α.

Pour le démontrer, partageons la série $\sum A_n\left(\frac{\sin n\alpha}{n\alpha}\right)^2$ en trois groupes, dont le premier contienne tous les premiers termes jusqu'à un certain indice m, à partir duquel A_n demeure inférieur à ε; le second, tous les termes suivants pour lesquels $n\alpha$ est plus petit qu'une quantité déterminée c; le troisième, tous les autres termes de la série. Il est facile de voir que, si α décroît, la somme du premier groupe fini demeure finie, c'est-à-dire plus petite qu'une quantité déterminée Q; celle du second, plus petite que $\varepsilon\frac{c}{\alpha}$; celle du troisième, plus petite que $\varepsilon\sum_{c<n\alpha}\frac{1}{n^2\alpha^2}<\frac{g}{\alpha c}$.

Par suite,

$$\frac{F(x+2\alpha)+F(x-2\alpha)-2F(x)}{2\alpha},$$

qui est égal à

$$2\alpha\sum A_n\left(\frac{\sin n\alpha}{n\alpha}\right)^2,$$

est inférieur à

$$2\left[Q\alpha + \varepsilon\left(c + \frac{1}{c}\right)\right],$$

d'où résulte le théorème qu'il s'agissait de démontrer.

Théorème III. — *Si l'on désigne par b et c deux constantes arbitraires, dont la plus grande est c, et par $\lambda(x)$ une fonction qui demeure finie entre b et c, et s'annule aux deux limites, dont la dérivée première ait les mêmes propriétés, et dont la dérivée seconde n'ait pas un nombre infini de maxima et de minima, l'intégrale*

$$\mu^2 \int_b^c F(x) \cos\mu(x-a)\,\lambda(x)\,dx,$$

quand μ croît indéfiniment, devient plus petite que toute quantité donnée.

Remplaçons $F(x)$ par son expression en série dans l'intégrale précédente; nous obtiendrons pour cette intégrale la série

$$(\Phi)\qquad \left\{\begin{aligned} &\mu^2 \int_b^c \left(C + C'x + A_0\frac{x^2}{2}\right)\cos\mu(x-a)\,\lambda(x)\,dx \\ &-\sum_1^\infty \frac{\mu^2}{n^2}\int_b^c A_n \cos\mu(x-a)\,\lambda(x)\,dx. \end{aligned}\right.$$

$A_n \cos\mu(x-a)$ peut évidemment se décomposer en une somme de quatre termes,

$$\cos(\mu+n)(x-a),\quad \sin(\mu+n)(x-a),$$
$$\cos(\mu-n)(x-a),\quad \sin(\mu-n)(x-a);$$

et, si l'on désigne par $B_{\mu+n}$ la somme des deux premiers, et par $B_{\mu-n}$ celle des deux derniers, on aura

$$A_n \cos\mu(x-a) = B_{\mu+n} + B_{\mu-n},$$

$$\frac{d^2 B_{\mu+n}}{dx^2} = -(\mu+n)^2 B_{\mu+n},\qquad \frac{d^2 B_{\mu-n}}{dx^2} = -(\mu-n)^2 B_{\mu-n},$$

et $B_{\mu+n}$, $B_{\mu-n}$ deviendront infiniment petits, quand n croîtra indéfiniment.

Le terme général de la série (Φ),

$$-\frac{\mu^2}{n^2}\int_b^c \mathrm{A}_n \cos\mu(x-a)\,\lambda(x)\,dx,$$

peut donc s'écrire

$$\frac{\mu^2}{n^2(\mu+n)^2}\int_b^c \frac{d^2\,\mathrm{B}_{\mu+n}}{dx^2}\lambda(x)\,dx + \frac{\mu^2}{n^2(\mu-n)^2}\int_b^c \frac{d^2\,\mathrm{B}_{\mu-n}}{dx^2}\lambda(x)\,dx,$$

ou, en intégrant deux fois par parties, et considérant d'abord $\lambda(x)$, puis $\lambda'(x)$ comme constantes,

$$\frac{\mu^2}{n^2(\mu+n)^2}\int_b^c \mathrm{B}_{\mu+n}\lambda''(x)\,dx + \frac{\mu^2}{n^2(\mu-n)^2}\int_b^c \mathrm{B}_{\mu-n}\lambda''(x)\,dx,$$

puisque $\lambda(x)$ et $\lambda'(x)$ deviennent nuls aux limites de l'intégration.

On s'assure facilement que $\int_b^c \mathrm{B}_{\mu\pm n}\lambda''(x)\,dx$ devient infiniment petit, quel que soit n, si μ croît indéfiniment; car cette expression est composée des intégrales

$$\int_b^c \cos(\mu\pm n)(x-a)\,\lambda''(x)\,dx, \qquad \int_b^c \sin(\mu\pm n)(x-a)\,\lambda''(x)\,dx.$$

Si $\mu \pm n$ devient infini, ces intégrales deviennent infiniment petites; si, n devenant infini avec μ, $\mu \pm n$ reste fini, ce sont, au contraire, les coefficients de ces intégrales dans $\mathrm{B}_{\mu\pm n}$ qui deviennent infiniment petits.

Pour la démonstration de notre théorème, il suffira donc évidemment de montrer que la somme

$$\sum \frac{\mu^2}{n^2(\mu-n)^2},$$

étendue à toutes les valeurs entières de n qui satisfont aux conditions

$$n < -c', \quad c'' < n < \mu - c''', \quad \mu + c^{\text{IV}} < n,$$

pour des valeurs positives quelconques des quantités c, reste finie, quand μ devient infini; car, en faisant abstraction des termes pour lesquels

$$-c' < n < c'', \quad \mu - c''' < n < \mu + c^{\text{IV}},$$

qui sont en nombre fini et deviennent évidemment infiniment

petits, il est clair que la série (Φ) demeure plus petite que la somme précédente, multipliée par la plus grande valeur de

$$\int_b^c \mathrm{B}_{\mu\pm n}\lambda''(x)\,dx,$$

qui est infiniment petite.

Maintenant, si les quantités c sont plus grandes que l'unité, la somme

$$\sum \frac{\mu^2}{n^2(\mu-n)^2} = \frac{1}{\mu}\sum \frac{\frac{1}{\mu}}{\left(1-\frac{n}{\mu}\right)^2\left(\frac{n}{\mu}\right)^2},$$

prise entre les limites précédentes, est plus petite que l'intégrale

$$\frac{1}{\mu}\int \frac{dx}{x^2(1-x)^2},$$

étendue de $-\infty$ à $-\frac{c'-1}{\mu}$, de $\frac{c''-1}{\mu}$ à $1-\frac{c'''-1}{\mu}$, de $1+\frac{c^{\text{IV}}-1}{\mu}$ à $+\infty$; car si, en partant de zéro, on sépare l'intervalle entier de $-\infty$ à $+\infty$ en intervalles de la grandeur de $\frac{1}{\mu}$, et que l'on remplace partout la fonction sous le signe $\int$ par sa plus petite valeur dans l'intervalle considéré, on obtient, puisque la fonction n'a aucun maximum entre les limites de l'intégration, tous les termes de la série.

Si l'on effectue l'intégration, l'on trouve

$$\frac{1}{\mu}\int \frac{dx}{x^2(1-x)^2} = \frac{1}{\mu}\left[-\frac{1}{x}+\frac{1}{1-x}+2\log x - 2\log(1-x)\right] + \text{const.},$$

et, par suite, entre les limites déjà indiquées, une valeur qui ne devient pas infinie avec μ [4].

§ IX.

A l'aide de ces trois théorèmes, on peut énoncer les propositions suivantes, sur la possibilité de représenter une fonction par une série trigonométrique dont les termes finissent par devenir infiniment petits pour toute valeur de l'argument.

I. Pour qu'une fonction périodique, ayant 2π pour période, puisse être représentée par une série trigonométrique dont les termes finissent par devenir infiniment petits pour toute valeur de x, il faut qu'il existe une fonction continue $F(x)$, dont $f(x)$ dépende de telle manière que l'expression

$$\frac{F(x+\alpha+\beta)-F(x+\alpha-\beta)-F(x-\alpha+\beta)+F(x-\alpha-\beta)}{4\alpha\beta},$$

où α et β sont des infiniment petits dont le rapport est fini, converge vers $f(x)$.

Il faut, de plus, que l'intégrale

$$\mu^2\int_b^c F(x)\cos\mu(x-a)\,\lambda(x)\,dx,$$

lorsque $\lambda(x)$ et $\lambda'(x)$ sont nuls aux limites b, c, et demeurent finis entre ces limites, et que $\lambda''(x)$ n'a pas un nombre infini de maxima et de minima, devienne infiniment petite quand μ augmente indéfiniment.

II. Réciproquement, si ces conditions sont satisfaites, il y a une série trigonométrique, dans laquelle les coefficients finissent par devenir infiniment petits, et qui représente la fonction toutes les fois qu'elle est convergente.

Déterminons, en effet, les quantités C', A_0, de telle manière que $F(x)-C'x-A_0\frac{x^2}{2}$ soit une fonction périodique, de période 2π, et développons cette fonction, d'après la méthode de Fourier, en la série trigonométrique

$$C-\frac{A_1}{1}-\frac{A_2}{4}-\frac{A_3}{9}-\ldots,$$

en faisant

$$\frac{1}{2\pi}\int_{-\pi}^{+\pi}\left[F(t)-C't-A_0\frac{t^2}{2}\right]dt=C,$$

$$\frac{1}{\pi}\int_{-\pi}^{+\pi}\left[F(t)-C't-A_0\frac{t^2}{2}\right]\cos n(x-t)\,dt=-\frac{A_n}{n^2};$$

alors, d'après ce qui précède,

$$A_n=-\frac{n^2}{\pi}\int_{-\pi}^{+\pi}\left[F(t)-C't-A_0\frac{t^2}{2}\right]\cos n(x-t)\,dt$$

deviendra toujours infiniment petit quand n croîtra, et, par suite, il résulte, du théorème I de l'article précédent, que la série

$$A_0 + A_1 + A_2 + \ldots,$$

toutes les fois qu'elle sera convergente, aura pour somme $f(x)$ [5].

III. Soit $b < x < c$, et $\rho(t)$ une fonction telle que $\rho(t)$ et $\rho'(t)$ aient, pour $t = b$ et pour $t = c$, la valeur zéro, et qu'elles soient continues entre ces limites; que $\rho''(t)$ n'ait pas un nombre infini de maxima et de minima, et que d'ailleurs, pour $t = x$, on ait

$$\rho(t) = 1, \qquad \rho'(t) = 0, \qquad \rho''(t) = 0,$$

$\rho'''(t)$ et $\rho^{\text{IV}}(t)$ demeurant finies et continues; alors la différence entre la série $A_0 + A_1 + \ldots + A_n$ et l'intégrale

$$\frac{1}{2\pi}\int_b^c F(t)\,\frac{d^2\,\dfrac{\sin\dfrac{(2n+1)(x-t)}{2}}{\sin\dfrac{x-t}{2}}}{dt^2}\,\rho(t)\,dt$$

devient toujours infiniment petite, quand n croît indéfiniment. La série sera donc convergente ou divergente, suivant que l'intégrale précédente tendra ou ne tendra pas vers une limite fixe, quand n croîtra indéfiniment.

Pour établir cette proposition, remarquons que l'on a

$$A_1 + A_2 + \ldots + A_n = \frac{1}{\pi}\int_{-\pi}^{+\pi}\left[F(t) - C't - \frac{A_0 t^2}{2}\right]\sum_1^n - n^2 \cos n(x-t)\,dt,$$

ou, à cause de

$$2\sum_1^n - n^2 \cos n(x-t) = 2\sum_1^n \frac{d^2 \cos n(x-t)}{dt^2} = \frac{d^2\,\dfrac{\sin\dfrac{(2n+1)(x-t)}{2}}{\sin\dfrac{x-t}{2}}}{dt^2},$$

$$A_1 + \ldots + A_n = \frac{1}{2\pi}\int_{-\pi}^{+\pi}\left[F(t) - C't - \frac{A_0 t^2}{2}\right]\frac{d^2\,\dfrac{\sin\dfrac{(2n+1)(x-t)}{2}}{\sin\dfrac{x-t}{2}}}{dt^2}\,dt.$$

Or, d'après le théorème III du paragraphe précédent, l'intégrale

$$\frac{1}{2\pi}\int_{-\pi}^{+\pi}\left[F(t)-C't-A_0\frac{t^2}{2}\right]\frac{d^2\dfrac{\sin\dfrac{(2n+1)(x-t)}{2}}{\sin\dfrac{x-t}{2}}}{dt^2}\lambda(t)\,dt$$

devient infiniment petite quand n croît indéfiniment, si $\lambda(t)$ demeure continue, ainsi que sa dérivée première, si $\lambda''(t)$ n'a pas un nombre infini de maxima et de minima, et si, pour $t=x$, on a

$$\lambda(t)=0,\qquad \lambda'(t)=0,\qquad \lambda''(t)=0,$$

$\lambda'''(t)$ et $\lambda^{\text{IV}}(t)$ demeurant finies et continues [6].

Cela posé, si l'on prend $\lambda(t)$ égal à 1, en dehors des limites b, c, et à $1-\rho(t)$, entre ces limites, ce qui est évidemment permis, il résulte de là que la différence entre la série $A_1+\ldots+A_n$ et l'intégrale

$$\frac{1}{2\pi}\int_{b}^{c}\left[F(t)-C't-A_0\frac{t^2}{2}\right]\frac{d^2\dfrac{\sin\dfrac{(2n+1)(x-t)}{2}}{\sin\dfrac{x-t}{2}}}{dt^2}\rho(t)\,dt$$

devient toujours infiniment petite, quand n croît indéfiniment. On vérifie facilement, au moyen d'une intégration par parties, que le terme

$$\frac{1}{2\pi}\int_{b}^{c}\left(C't+A_0\frac{t^2}{2}\right)\frac{d^2\dfrac{\sin\dfrac{(2n+1)(x-t)}{2}}{\sin\dfrac{x-t}{2}}}{dt^2}\rho(t)\,dt$$

tend vers A_0, quand n devient infini, d'où résulte la démonstration du théorème proposé.

§ X.

Il résulte des recherches précédentes que, si les coefficients de la série Ω finissent par devenir infiniment petits avec $\frac{1}{n}$, la convergence de la série, pour une valeur déterminée de x, dépend seulement de la manière dont se comporte la fonction dans le voisinage immédiat de cette valeur.

Pour reconnaître si les coefficients de la série deviennent toujours infiniment petits, on ne pourra pas toujours partir de leur expression par des intégrales définies, et l'on devra avoir recours à d'autres méthodes. Il importe cependant de considérer à part un cas où cette propriété résulte immédiatement de la nature de la fonction, à savoir : celui où la fonction $f(x)$ demeure toujours finie et est susceptible d'intégration.

Dans ce cas, si l'on sépare l'intervalle complet de $-\pi$ à $+\pi$ en petits intervalles de grandeurs δ_1, δ_2, δ_3, ..., et si l'on désigne par D_1, D_2, D_3, ... les plus grandes oscillations de la fonction dans ces intervalles, la somme

$$\delta_1 D_1 + \delta_2 D_2 + \delta_3 D_3 + \ldots$$

devra devenir infiniment petite, quand tous les δ tendront vers zéro.

Cela posé, si l'on partage l'intégrale

$$\int_{-\pi}^{+\pi} f(x) \sin n(x-a)\, dx,$$

qui représente, au facteur $\frac{1}{\pi}$ près, les différents coefficients de la série, ou, ce qui est la même chose, l'intégrale

$$\int_{a}^{a+2\pi} f(x) \sin n(x-a)\, dx,$$

prise à partir de $x=a$, en intégrales partielles correspondant à des intervalles égaux à $\frac{2\pi}{n}$, alors chacune d'elles fournit à la somme une portion plus petite que $\frac{2}{n}$ multiplié par la plus grande oscillation dans son intervalle, et leur somme est plus petite qu'une grandeur qui, d'après les hypothèses, devient infiniment petite avec $\frac{2\pi}{n}$.

En effet, ces intégrales sont de la forme

$$\int_{a+s\frac{\pi}{n}}^{a+(s+1)\frac{\pi}{n}} f(x) \sin n(x-a)\, dx.$$

Le sinus est positif dans la première moitié de l'intervalle, et négatif dans la seconde. Si donc on désigne par M la plus grande valeur de $f(x)$ dans cet intervalle, par m la plus petite, il est clair qu'on augmente l'intégrale si, dans la première moitié de l'intervalle, on remplace $f(x)$ par M, et dans la seconde moitié par m, et que l'on diminue l'intégrale si, dans la première moitié, on remplace $f(x)$ par m, et dans la seconde par M. Dans le premier cas, on obtient

$$\frac{2}{n}(M-m),$$

et, dans le second,

$$\frac{2}{n}(m-M).$$

L'intégrale, abstraction faite du signe, est donc plus petite que

$$\frac{2}{n}(M-m).$$

et, par suite, l'intégrale

$$\int_a^{a+2\pi} f(x)\sin n(x-a)\,dx$$

est plus petite que

$$\frac{2}{n}(M_1-m_1)+\frac{2}{n}(M_2-m_2)+\ldots,$$

si l'on désigne par M_s et m_s la plus grande et la plus petite valeur de $f(x)$ dans le $s^{\text{ième}}$ intervalle. Cette somme, puisque $f(x)$ est susceptible d'intégration, doit devenir infiniment petite toutes les fois que l'intervalle $\frac{2\pi}{n}$ tend vers zéro.

Donc, dans le cas que nous avons supposé, les termes deviendront infiniment petits avec $\frac{1}{n}$, quel que soit x.

§ XI.

Il reste encore à examiner le cas où les termes de la série Ω deviennent infiniment petits avec $\frac{1}{n}$ pour une valeur de l'argument x, sans que cela ait lieu pour toute valeur de cet argument. Ce cas peut se ramener au précédent.

Si, dans les séries relatives aux valeurs de l'argument $x+t$ et $x-t$, on additionne les termes de même rang, on obtient la série

$$2A_0 + 2A_1 \cos t + 2A_2 \cos 2t + \ldots,$$

dans laquelle les termes deviennent infiniment petits avec $\frac{1}{n}$ pour toute valeur de t, et à laquelle on peut, par conséquent, appliquer les méthodes des articles précédents.

Désignons, pour cela, par $G(t)$ la valeur de la série infinie

$$C + C'x + A_0 \frac{x^2}{2} + A_0 \frac{t^2}{2} - A_1 \frac{\cos t}{1} - A_2 \frac{\cos 2t}{4} - A_3 \frac{\cos 3t}{9} - \ldots,$$

de telle manière que $\frac{F(x+t)+F(x-t)}{2}$ soit égal à $G(t)$ pour toutes les valeurs de t pour lesquelles les séries qui représentent $F(x+t)$ et $F(x-t)$ sont convergentes. On aura alors les propositions suivantes :

I. Si les termes de la série Ω deviennent infiniment petits avec $\frac{1}{n}$ pour toute valeur de x, alors la fonction

$$\mu^2 \int_c^b G(t) \cos \mu(t-a)\, \lambda(t)\, dt,$$

$\lambda(t)$ étant une fonction définie comme précédemment (§ IX), devient infiniment petite quand μ croît au delà de toute limite. La valeur de l'intégrale se compose de deux parties

$$\frac{\mu^2}{2} \int_c^b F(x+t) \cos \mu(t-a)\, \lambda(t)\, dt,$$

$$\frac{\mu^2}{2} \int_c^b F(x-t) \cos \mu(t-a)\, \lambda(t)\, dt,$$

toutes les fois que ces deux intégrales ont une valeur déterminée. La valeur de l'intégrale est donc rendue infiniment petite par la manière dont se comporte la fonction F en deux points situés symétriquement au-dessus et au-dessous de x. Il faut d'ailleurs remarquer qu'il doit exister, dans le cas actuel, des points pour lesquels chacune de ces parties, considérée en elle-même, ne devient pas infiniment petite; car, autrement, tous les termes de la série Ω finiraient par devenir infiniment petits avec $\frac{1}{n}$ pour toute valeur de l'argument x. Par conséquent, les valeurs correspondant à ces deux points, situés symétriquement par rapport à x, doivent alors se compenser, et cela de manière que leur somme tende vers zéro quand μ croît infiniment. Il s'ensuit que la série Ω ne peut être convergente que pour des valeurs de la quantité x pour lesquelles les points où

$$\mu^2 \int_b^c F(x) \cos \mu(x-a)\lambda(x)\, dx$$

n'est pas infiniment petit pour x infini sont situés symétriquement. Si le nombre de ces intervalles symétriques est infiniment grand, il résulte évidemment de ce qui précède que la série trigonométrique pourra converger pour une infinité de valeurs de x, sans que ses coefficients deviennent infiniment petits avec $\frac{1}{n}$ pour toute valeur de x.

Réciproquement, on a

$$A_n = -\frac{2n^2}{\pi}\int_0^\pi \left[G(t) - A_0\frac{t^2}{2}\right] \cos nt\, dt,$$

et, par suite, A_n deviendra infiniment petit avec $\frac{1}{n}$, toutes les fois que

$$\mu^2 \int_b^c G(t) \cos \mu(t-a)\lambda(t)\, dt$$

deviendra infiniment petit quand μ dépassera toute limite.

II. Si les termes de la série Ω deviennent infiniment petits avec $\frac{1}{n}$ pour la valeur x de l'argument, la convergence ou la divergence de la série dépendra de la marche de la fonction $G(t)$ pour une valeur infiniment petite de t et la différence entre

$$A_0 + A_1 + \ldots + A_n$$

et l'intégrale

$$\frac{1}{\pi}\int_0^b G(t)\, \frac{d^2 \dfrac{\sin\frac{(2n+1)t}{2}}{\sin\frac{t}{2}}}{dt^2}\, \rho(t)\, dt$$

deviendra infiniment petite avec $\frac{1}{n}$, si b est une constante aussi petite qu'on le voudra, comprise entre zéro et π, et $\rho(t)$ une fonction telle que $\rho(t)$, $\rho'(t)$ soient toujours continues, et soient égales à zéro pour $t=b$, et qu'en outre $\rho''(t)$ n'ait pas un nombre infini de maxima et de minima, et que, pour $t=0$, on ait

$$\rho(t)=0, \qquad \rho'(t)=0, \qquad \rho''(t)=0,$$

$\rho'''(t)$ et $\rho^{\text{IV}}(t)$ demeurant finies et continues.

§ XII.

Les conditions nécessaires à la représentation d'une fonction par une série trigonométrique peuvent bien être encore un peu restreintes, et, par suite, nos recherches peuvent être encore poussées plus avant, sans qu'il soit fait aucune hypothèse particulière sur la nature de la fonction. Par exemple, dans le dernier théorème obtenu, la condition que $\rho''(0)=0$ peut être supprimée, si l'on remplace, dans l'intégrale

$$\frac{1}{\pi}\int_0^b G(t)\,\frac{d^2\,\dfrac{\sin\dfrac{2n+1}{2}t}{\sin\dfrac{t}{2}}}{dt^2}\,\rho(t)\,dt,$$

$G(t)$ par $G(t)-G(0)$; mais on ne gagne ainsi rien d'essentiel.

Passons donc à la considération des cas particuliers, et proposons-nous d'indiquer, pour le cas où la fonction n'a pas un nombre infini de maxima ou de minima, les propositions complémentaires qu'on peut encore ajouter au travail de Dirichlet.

Il a été remarqué plus haut qu'une telle fonction peut toujours être intégrée partout où elle ne devient pas infinie, et il est évident qu'elle ne peut devenir infinie que pour un nombre limité de valeurs de l'argument. Dirichlet démontre aussi que, dans les expressions intégrales du $n^{\text{ième}}$ terme de la série et de la somme des n premiers termes, la portion de l'intégrale relative à tous les intervalles, à l'exception de ceux où la fonction devient infinie et de l'intervalle infiniment petit comprenant la valeur de l'argument x, devient infiniment petite, quand n croît indéfiniment, et que

$$\int_x^{a+b} f(t) \frac{\sin \frac{2n+1}{2}(x-t)}{\sin \frac{x-t}{2}} dt,$$

où $0 < b < \pi$, et où $f(t)$ ne devient pas infini dans les limites de l'intégration, converge, pour n infini, vers $\pi f(x+0)$, et cette démonstration ne laisse rien à désirer, quand on supprime l'hypothèse inutile que $f(x)$ soit continu. Il reste seulement à rechercher dans quels cas les intégrales relatives aux intervalles infiniment petits, dans lesquels la fonction devient infinie, deviennent infiniment petites, quand n augmente indéfiniment. Cette recherche n'a pas été faite; mais Dirichlet a seulement fait voir, en passant, que cela a lieu dès que l'on suppose que la fonction à représenter est susceptible d'intégration; mais cette hypothèse n'est pas nécessaire.

Nous avons vu plus haut que, si les termes de la série Ω deviennent infiniment petits avec $\frac{1}{n}$ pour toute valeur de x, la fonction $F(x)$, dont $f(x)$ est la dérivée seconde, doit être finie et continue, et que

$$\frac{F(x+\alpha) - 2F(x) + F(x-\alpha)}{\alpha}$$

est toujours infiniment petit avec α. Si maintenant la fonction

$$F'(x+t) - F'(x-t)$$

n'a pas un nombre infini de maxima et de minima, alors, quand t deviendra nul, elle devra tendre vers une limite finie L ou devenir infinie, et il est évident que

$$\frac{1}{\alpha}\int_0^\alpha [F'(x+t) - F'(x-t)]\, dt = \frac{F(x+\alpha) - 2F(x) + F(x-\alpha)}{\alpha}$$

devra de même converger vers L ou vers l'infini, et, par suite, que cette expression ne deviendra infiniment petite que si

$$F'(x+t) - F'(x-t)$$

a zéro pour limite. D'après cela, si $f(x)$ devient infini pour $x = a$, il faut que l'on puisse toujours intégrer $f(a+t)+f(a-t)$ jusqu'à $t=0$. Cela suffit pour que

$$\left(\int_b^{a-\varepsilon} + \int_{a+\varepsilon}^c\right) dx\, f(x) \cos n(x-a)$$

converge lorsque ε tend vers zéro, et devienne infiniment petit quand n croît. Comme d'ailleurs la fonction $F(x)$ est finie et continue, $F'(x)$ doit être susceptible d'intégration jusqu'à $x=a$, et $(x-a)F'(x)$ devenir infiniment petit avec $x-a$, si cette fonction n'a pas un nombre infini de maxima et de minima, d'où il suit que

$$\frac{d.(x-a)F'(x)}{dx} = (x-a)f(x) + F'(x),$$

et, partant, que $(x-a)f(x)$ pourra aussi être intégré jusqu'à $x=a$. D'après cela, $\int f(x) \sin n(x-a)\, dx$ peut aussi être intégré jusqu'à $x=a$, et pour que les coefficients de la série finissent par devenir infiniment petits, il suffira évidemment que l'intégrale

$$\int_b^c f(x) \sin n(x-a)\, dx,$$

où $b<a<c$, devienne infiniment petite quand n croît. Posons

$$f(x)(x-a) = \varphi(x);$$

alors, si cette fonction, comme on le suppose, n'a pas un nombre infini de maxima et de minima, on aura, pour n infini,

$$\int_b^c f(x) \sin n(x-a)\, dx = \int_b^c \frac{\varphi(x)}{x-a} \sin n(x-a)\, dx$$
$$= \frac{\varphi(a+0)+\varphi(a-0)}{2},$$

comme Dirichlet l'a prouvé. En conséquence,

$$\varphi(a+t)+\varphi(a-t) = f(a+t)\,t - f(a-t)\,t$$

doit devenir infiniment petit avec t, et comme

$$f(a+t)+f(a-t)$$

peut être intégré jusqu'à $t = 0$ et que, par suite,

$$f(a+t)\,t + f(a-t)\,t$$

est infiniment petit avec t, on voit que $f(a+t)\,t$ et aussi $f(a-t)\,t$ doivent être infiniment petits avec t. En faisant abstraction des fonctions qui ont un nombre infini de maxima et de minima, nous voyons qu'il est nécessaire et suffisant, pour la représentation d'une fonction par une série trigonométrique dont les termes sont infiniment petits avec $\frac{1}{n}$, que, si elle devient infinie pour $x = a$, $f(a+t)t$ et $f(a-t)t$ soient infiniment petits avec t, et que $f(a+t) + f(a-t)$ puisse être intégré jusqu'à $t = 0$.

Une série trigonométrique, dont les coefficients ne finissent pas par devenir infiniment petits, ne peut représenter que pour un nombre fini de valeurs de x une fonction qui n'a pas un nombre infini de maxima et de minima, parce que

$$\mu^2 \int_b^c \mathrm{F}(x) \cos \mu (x-a)\, \lambda(x)\, dx$$

ne peut cesser d'être infiniment petit, pour μ infini, que pour un nombre limité de valeurs de x. Il est donc inutile d'insister sur cette hypothèse.

§ XIII.

Pour ce qui concerne les fonctions qui ont un nombre infini de maxima et de minima, il ne sera pas inutile de remarquer qu'une telle fonction $f(x)$ peut être susceptible d'une intégration, sans pouvoir être représentée par une série de Fourier [7]. Cela aura lieu, par exemple, si l'on a

$$f(x) = \frac{d\left(x^\nu \cos \frac{1}{x}\right)}{dx} \qquad \left(0 < \nu < \frac{1}{2}\right)$$

entre zéro et 2π. Car, dans l'intégrale

$$\int_0^{2\pi} f(x) \cos n(x-a)\, dx,$$

quand n croît, l'influence de l'intervalle où x est très voisin de $\sqrt{\frac{1}{n}}$ finit par devenir infiniment grande, en sorte que le rapport de cette intégrale à

$$\frac{1}{2}\sin\left(2\sqrt{n} - na + \frac{\pi}{4}\right)\sqrt{\pi}\, n^{\frac{1-2\nu}{4}}$$

converge vers l'unité, comme on le trouvera en suivant une marche analogue à celle que nous allons indiquer. Pour généraliser l'exemple précédent, ce qui fera mieux ressortir la nature de la question, faisons

$$\int f(x)\,dx = \varphi(x)\cos\psi(x),$$

en supposant $\varphi(x)$ infiniment petit et $\psi(x)$ infiniment grand, quand x tend vers zéro, ces fonctions étant d'ailleurs continues avec leurs dérivées, et n'ayant pas un nombre infini de maxima et de minima. On aura alors

$$f(x) = \varphi'(x)\cos\psi(x) - \varphi(x)\,\psi'(x)\sin\psi(x),$$

et $\int f(x)\cos n(x-a)\,dx$ sera égal à la somme des quatre intégrales

$$\frac{1}{2}\int \varphi'(x)\cos[\psi(x) \pm n(x-a)]\,dx,$$

$$-\frac{1}{2}\int \varphi(x)\psi'(x)\sin[\psi(x) \pm n(x-a)]\,dx.$$

$\psi(x)$ étant supposé positif, considérons le terme

$$-\frac{1}{2}\int \varphi(x)\,\psi'(x)\sin[\psi(x) + n(x-a)]\,dx,$$

et recherchons dans cet intervalle la place où les changements de signe du sinus se succèdent le plus lentement possible. Si l'on pose

$$\psi(x) + n(x-a) = y,$$

cela aura lieu dans le voisinage des valeurs de x où $\frac{dy}{dx} = 0$, et par suite

$$\psi'(\alpha) + n = 0,$$

en remplaçant x par α. Étudions donc la marche de l'intégrale

$$-\frac{1}{2}\int_{\alpha-\varepsilon}^{\alpha+\varepsilon} \varphi(x)\,\psi'(x)\sin y\,dx,$$

pour le cas où ε est infiniment petit pour n infini, et introduisons y comme variable. Posons

$$\psi(\alpha)+n(\alpha-a)=\beta;$$

alors on a, pour ε suffisamment petit,

$$y=\beta+\psi''(\alpha)\frac{(x-\alpha)^2}{2}+\ldots,$$

et $\psi''(\alpha)$ est positif, puisque $\psi(x)$ est infini positif pour x infiniment petit. On a d'ailleurs

$$\frac{dy}{dx}=\psi''(\alpha)(x-\alpha)=\pm\sqrt{2\psi''(\alpha)(y-\beta)},$$

suivant que $x-\alpha \gtrless 0$, et

$$-\frac{1}{2}\int_{\alpha-\varepsilon}^{\alpha+\varepsilon} \varphi(x)\,\psi'(x)\sin y\,dx$$

$$=\frac{1}{2}\left(\int_{\beta+\psi''(\alpha)\frac{\varepsilon^2}{2}}^{\beta}-\int_{\beta}^{\beta+\psi''(\alpha)\frac{\varepsilon^2}{2}}\right)\frac{\sin y\,dy}{\sqrt{y-\beta}}\,\frac{\varphi(\alpha)\,\psi'(\alpha)}{\sqrt{2\psi''(\alpha)}}$$

$$=-\int_{0}^{\psi''(\alpha)\frac{\varepsilon^2}{2}}\sin(y+\beta)\,\frac{dy}{\sqrt{y}}\,\frac{\varphi(\alpha)\,\psi'(\alpha)}{\sqrt{2\psi''(\alpha)}}.$$

Si l'on fait décroître la quantité ε pour n croissant, de telle manière que $\psi''(\alpha)\,\varepsilon^2$ devienne infini, alors, en supposant que

$$\int_0^{\infty}\sin(y+\beta)\,\frac{dy}{\sqrt{y}},$$

qui est égal, comme on sait, à $\sin\left(\beta+\frac{\pi}{4}\right)\sqrt{\pi}$, ne soit pas nul, et en faisant abstraction de quantités négligeables, on aura

$$-\frac{1}{2}\int_{\alpha-\varepsilon}^{\alpha+\varepsilon}\varphi(x)\,\psi'(x)\sin[\psi(x)+n(x-a)]\,dx$$

$$=-\sin\left(\beta+\frac{\pi}{4}\right)\frac{\sqrt{\pi}.\varphi(\alpha)\,\psi'(\alpha)}{\sqrt{2\psi''(\alpha)}}.$$

Si donc cette dernière grandeur ne devient pas infiniment petite, comme l'intégrale relative aux autres intervalles tend vers zéro, le rapport de $\int_0^{2\pi} f(x)\cos n(x-a)\,dx$ à cette même quantité converge vers l'unité.

Si l'on suppose que $\varphi(x)$ et $\psi'(x)$ soient, pour x infiniment petit, du même ordre que certaines puissances de x, savoir, $\varphi(x)$ de l'ordre de x^{ν}, $\psi'(x)$ de celui de $x^{-\mu-1}$, où $\nu > 0$, $\mu \geqq 0$, alors, pour n infini,

$$\frac{\varphi(\alpha)\,\psi'(\alpha)}{2\sqrt{\psi''(\alpha)}}$$

sera de l'ordre de $\alpha^{\nu-\frac{\mu}{2}}$, et, par suite, ne sera pas infiniment petit si $\mu \geqq 2\nu$. Mais, en général, si $x\psi'(x)$ ou, ce qui est la même chose, si $\frac{\psi(x)}{\log x}$ devient infiniment grand pour x infiniment petit, on pourra toujours choisir $\varphi(x)$ de telle manière que $x\varphi(x)$ soit infiniment petit avec x, et que

$$\varphi(x)\frac{\psi'(x)}{\sqrt{2\psi''(x)}} = \frac{\varphi(x)}{\sqrt{-2\dfrac{d}{dx}\dfrac{1}{\psi'(x)}}} = \frac{\varphi(x)}{\sqrt{-2\lim\dfrac{1}{x\psi'(x)}}}$$

devienne infiniment grand, et, par suite, l'intégrale $\int_x f(x)\,dx$ peut être prise à partir de zéro, sans que $\int_0^{2\pi} f(x)\cos n(x-a)\,dx$ devienne infiniment petite quand n croît indéfiniment. Comme on le voit, dans l'intégrale $\int_x f(x)\,dx$, les accroissements de l'intégrale, quand x tend vers zéro, se compensent, quoique leur rapport à la variation de x croisse très rapidement pendant les rapides changements de signe de la fonction; par l'introduction du facteur $\cos n(x-a)$, on obtient ce résultat, que les accroissements de l'intégrale s'ajoutent en valeur les uns aux autres.

De même que nous venons de voir que, pour une fonction toujours susceptible d'intégration, la série de Fourier peut n'être pas convergente, et que les termes de cette série peuvent devenir infiniment grands avec n, de même aussi on peut indiquer des fonctions qui ne sont jamais susceptibles d'intégration, et pour lesquelles la série Ω converge pour une infinité de valeurs de x prises entre deux valeurs aussi rapprochées qu'on le veut.

On a un exemple de ce nouveau cas dans la fonction représentée par la série

$$\sum_{1}^{\infty} \frac{(nx)}{n},$$

où (nx) a la même signification qu'au § VI. Cette fonction existe pour toute valeur rationnelle de x, et est représentée par la série trigonométrique

$$\sum_{1}^{\infty}{}_{n} \frac{\Sigma_\theta[-(-1)^\theta]}{n\pi} \sin 2nx\pi \quad [8],$$

où l'on doit mettre à la place de θ tous les diviseurs de n, mais qui ne reste comprise entre des limites finies dans aucun intervalle, si petit qu'il soit, et, par conséquent, n'est susceptible d'aucune intégration.

On obtient un exemple du même genre lorsque, dans les séries

$$\sum_{0}^{\infty} c_n \cos n^2 x, \qquad \sum_{1}^{\infty} c_n \sin n^2 x,$$

on met, pour $c_0, c_1, c_2, \ldots$, des quantités positives toujours décroissantes et devenant infiniment petites, mais pour lesquelles $\sum_{1}^{n}{}_{s} c_s$ devient infiniment grand. Car, si le rapport de x à 2π est rationnel, et s'il a pour dénominateur m, quand il est réduit à sa plus simple expression, ces séries seront évidemment convergentes ou divergentes, suivant que

$$\sum_{0}^{m-1} \cos n^2 x, \qquad \sum_{0}^{m-1} \sin n^2 x$$

seront égaux à zéro ou différents de zéro. Les deux cas se présentent, d'après un théorème connu de la division du cercle ([1]), pour une infinité de valeurs de x, comprises entre des limites aussi rapprochées qu'on le veut.

([1]) *Disquisit. arithm.*, p. 636, art. 356.

La série Ω peut aussi converger dans un intervalle aussi grand qu'on le veut, sans que la valeur de la série

$$C' + A_0 x - \sum \frac{\frac{dA_n}{dx}}{n^2},$$

que l'on obtient par l'intégration de chaque terme de Ω, puisse être intégrée dans un intervalle aussi petit que l'on voudra.

Considérons, par exemple, l'expression

$$\sum_1^\infty \frac{1}{n^3}(1 - q^n)\log\left[\frac{-\log(1-q^n)}{q^n}\right],$$

où l'on prend les logarithmes de telle manière qu'ils s'évanouissent pour $q = 0$, et développons-la suivant les puissances ascendantes de q, en y remplaçant q par e^{xi}; la partie imaginaire du développement forme une série trigonométrique qui, différentiée deux fois par rapport à x, converge un nombre infini de fois dans chaque intervalle, tandis que son premier quotient différentiel devient nul un nombre infini de fois.

Une série trigonométrique peut aussi converger un nombre infini de fois dans un intervalle aussi petit qu'on le veut, sans que ses termes deviennent infiniment petits avec $\frac{1}{n}$ pour toute valeur de x. Un exemple simple est fourni par la série

$$\sum_1^\infty \sin(n!)\,x\pi,$$

où $n!$ désigne, comme d'habitude, le produit $1.2.3\ldots n$. Cette série converge non seulement pour toute valeur rationnelle de x, puisqu'elle est alors limitée, mais aussi pour un nombre infini de valeurs irrationnelles, dont les plus simples sont $\sin 1$, $\cos 1$, $\frac{2}{e}$, et leurs multiples, et, en outre, les multiples impairs de e, de $\frac{e - \frac{1}{e}}{4}$, etc. [9].

TABLE DES MATIÈRES.

Historique de la question de la possibilité de représenter une fonction par une série trigonométrique.

NOTES.

[1] (p. 237). Supposons que la fonction $f(x)$ ne croisse pas dans l'intervalle Δ entre x et $x_1 > x$, et désignons par g la limite supérieure des valeurs que prend $f(x+\xi)$ pour $0 < \xi < \Delta$, c'est-à-dire une valeur qui n'est surpassée par aucune de ces valeurs fonctionnelles, mais qui peut être atteinte avec tout degré quelconque d'approximation; ceci posé, $g - f(x+\xi)$ ne diminuera jamais pour ξ croissant, mais devra néanmoins encore être infiniment petit, c'est-à-dire que l'on aura

$$\lim_{\xi=0}[g - f(x+\xi)] = 0, \qquad g = f(x+0).$$

Le théorème qu'un système Σ de nombres réels, dont les individus, se présentant en nombre s fini ou infini, ne peuvent surpasser une valeur numérique finie, possède une limite supérieure, est, il est vrai, énoncé avec précision et démontré pour la première fois par Weierstrass (comparer O. Biermann, *Théorie des Fonctions analytiques*, § 16; Leipzig, Teubner). La démonstration, basée sur les intuitions de Dedekind relatives aux nombres irrationnels (*Continuité et nombres irrationnels,* Brunswick, 1872; Vieweg), est très simple. En effet, si l'on partage la suite des nombres réels en deux parties A et B, de telle sorte que chaque nombre a de A soit surpassé par des nombres du système Σ, et que chaque nombre b de B ne le soit pas, ces deux parties A et B sont séparées par un nombre existant g qui possède évidemment les attributs caractéristiques de la limite supérieure de Σ.

[2] (p. 242). Ici se place un fragment de note de la main de Riemann, que nous chercherons à exposer comme il suit, car cela est nécessaire pour compléter la démonstration que l'évanouissement de Δ avec d est aussi la

condition suffisante pour la convergence de S. Il pourrait sembler, lorsque pour deux subdivisions différentes où les intervalles δ', δ'' sont plus petits que d, et où la différence, par suite, entre les valeurs maxima et minima de la somme S (limites supérieure et inférieure) que nous désignerons pour les deux subdivisions par S' et S'', est plus petite qu'une grandeur donnée ε, il pourrait sembler, dis-je, que les sommes S' et S'' elles-mêmes puissent différer d'une quantité finie.

Pour en reconnaître l'impossibilité, formons une troisième subdivision δ à laquelle corresponde la somme S, en prenant ensemble les deux subdivisions δ' et δ''. Comme maintenant chaque élément δ' est constitué par un nombre entier d'éléments δ, alors, lorsque l'on considère une valeur quelconque de S, la somme des termes de S, correspondant à ces éléments δ, est située entre la plus grande et la plus petite valeur du terme de S' correspondant à l'élément δ', et, par suite aussi, la somme totale S sera située entre la plus grande et la plus petite valeur de S''; par conséquent, S, S', S'' ne peuvent différer entre eux au plus que de ε.

[3] (p. 244). Voici comment l'on démontre que toute fonction finie $f(x)$ qui ne croît pas entre les limites a et b, et que, par suite, toute fonction qui ne possède pas un nombre infini de maxima et de minima, est susceptible d'intégration.

Soient

$$a = x_1 < x_2 < x_3, \quad \ldots, \quad < x_n = b,$$

$$\delta_1 = x_2 - x_1, \quad \delta_2 = x_3 - x_2, \quad \ldots, \quad \delta_{n-1} = x_n - x_{n-1},$$

$$D_1 = f(x_1) - f(x_2), \quad D_2 = f(x_2) - f(x_3), \quad \ldots,$$

$$D_{n-1} = f(x_{n-1}) - f(x_n),$$

$$D_1 + D_2 + D_3 + \ldots + D_{n-1} = f(a) - f(b).$$

Puisque, d'après l'hypothèse, $f(x)$ ne croît pas, les grandeurs $D_1, D_2, \ldots$, D_{n-1} sont les oscillations maxima dans les intervalles $\delta_1, \delta_2, \ldots, \delta_{n-1}$, et toutes sont positives ou au moins aucune d'elles n'est négative. Si m est le nombre de ces intervalles où D est $> \sigma$, l'on a

$$m\sigma < f(a) - f(b)$$

ou

$$m < \frac{f(a) - f(b)}{\sigma}.$$

Par conséquent, si tous les intervalles δ sont plus petits que d, alors la grandeur totale des intervalles, où la plus grande oscillation est supérieure à σ, est

$$< \frac{f(a) - f(b)}{\sigma} d,$$

et sera, par conséquent, comme nous voulions le démontrer, infiniment petite en même temps que d.

[4] (p. 254). Les grandeurs $B_{\mu\pm n}$ employées ici ont pour expression

$$\begin{aligned} B_{\mu+n} = &\ \frac{1}{2}\cos(\mu+n)(x-a)(a_n \sin na + b_n \cos na) \\ &+ \frac{1}{2}\sin(\mu+n)(x-a)(a_n \cos na - b_n \sin na), \\ B_{\mu-n} = &\ \frac{1}{2}\cos(\mu-n)(x-a)(a_n \sin na + b_n \cos na) \\ &- \frac{1}{2}\sin(\mu-n)(x-a)(a_n \cos na - b_n \sin na). \end{aligned}$$

Pour compléter, il reste encore à démontrer que

$$\mu^2 \int_b^c \left(C + C'x + A_0 \frac{x^2}{2}\right) \cos\mu(x-a)\,\lambda(x)\,dx$$

a aussi pour valeur zéro. On y arrive de la manière la plus simple en posant

$$\left(C + C'x + A_0 \frac{x^2}{2}\right) \cos\mu(x-a) = -\frac{1}{\mu^2}\frac{d^2 B}{dx^2},$$

$$B = \left(C - \frac{3A_0}{\mu^2} + C'x + A_0 \frac{x^2}{2}\right) \cos\mu(x-a) - 2(C' + A_0 x)\frac{\sin\mu(x-a)}{\mu}$$

et en employant deux fois successivement l'intégration par parties.

Les intégrales telles que

$$\int_b^c \cos\mu(x-a)\,\lambda''(x)\,dx, \qquad \int_b^c \sin\mu(x-a)\,\lambda''(x)\,dx$$

s'évanouissent pour μ croissant indéfiniment; on peut le démontrer, soit d'après la méthode de Dirichlet, soit encore plus simplement au moyen du théorème de la moyenne de Du Bois-Reymond; par conséquent, lorsque $\varphi(x)$ désigne une fonction qui n'est jamais croissante ou jamais décroissante entre les limites b et c, et ξ une valeur comprise entre b et c, l'on a

$$\int_b^c f(x)\,\varphi(x)\,dx = \varphi(b)\int_b^\xi f(x)\,dx + \varphi(c)\int_\xi^c f(x)\,dx.$$

[5] (p. 256). Les théorèmes exposés au § II demandent un éclaircissement. Puisque la fonction $f(x)$ est supposée posséder une période 2π, la fonction

$$F(x+2\pi) - F(x) = \varphi(x)$$

doit avoir cette propriété que

$$\frac{\varphi(x+\alpha+\beta) - \varphi(x+\alpha-\beta) - \varphi(x-\alpha+\beta) + \varphi(x-\alpha-\beta)}{4\alpha\beta},$$

sous les hypothèses faites dans le texte, devra tendre avec α et β vers la limite zéro. Par suite, $\varphi(x)$ est une fonction linéaire de x, et les constantes C', A_0 peuvent donc être déterminées telles que

$$\Phi(x) = F(x) - C'x - A_0 \frac{x^2}{2}$$

soit une fonction de x possédant la période 2π.

Maintenant, relativement à la fonction $F(x)$, l'on a encore fait cette hypothèse que, pour des limites quelconques b et c,

$$\mu^2 \int_b^c F(x) \cos\mu(x-a)\,\lambda(x)\,dx$$

tend vers la limite zéro pour μ croissant indéfiniment, si $\lambda(x)$ satisfait aux conditions posées dans le texte; d'où il s'ensuit que, sous les mêmes hypothèses,

$$\mu^2 \int_b^c \Phi(x) \cos\mu(x-a)\,\lambda(x)\,dx$$

tend vers la limite zéro.

Soient maintenant

$$b < -\pi, \qquad c > \pi,$$

et supposons, ce qui est permis, que l'on ait, dans l'intervalle de $-\pi$ à $+\pi$,

$$\lambda(x) = 1;$$

il s'ensuit alors que

$$\mu^2 \int_b^{-\pi} \Phi(x) \cos\mu(x-a)\,\lambda(x)\,dx + \mu^2 \int_\pi^c \Phi(x) \cos\mu(x-a)\,\lambda(x)\,dx$$
$$+ \mu^2 \int_{-\pi}^{+\pi} \Phi(x) \cos\mu(x-a)\,dx$$

a aussi pour limite zéro. On peut maintenant, lorsque μ est un nombre entier n, en ayant égard à la périodicité de $\Phi(x)$, remplacer cette somme par

$$n^2 \int_{b+2\pi}^c \Phi(x) \cos n(x-a)\,\lambda_1(x)\,dx + n^2 \int_{-\pi}^{+\pi} \Phi(x) \cos n(x-a)\,dx,$$

quand, dans l'intervalle de $b + 2\pi$ à π, l'on a

$$\lambda_1(x) = \lambda(x - 2\pi),$$

et quand, dans l'intervalle de π à c, l'on a

$$\lambda_1(x) = \lambda(x),$$

de telle sorte que, entre les limites $b+2\pi$ et c, $\lambda_1(x)$ satisfait aux hypothèses relatives à la fonction $\lambda(x)$.

Par conséquent, le premier terme de la précédente somme, pris séparément, a comme valeur limite zéro, et, par suite aussi, la valeur limite de

$$\mu^2 \int_{-\pi}^{+\pi} \Phi(x) \cos \mu(x-a)\, dx$$

est égale à zéro.

[6] (p. 257). Ici, relativement à la fonction $\lambda(x)$, il semble que l'on devrait ajouter cette condition : qu'après l'intervalle 2π elle se reproduit périodiquement (ce qui est compatible avec l'hypothèse ultérieure). En effet, l'intégrale en question, par exemple, ne tendrait pas vers zéro, si l'on posait

$$F(t) - C'(t) - A_0 \frac{t^2}{2} = \text{const.} \quad \text{et} \quad \lambda(t) = (x-t)^3.$$

Au contraire, en admettant la périodicité de $\lambda(x)$, l'on prouvera facilement que l'intégrale s'évanouit, en opérant explicitement la différentiation

$$\frac{d\,d\,\dfrac{\sin \dfrac{2n+1}{2}\,x-t}{\sin \dfrac{x-t}{2}},}{dt^2}$$

en appliquant le théorème III, § VIII, et en employant un raisonnement analogue à celui de la Note [5].

Relativement aux Notes [5] et [6] qui, dans la première édition de Riemann, portaient les numéros (1) et (2), M. Ascoli a élevé diverses objections dans un travail *Sur les Séries trigonométriques* (*Accademia dei Lincei,* 1880). Nous laissons d'ailleurs ces Notes sans y rien changer; on pourrait cependant y ajouter encore ceci :

La démonstration du théorème, d'après lequel la fonction désignée par $\varphi(x)$ dans la Note [5] doit être linéaire (je renverrai à ce sujet à un travail de G. Cantor dans le *Journal de Crelle,* t. 72, p. 141), présuppose d'ailleurs que la fonction $f(x)$ existe pour toute valeur de x (et, par conséquent aussi, est finie). Mais les numéros I, II du § IX me semblent, en général, tout à fait admissibles quand on ne fait qu'admettre cette existence, et alors il va de soi, comme le veut Ascoli, que la condition d'être transformée, par l'addition d'une expression $-C'(x) - A_0 \frac{x^2}{2}$, en une fonction périodique fait aussi partie des conditions relatives à la fonction $F(x)$. Si l'on abandonne cette hypothèse de l'existence générale de la fonction $f(x)$, il peut y avoir une infinité de fonctions diverses $F(x)$ qui diffèrent entre elles par des expressions qui ne sont pas purement linéaires. Le § IX, théor. III, conserve d'ailleurs encore son sens lorsque l'existence générale de $f(x)$ n'est pas présupposée, et lorsque, comme dans le § VIII, $F(x)$ est définie par la série

$$C - \frac{A_1}{1} - \frac{A_2}{4} - \frac{A_3}{9} - \ldots.$$

Relativement à la Note [6], il faut ajouter qu'il suffit, puisque la fonction $\lambda(t)$ ne se présente dans les formules du texte qu'entre l'intervalle $-\pi$ à $+\pi$, non de présupposer la périodicité de $\lambda(t)$ et $\lambda'(t)$, mais seulement d'admettre les formules $\lambda(\pi) = \lambda(-\pi)$, $\lambda'(\pi) = \lambda'(-\pi)$ et, par suite, d'admettre non la périodicité proprement dite, mais la possibilité du prolongement continu périodique.

Mais, puisque la fonction

$$F(t) - C'(t) - \frac{A_0}{2} t^2$$

est définie, page 255, par la série

$$C - \frac{A_1}{1} - \frac{A_2}{4} - \frac{A_3}{9} - \ldots,$$

et non pas, comme le suppose Ascoli, par

$$-\frac{A_1}{1} - \frac{A_2}{4} - \frac{A_3}{9} - \ldots,$$

alors l'hypothèse en question que $F(t) - C'(t) - \frac{A_0}{2} t^2$ serait une constante différente de zéro est parfaitement admissible.

Je dois aussi exposer avec un peu plus de précision le procédé que, par analogie avec la Note [5], j'ai appliqué à la démonstration de l'évanouissement de l'intégrale

$$\frac{1}{2\pi} \int_{-\pi}^{+\pi} \Phi(t) \frac{dd \dfrac{\sin \dfrac{2n+1}{2}(x-t)}{\sin \dfrac{x-t}{2}}}{dt^2} \lambda(t)\, dt.$$

Si l'on pratique la différentiation sous le signe, on obtient une expression à plusieurs termes, dont un terme, si l'on pose, pour abréger, $\frac{2n+1}{2} = \mu$, sera

$$-\mu^2 \int_{-\pi}^{+\pi} \Phi(t) \frac{\lambda(t)}{\sin \dfrac{x-t}{2}} \sin \mu(x-t)\, dt$$

ou, si l'on pose encore $\lambda(t) = \lambda_1(t) \sin \frac{x-t}{2}$ et $x = a + \pi$,

$$(-1)^n \mu^2 \int_{-\pi}^{+\pi} \Phi(t) \lambda_1(t) \cos \mu(a-t)\, dt.$$

Choisissons maintenant b et c, de telle sorte que l'intervalle de b à c renferme l'intervalle de $-\pi$ à π, et déterminons dans le premier intervalle une fonction $\lambda(t)$, telle qu'entre $-\pi$ et $+\pi$ l'on ait

$$\lambda(t) = \lambda_1(t),$$

mais telle que $\lambda(t)$ et $\lambda'(t)$ s'évanouissent aux limites; déterminons ensuite une fonction $\lambda_2(t)$ dans l'intervalle de $b+2\pi$ à c, telle qu'entre $b+2\pi$ et π l'on ait

$$\lambda_2(t) = -\lambda(t-2\pi),$$

et qu'entre π et c l'on ait

$$\lambda_2(t) = \lambda(t),$$

ce qui, par conséquent, présuppose que l'on ait

$$\lambda_2(\pi) = -\lambda_1(-\pi), \qquad \lambda'_2(\pi) = -\lambda'_1(-\pi).$$

Alors l'on obtient, comme dans la Note [5],

$$\mu^2 \int_{-\pi}^{+\pi} \Phi(t)\,\lambda_1(t) \cos\mu(a-t)\,dt$$
$$= \mu^2 \int_b^c \Phi(t)\,\lambda(t)\cos\mu(a-t)\,dt - \mu^2 \int_{b+2\pi}^c \Phi(t)\,\lambda_2(t)\cos\mu(a-t)\,dt,$$

et les deux termes du second membre s'évanouissent, d'après le théorème III, § VIII, pour μ croissant indéfiniment. L'on procédera de même pour les parties restantes de l'intégrale en question.

[7] (p. 265). On peut ici renvoyer aux travaux de P. du Bois-Reymond, qui ont, après Riemann, fait faire des progrès essentiels à la théorie des séries trigonométriques. Il y est démontré par des exemples qu'il existe des fonctions partout finies et continues, possédant une infinité de maxima et minima, et qui ne sont pas susceptibles de représentation par des séries trigonométriques.

[8] (p. 269). Par le symbole $\sum^{\Theta} -(-1)^{\Theta}$, l'on doit entendre une somme d'unités positives et négatives, telle qu'à chaque diviseur pair de n correspond un terme négatif et à chaque diviseur impair de n un terme positif. On trouve ce développement (par un procédé qui n'est pas tout à fait à l'abri d'objections) en exprimant la fonction $f(x)$ par la formule connue

$$-\sum_{1,\infty}^{m} (-1)^m \sin\frac{2m\pi x}{m\pi},$$

en portant cette expression dans la somme $\sum \frac{(nx)}{n}$ et en intervertissant l'ordre des sommations.

[9] (p. 270). La valeur

$$x = \frac{1}{4}\left(e - \frac{1}{e}\right),$$

ainsi que Genocchi le fait remarquer dans une Note relative à cet exemple (*Intorno ad alcune serie;* Torino, 1875), ne fait pas partie des valeurs pour lesquelles la série $\sum\limits_{1,\infty} \sin(n!\,x\pi)$ est convergente. Du reste, pour

$$x = \frac{1}{2}\left(e - \frac{1}{e}\right),$$

la série, contrairement à ce que dit Genocchi, n'est pas non plus convergente.

SUR

LES HYPOTHÈSES QUI SERVENT DE FONDEMENT

A LA GÉOMÉTRIE.

Mémoires de la Société Royale des Sciences de Göttingue, t. XIII; 1867 ([1]).
Œuvres de Riemann, 2e édit., p. 272. — (Traduction de J. Hoüel).

PLAN DE CETTE ÉTUDE.

On sait que la Géométrie admet comme données préalables non seulement le concept de l'espace, mais encore les premières idées fondamentales des constructions dans l'espace. Elle ne donne de ces concepts que des définitions nominales, les déterminations essentielles s'introduisant sous forme d'axiomes. Les rapports mutuels de ces données primitives restent enveloppés de mystère; on n'aperçoit pas bien si elles sont nécessairement liées entre elles, ni jusqu'à quel point elles le sont, ni même *a priori* si elles peuvent l'être.

Depuis Euclide jusqu'à Legendre, pour ne citer que le plus illustre des réformateurs modernes de la Géométrie, personne, parmi les mathématiciens ni parmi les philosophes, n'est parvenu à éclaircir ce mystère. La raison en est que le concept général des grandeurs de dimensions multiples, comprenant comme cas parti-

([1]) Ce Mémoire a été lu par l'Auteur le 10 juin 1854 à l'occasion de ses épreuves d'admission à la Faculté philosophique de Göttingue. Ainsi s'explique la forme de son exposition, où les recherches analytiques ne sont qu'indiquées. On trouvera quelques éclaircissements dans les Notes au Mémoire envoyé en réponse à une question mise au Concours par l'Institut de Paris. (*Voir* Riemann, 2e édit., p. 405). — (Weber et Dedekind.)

culier les grandeurs étendues, n'a jamais été l'objet d'aucune étude. En conséquence, je me suis posé d'abord le problème de construire, en partant du concept général de grandeur, le concept d'une grandeur de dimensions multiples. Il ressortira de là qu'une grandeur de dimensions multiples est susceptible de différents rapports métriques, et que l'espace n'est par suite qu'un cas particulier d'une grandeur de trois dimensions. Or, il s'ensuit de là nécessairement que les propositions de la Géométrie ne peuvent se déduire des concepts généraux de grandeur, mais que les propriétés, par lesquelles l'espace se distingue de toute autre grandeur imaginable de trois dimensions, ne peuvent être empruntées qu'à l'expérience. De là surgit le problème de rechercher les faits les plus simples au moyen desquels puissent s'établir les rapports métriques de l'espace, problème qui, par la nature même de l'objet, n'est pas complètement déterminé; car on peut indiquer plusieurs systèmes de faits simples, suffisants pour la détermination des rapports métriques de l'espace. Le plus important, pour notre but actuel, est celui qu'Euclide a pris pour base. Ces faits, comme tous les faits possibles, ne sont pas nécessaires; ils n'ont qu'une certitude empirique, ce sont des hypothèses. On peut donc étudier leur probabilité, qui est certainement très considérable dans les limites de l'observation, et juger d'après cela du degré de sûreté de l'extension de ces faits en dehors de ces mêmes limites, tant dans le sens des immensurablement grands que dans celui des immensurablement petits.

A. — Concept d'une grandeur de *n* dimensions.

En essayant maintenant de traiter le premier de ces problèmes, relatif au développement du concept d'une grandeur de dimensions multiples, je me crois d'autant plus obligé de solliciter l'indulgence des lecteurs, que je suis moins exercé dans les travaux philosophiques de cette nature, dont la difficulté réside plutôt dans la conception que dans la construction, et qu'à l'exception de quelques brèves indications données par M. Gauss dans son second Mémoire sur les résidus biquadratiques, dans les

Gelehrte Anzeigen de Gœttingue et dans son Mémoire de jubilé, et de quelques recherches philosophiques de Herbart, je n'ai pu m'aider d'aucun travail antérieur.

§ I.

Les concepts de grandeur ne sont possibles que là où il existe un concept général qui permette différents modes de détermination. Suivant qu'il est, ou non, possible de passer de l'un de ces modes de détermination à un autre, d'une manière continue, ils forment une variété ([1]) continue ou une variété discrète; chacun en particulier de ces modes de détermination s'appelle, dans le premier cas, un point, dans le second un élément de cette variété. Les concepts dont les modes de détermination forment une variété discrète sont si fréquents que, étant donnés des objets quelconques, il se trouve toujours, du moins dans les langues cultivées, un concept qui les comprend (et les mathématiciens étaient par conséquent en droit, dans la théorie des grandeurs discrètes, de prendre pour point de départ la condition que les objets donnés soient considérés comme de même espèce). Au contraire, les occasions qui peuvent faire naître les concepts dont les modes de détermination forment une variété continue sont si rares dans la vie ordinaire, que les lieux des objets sensibles et les couleurs sont à peu près les seuls concepts simples dont les modes de détermination forment une variété de plusieurs dimensions. C'est seulement dans les hautes Mathématiques que les occasions pour la formation et le développement de ces concepts deviennent plus fréquentes.

Une partie d'une variété, séparée du reste par une marque ou par une limite, s'appelle un quantum. La comparaison des quanta au point de vue de la quantité, s'effectue, pour les grandeurs discrètes, au moyen du dénombrement; pour les grandeurs continues, au moyen de la mesure. La mesure consiste dans une

---

([1]) *Varietas, Mannigfaltigkeit. Voir* GAUSS, *Theoria res. biquadr.*, t. II, et *Anzeige zu derselben* (*Werke*, t. II, p. 110, 116 et 118). — (J. HOUEL.)

superposition de grandeurs à comparer; il faut donc, pour mesurer, avoir un moyen de transporter la grandeur qui sert d'étalon de mesure pour les autres. Si ce moyen manque, on ne pourra alors comparer entre elles deux grandeurs, que si l'une d'elles est une partie de l'autre, et encore, dans ce cas, ne pourra-t-on décider que la question du plus grand ou du plus petit, et non celle du rapport numérique. Les recherches auxquelles un tel cas peut donner lieu forment une branche générale de la théorie des grandeurs, indépendante des déterminations métriques, et dans laquelle elles ne sont pas considérées comme existant indépendamment de la position, ni comme exprimables au moyen d'une unité, mais comme des régions dans une variété. De telles recherches sont devenues nécessaires dans plusieurs parties des Mathématiques, notamment pour l'étude des fonctions analytiques à plusieurs valeurs, et c'est surtout à cause de leur imperfection que le célèbre théorème d'Abel, ainsi que les travaux de Lagrange, de Pfaff, de Jacobi sur la théorie générale des équations différentielles, sont restés si longtemps stériles. Dans cette branche générale de la théorie des grandeurs étendues, où l'on ne suppose rien de plus que ce qui est déjà renfermé dans le concept de ces grandeurs, il nous suffira, pour notre objet actuel, de porter notre étude sur deux points, relatifs : le premier, à la génération du concept d'une variété de plusieurs dimensions; le second, au moyen de ramener les déterminations de lieu dans une variété donnée à des déterminations de quantité, et c'est ce dernier point qui doit faire clairement ressortir le caractère essentiel d'une étude de n dimensions.

§ II.

Etant donné un concept dont les modes de détermination forment une variété continue, si l'on passe, suivant une manière déterminée, d'un mode de détermination à un autre, les modes de détermination parcourus formeront une variété étendue dans un seul sens, dont le caractère essentiel est que, dans cette variété, on ne peut, en partant d'un point, s'avancer d'une manière continue que dans deux directions : en avant et en arrière. Imaginons maintenant que cette variété se transporte à son tour sur une autre variété complètement distincte, et cela encore d'une manière déterminée, c'est-à-dire tellement que chacun de ses points se transporte en un point déterminé de l'autre variété; l'ensemble des modes de détermination ainsi obtenus formera une variété de deux dimensions. On obtiendra semblablement une variété de trois dimensions, si l'on conçoit qu'une variété de deux dimensions se transporte d'une manière déterminée sur une autre complètement distincte, et il est aisé de voir comment on peut poursuivre cette construction. Si, au lieu de considérer le concept comme déterminable, on considère son objet comme variable, on pourra désigner cette construction comme la composition d'une variabilité de $n+1$ dimensions, au moyen d'une variabilité de n dimensions et d'une variabilité d'une seule dimension.

§ III.

Je vais maintenant montrer réciproquement comment une variabilité, dont le champ est donné, peut se décomposer en une variabilité d'une dimension et une variabilité d'un nombre de dimensions moindre. Concevons, pour cela, une portion variable d'une variété d'une dimension, comptée à partir d'un point fixe, de façon que ses valeurs soient comparables entre elles; supposons que cette portion ait, pour chaque point de la variété donnée, une valeur déterminée, changeant avec ce point d'une manière continue; ou, en d'autres termes, imaginons, à l'intérieur de la variété donnée, une fonction continue du lieu, fonction qui ne soit pas constante le long d'une portion de cette variété. Tout système de points, pour lequel la fonction a une valeur constante, forme alors une variété continue d'un moindre nombre de dimensions que la variété donnée. Ces variétés, lorsqu'on fait varier la fonction, se transforment d'une manière continue les unes dans les autres; on pourra donc admettre que l'une d'entre elles engendre les autres, et cela pourra avoir lieu, généralement parlant, de telle façon que chaque point de l'une se transporte en un point déterminé de l'autre. Les cas d'exception, dont l'étude est importante, peuvent être ici laissés de côté. Par là, la détermination de lieu dans une variété donnée se ramène à une détermination de grandeur, et à une détermination de lieu dans une variété d'un moindre nombre de dimensions. Or, il est aisé de faire voir que cette dernière variété a $n-1$ dimensions, lorsque la variété donnée en a n. En répétant n fois ce procédé, la détermination de lieu dans une variété de n dimensions se trouvera donc ramenée à n déterminations de grandeur, et ainsi la détermination de lieu dans une variété donnée, quand cela est possible, se réduit à un nombre fini de déterminations de quantité. Toutefois il y a aussi des variétés dans lesquelles la détermination de lieu exige, non plus un nombre fini, mais soit une série infinie, soit une variété continue de déterminations de grandeur. Telles sont, par exemple, les variétés formées par les déterminations possibles d'une fonction dans une région donnée, par les formes possibles d'une figure de l'espace, etc.

B. — **Rapports métriques dont est susceptible une variété de n dimensions, dans l'hypothèse où les lignes possèdent une longueur, indépendamment de leur position, et où toute ligne est ainsi mesurable par toute autre ligne.**

Après avoir construit le concept d'une variété de n dimensions, et trouvé pour caractère essentiel d'une telle variété cette propriété que la détermination de lieu peut s'y ramener à n déterminations de grandeur, nous arrivons au second des problèmes posés plus haut, savoir à l'étude des rapports métriques dont une telle variété est susceptible, et des conditions suffisantes pour la détermination de ces rapports métriques. Ces rapports métriques ne peuvent être étudiés que dans des concepts de grandeur abstraits, et leur dépendance ne peut se représenter que par des formules. Dans certaines hypothèses, cependant, ils sont décomposables en rapports qui, pris séparément, sont susceptibles d'une représentation géométrique, et par là il devient possible d'exprimer géométriquement les résultats du calcul. Ainsi, pour arriver à un terrain solide, on ne peut, il est vrai, éviter dans les formules

les considérations abstraites, mais du moins les résultats du calcul pourront ensuite être représentés sous forme géométrique. Les fondements de ces deux parties de la question sont établis dans le célèbre Mémoire de M. Gauss : *Disquisitiones generales circa superficies curvas*.

§ I.

Les déterminations métriques exigent l'indépendance entre les grandeurs et le lieu, ce qui peut se réaliser de plusieurs manières. L'hypothèse qui s'offre d'abord, et que je développerai ici, est celle dans laquelle la longueur des lignes est indépendante de leur position, et où par suite chaque ligne est mesurable au moyen de chaque autre. La détermination de lieu étant ramenée à des déterminations de grandeurs, et la position d'un point dans la variété donnée à n dimensions étant, par suite, exprimée au moyen de n grandeurs variables x_1, x_2, x_3, ..., x_n, la détermination d'une ligne reviendra à ce que les quantités x soient données comme des fonctions d'une variable. Le problème consiste alors à établir une expression mathématique de la longueur d'une ligne, et à cet effet il faut considérer les quantités x comme exprimables en unités. Je ne traiterai ce problème que sous certaines restrictions, et je me bornerai d'abord aux lignes dans lesquelles les rapports entre les accroissements dx des variables x correspondantes varient d'une manière continue. On peut alors concevoir les lignes décomposées en éléments, dans l'étendue desquels les rapports des quantités dx puissent être regardés comme constants, et le problème revient alors à établir, pour chaque point, une expression générale de l'élément linéaire ds partant de ce point, expression qui contiendra ainsi les quantités x et les quantités dx. J'admettrai, en second lieu, que la longueur de l'élément linéaire, abstraction faite des quantités du second ordre, reste invariable, lorsque tous les points de cet élément subissent un même déplacement infiniment petit, ce qui implique en même temps que, si toutes les quantités dx croissent dans un même rapport, l'élément linéaire varie également dans ce même rapport. Ces hypothèses admises, l'élément linéaire pourra être une fonction homogène quelconque du premier degré des quantités dx, qui restera invariable lorsqu'on changera les signes de toutes les quantités dx, et dans laquelle les constantes arbitraires seront des fonctions continues des quantités x. Pour trouver les cas les plus simples, je chercherai d'abord une expression pour les variétés de $n-1$ dimensions qui sont partout équidistantes de l'origine de l'élément linéaire; c'est-à-dire que je chercherai une fonction continue du lieu qui les distingue les unes des autres. Cette fonction devra ou croître ou décroître dans toutes les directions à partir de l'origine; j'admettrai qu'elle croisse dans toutes les directions, et qu'ainsi elle ait un minimum à l'origine. Il faut alors, si ses quotients différentiels du premier et du second ordre sont finis, que la différentielle du premier ordre s'annule, et que celle du second ordre ne devienne jamais négative; j'admettrai qu'elle reste toujours positive. Cette expression différentielle du second ordre reste donc constante, lorsque ds reste constant, et croît dans le rapport des carrés, lorsque les quantités dx et par suite aussi ds varient toutes ensemble dans un même rapport; elle est donc $=$ const. $\times\, ds^2$, et par conséquent $ds =$ la racine carrée d'une fonction entière homogène du second degré, toujours positive, des quantités dx, dans laquelle les coefficients sont des fonctions continues des quantités x. Pour l'espace, si l'on exprime la position du point en coordonnées rectangulaires, on a $ds = \sqrt{\Sigma\,(dx)^2}$; l'espace est donc compris dans ce cas le plus simple de tous. Le cas le plus simple après celui-là comprendrait les variétés dans lesquelles l'élément linéaire serait exprimé par la racine quatrième d'une expression différentielle du quatrième degré. L'étude de cette classe plus générale n'exigerait pas des principes essentiellement différents, mais elle prendrait un temps assez considérable, et ne contribuerait pas beaucoup, relativement, à éclaircir la théorie de l'espace, d'autant plus que les résultats ne pourraient s'exprimer géométriquement. Je me bornerai donc aux variétés dans lesquelles l'élément linéaire est exprimé par la racine carrée d'une expression différentielle du second degré. Une telle expression peut être transformée en une autre semblable, en remplaçant les n variables indépendantes par des fonctions de n nouvelles variables indépendantes. Mais on ne pourra pas, par ce moyen, transformer une expression quelconque en une autre expression quelconque; car l'expression contient $n\frac{n+1}{2}$ coefficients, qui sont des fonctions arbitraires des variables indépendantes; or, par l'introduction de nouvelles variables, on ne pourra satisfaire qu'à n relations, et par suite on ne pourra égaler que n des coefficients à des quantités données. Les $n\frac{n-1}{2}$ coefficients restants sont alors complètement déterminés par la nature même de la variété qu'il s'agit de représenter, et ainsi la détermination de ses rapports métriques exige $n\frac{n-1}{2}$ fonctions du lieu. Les variétés dans lesquelles l'élément linéaire peut, comme dans le plan et dans l'espace, se ramener à la forme $\sqrt{\Sigma(dx)^2}$, ne forment donc qu'un cas particulier des variétés que nous étudions ici; elles méritent un nom spécial, et j'appellerai, en conséquence, les variétés dans lesquelles le carré de l'élément linéaire peut se ramener à une somme de carrés de différentielles complètes, *variétés planes*. Pour pouvoir maintenant passer en revue les diversités essentielles de toutes les variétés susceptibles d'être représentées sous la forme considérée, il est nécessaire de laisser de côté les diversités provenant du mode de représentation, et l'on y parvient en choisissant les grandeurs variables d'après un principe déterminé.

§ II.

A cet effet, imaginons que, à partir d'un point donné, on ait construit le système des lignes de plus courte distance qui passent par ce point; la position d'un point indéterminé pourra être fixée alors au moyen de la direction initiale de la ligne de plus courte distance sur laquelle il se trouve, et de sa distance comptée sur cette ligne à partir de l'origine et, par conséquent, elle pourra s'exprimer au moyen des rapports dx^0 des quantités dx sur cette ligne de plus courte distance, et au moyen de la longueur s de cette ligne. Introduisons maintenant, au lieu de dx^0, des expressions linéaires $d\alpha$, formées avec ces quantités, et telles que la valeur initiale du carré de l'élément soit égale à la somme des carrés de ces expressions, de telle sorte que les variables indépendantes soient la grandeur s et les rapports des quantités $d\alpha$; et remplaçons enfin les $d\alpha$ par des quantités $x_1, x_2, \ldots, x_n$ qui leur soient proportionnelles, et dont la somme des carrés soit $= s^2$. Si l'on introduit ces grandeurs, alors, pour des valeurs infiniment petites des x, le carré de l'élément linéaire sera $= \Sigma\, dx^2$; le terme de l'ordre suivant dans ce carré sera égal à une fonction homogène du second degré des $n\frac{n-1}{2}$ grandeurs $(x_1 dx_2 - x_2 dx_1)$, $(x_1 dx_3 - x_3 dx_1)$, $\ldots$, c'est-à-dire qu'il sera un infiniment petit du quatrième ordre; de telle sorte que l'on obtient une grandeur finie en divisant ce terme par le carré du triangle infiniment petit dont les sommets correspondent aux systèmes de valeurs $(0, 0, 0, \ldots)$, $(x_1, x_2, x_3, \ldots)$, $(dx_1, dx_2, dx_3, \ldots)$ des variables. Ce terme conserve la même valeur, tant que les quantités x et dx sont contenues dans les mêmes formes linéaires binaires, ou tant que les deux lignes de plus courte distance, depuis les valeurs 0 jusqu'aux valeurs x et depuis les valeurs 0 jusqu'aux valeurs dx, restent dans le même élément superficiel, et il ne dépend, par conséquent, que du lieu et de la direction de cet élément. Ce terme est évidemment $= 0$, lorsque la variété représentée est plane, c'est-à-dire lorsque le carré de l'élément linéaire est réductible à $\Sigma\, dx^2$, et il peut, par conséquent, être considéré comme la mesure de la quantité dont la variété s'écarte de la *planarité* (¹) en ce point et dans cette direction superficielle. En le multipliant par $-\frac{3}{4}$, il devient égal à la quantité que Gauss a appelée la *mesure de courbure* d'une surface. Pour déterminer les rapports métriques d'une variété à n dimensions, susceptible d'une représentation sous la forme supposée, on a trouvé tout à l'heure que $n\frac{n-1}{2}$ fonctions du lieu sont nécessaires; si donc on donne, en chaque point, la mesure de la courbure suivant $n\frac{n-1}{2}$ directions superficielles, on pourra déterminer par leur moyen les rapports métriques de la variété, pourvu seulement qu'entre ces valeurs il n'existe pas des relations identiques, relations qui, effectivement, n'existent pas en général. Les rapports métriques de

(¹) *Ebenheit* dans l'original. — (J. Hoüel.)

ces variétés, où l'élément linéaire est représenté par la racine carrée d'une expression différentielle du second degré, peuvent ainsi s'exprimer d'une manière tout à fait indépendante du choix des grandeurs variables. On peut encore, dans ce but, suivre une marche toute semblable dans le cas des variétés où l'élément linéaire s'exprime moins simplement, par exemple, au moyen de la racine quatrième d'une expression différentielle du quatrième degré. Alors l'élément linéaire ne serait plus, en général, réductible à la forme de la racine carrée d'une somme de carrés d'expressions différentielles, et par conséquent, dans l'expression du carré de l'élément linéaire, l'écart de la planarité serait un infiniment petit du deuxième ordre, tandis que, dans les variétés considérées précédemment, cet écart était un infiniment petit du quatrième ordre. Cette propriété de ces dernières variétés peut bien être nommée *planarité* dans les parties infinitésimales. Mais la propriété de ces variétés, la plus importante pour notre objet actuel, et la seule en vue de laquelle nous avons étudié ici ces variétés, est celle qui consiste en ce que les rapports des variétés de deux dimensions peuvent se représenter géométriquement par des surfaces, et que ceux des variétés d'un plus grand nombre de dimensions peuvent se ramener à ceux des surfaces qu'elles renferment. Cela demande encore une courte explication.

§ III.

Dans la manière de concevoir les surfaces, aux rapports métriques intrinsèques, dans lesquels on n'a à considérer que les longueurs des chemins tracés sur ces surfaces, se mêle toujours l'idée de leur position relativement aux points placés en dehors d'elles. Mais on peut faire abstraction des rapports extérieurs, lorsqu'on fait subir à ces surfaces des changements tels que les longueurs des lignes qui y sont situées restent invariables, c'est-à-dire lorsqu'on les suppose flexibles *sans extension,* et que l'on considère comme de même espèce toutes les surfaces ainsi obtenues. Ainsi, par exemple, des surfaces cylindriques ou coniques quelconques seront regardées comme équivalentes à un plan, parce qu'elles peuvent s'y appliquer par simple flexion, leurs rapports métriques intrinsèques demeurant invariables, et toutes les propositions qui concernent ces rapports, c'est-à-dire toute la planimétrie, continuant à subsister. Elles sont, au contraire, essentiellement non équivalentes à la sphère, qui ne peut pas se transformer sans extension en un plan. D'après la recherche précédente, les relations métriques intrinsèques, dans une grandeur à deux dimensions, lorsque l'élément linéaire peut s'exprimer par la racine carrée d'une expression différentielle du second degré, comme cela arrive dans les surfaces, sont caractérisées en chaque point par la mesure de courbure. On peut donner à cette quantité, dans le cas des surfaces, une interprétation sensible aux yeux, en établissant quel est le produit des deux courbures de la surface au point considéré, ou encore, que son produit par un triangle infiniment petit, formé de lignes de plus courte distance, est égal à la moitié de l'excès de la somme des angles de ce triangle, évalués en parties du rayon, sur deux angles droits. La première définition supposerait ce théorème, que le produit des deux rayons de courbure reste invariable lorsque la surface subit une simple flexion; la seconde supposerait que, pour le même lieu, l'excès de la somme des angles d'un triangle infiniment petit sur deux angles droits est proportionnel à l'aire du triangle. Pour donner une représentation saisissable à la mesure de courbure d'une variété de n dimensions en un point donné et suivant une direction superficielle donnée passant par ce point, il faut partir de ce qu'une ligne de plus courte distance, partant d'un point, est complètement déterminée, quand on donne sa direction initiale. D'après cela, on obtient une surface déterminée en prolongeant, suivant des lignes de plus courte distance, toutes les directions initiales partant du point donné et situées sur l'élément superficiel donné, et cette surface a, au point donné, une mesure de courbure déterminée, qui est en même temps la mesure de courbure de la variété de n dimensions au point donné et suivant la direction superficielle donnée.

§ IV.

Avant de passer aux applications à l'espace, il faut encore présenter quelques considérations sur les variétés planes en général, c'est-à-dire sur les variétés dans lesquelles le carré de l'élément linéaire peut être représenté par une somme de carrés de différentielles exactes.

Dans une variété plane de n dimensions, la mesure de courbure en chaque point et dans chaque direction est nulle; or, d'après la discussion précédente, il suffit, pour déterminer les rapports métriques, de savoir qu'en chaque point elle est nulle suivant $n\frac{n-1}{2}$ directions superficielles, dont les mesures de courbure sont indépendantes entre elles. Les variétés dont la mesure de courbure est partout $=0$ peuvent être considérées comme un cas particulier des variétés dont la mesure de courbure est partout constante. Le caractère commun de ces variétés, dont la mesure de courbure est constante, peut aussi s'exprimer en disant que les figures peuvent s'y mouvoir sans subir d'extension. Car il est évident que les figures ne pourraient y être susceptibles de translations et de rotations arbitraires, si la mesure de courbure n'était la même en chaque point et dans toutes les directions. Mais, d'autre part, les rapports métriques de la variété sont complètement déterminés par la mesure de courbure; donc les rapports métriques autour d'un point et dans toutes les directions sont exactement les mêmes qu'autour d'un autre point, et par suite on peut, à partir de ce point, exécuter les mêmes constructions, d'où il s'ensuit que, dans les variétés où la mesure de courbure est constante, on peut donner aux figures une position arbitraire quelconque. Les rapports métriques de ces variétés dépendent seulement de la valeur de la mesure de courbure, et, quant à la représentation analytique, nous remarquerons que, si l'on désigne cette valeur par α, on pourra donner à l'expression de l'élément linéaire la forme

$$\frac{1}{1+\frac{\alpha}{4}\Sigma x^2}\sqrt{\Sigma\, dx^2}.$$

§ V.

Pour éclaircir ce qui précède par un exemple géométrique, considérons les *surfaces* de mesure de courbure constante. Il est aisé de voir que les surfaces dont la mesure de courbure est constante et positive peuvent toujours s'appliquer sur une sphère dont le rayon est égal à l'unité divisée par la racine carrée de la mesure de courbure; mais, pour embrasser d'un coup d'œil la variété tout entière de ces surfaces, donnons à l'une d'elles la forme d'une sphère, et aux autres la forme de surfaces de révolution la touchant suivant l'équateur. Les surfaces de plus grande mesure de courbure que cette sphère toucheront alors la sphère intérieurement et prendront une forme semblable à la partie extérieure d'une surface annulaire, la plus éloignée de l'axe de cette surface. Elles seraient applicables sur des zones de sphères de rayon moindre, mais recouvriraient ces zones plus d'une fois. Les surfaces de moindre mesure de courbure positive s'obtiendront en découpant, sur des surfaces sphériques de plus grand rayon, un fuseau limité par deux demi-grands cercles, et unissant entre elles les lignes de section. La surface de mesure de courbure nulle sera une surface cylindrique ayant pour base l'équateur; les surfaces de mesure de courbure négative toucheront ce cylindre extérieurement et auront une forme semblable à celle de la partie intérieure d'une surface annulaire, tournée vers l'axe. Si l'on considère ces surfaces comme le lieu où peut se mouvoir un segment superficiel, de même que l'espace est le lieu où se meuvent les corps, le segment superficiel sera mobile sans extension sur toutes ces surfaces. Les surfaces à mesure de courbure positive pourront toujours recevoir une forme telle que les segments superficiels puissent, de plus, s'y mouvoir sans flexion, et cette forme sera celle d'une sphère; mais cela ne se peut plus dans le cas de la mesure de courbure négative. Outre cette propriété des segments superficiels d'être indépendants du lieu, la surface de mesure de courbure nulle possède encore la propriété que la direction est indépendante du lieu, propriété qui n'existe pas chez les autres surfaces.

C. — Application à l'espace.

§ I.

Après cette étude sur la détermination des rapports métriques d'une grandeur de n dimensions, on peut maintenant indiquer les conditions suffisantes et nécessaires pour la détermination des rapports métriques de l'espace, lorsqu'on admet comme hypothèses que les lignes sont indépendantes de leur position, et que l'élément linéaire est exprimable par la racine carrée d'une expression différentielle du second degré, c'est-à-dire que l'espace est une grandeur plane dans ses parties infinitésimales.

Elles peuvent d'abord s'exprimer en demandant que la mesure de courbure en chaque point soit nulle suivant trois directions superficielles, et par suite les rapports métriques de l'espace sont déterminés, si la somme des angles d'un triangle est partout égale à deux droits.

Si l'on suppose, en second lieu, comme Euclide, une existence indépendante de la position, non seulement pour les lignes, mais encore pour les corps, il s'ensuit que la mesure de courbure est partout constante, et alors la somme des angles est déterminée dans tous les triangles, lorsqu'elle l'est dans un seul.

Enfin l'on pourrait encore, en troisième lieu, au lieu d'admettre que la longueur des lignes est indépendante du lieu et de la direction, supposer que leur longueur et leur direction sont indépendantes du lieu. D'après ce point de vue, les changements de lieu ou les différences de lieu sont des grandeurs complexes, exprimables au moyen de trois unités indépendantes.

§ II.

Dans le cours des considérations que nous venons de présenter, nous avons d'abord séparé les rapports d'étendue ou de région des rapports métriques, et nous avons trouvé que, pour les mêmes rapports d'étendue, on pourrait concevoir différents rapports métriques; nous avons ensuite cherché les systèmes de déterminations métriques simples, au moyen desquels les rapports métriques de l'espace sont complètement déterminés, et dont toutes les propositions concernant ces rapports sont des conséquences nécessaires. Il nous reste maintenant à examiner comment, à quel degré et avec quelle extension ces hypothèses sont confirmées par l'expérience. A ce point de vue, il existe, entre les simples rapports d'étendue et les rapports métriques, cette différence essentielle que, dans les premiers, où les cas possibles forment une variété discrète, les résultats de l'expérience ne sont, à la vérité, jamais complètement certains, mais ne sont pas inexacts; tandis que, dans le second, où les cas possibles forment une variété continue, toute détermination de l'expérience reste toujours inexacte, quelque grande que puisse être la probabilité de son exactitude approchée. Cette circonstance devient importante lorsqu'il s'agit d'étendre ces déterminations empiriques au delà des limites de l'observation, dans l'immensurablement grand ou dans l'immensurablement petit; car les seconds rapports peuvent évidemment devenir de plus en plus inexacts, dès que l'on sort des limites de l'observation, tandis qu'il n'en est pas de même des premiers.

Lorsqu'on étend les constructions de l'espace à l'immensurablement grand, il faut faire la distinction entre l'illimité et l'infini: le premier appartient aux rapports d'étendue, le second aux rapports métriques. Que l'espace soit une variété illimitée de trois dimensions, c'est là une hypothèse qui s'applique dans toutes nos conceptions du monde extérieur, qui nous sert à compléter à chaque instant le domaine de nos perceptions effectives et à construire les lieux possibles d'un objet cherché, et qui se trouve constamment vérifiée dans toutes ces applications. La propriété de l'espace d'être illimité possède donc une plus grande certitude empirique qu'aucune autre donnée externe de l'expérience. Mais l'infinité de l'espace n'en est en aucune manière la conséquence; au contraire, si l'on suppose les corps indépendants du lieu, et qu'ainsi l'on attribue à l'espace une mesure de courbure constante, l'espace serait nécessairement fini, dès que cette mesure de courbure aurait une valeur positive, si petite qu'elle fût. En prolongeant, suivant des lignes de plus courte distance, les directions initiales situées dans un élément superficiel, on obtiendrait une surface illimitée de mesure de courbure constante, c'est-à-dire une surface qui, dans une variété plane de trois dimensions, prendrait la forme d'une surface sphérique, et qui serait par conséquent finie.

§ III.

Les questions sur l'immensurablement grand sont des questions inutiles pour l'explication de la nature. Mais il en est autrement des questions sur l'immensurablement petit. C'est sur l'exactitude avec laquelle nous suivons les phénomènes dans l'infiniment petit, que repose essentiellement notre connaissance de leurs rapports de causalité. Les progrès des derniers siècles dans la connaissance de la nature mécanique dépendent presque seulement de l'exactitude de la construction, qui est devenue possible, grâce à l'invention de l'analyse de l'infini, et aux principes simples découverts par Archimède, par Galilée et par Newton, et dont se sert la Physique moderne. Mais dans les Sciences naturelles, où les principes simples manquent encore pour de telles constructions, on cherche à reconnaître le rapport de causalité en suivant les phénomènes dans l'étendue très petite, aussi loin que le permet le microscope. Les questions sur les rapports métriques de l'espace dans l'immensurablement petit ne sont donc pas des questions superflues.

Si l'on suppose que les corps existent indépendamment du lieu, la mesure de courbure est partout constante, et il résulte alors des mesures astronomiques qu'elle ne peut être différente de zéro; dans tous les cas, il faudrait que sa valeur réciproque fût une grandeur en présence de laquelle la portée de nos télescopes serait comme nulle. Mais si cette indépendance entre les corps et le lieu n'existe pas, alors, des rapports métriques reconnus dans le grand, on ne peut rien conclure pour ceux de l'infiniment petit; alors la mesure de courbure de chaque point peut avoir suivant trois directions une valeur arbitraire, pourvu que la courbure totale de toute portion mesurable de l'espace ne diffère pas sensiblement de zéro; il peut s'introduire des rapports encore plus compliqués, lorsqu'on ne suppose plus que l'élément linéaire puisse être représenté par la racine carrée d'une expression différentielle du second degré. Or, il semble que les concepts empiriques, sur lesquels sont fondées les déterminations métriques de l'étendue, le concept du corps solide et celui du rayon lumineux, cessent de subsister dans l'infiniment petit. Il est donc très légitime de supposer que les rapports métriques de l'espace dans l'infiniment petit ne sont pas conformes aux hypothèses de la Géométrie, et c'est ce qu'il faudrait effectivement admettre, du moment où l'on obtiendrait par là une explication plus simple des phénomènes.

La question de la validité des hypothèses de la Géométrie dans l'infiniment petit est liée avec la question du principe intime des rapports métriques dans l'espace. Dans cette dernière question, que l'on peut bien encore regarder comme appartenant à la doctrine de l'espace, on trouve l'application de la remarque précédente, que, dans une variété discrète, le principe des rapports métriques est déjà contenu dans le concept de cette variété, tandis que, dans une variété continue, ce principe doit venir d'ailleurs. Il faut donc, ou que la réalité sur laquelle est fondé l'espace forme une variété discrète, ou que le fondement des rapports métriques soit cherché en dehors de lui, dans les forces de liaison qui agissent en lui.

La réponse à ces questions ne peut s'obtenir qu'en partant de la conception des phénomènes, vérifiée jusqu'ici par l'expérience, et que Newton a prise pour base, et en apportant à cette conception les modifications successives, exigées par les faits qu'elle ne peut pas expliquer. Des recherches partant de concepts généraux, comme l'étude que nous venons de faire, ne peuvent avoir d'autre utilité que d'empêcher que ce travail ne soit entravé par des vues trop étroites, et que le progrès dans la connaissance de la dépendance mutuelle des choses ne trouve un obstacle dans les préjugés traditionnels.

Ceci nous conduit dans le domaine d'une autre science, dans le domaine de la Physique, où l'objet auquel est destiné ce travail ne nous permet pas de pénétrer aujourd'hui.

TABLE DES MATIÈRES.

(¹) L'article I est en même temps une préparation à des recherches sur l'analyse de situation.

(²) L'étude sur les mesures métriques possibles dans une variété de n dimensions est très incomplète, bien qu'elle soit suffisante pour l'objet actuel.

(Notes de RIEMANN.)

(1) Le § III de la section C a besoin d'être encore remanié et développé. (Note de RIEMANN.)

DÉMONSTRATION

DE CE THÉORÈME

QU'UNE FONCTION UNIFORME DE n VARIABLES

A PLUS DE $2n$ PÉRIODES NE SAURAIT EXISTER.

Extrait d'une Lettre de Riemann à M. Weierstrass (*Journal de Crelle*, t. 71).

(*Œuvres de Riemann*, 2e édition, page 294.)

..... La démonstration de ce théorème, qui a dernièrement fait l'objet de notre entretien, qu'*une fonction uniforme de n variables à plus de 2n périodes ne saurait exister*, je ne l'ai pas exposée d'une manière tout à fait claire dans le cours de notre conversation, et j'en ai seulement indiqué les idées de base. Je vous en fais donc part ici encore une fois.

Soit f une fonction $2n$-uplement périodique de n variables x_1, x_2, ..., x_n, et — je puis faire usage de mes notations qui vous sont bien connues — soit a_μ^ν le module de périodicité de x_ν relatif à la $\mu^{\text{ième}}$ période. L'on sait que les grandeurs x peuvent se mettre sous la forme [1]

$$x_\nu = \sum_{\mu=1}^{\mu=2n} a_\mu^\nu \xi_\mu,$$

où $\nu = 1, 2, \ldots, n$, de telle sorte que les grandeurs ξ soient

[1] Ce n'est pas toujours le cas; cela n'a lieu que lorsque les $2n$ équations qui déterminent les grandeurs ξ sont indépendantes entre elles. Mais les exceptions sont faciles à traiter. — (RIEMANN.)

réelles. Si l'on fait maintenant prendre aux grandeurs ξ les valeurs comprises entre o et 1, une de ces valeurs limites étant exclue, le domaine de grandeurs $2n$-uplement étendu ainsi formé jouit de cette propriété que chaque système de valeurs des n variables est congru à un seul et unique système de valeurs, à l'intérieur de ce domaine de grandeurs, pour les $2n$ systèmes de modules. Pour abréger le langage dans ce qui suit, je désignerai ce domaine sous le nom de *système de grandeurs qui se reproduit périodiquement pour ces $2n$ systèmes de modules.*

Maintenant, si la fonction possède encore un $(2n+1)^{\text{ième}}$ système de modules, qui ne peut être composé au moyen des $2n$ premiers systèmes de modules, on peut alors ramener les systèmes de grandeurs, congrus à un système de grandeurs pour ce $(2n+1)^{\text{ième}}$ système de modules, à des systèmes de grandeurs compris dans ce domaine et congrus au système de grandeurs précédent pour les $2n$ premiers systèmes de modules; de la sorte, on peut évidemment obtenir autant que l'on voudra de systèmes de grandeurs, compris dans ce domaine et congrus entre eux pour le $(2n+1)^{\text{ième}}$ système de modules, lorsque, parmi les systèmes de grandeurs congrus pour le $(2n+1)^{\text{ième}}$ système de modules, il n'en existe pas deux qui soient aussi congrus pour les $2n$ premiers systèmes de modules. En ce cas, entre les $2n+1$ systèmes de modules, auraient lieu n équations de la forme

$$\sum_{\mu=1}^{\mu=2n+1} a_\mu^\nu m_\mu = 0,$$

les grandeurs m désignant des entiers, et, par suite, comme je le ferai voir plus loin, les $2n+1$ systèmes de modules peuvent être composés à l'aide de $2n$ systèmes de modules.

Partageons maintenant, pour chacune des grandeurs ξ, l'étendue de o à 1 en q parties égales, de telle sorte que le domaine qui se reproduit périodiquement pour les $2n$ premiers systèmes de modules soit décomposé en q^{2n} domaines, en chacun desquels les grandeurs ξ varient seulement de $\frac{1}{q}$. Évidemment alors, si l'on a des systèmes de grandeurs, en nombre supérieur à q^{2n}, qui sont congrus entre eux pour les $2n+1$ systèmes de modules et sont situés dans ce domaine, il y en a nécessairement deux qui tombent dans la même subdivision du domaine, en sorte que les valeurs de la même grandeur ξ, pour les deux systèmes en question, ne diffèrent entre elles jamais de plus de $\frac{1}{q}$. La fonction, par conséquent, reste alors invariable, quand aucune des grandeurs ξ n'a une variation supérieure à $\frac{1}{q}$, et, par suite, comme q, lorsque la fonction est continue, peut être pris aussi grand que l'on veut, elle est une fonction d'expressions linéaires en nombre inférieur à n, des grandeurs x.

Maintenant, il s'agit encore de démontrer que $2n+1$ systèmes de modules, entre lesquels ont lieu les équations

$$\sum_{\mu=1}^{\mu=2n+1} a_\mu^\nu m_\mu = 0,$$

peuvent être composés au moyen de $2n$ systèmes de modules.

En premier lieu, on peut aisément démontrer que pour un système de modules

$$\sum_{\mu=1}^{\mu=2n} a_\mu^\nu m_\mu = b_1^\nu,$$

où les grandeurs m sont des nombres entiers sans diviseur commun, on peut toujours trouver $2n-1$ autres systèmes de modules $b_2, b_3, \ldots, b_{2n}$, tels que la congruence pour les systèmes de modules a est identique à la congruence pour les systèmes de modules b. Soit θ_1 le plus grand commun diviseur de m_1 et m_2, et soient α, β deux nombres entiers satisfaisant à l'équation

$$\beta m_1 - \alpha m_2 = \theta_1.$$

Si l'on pose

$$a_1^\nu m_1 + a_2^\nu m_2 = c_1^\nu \theta_1$$

et

$$\alpha a_1^\nu + \beta a_2^\nu = b_{2n}^\nu,$$

on a

$$a_1^\nu = \beta c_1^\nu - \frac{m_2}{\theta_1} b_{2n}^\nu, \qquad a_2^\nu = -\alpha c_1^\nu + \frac{m_1}{\theta_1} b_{2n}^\nu.$$

Par conséquent alors les systèmes de modules a_1 et a_2 peuvent, inversement, être composés au moyen des systèmes de modules b_{2n} et c_1, et, par suite, la congruence pour ceux-ci est équivalente à la congruence pour ceux-là. On peut donc remplacer les systèmes de modules a_1 et a_2 par les systèmes de modules c_1 et b_{2n}. De la même manière, θ_2 désignant le plus grand commun diviseur de θ_1 et de m_2, on peut remplacer les systèmes de modules c_1 et a_3 par le système de modules

$$\frac{1}{\theta_2}(\theta_1 c_1^\nu + m_3 a_3^\nu) = c_2^\nu$$

et par un système de modules

$$b_{2n-1}.$$

En répétant ce procédé on obtient évidemment le théorème à démontrer. Le contenu du domaine qui se reproduit périodiquement sera pour les nouveaux systèmes de modules b le même que pour les anciens.

A l'aide de ce théorème, dans les n équations

$$\sum_1^{2n+1} a_\mu^\nu m_\mu = 0,$$

on peut remplacer les $2n$ premiers systèmes de modules par $2n$ nouveaux systèmes $b_1, b_2, \ldots, b_{2n}$, en sorte que ces équations prennent la forme

$$p b_1^\nu - q a_{2n+1}^\nu = 0,$$

p et q étant des nombres entiers sans diviseur commun. Si l'on désigne par γ, δ deux nombres entiers satisfaisant à l'équation

$$p\delta + q\gamma = 1,$$

il est évident que les deux systèmes de modules b_1 et a_{2n+1} peuvent être remplacés par l'unique système de modules

$$\gamma b_1^\nu + \delta a_{2n+1}^\nu = \frac{a_{2n+1}^\nu}{p} = \frac{b_1^\nu}{q}.$$

Tous les systèmes de modules qui peuvent être composés au moyen des systèmes de modules $a_1, a_2, \ldots, a_{2n+1}$ peuvent aussi, par conséquent, être composés au moyen des $2n$ systèmes de modules $\frac{b_1}{q}$, b_2, b_3, ..., b_{2n} et réciproquement.

Le contenu du domaine qui se reproduit périodiquement pour ces $2n$ systèmes de modules est seulement la $q^{\text{ième}}$ partie de celui relatif aux $2n$ premiers systèmes de modules a. Si la fonction maintenant, outre ces systèmes de modules, en admet encore un qui leur est lié par des équations semblables à coefficients numériques entiers, on peut encore trouver $2n$ nouveaux systèmes de modules au moyen desquels on peut composer tous ces systèmes de modules, et le contenu du domaine qui se reproduit périodiquement sera ainsi de nouveau réduit à une partie aliquote. Lorsque ce domaine devient infiniment petit, la fonction devient une fonction d'expressions linéaires, en nombre inférieur à n, des variables; ce nombre sera, par exemple, $n-1$, ou $n-2$, ou $n-m$, selon que une seule, ou deux, ou m dimensions de ce domaine de grandeurs deviennent respectivement infiniment petites. Mais, si ce fait ne doit pas avoir lieu, l'opération, par suite, doit prendre terme, et l'on obtiendra alors, par conséquent, $2n$ systèmes de modules au moyen desquels peuvent être composés tous les systèmes de modules de la fonction.

Göttingue, le 26 octobre 1859.

SUR

LES SURFACES D'AIRE MINIMA

POUR UN CONTOUR DONNÉ [1].

Œuvres de Riemann, 2e édit., p. 301.

§ I.

Une surface peut être représentée, au sens de la Géométrie analytique, en assignant les coordonnées rectangulaires x, y, z d'un point mobile sur la surface comme fonctions uniformes de deux grandeurs variables indépendantes p et q. Si p et q prennent alors des valeurs constantes déterminées, à cette combinaison des valeurs de p et q correspond toujours un point unique de la surface. Les variables indépendantes p et q peuvent être choisies d'une foule de manières. Pour une surface simplement connexe on procédera commodément comme il suit. Le long du contour total de l'encadrement on fera décroître la surface d'une bande dont la largeur est partout un infiniment petit du même ordre. En répétant indéfiniment ce procédé la surface décroîtra jusqu'à ce qu'elle se réduise à un point. Les courbes d'encadrement successives seront des lignes fermées revenant sur elles-

(1) Ce Mémoire est tiré d'un manuscrit de Riemann, qui date, comme l'a dit Riemann lui-même, de 1860 à 1861 environ. La rédaction de ce manuscrit, qui ne contient que les formules, sans aucun texte, me fut confiée par Riemann en avril 1866. J'en tirai le Mémoire que je communiquai le 6 janvier 1867 à la Société Royale des Sciences de Gœttingue et qui fut imprimé dans le treizième Volume des Mémoires de cette Société. Ce Mémoire est reproduit ici pour la seconde fois après avoir été soigneusement revu.

KARL HATTENDORF.

mêmes, séparées dans leurs cours les unes des autres. On pourra les distinguer en attribuant à la grandeur p, relativement à chacune d'elles, une valeur particulière constante qui augmente ou diminue d'un infiniment petit, selon que l'on passe de la courbe à la courbe voisine qui lui est respectivement circonscrite ou inscrite. Alors la fonction p a une valeur constante maxima sur le contour de la surface et une valeur minima en ce point unique à l'intérieur de la surface, où cette dernière en décroissant continuellement finit par se rétrécir tout entière. On peut donc se représenter le passage d'un contour de la surface décroissante au contour suivant, en déplaçant chaque point de la courbe (p) en un point infiniment voisin déterminé de la courbe $(p + dp)$. Les chemins décrits individuellement par les différents points forment un second système de courbes qui, partant du point à valeur minima de p, poursuivent leur cours à l'instar de rayons pour aboutir à l'encadrement. Sur chacune de ces courbes, on attribuera à q une valeur constante particulière, qui sera minima sur une courbe choisie arbitrairement comme courbe initiale, et cette valeur croîtra d'une manière continue en passant de chaque courbe du second système à la suivante, ces passages ayant lieu en suivant le cours d'une des courbes (p) dans un sens déterminé. Lorsque l'on passera de la dernière courbe (q) à la courbe initiale, q variera brusquement d'une constante finie.

Pour traiter d'une façon tout analogue une surface multiplement connexe, on peut auparavant la décomposer en une surface simplement connexe au moyen de sections transverses.

Ainsi, un point quelconque d'une surface peut être représenté comme l'intersection d'une courbe déterminée du système (p) avec une courbe déterminée du système (q). La normale en un point (p, q) de la surface suit son cours à partir de celle-ci en deux directions opposées, l'une positive, l'autre négative. Pour les distinguer, il nous faut choisir une détermination pour la situation relative de la normale positive croissante, de p croissant et de q croissant. Si l'on ne fait pas d'autre convention, l'on peut, en se plaçant au point de vue des x positifs, supposer que l'on amène par le chemin le plus court l'axe des y positifs à coïncider avec celui des z positifs, en opérant une rotation de droite à gauche. Supposons ensuite que la direction de la normale positive croissante soit située, par rapport aux directions de p croissant et de q croissant, comme l'axe des x positifs est situé par rapport à ceux des y et z positifs. Le côté de la surface du côté duquel est située la normale positive devra alors être nommé le côté positif de la surface.

§ II.

Proposons-nous d'étendre au domaine de la surface une intégrale dont l'élément est égal à l'élément $dp\,dq$ multiplié par un déterminant fonctionnel, c'est-à-dire l'intégrale

$$\iint\left(\frac{\partial f}{\partial p}\frac{\partial g}{\partial q}-\frac{\partial f}{\partial q}\frac{\partial g}{\partial p}\right)dp\,dq,$$

que, pour abréger, nous écrirons ainsi :

$$\iint(df\,dg).$$

Supposons f et g introduites comme variables indépendantes, l'intégrale se transformera en

$$\iint df\,dg,$$

et l'intégration pourra être effectuée par rapport à f ou par rapport à g. Mais l'introduction explicite de f et g comme variables indépendantes présente des difficultés, ou du moins exige des discussions d'une longueur pénible lorsque la même combinaison de valeurs de f et g se présente en plusieurs points de la surface ou le long d'une ligne. Elle est tout à fait impossible lorsque f et g sont complexes.

Il est donc commode, pour effectuer l'intégration par rapport à f ou g, d'appliquer la méthode de Jacobi (*Journal de Crelle*, tome 27, p. 208), où p et q sont conservés comme variables indépendantes. Pour intégrer par rapport à f, on doit d'abord mettre le déterminant fonctionnel sous la forme

$$\frac{\partial\left(f\frac{\partial g}{\partial q}\right)}{\partial p}-\frac{\partial\left(f\frac{\partial g}{\partial p}\right)}{\partial q},$$

et l'on obtient ainsi

$$\int \frac{\left(f\frac{\partial g}{\partial p}\right)}{\partial q}\,dq = 0,$$

puisque l'intégrale est prise le long d'une ligne qui se ferme en revenant sur elle-même. Quant à l'intégrale

$$\int \frac{\partial\left(f\frac{\partial g}{\partial q}\right)}{\partial p}\,dp,$$

elle doit être prise dans le sens de p croissant, c'est-à-dire à partir du point minimum à l'intérieur jusqu'au contour, le long d'une courbe (q). On obtient alors $f\frac{\partial g}{\partial q}$, c'est-à-dire la valeur que cette expression prend sur le contour, puisque pour la limite inférieure de l'intégrale on a $\frac{\partial g}{\partial q} = 0$.

On a, par suite,

$$\int\!\!\int (df\,dg) = \int f\frac{\partial g}{\partial q}\,dq = \int f\,dg,$$

et l'intégrale simple du dernier membre doit être prise le long du contour dans le sens de q croissant. D'autre part, en employant les notations introduites, l'on a

$$(df\,dg) = -(dg\,df),$$

et, par suite,

$$\int\!\!\int (df\,dg) = -\int\!\!\int (dg\,df) = -\int g\,df,$$

l'intégrale simple du dernier membre devant être également prise le long du contour d'encadrement de la surface dans le sens de q croissant.

§ III.

La surface dont les points sont déterminés par les systèmes de courbes (p), (q) sera maintenant représentée sur une sphère de rayon égal à l'unité de la manière suivante : En un point (p, q) de la surface dont les coordonnées rectangulaires sont x, y, z, élevons la normale positive et menons-lui une parallèle passant par le centre de la sphère. L'extrémité de cette parallèle au point où elle coupe la surface de la sphère est la représentation du point (x, y, z). Si le point (x, y, z) sur la surface à courbure continue décrit une ligne connexe, la représentation de celle-ci sur la sphère sera aussi une ligne connexe. De même, on obtient comme représentation d'une portion de surface une portion de surface, comme représentation de la surface entière une surface qui recouvre simplement ou multiplement la sphère ou une portion de la sphère.

Le point qui détermine sur la sphère la direction de l'axe des x positifs sera pris pour pôle, et l'on fera passer le méridien initial par le point qui correspond à l'axe des y positifs.

La représentation du point (x, y, z) sera alors déterminée sur la sphère par sa distance polaire r et par l'angle φ compris entre le méridien du point et le méridien initial. Le signe de φ sera choisi tel que le point correspondant à l'axe des z positifs ait pour coordonnées

$$r = \frac{\pi}{2}, \qquad \varphi = +\frac{\pi}{2}.$$

§ IV.

On obtient par suite, pour l'équation différentielle de la surface,

$$(1) \qquad \cos r\, dx + \sin r \cos\varphi\, dy + \sin r \sin\varphi\, dz = 0.$$

Si y et z sont les variables indépendantes, on obtient pour r et φ les équations

$$\cos r = \frac{1}{\pm\sqrt{1 + \left(\frac{\partial x}{\partial y}\right)^2 + \left(\frac{\partial x}{\partial z}\right)^2}},$$

$$\sin r \cos\varphi = \frac{\frac{\partial x}{\partial y}}{\mp\sqrt{1 + \left(\frac{\partial x}{\partial y}\right)^2 + \left(\frac{\partial x}{\partial z}\right)^2}},$$

$$\sin r \sin\varphi = \frac{\frac{\partial x}{\partial z}}{\mp\sqrt{1 + \left(\frac{\partial x}{\partial y}\right)^2 + \left(\frac{\partial x}{\partial z}\right)^2}},$$

où l'on doit prendre simultanément ou bien tous les signes supérieurs ou bien tous les signes inférieurs.

Un parallélogramme sur le côté positif de la surface, ayant pour contour les courbes (p) et $(p+dp)$, (q) et $(q+dq)$, a pour projection sur le plan des yz un élément de surface dont l'aire est égale à la valeur absolue de $(dy\,dz)$. Le signe de ce déterminant fonctionnel est différent suivant que la normale positive au point (p, q) et l'axe des x positifs forment un angle aigu ou un angle obtus. Dans le premier cas, en effet, les projections de dp et de dq sur le plan des yz ont une situation relative toute pareille à celle qu'a l'axe positif des y par rapport à l'axe positif des z, dans le second cas c'est tout l'opposé. Par conséquent, dans le premier cas, le déterminant fonctionnel est positif, dans le second il est négatif; quant à l'expression $\frac{1}{\cos r}(dy\,dz)$ elle est toujours positive. Elle donne l'aire du parallélogramme infinitésimal sur la surface. Par conséquent, pour obtenir l'aire de la surface elle-même, on doit étendre l'intégrale double $S=\int\!\!\int \frac{1}{\cos r}(dy\,dz)$ à la surface tout entière.

Cette aire doit-elle être un minimum, on devra écrire alors que la variation première de l'intégrale double est $=0$. On obtient ainsi

$$\int\!\!\int \frac{\frac{\partial x}{\partial y}\frac{\partial\,\delta x}{\partial y}+\frac{\partial x}{\partial z}\frac{\partial\,\delta x}{\partial z}}{\pm\sqrt{1+\left(\frac{\partial x}{\partial y}\right)^2+\left(\frac{\partial x}{\partial z}\right)^2}}(dy\,dz)=0,$$

expression où l'on doit prendre le radical affecté du signe supérieur ou bien du signe inférieur, selon que $(dy\,dz)$ est positif ou bien négatif. Le premier membre de cette équation peut s'écrire comme il suit :

$$\begin{aligned}
&\int\!\!\int \frac{\partial}{\partial y}(-\sin r\cos\varphi\,\delta x)(dy\,dz)\\
+&\int\!\!\int \frac{\partial}{\partial z}(-\sin r\sin\varphi\,\delta x)(dy\,dz)\\
-&\int\!\!\int \delta x\frac{\partial}{\partial y}(-\sin r\cos\varphi)\quad(dy\,dz)\\
-&\int\!\!\int \delta x\frac{\partial}{\partial z}(-\sin r\sin\varphi)\quad(dy\,dz).
\end{aligned}$$

Les deux premières intégrales se réduisent à des intégrales simples qui doivent être prises le long du contour de la surface dans le sens de q croissant, c'est-à-dire à

$$\int \delta x\,(-\sin r \cos\varphi\, dz + \sin r \sin\varphi\, dy).$$

Cette expression a pour valeur o, puisque sur le contour $\delta x = 0$. On a donc, pour condition du minimum,

$$\iint \delta x \left[\frac{\partial(\sin r \cos\varphi)}{\partial y} + \frac{\partial(\sin r \sin\varphi)}{\partial z}\right](dy\, dz) = 0.$$

Cette condition sera remplie lorsque

(2) $$-\sin r \sin\varphi\, dy + \sin r \cos\varphi\, dz = d\mathfrak{x}$$

est une différentielle exacte.

§ V.

Les coordonnées r et φ sur la sphère peuvent être remplacées par une grandeur complexe

$$\eta = \tang \frac{r}{2}\, e^{\varphi i},$$

dont l'interprétation géométrique est facile à voir.

En effet, si l'on mène un plan tangent au pôle de la sphère, plan dont le côté positif est détourné de la sphère, et si du pôle antipode on mène une droite passant par le point (r, φ), cette droite rencontrera le plan tangent en un point qui représente la grandeur complexe 2η. Au pôle correspond $\eta = 0$, au pôle antipode $\eta = \infty$. Quant aux points qui fournissent les directions des axes des y positifs et des z positifs, on a respectivement

$$\eta = +1 \quad \text{et} \quad \eta = +i.$$

Si l'on introduit, en outre, les grandeurs complexes

$$\eta' = \tang \frac{r}{2}\, e^{-\varphi i}, \qquad s = y + z i, \qquad s' = y - z i,$$

les équations (1) et (2) sont alors transformées en les suivantes :

$$(1^\star)\qquad (1-\eta\eta')\,dx + \eta'\,ds + \eta\,ds' = 0,$$

$$(2^\star)\qquad (1+\eta\eta')\,d\mathfrak{r}\,i - \eta'\,ds + \eta\,ds' = 0.$$

Ces équations peuvent être reliées ensemble par voie d'addition et soustraction. L'on posera

$$x + \mathfrak{r}i = 2\mathrm{X},\qquad x - \mathfrak{r}i = 2\mathrm{X}',$$

de sorte que l'on aura inversement

$$x = \mathrm{X} + \mathrm{X}'.$$

Notre problème se trouve alors exprimé analytiquement par les deux équations

$$(3)\qquad ds - \eta\,d\mathrm{X} + \frac{1}{\eta'}\,d\mathrm{X}' = 0,$$

$$(4)\qquad ds' + \frac{1}{\eta}\,d\mathrm{X} - \eta'\,d\mathrm{X}' = 0.$$

Si l'on regarde X et X′ comme variables indépendantes, et si l'on établit les conditions pour que ds et ds' soient des différentielles exactes, on trouve

$$\frac{\partial\eta}{\partial\mathrm{X}'} = 0,\qquad \frac{\partial\eta'}{\partial\mathrm{X}} = 0.$$

Cela revient à dire que η ne dépend que de X et que η' ne dépend que de X′, et qu'inversement X est fonction seulement de η et X′ seulement de η'.

Par conséquent, le problème est ramené à celui-ci :

Déterminer η comme fonction de la variable complexe X ou, inversement, X comme fonction de la variable complexe η, de telle sorte qu'en même temps les conditions relatives au contour soient satisfaites. Si l'on connaît η comme fonction de X, η' est connue par cela même; on n'aura, en effet, qu'à remplacer dans l'expression de η tout nombre complexe par son conjugué. On n'a plus alors qu'à intégrer les équations (3) et (4) pour obtenir les expressions de s et de s'. De celles-ci finalement l'on tire, par l'élimination de $\mathfrak{r}$, une équation entre x, y, z; c'est l'équation de la surface minima.

§ VI.

Si les équations (3) et (4) sont intégrées, l'on obtiendra facilement aussi l'aire de la surface minima elle-même, c'est-à-dire

$$S = \int\int \frac{1}{\cos r}(dy\,dz) = \int\int \frac{1+\eta\eta'}{1-\eta\eta'}(dy\,dz).$$

Le déterminant fonctionnel $(dy\,dz)$ sera transformé comme il suit :

$$\begin{aligned}(dy\,dz) &= \left(\frac{\partial y}{\partial s}\frac{\partial z}{\partial s'} - \frac{\partial y}{\partial s'}\frac{\partial z}{\partial s}\right)(ds\,ds') \\ &= \frac{i}{2}(ds\,ds') \\ &= \frac{i}{2}\left(\eta\eta'-\frac{1}{\eta\eta'}\right)\frac{\partial x}{\partial \eta}\frac{\partial x}{\partial \eta'}(d\eta\,d\eta').\end{aligned}$$

D'où

$$\begin{aligned}2iS &= \int\int\left(2+\eta\eta'+\frac{1}{\eta\eta'}\right)\frac{\partial x}{\partial \eta}\frac{\partial x}{\partial \eta'}(d\eta\,d\eta') \\ &= \int\int\left(2\frac{\partial x}{\partial \eta}\frac{\partial x}{\partial \eta'}+\frac{\partial s}{\partial \eta}\frac{\partial s'}{\partial \eta'}+\frac{\partial s}{\partial \eta'}\frac{\partial s'}{\partial \eta}\right)(d\eta\,d\eta') \\ &= 2\int\int\left(\frac{\partial x}{\partial \eta}\frac{\partial x}{\partial \eta'}+\frac{\partial y}{\partial \eta}\frac{\partial y}{\partial \eta'}+\frac{\partial z}{\partial \eta}\frac{\partial z}{\partial \eta'}\right)(d\eta\,d\eta').\end{aligned}$$

Pour transformer encore cette expression, l'on peut exprimer y au moyen de Y et Y', z au moyen de Z et Z', de même que x est exprimé au moyen de X et X'; l'on obtient ainsi les équations

$$\begin{aligned}X &= \int\frac{\partial x}{\partial \eta}d\eta, & X' &= \int\frac{\partial x}{\partial \eta'}d\eta', \\ Y &= \int\frac{\partial y}{\partial \eta}d\eta, & Y' &= \int\frac{\partial y}{\partial \eta'}d\eta', \\ Z &= \int\frac{\partial z}{\partial \eta}d\eta, & Z' &= \int\frac{\partial z}{\partial \eta'}d\eta'; \\ x &= X+X', & \mathfrak{x}i &= X-X', \\ y &= Y+Y', & \mathfrak{y}i &= Y-Y', \\ z &= Z+Z', & \mathfrak{z}i &= Z-Z'. \quad [1]\end{aligned}$$

On en conclut alors

$$(5)\quad \begin{cases} S = -i\iint [(dX\,dX') + (dY\,dY') + (dZ\,dZ')] \\ = \dfrac{1}{2}\iint [(dx\,d\mathfrak{x}) + (dy\,d\mathfrak{y}) + (dz\,d\mathfrak{z})]. \end{cases}$$

§ VII.

La surface minima et ses représentations sur la sphère comme sur les plans, dont les points représentent respectivement les grandeurs complexes η, X, Y, Z, sont semblables en les plus petites parties. On le reconnaît de suite en exprimant le carré de l'élément linéaire sur ces surfaces. Cette expression est :

sur la sphère :

$$\sin r^2\, d\log\eta\, d\log\eta';$$

sur le plan des η :

$$d\eta\, d\eta';$$

sur le plan des X :

$$\frac{\partial x}{\partial\eta}\frac{\partial x}{\partial\eta'}\,d\eta\,d\eta';$$

sur le plan des Y :

$$\frac{\partial y}{\partial\eta}\frac{\partial y}{\partial\eta}\,d\eta\,d\eta';$$

sur le plan des Z :

$$\frac{\partial z}{\partial\eta}\frac{\partial z}{\partial\eta'}\,d\eta\,d\eta';$$

sur la surface minima elle-même :

$$\begin{aligned} dx^2 + dy^2 + dz^2 &= (dX + dX')^2 + (dY + dY')^2 + (dZ + dZ')^2 \\ &= 2(dX\,dX' + dY\,dY' + dZ\,dZ') \\ &= 2\left(\frac{\partial x}{\partial\eta}\frac{\partial x}{\partial\eta'} + \frac{\partial y}{\partial\eta}\frac{\partial y}{\partial\eta'} + \frac{\partial z}{\partial\eta}\frac{\partial z}{\partial\eta'}\right)d\eta\,d\eta'. \end{aligned}$$

En vertu des équations (3) et (4), lorsque l'on y regarde η et η' comme variables indépendantes, l'on a

$$\eta\,\frac{dX}{d\eta} = \frac{\partial s}{\partial\eta} = -\eta^2\,\frac{\partial s'}{\partial\eta},$$

$$\eta'\,\frac{dX'}{d\eta'} = \frac{\partial s'}{\partial\eta'} = -\eta'^2\,\frac{\partial s}{\partial\eta'},$$

d'où

$$dX^2 + dY^2 + dZ^2 = 0,$$
$$dX'^2 + dY'^2 + dZ'^2 = 0.$$

Le rapport de deux quelconques des précédents carrés d'éléments linéaires est indépendant de $d\eta$ et $d\eta'$, c'est-à-dire de la direction de l'élément; or c'est précisément sur cela que repose la similitude de la représentation dans les plus petites parties.

Puisque l'agrandissement linéaire dans la représentation en un point quelconque est le même dans toutes les directions, l'on obtient, pour l'agrandissement de la surface, le carré de l'agrandissement linéaire. Mais le carré de l'élément linéaire sur la surface minima est égal au double de la somme des carrés des éléments linéaires correspondants sur les plans des X, des Y et des Z. Par conséquent, l'élément de surface sur la surface minima est égal au double de la somme des éléments de surface correspondants sur ces plans. Il en est de même de toute la surface et de ses représentations sur les plans des X, des Y et des Z.

§ VIII.

On peut encore tirer une conséquence de haute importance du théorème relatif à la similitude en les plus petites parties, en introduisant une nouvelle variable complexe η_1, de manière à transporter le pôle de la sphère en un point quelconque ($\eta = \alpha$) en choisissant arbitrairement le méridien initial. Alors η_1 ayant la même interprétation dans le nouveau système de coordonnées que η dans l'ancien, l'on peut représenter un triangle infinitésimal de la sphère sur le plan des η_1 aussi bien que sur le plan des η. Les deux représentations ainsi obtenues sont alors aussi des représentations l'une de l'autre semblables en les plus petites parties. Dans le cas de la similitude directe, on reconnaît de suite sans discussion que $\frac{d\eta_1}{d\eta}$ est indépendant de la direction du déplacement de η, c'est-à-dire que η_1 est une fonction de la variable complexe η. Le cas de la similitude inverse (symétrique) peut se ramener au précédent en remplaçant η_1 par la grandeur complexe conjuguée.

Maintenant, pour exprimer η_1 comme fonction de η, on doit observer que $\eta_1 = 0$ est le seul point de la sphère où $\eta = \alpha$, et que $\eta_1 = \infty$ est le point antipode, c'est-à-dire en $\eta = -\frac{1}{\alpha'}$.

De là résulte

$$\eta_1 = c\,\frac{\eta - \alpha}{1 + \alpha'\eta}.$$

Pour déterminer la constante c on observera que, lorsque $\eta_1 = \beta$ pour $\eta = 0$, l'on a par cela même $\eta_1 = -\frac{1}{\beta'}$ pour $\eta = \infty$. On a, par conséquent,

$$\beta = -c\alpha \quad \text{et} \quad -\frac{1}{\beta'} = \frac{c}{\alpha'},$$

c'est-à-dire

$$\beta = -\frac{\alpha}{c'}.$$

On en conclut $cc' = 1$ et, par suite, $c = e^{\theta i}$ pour θ réel. Les grandeurs α et θ peuvent prendre des valeurs quelconques; α dépend de la position du nouveau pôle et θ de celle du nouveau méridien initial. A ce nouveau système de coordonnées sur la sphère correspondent les directions des axes d'un nouveau système de coordonnées rectangulaires.

Dans le nouveau système, x_1, s_1, s'_1 pourront désigner la même chose que x, s, s' dans l'ancien. On obtient alors les formules de transformation

$$\eta_1 = \frac{\eta - \alpha}{1 + \alpha'\eta}\,e^{\theta i};$$

$$(6) \qquad \begin{cases} (1 + \alpha\alpha')\,x_1 &= (1 - \alpha\alpha')\,x + \alpha' s + \alpha s', \\ (1 + \alpha\alpha')\,s_1 e^{-\theta i} &= \quad -2\alpha x + s - \alpha^2 s', \\ (1 + \alpha\alpha')\,s'_1 e^{\theta i} &= \quad -2\alpha' x - \alpha'^2 s + s'. \end{cases}$$

§ IX.

Des formules de transformation (6) nous tirons

$$\left(\frac{d\eta_1}{d\eta}\right)^2 \frac{\partial x_1}{\partial \eta_1} = \frac{\eta_1}{\eta}\,\frac{\partial x}{\partial \eta}$$

ou

$$(d\log\eta_1)^2\,\frac{\partial x_1}{\partial \log\eta_1} = (d\log\eta)^2\,\frac{\partial x}{\partial \log\eta}.$$

Il sera avantageux, par suite, d'introduire une nouvelle grandeur complexe u définie par l'équation

$$(7) \qquad u = \int \sqrt{i \frac{\partial x}{\partial \log \eta}}\, d \log \eta,$$

et qui est indépendante de la situation du système de coordonnées (x, y, z). Si l'on parvient alors à déterminer u comme fonction de η, l'on obtient

$$(8) \qquad x = -i \int \left(\frac{du}{d \log \eta}\right)^2 d \log \eta + i \int \left(\frac{du'}{d \log \eta'}\right)^2 d \log \eta';$$

x est la distance du point correspondant à η de la surface minima à un plan mené par l'origine des coordonnées perpendiculairement à la direction $\eta = 0$.

On obtient la distance de ce même point de la surface minima à un plan passant par l'origine des coordonnées et perpendiculaire à la direction $\eta = \alpha$, en remplaçant η dans l'équation (8) par $\frac{\eta - \alpha}{1 + \alpha' \eta} e^{\theta i}$. On a donc en particulier, pour $\alpha = 1$ et $\alpha = i$,

$$(9) \quad y = -\frac{i}{2} \int \left(\frac{du}{d \log \eta}\right)^2 \left(\eta - \frac{1}{\eta}\right) d \log \eta + \frac{i}{2} \int \left(\frac{du'}{d \log \eta'}\right)^2 \left(\eta' - \frac{1}{\eta'}\right) d \log \eta',$$

$$(10) \quad z = -\frac{1}{2} \int \left(\frac{du}{d \log \eta}\right)^2 \left(\eta + \frac{1}{\eta}\right) d \log \eta - \frac{1}{2} \int \left(\frac{du'}{d \log \eta'}\right)^2 \left(\eta' + \frac{1}{\eta'}\right) d \log \eta'.$$

§ X.

Il s'agit de déterminer la grandeur u comme fonction de η, c'est-à-dire comme fonction uniforme du lieu sur la surface qui, étendue sur le plan des η, représente la surface minima en conservant la similitude en les plus petites parties. Avant tout se présente alors la considération des discontinuités et des points de ramification de cette représentation. Dans cette recherche il convient de faire une distinction entre les points à l'intérieur de la surface et les points du contour d'encadrement.

S'agit-il d'un point à l'intérieur de la surface minima, l'on choisira ce point comme origine du système de coordonnées (x, y, z), l'axe des x positifs coïncidant avec la normale positive, le plan des y, z étant par suite le plan tangent. Alors, dans le développement de x, manquent le terme indépendant de x et les termes multipliés par y et z. En choisissant une direction convenable pour l'axe des y et celui des z, on peut aussi faire disparaître le terme multiplié par yz. L'équation aux dérivées partielles de la surface minima se réduit donc dans ces hypothèses, pour des valeurs infiniment petites de y et z, à

$$\frac{\partial^2 x}{\partial y^2} + \frac{\partial^2 x}{\partial z^2} = 0.$$

La mesure de la courbure est donc négative; les rayons de courbure principaux sont égaux entre eux et de signes opposés. Le plan tangent partage la surface en quatre quadrants, lorsque les rayons de courbure ne sont pas $= \infty$. Ces quadrants sont situés alternativement de part et d'autre au-dessus et au-dessous du plan tangent.

Si le développement de x commence d'abord par des termes d'ordre n, $(n > 2)$ les rayons de courbure sont infinis, et le plan tangent partage la surface en $2n$ secteurs, qui sont situés alternativement au-dessus et au-dessous de ce plan, et qui sont partagés en deux parties égales par les lignes de courbure [2].

Maintenant, si l'on veut regarder X comme fonction de la variable complexe Y, l'on obtient, dans le cas des quatre secteurs,

$$\log X = 2 \log Y + \text{fonct. continue},$$

dans le cas des $2n$ secteurs

$$\log X = n \log Y + \text{fonct. continue}.$$

Et, comme on a, en vertu de (8) et (9),

$$\frac{dX}{dY} = \frac{-2\eta}{1-\eta^2},$$

le développement de η dans le premier cas commence par la première puissance de Y, dans le second cas par la $(n-1)^{\text{ième}}$. Inversement, lorsque Y doit être envisagé comme fonction de η, le développement procédera donc dans le premier cas suivant les puissances entières de η, dans le second suivant les puissances entières de $\eta^{\frac{1}{n-1}}$. C'est-à-dire : ou bien la représentation sur le plan des η ne possède pas au point en question de point de ramification, ou bien y possède un point de ramification $(n-2)$-uple, selon que c'est ou bien le premier ou bien le second cas qui se présente.

Quant à u, l'on a

$$\frac{du}{d\log Y} = \frac{du}{d\log\eta}\,\frac{d\log\eta}{d\log Y},$$

et, par conséquent, en vertu de l'équation (9),

$$\left(\frac{du}{d\log Y}\right)^2 = -2i\,\frac{dY}{d\eta}\,\frac{\eta^2}{1-\eta^2}\left(\frac{d\eta}{dY}\right)^2\frac{Y^2}{\eta^2}.$$

On a donc, en un point de ramification $(n-2)$-uple de la représentation sur le plan des η,

$$\log\frac{du}{d\log Y} = \frac{n}{2}\log Y + \text{fonct. cont.},$$

c'est-à-dire

$$\log\frac{du}{dY} = \left(\frac{n}{2}-1\right)\log Y + \text{fonct. cont.}$$

§ XI.

Dans ce qui suit, nous bornerons d'abord notre étude au cas où le contour d'encadrement donné est formé par des lignes droites. Alors la représentation de l'encadrement sur le plan des η peut être pratiquée effectivement. Les normales menées en des points quelconques d'une ligne droite d'encadrement sont situées dans des plans parallèles, et la représentation sur la sphère est, par suite, un arc de grand cercle.

Dans l'étude d'un point situé sur une ligne droite d'encadrement, prenons comme précédemment ce point pour origine des coordonnées, l'axe des x positifs coïncidant avec la normale positive. Alors toute la ligne d'encadrement est située sur le plan des y, z. La partie réelle de X est donc $=0$ sur toute la ligne d'encadrement. Par conséquent, lorsque sur la surface minima on décrit autour de l'origine un circuit à partir d'un point du contour pour revenir au contour par l'intérieur de la surface en un point qui suit le premier, l'argument de X doit varier de $n\pi$, un multiple entier de π. L'argument de Y variera simultanément de π. On a donc, comme précédemment,

$$\begin{aligned}\log X &= \quad\quad n \log Y + \text{fonct. cont.},\\ \log \eta &= (n-1) \log Y + \text{fonct. cont.},\\ \log \frac{du}{dY} &= \left(\frac{n}{2}-1\right) \log Y + \text{fonct. cont.}\end{aligned}$$

Au point considéré du contour correspond ainsi un point de ramification $(n-2)$-uple de la représentation sur le plan des η. Dans cette représentation, la partie d'encadrement qui suit le point fait avec celle qui le précède un angle égal à $(n-1)\pi$.

§ XII.

Quand on passe d'une ligne d'encadrement à la suivante, nous devons distinguer deux cas : ou bien ces lignes se rencontrent en un point d'intersection situé à distance finie, ou bien elles s'étendent à l'infini.

Dans le premier cas, soit $\alpha\pi$ l'angle compris sur la surface minima entre les deux lignes d'encadrement. Si l'on prend comme origine des coordonnées le sommet de cet angle, l'axe positif des x coïncidant avec la normale positive, alors sur ces deux lignes de contour la partie réelle de X est $= 0$. Quand on passe de la première ligne d'encadrement à la suivante, l'argument de X varie de $m\pi$, multiple entier de π, l'argument de Y de $\alpha\pi$. On a donc

$$\begin{aligned}\frac{\alpha}{m} \log X &= \log Y + \text{fonct. cont.},\\ \left(1-\frac{\alpha}{m}\right) \log X &= \log \eta + \text{fonct. cont.},\\ \log \frac{du}{dY} &= \left(\frac{m}{2\alpha}-1\right) \log Y + \text{fonct. cont.}\end{aligned}$$

Si la surface dans le second cas s'étend à l'infini entre deux droites d'encadrement successives, on prendra pour axe des x positifs la ligne la plus courte qui joint ces deux lignes d'encadrement, parallèle à la normale positive à l'infini. Soit A la longueur de cette plus courte droite, et soit $\alpha\pi$ l'angle que remplit la projection de la surface minima sur le plan des yz. Alors les parties réelles de X et $i \log \eta$ restent finies et continues à l'infini et prennent une valeur constante sur les droites d'encadrement. On a donc ainsi (pour $y = \infty$, $z = \infty$) :

$$X = -\frac{Ai}{2\alpha\pi} \log \eta + \text{fonct. cont.},$$

$$u = \sqrt{\frac{A}{2\alpha\pi}} \log \eta + \text{fonct. cont.},$$

$$Y = -\frac{Ai}{4\alpha\pi} \frac{1}{\eta} + \text{fonct. cont.} \quad [3].$$

Si l'on fait coïncider l'axe x_1 d'un système de coordonnées avec une ligne droite d'encadrement, l'axe x_2 d'un autre système avec la deuxième ligne d'encadrement, etc., sur la première ligne $\log \eta_1$, sur la seconde $\log \eta_2$, etc., sont des imaginaires pures, car la normale est respectivement perpendiculaire à l'axe des x_1, des x_2, etc. Par conséquent, $i \dfrac{\partial x_1}{\partial \log \eta_1}$ est réel sur la première ligne d'encadrement, $i \dfrac{\partial x_2}{\partial \log \eta_2}$ l'est sur la seconde, etc.

Mais, puisque l'on a toujours aussi, pour un système quelconque de coordonnées (x, y, z),

$$\sqrt{i \frac{\partial x}{\partial \log \eta}}\, d \log \eta = \sqrt{i \frac{\partial x_1}{\partial \log \eta_1}}\, d \log \eta_1 = \sqrt{i \frac{\partial x_2}{\partial \log \eta_2}}\, d \log \eta_2 = \ldots,$$

on reconnaît que, sur chaque ligne droite d'encadrement,

$$du = \sqrt{i \frac{\partial x}{\partial \log \eta}}\, d \log \eta$$

a des valeurs ou bien réelles, ou bien imaginaires pures.

§ XIII.

La surface minima est déterminée pourvu que l'on puisse exprimer une des grandeurs u, η, X, Y, Z par l'une de celles qui restent. On peut y arriver en bien des cas. Parmi ceux-ci, l'on remarque particulièrement ceux où $\frac{du}{d\log\eta}$ est une fonction algébrique de η. Pour qu'il en soit ainsi, il est nécessaire et suffisant que la représentation sur la sphère et les prolongements symétriques et congruents de cette représentation forment une surface fermée qui recouvre simplement ou multiplement toute la sphère.

En général, il est difficile d'exprimer directement une des grandeurs u, η, X, Y, Z par l'une de celles qui restent. Mais, au lieu de cela, l'on peut exprimer chacune de ces grandeurs comme fonction d'une nouvelle variable indépendante convenablement choisie. Nous introduirons une variable indépendante t telle que la représentation de la surface sur le plan des t recouvre simplement la moitié du plan infini, et nous choisirons le demi-plan où la partie imaginaire de t est positive. Il est, en effet, toujours possible de déterminer t comme fonction de u (ou de l'une quelconque des grandeurs restantes η, X, Y, Z) sur la surface, de telle sorte que la partie imaginaire soit $=0$ sur le contour, et qu'en un point quelconque $(u=b)$ du contour la fonction soit infinie du premier ordre, c'est-à-dire telle que l'on ait

$$t = \frac{\text{const.}}{u-b} + \text{fonct. cont.} \qquad (u=b).$$

L'argument du facteur de $\frac{1}{\eta - b}$ est déterminé par la condition que la partie imaginaire de t soit $=0$ sur le contour, et soit positive à l'intérieur de la surface. Il ne reste donc d'arbitraire dans l'expression de t que le module de ce facteur et une constante additive.

Soient :

$t = a_1, a_2, \ldots$ pour les points de ramification à l'intérieur de la représentation sur le plan des η;

$t = b_1, b_2, \ldots$ pour les points de ramification sur l'encadrement qui ne sont pas des sommets;

$t = c_1, c_2, \ldots$ pour les sommets;

$t = e_1, e_2, \ldots$ pour les secteurs s'étendant à l'infini.

Pour simplifier, nous supposerons que toutes les grandeurs a, b, c, e sont situées dans le domaine des grandeurs finies sur le plan des t.

On a alors :

pour $t = a$,

$$\log \frac{du}{dt} = \left(\frac{n}{2} - 1\right) \log(t - a) + \text{fonct. cont.};$$

pour $t = b$,

$$\log \frac{du}{dt} = \left(\frac{n}{2} - 1\right) \log(t - b) + \text{fonct. cont.};$$

pour $t = c$,

$$\log \frac{du}{dt} = \left(\frac{m}{2} - 1\right) \log(t - c) + \text{fonct. cont.};$$

pour $t = e$,

$$u = \sqrt{\frac{A\alpha}{2\pi}} \log(t - e) + \text{fonct. cont.}$$

On peut borner la recherche au cas $n = 3$, $m = 1$, c'est-à-dire au cas de points de ramification simples, et en déduire le cas général en faisant coïncider ensemble plusieurs points de ramification simples.

Pour former l'expression pour $\frac{du}{dt}$, on observera que le long du contour dt est réel, et du soit réel, soit imaginaire pure. Par conséquent $\left(\frac{du}{dt}\right)^2$ est réel lorsque t est réel. Cette fonction peut être prolongée d'une manière continue au delà de la ligne des valeurs réelles de t, si l'on ajoute cette donnée que, pour des valeurs conjuguées t et t' des variables, la fonction devra également avoir des valeurs conjuguées. Alors $\left(\frac{du}{dt}\right)^2$ est déterminé pour tout le plan des t, et cela d'une manière uniforme.

Soient a'_1, a'_2, ... les valeurs conjuguées de a_1, a_2, ... et désignons le produit $(t - a_1)(t - a_2)\ldots$ par $\Pi(t - a)$. On aura alors

$$(11) \qquad u = \text{const.} + \int \sqrt{\frac{\Pi(t-a)\,\Pi(t-a')\,\Pi(t-b)}{\Pi(t-c)}} \, \frac{\text{const.}\, dt}{\Pi(t-e)}.$$

Les constantes a, b, c, ... doivent être déterminées de telle sorte que l'on ait

$$u = \sqrt{\frac{A\alpha}{2\pi}} \log(t - e) + \text{fonct. cont.}$$

pour $t = e$.

Pour que u demeure finie et continue pour toutes les valeurs de t, hormis a, b, c, e, le nombre de ces dernières valeurs doit satisfaire à une relation. Il faut que la différence entre le nombre des sommets et le nombre des points de ramifications situés sur le contour surpasse du nombre 4 le double de la différence entre le nombre des points de ramifications intérieurs et le nombre des secteurs qui s'étendent à l'infini. Si l'on pose, pour abréger,

$$(t-a)\Pi(t-a')\Pi(t-b)=\varphi(t),$$
$$\Pi(t-c)\Pi(t-e)^2=\chi(t),$$

c'est-à-dire

$$\frac{du}{dt}=\text{const.}\sqrt{\frac{\varphi(t)}{\chi(t)}},$$

alors la fonction entière $\varphi(t)$ est de degré $\nu-4$ lorsque $\chi(t)$ est de degré ν. Ici ν désigne le nombre des sommets augmenté de deux fois le nombre des secteurs qui s'étendent à l'infini.

§ XIV.

Il reste encore à exprimer η comme fonction de t. On n'y parvient directement que dans les cas les plus simples. En général, on adoptera la méthode suivante : Soit v une fonction de t que l'on déterminera plus loin d'une manière plus précise, mais que nous supposerons connue pour l'instant. Dans les équations (8), (9), (10) il s'agit essentiellement de $\frac{du}{d\log\eta}$, que l'on peut aussi écrire sous la forme $\frac{du}{dv}\,\frac{dv}{d\log\eta}$. Le dernier facteur peut être envisagé comme le produit des deux facteurs

$$(12)\qquad k_1=\sqrt{\frac{dv}{d\eta}},\qquad k_2=\eta\sqrt{\frac{dv}{d\eta}},$$

qui satisfont à l'équation différentielle du premier ordre

$$(13)\qquad k_1\frac{dk_2}{dv}-k_2\frac{dk_1}{dv}=1,$$

ainsi qu'à celle du second ordre

$$(14)\qquad \frac{1}{k_1}\frac{d^2 k_1}{dv^2} = \frac{1}{k_2}\frac{d^2 k_2}{dv^2}.$$

Par conséquent, réussit-on à exprimer l'un ou l'autre membre de cette dernière équation comme fonction de t, on peut établir une équation différentielle linéaire homogène du second ordre dont k_1 et k_2 sont des intégrales particulières. Soit k l'intégrale complète. Remplaçons $\frac{d^2 k}{dv^2}$ par l'expression équivalente

$$\frac{\frac{dv}{dt}\frac{d^2 k}{dt^2} - \frac{dk}{dt}\frac{d^2 v}{dt^2}}{\left(\frac{dv}{dt}\right)^3},$$

et nous obtenons pour k l'équation différentielle

$$(15)\qquad \frac{dv}{dt}\frac{d^2 k}{dt^2} - \frac{d^2 v}{dt^2}\frac{dk}{dt} - \left(\frac{dv}{dt}\right)^3 \left(\frac{1}{k_1}\frac{d^2 k_1}{dv^2}\right) k = 0.$$

Soient alors K_1 et K_2 deux intégrales particulières indépendantes entre elles connues de l'équation (15), dont le quotient $\frac{K_2}{K_1} = H$ fournit sur la sphère une représentation du demi-plan positif des t, encadrée par des arcs de grands cercles. La même représentation peut être alors pratiquée par l'entremise de chaque expression de la forme

$$(16)\qquad \eta = e^{\theta i}\frac{H - \alpha}{1 + \alpha' H},$$

où θ est réel et où α, α' sont des grandeurs complexes conjuguées.

La fonction v doit être choisie telle que, pour des valeurs finies de t, les discontinuités de $\frac{1}{k}\frac{d^2 k}{dv^2}$ ne soient pas situées autrement qu'en les points a, a', b, c, e.

Si l'on pose

$$(17)\qquad \frac{dv}{dt} = \frac{1}{\sqrt{\varphi(t)\chi(t)}} = \frac{1}{\sqrt{f(t)}},$$

la fonction $\frac{1}{k}\frac{d^2 k}{dv^2}$ dans la région du fini n'est discontinue que pour les points a, a', b, c, et cela en devenant en chacun d'eux infinie du premier ordre.

On a notamment, pour $t=c$,

$$v-v_c=\frac{2\sqrt{t-c}}{\sqrt{f'(c)}},$$
$$\eta-\eta_c=\text{const.}\,(t-c)^{\gamma}.$$

Par suite

$$k_1=\sqrt{\frac{dv}{d\eta}}=\text{const.}\,(v-v_c)^{\frac{1}{2}-\gamma},$$

d'où

$$\frac{1}{k}\frac{d^2k}{dv^2}=\frac{1}{4}\frac{(\gamma^2-\frac{1}{4})f'(c)}{t-c}.$$

On obtient des expressions analogues pour $t=a,\ a',\ b$ en remplaçant ci-dessus c respectivement par $a,\ a',\ b$ et γ par le nombre 2.

Une recherche toute pareille nous apprend que pour $t=e$ la fonction $\frac{1}{k}\frac{d^2k}{dv^2}$ reste continue.

Pour $t=\infty$, l'on a

$$\frac{1}{k}\frac{d^2k}{dv^2}=\left(-\frac{\nu}{2}+2\right)\left(\frac{\nu}{2}-1\right)t^{2\nu-6}.$$

L'expression pour $\frac{1}{k}\frac{d^2k}{dv^2}$ se présentera donc comme il suit :

$$\frac{1}{k}\frac{d^2k}{dv^2}=\frac{1}{4}\sum\frac{(\gamma^2-\frac{1}{4})f'(g)}{t-g}+\mathrm{F}(t).$$

La sommation s'étend à tous les points $g=a,\ a',\ b,\ c$, et, lorsqu'il s'agit de a, a' et b, l'on doit remplacer γ par 2. $\mathrm{F}(t)$ est une fonction entière de degré $(2\nu-6)$ où l'on détermine les deux premiers coefficients comme il suit : Mettons dv sous la forme

$$dv=\frac{t^{-\nu+4}\dfrac{dt}{t^2}}{\sqrt{f(t)\,t^{-2\nu+4}}}=t^{-\nu+4}\,dv_1,$$

ou, pour abréger,

$$=\alpha\,dv_1.$$

Alors on obtient, en différentiant,

$$\frac{d^2}{dv^2}\left[\left(\frac{d\eta}{dv}\right)^{-\frac{1}{2}}\right]=\alpha^{-\frac{3}{2}}\frac{d^2}{dv_1^2}\left[\left(\frac{d\eta}{dv_1}\right)^{-\frac{1}{2}}\right]+\left(\frac{d\eta}{dv_1}\right)^{-\frac{1}{2}}\frac{d^2\left(\alpha^{\frac{1}{2}}\right)}{dv^2}$$

et, par suite,

$$\left(\frac{d\eta}{dv}\right)^{\frac{1}{2}} \frac{d^2}{dv^2}\left[\left(\frac{d\eta}{dv}\right)^{-\frac{1}{2}}\right] = \alpha^{-2}\left(\frac{d\eta}{dv}\right)^{\frac{1}{2}} \frac{d^2}{dv_1^2}\left[\left(\frac{d\eta}{dv_1}\right)^{-\frac{1}{2}}\right] + \alpha^{-\frac{1}{2}} \frac{d^2\left(\alpha^{\frac{1}{2}}\right)}{dv^2},$$

ou

$$\left(\frac{d\eta}{dv_1}\right)^{\frac{1}{2}} \frac{d^2}{dv_1^2}\left[\left(\frac{d\eta}{dv_1}\right)^{-\frac{1}{2}}\right] = t^{-2\nu+8}\,\frac{1}{k}\,\frac{d^2 k}{dv^2} - \alpha^{\frac{3}{2}}\,\frac{d^2\left(\alpha^{\frac{1}{2}}\right)}{dv^2},$$

ou

$$\left(\frac{d\eta}{dv_1}\right)^{\frac{1}{2}} \frac{d^2}{dv_1^2}\left[\left(\frac{d\eta}{dv_1}\right)^{-\frac{1}{2}}\right] = t^{-2\nu+8} \sum \frac{1}{4}\,\frac{(\gamma^2-\frac{1}{4})f'(g)}{t-g} + t^{-2\nu+8}\,\mathrm{F}(t) - \alpha^{\frac{3}{2}}\,\frac{d^2\left(\alpha^{\frac{1}{2}}\right)}{dv^2}.$$

La fonction dans le premier membre est finie pour $t=\infty$. Par suite, au second membre on doit écrire que les coefficients respectifs de t^2 et de t, dans les développements de $t^{-2\nu+8}\mathrm{F}(t)$ et de $\alpha^{\frac{3}{2}}\dfrac{d^2\left(\alpha^{\frac{1}{2}}\right)}{dv^2}$, sont égaux.

Pour le développement de $\alpha^{\frac{3}{2}}\dfrac{d^2\left(\alpha^{\frac{1}{2}}\right)}{dv^2}$ un calcul simple donne

$$\alpha^{\frac{3}{2}}\,\frac{d^2\left(\alpha^{\frac{1}{2}}\right)}{dv^2} = \frac{1}{2}\left(-\frac{\nu}{2}+2\right) t^{-\nu+3}\,\frac{d\left[t^{-\nu+2}f(t)\right]}{dt}.$$

Il reste donc dans $\mathrm{F}(t)$ encore $2\nu - 7$ coefficients indéterminés. Mais il est important d'observer que ceux-ci doivent être réels. En effet, au § XII nous avons trouvé que du doit être réel ou imaginaire pure sur toutes les lignes droites d'encadrement de la surface minima, et doit, par suite, l'être de même en chaque point de l'encadrement des représentations. En vertu de l'équation (17), il en est de même de dv. On peut en déduire que, pour les valeurs réelles de t, la fonction $\dfrac{1}{k}\dfrac{d^2 k}{dv^2}$ possède nécessairement des valeurs réelles.

Pour en effectuer la démonstration, considérons la représentation sur la sphère de rayon 1 et prenons une portion quelconque du contour, par conséquent un arc d'un certain grand cercle. Menons à la sphère le plan tangent au pôle de ce grand cercle et prenons-le pour plan des η_1. Alors les grandeurs constantes α_1, α'_1, θ_1 peuvent être déterminées de telle sorte que

$$\eta_1 = e^{\theta_1 i}\,\frac{H - \alpha_1}{1 + \alpha'_1 H},$$

et nous obtenons deux fonctions

$$k'_1 = \sqrt{\frac{dv}{d\eta_1}}, \qquad k'_2 = \eta_1 \sqrt{\frac{dv}{d\eta_1}},$$

qui sont des intégrales particulières de l'équation différentielle (15). Nous avons, par suite,

$$\frac{1}{k}\,\frac{d^2 k}{dv^2} = \frac{1}{k'_1}\,\frac{d^2 k'_1}{dv^2}.$$

La portion du contour considérée est représentée sur le plan des η_1 par l'entremise de l'équation

$$\eta_1 = e^{\varphi_1 i},$$

et, lorsque l'on porte cette valeur en k'_1, l'on reconnaît aisément que, sur la partie de contour en question, $\frac{1}{k'_1}\frac{d^2 k'_1}{dv^2}$ est réel. Par suite, il en est de même de $\frac{1}{k}\frac{d^2 k}{dv^2}$ et, comme ces raisonnements peuvent s'appliquer à chacune des portions du contour, $\frac{1}{k}\frac{d^2 k}{dv^2}$ est nécessairement réel sur tout le contour.

Mais maintenant, pour dv réel ou bien imaginaire pure, la fonction $\frac{1}{k'_1}\frac{d^2 k'_1}{dv^2}$ est alors aussi elle-même réelle lorsque l'on pose d'une manière plus générale

$$\eta_1 = \rho_1 e^{\varphi_1 i},$$

en prenant le module ρ_1 constant.

Par conséquent, pour que l'axe des quantités réelles soit effectivement représenté sur la sphère de rayon 1, le long d'arcs de *grands* cercles, l'on doit en chaque partie d'encadrement avoir $\rho_1 = 1$. Cela fournit exactement autant d'équations de condition qu'il existe de lignes différentes d'encadrement données.

Dans ces considérations l'on a supposé tacitement, comme dans le précédent paragraphe, que les valeurs a, b, c, e sont toutes finies. S'il n'en était pas ainsi, le traitement exigerait une légère modification.

NOTE.

Le problème est ainsi formulé d'une manière complète. Il ne reste plus dans les cas particuliers qu'à établir d'une manière explicite l'équation différentielle (15) et à intégrer.

Il n'est pas sans importance d'ailleurs d'observer que le nombre des constantes réelles arbitraires qui se présentent dans la solution est exactement égal à celui des équations de condition qui doivent être satisfaites conformément à la nature du problème et de ses données. Désignons les nombres respectifs des points a, b, c, e par A, B, C, E et remarquons que l'on a

$$2A + B + 4 = C + 2E = \nu.$$

Il se présente, dans l'équation différentielle (15), $2A + B + 4C + 5E - 10$ constantes réelles arbitraires; ce sont : les angles γ dont le nombre est C; les $2\nu - 7$ constantes de la fonction $F(t)$; les grandeurs réelles b, c, e, à trois desquelles on peut donner des valeurs quelconques en faisant éprouver à t une substitution linéaire à coefficients réels; enfin les parties réelles et imaginaires des grandeurs a. A ces constantes arbitraires, il s'en ajoute encore dix par l'effet de l'intégration; notamment lorsque

$$\eta = \frac{\alpha k_1 + \beta k_2}{\gamma k_1 + \delta k_2},$$

ce sont : les trois rapports complexes $\alpha:\beta:\gamma:\delta$ que l'on doit compter pour six constantes réelles, un facteur de du (réel ou imaginaire pur), et une constante additive réelle dans chacune des expressions pour x, y, z. Mais ces constantes doivent encore vérifier des équations de condition, qui doivent être satisfaites pour que nos formules représentent d'une manière effective une surface minima.

Parmi ces équations de conditions il y en a $2A + B$ qui sont relatives aux points a, a', b; elles énoncent que, dans les développements des solutions de l'équation différentielle (15), valables dans le voisinage de ces points, il n'entre aucun logarithme (comparer note [4]); il y en a $C + E$ qui énoncent que les portions de l'axe des t réels, comprises respectivement entre les différents points c, e, sont représentées sur la sphère de rayon 1 par C + E arcs de grands cercles. Le nombre de constantes qui restent encore indéterminées dans la solution est donc 3C + 4E.

Les données du problème sont : les coordonnées des sommets angulaires du contour et les angles qui déterminent les directions des lignes d'encadrement qui s'étendent à l'infini.

Ces données s'expriment par 3C + 4E équations, et l'on a à sa disposition, pour y satisfaire, un nombre exactement pareil de constantes [4].

EXEMPLES.

§ XV.

Prenons pour contour d'encadrement deux lignes droites s'étendant indéfiniment et non situées dans le même plan. Désignons par A la longueur de la ligne la plus courte que l'on peut mener de l'une à l'autre, et soit $\alpha\pi$ l'angle du secteur formé par la projection de la surface sur le plan perpendiculaire à cette ligne qui joint les deux droites.

Si l'on prend cette ligne la plus courte de jonction pour axe des x, x possède une valeur constante en chacune des deux lignes d'encadrement. De même φ est constant en chacune de ces lignes. A une distance infinie la normale positive relative à l'un des secteurs est parallèle à l'axe des x positifs, et celle relative à l'autre secteur à l'axe des x négatifs. L'encadrement est représenté sur la sphère par deux grands cercles qui passent par les pôles $\eta = 0$, $\eta = \infty$ et qui comprennent entre eux l'angle $\alpha\pi$.

L'on a donc

$$X = -\frac{iA}{2\alpha\pi}\log\eta,$$

$$s = -\frac{iA}{2\alpha\pi}\left(\eta - \frac{1}{\eta'}\right),$$

$$s' = -\frac{iA}{2\alpha\pi}\left(\frac{1}{\eta} - \eta'\right),$$

et, par suite,

$$(a) \qquad x = -i\frac{A}{2\alpha\pi}\log\left(\frac{\eta}{\eta'}\right) = -i\frac{A}{2\alpha\pi}\log\left(-\frac{s}{s'}\right);$$

on reconnaît là l'équation de l'hélicoïde.

§ XVI.

Prenons pour contour d'encadrement trois lignes droites dont deux se coupent et dont la troisième court parallèlement au plan des deux premières.

Prenons pour origine des coordonnées le point d'intersection des deux premières droites, l'axe des x positifs coïncidant avec la normale négative; alors le point d'intersection a pour représentation sur la sphère le point $\eta = \infty$. La représentation des deux premières droites sur la sphère sera formée par deux demi-grands cercles allant de $\eta = \infty$ jusqu'en $\eta = 0$. Soit $\alpha\pi$ l'angle compris entre eux. La représentation de la troisième ligne sera un arc de grand cercle qui, partant de $\eta = 0$, suit son cours jusqu'en un certain point où, changeant de sens, il retrace son propre chemin pour revenir au point $\eta = 0$. Soient $-\beta\pi$ et $\gamma\pi$ les angles formés par cet arc avec les deux demi-grands cercles, en sorte que β et γ sont des nombres pris en valeur absolue, et que l'on a

$$\beta + \gamma = \alpha.$$

Pour obtenir la représentation sur le demi-plan des t, supposons $t = \infty$ pour $\eta = \infty$, et supposons qu'au secteur infini entre la première et la troisième ligne corresponde $t = b$, qu'au secteur infini entre la seconde et la troisième ligne corresponde $t = c$, et qu'au point où change le sens de rotation de la normale sur la troisième ligne corresponde $t = a$. Alors a, b, c sont réels et $c > a > b$. A ces déterminations correspond $\eta = (t-b)^\beta(t-c)^\gamma$. La valeur a dépend de b et de c. On a notamment

$$\frac{d\log\eta}{dt} = \frac{\beta(t-c)+\gamma(t-b)}{(t-b)(t-c)},$$

expression qui, pour le point où change le sens de rotation de la normale, doit être $=0$; l'on a, par conséquent,

$$a = \frac{c\beta + b\gamma}{\beta + \gamma}.$$

On a ensuite, d'après les § XII et XIII,

$$du = \sqrt{\frac{A(c-b)(\beta+\gamma)}{2\pi}}\,\frac{(t-a)^{\frac{1}{2}}\,dt}{(t-b)(t-c)},$$

ou bien, si l'on prend $c - b = \frac{2\pi}{A}$,

$$du = \sqrt{\beta+\gamma}\,\frac{(t-a)^{\frac{1}{2}}\,dt}{(t-b)(t-c)},$$

$$\frac{du}{d\log\eta} = \frac{1}{\sqrt{(\beta+\gamma)(t-a)}},$$

$$\left(\frac{du}{d\log\eta}\right)^2 d\log\eta = \frac{dt}{(t-b)(t-c)},$$

et, par suite,

$$(b)\quad \left\{\begin{aligned}
x &= -i\int\frac{dt}{(t-b)(t-c)} + i\int\frac{dt'}{(t'-b)(t'-c)},\\
y &= -\frac{i}{2}\int\frac{(t-b)^{\beta}(t-c)^{\gamma} - (t-b)^{-\beta}(t-c)^{-\gamma}}{(t-b)(t-c)}\,dt\\
&\quad + \frac{i}{2}\int\frac{(t'-b)^{\beta}(t'-c)^{\gamma} - (t'-b)^{-\beta}(t'-c)^{-\gamma}}{(t'-b)(t'-c)}\,dt',\\
z &= -\frac{1}{2}\int\frac{(t-b)^{\beta}(t-c)^{\gamma} + (t-b)^{-\beta}(t-c)^{-\gamma}}{(t-b)(t-c)}\,dt\\
&\quad - \frac{1}{2}\int\frac{(t'-b)^{\beta}(t'-c)^{\gamma} + (t'-b)^{-\beta}(t'-c)^{-\gamma}}{(t'-b)(t'-c)}\,dt'.
\end{aligned}\right.$$

§ XVII.

Prenons pour encadrement trois lignes droites qui se croisent (dans l'espace) et dont les plus courtes distances respectives entre elles soient A, B, C.

Entre chaque couple de lignes de contour la surface s'étend à l'infini. Soient $\alpha\pi$, $\beta\pi$, $\gamma\pi$ les angles formés par les directions suivant lesquelles les lignes de démarcation des premier, second, troisième secteurs s'étendent à l'infini.

Supposons que pour les trois secteurs de la surface minima à l'infini on ait respectivement pour t les valeurs $t = 0, \infty, 1$; on obtiendra alors

$$\frac{du}{dt} = \frac{\sqrt{\varphi(t)}}{t(1-t)};$$

$\varphi(t)$ est une fonction entière du second degré. Ses coefficients seront déterminés par ce fait que l'on doit avoir :

pour $t = 0$:

$$\frac{du}{d\log t} = \sqrt{\frac{A\alpha}{2\pi}};$$

pour $t = \infty$:

$$\frac{du}{d\log t} = \sqrt{\frac{B\beta}{2\pi}};$$

pour $t = 1$:

$$\frac{du}{d\log(1-t)} = \sqrt{\frac{C\gamma}{2\pi}}.$$

On obtient ainsi

$$\varphi(t) = \frac{A\alpha}{2\pi}(1-t) + \frac{C\gamma}{2\pi}t - \frac{B\beta}{2\pi}t(1-t).$$

Selon que les racines de l'équation $\varphi(t) = 0$ sont imaginaires ou réelles, la représentation sur la sphère renferme à son intérieur un point de ramification ou bien possède sur le contour deux points où change le sens de rotation de la normale.

Les fonctions

$$k_1 = \sqrt{\frac{dv}{d\eta}}, \qquad k_2 = \eta\sqrt{\frac{dv}{d\eta}}$$

ne sont discontinues relativement aux trois secteurs que lorsque l'on prend

$$\frac{dv}{d\eta} = \varphi(t).$$

Et la discontinuité de k_1 est de telle nature que :

pour $t = 0$:

$$t^{-\frac{1}{2}+\frac{\alpha}{2}} k_1,$$

pour $t=\infty$:

$$t^{-\frac{3}{2}-\frac{\beta}{2}}k_1,$$

pour $t=1$:

$$(1-t)^{-\frac{1}{2}+\frac{\gamma}{2}}k_1,$$

sont uniformes et différents de 0 et ∞. k_1 et k_2 sont des intégrales particulières d'une équation différentielle linéaire homogène du second ordre, que l'on obtient en représentant $\frac{1}{k}\frac{d^2k}{dv^2}$ à l'aide de ses discontinuités comme fonction de t et en introduisant t au lieu de v en $\frac{d^2k}{dv^2}$ comme variable indépendante. A-t-on obtenu l'intégrale particulière k_1, l'on obtiendra k_2 à l'aide de l'équation différentielle du premier ordre

$$(c)\qquad k_1\frac{dk_2}{dt}-k_2\frac{dk_1}{dt}=\varphi(t).$$

Désignons l'intégrale complète de l'équation différentielle linéaire homogène du second ordre par

$$(d)\qquad k=Q\begin{Bmatrix}\frac{1}{2}-\frac{\alpha}{2} & -\frac{3}{2}-\frac{\beta}{2} & \frac{1}{2}-\frac{\gamma}{2} & \\ & & & t\\ \frac{1}{2}+\frac{\alpha}{2} & -\frac{3}{2}+\frac{\beta}{2} & \frac{1}{2}+\frac{\gamma}{2} & \end{Bmatrix}.$$

Cette fonction satisfait essentiellement à des conditions toutes pareilles à celles énoncées comme définition de la fonction P dans le Mémoire *Sur la série de Gauss* $F(\alpha,\beta,\gamma,x)$ (¹).

Elle ne diffère de la fonction P que par ce fait que la somme des exposants est ici égale à -1 et non à $+1$ comme pour P.

On peut exprimer la fonction Q à l'aide d'une fonction P et de sa dérivée première. On a d'abord, en effet,

$$k=t^{\frac{1}{2}-\frac{\alpha}{2}}(1-t)^{\frac{1}{2}-\frac{\gamma}{2}}Q\begin{Bmatrix}0 & \frac{-\alpha-\beta-\gamma-1}{2} & 0 & \\ & & & t\\ \alpha & \frac{-\alpha+\beta-\gamma-1}{2} & \gamma & \end{Bmatrix}.$$

(¹) *Contribution à la Théorie des fonctions représentables par la série de Gauss* $F(\alpha,\beta,\gamma,x)$, page 61.

Si l'on pose maintenant

$$\sigma = P \begin{Bmatrix} 0 & \frac{-\alpha-\beta-\gamma+1}{2} & 0 \\ \alpha & \frac{-\alpha+\beta-\gamma+1}{2} & \gamma \end{Bmatrix} t,$$

on peut déterminer les constantes a, b, c de telle sorte que

$$(e) \qquad k = t^{\frac{1}{2}-\frac{\alpha}{2}}(1-t)^{\frac{1}{2}-\frac{\gamma}{2}}\left[(a+bt)\sigma + ct(1-t)\frac{d\sigma}{dt}\right].$$

En effet, l'on n'a plus qu'à porter cette expression dans l'équation différentielle (c), et en ayant égard à l'équation différentielle du second ordre pour σ, on obtient l'équation

$$\varphi(t) = t^{1-\alpha}(1-t)^{1-\gamma}\left(\sigma_1 \frac{d\sigma_2}{dt} - \sigma_2 \frac{d\sigma_1}{dt}\right) F(t),$$

où

$$F(t) = a(a+c\alpha)(1-t) + (a+b)(a+b-c\gamma)t$$
$$- t(1-t)\left(b - \frac{\alpha+\beta+\gamma-1}{2}c\right)\left(b - \frac{\alpha-\beta+\gamma-1}{2}c\right).$$

En vertu des propriétés de la fonction σ on peut poser

$$t^{1-\alpha}(1-t)^{1-\gamma}\left(\sigma_1 \frac{d\sigma_2}{dt} - \sigma_2 \frac{d\sigma_1}{dt}\right) = 1,$$

et, par suite, l'on doit avoir

$$F(t) = \varphi(t).$$

A l'aide de cela on obtient trois équations de condition pour a, b, c, qui prennent une forme très simple lorsque l'on pose

$$a + \frac{\alpha}{2}c = p, \qquad b - \frac{\alpha+\gamma-1}{2}c = q, \qquad a+b-\frac{\gamma}{2}c = -r.$$

Les équations de condition susdites sont alors

$$p^2 - \alpha^2(p+q+r)^2 = \frac{A\alpha}{2\pi},$$
$$q^2 - \beta^2(p+q+r)^2 = \frac{B\beta}{2\pi},$$
$$r^2 - \gamma^2(p+q+r)^2 = \frac{C\gamma}{2\pi}.$$

A l'aide de la fonction

$$\lambda = P\left\{\begin{matrix} -\frac{\alpha}{2} & -\frac{\beta}{2} & \frac{1}{2}-\frac{\gamma}{2} \\ \frac{\alpha}{2} & \frac{\beta}{2} & \frac{1}{2}+\frac{\gamma}{2} \end{matrix}\; t\right\},$$

dont les branches λ_1 et λ_2 satisfont à l'équation différentielle

$$\lambda_1 \frac{d\lambda_2}{d\log t} - \lambda_2 \frac{d\lambda_1}{d\log t} = 1,$$

on peut exprimer k encore plus simplement; ainsi :

$$(f) \qquad k = t^{\frac{1}{2}}\left[(p+qt)\lambda + ct(1-t)\frac{d\lambda}{dt}\right].$$

Il ne serait pas difficile de représenter les diverses branches de la fonction k sous forme d'intégrales définies. La méthode qui y conduit est indiquée au § VII du Mémoire précité sur la fonction P.

Dans le cas particulier où les trois droites de contour courent parallèlement aux axes des coordonnées l'on a

$$\alpha = \beta = \gamma = \frac{1}{2}.$$

On obtient alors

$$\lambda = P\left\{\begin{matrix} -\frac{1}{4} & -\frac{1}{4} & \frac{1}{4} \\ \frac{1}{4} & \frac{1}{4} & \frac{3}{4} \end{matrix}\; t\right\} = \left(\frac{t-1}{t}\right)^{\frac{1}{4}} P\left\{\begin{matrix} 0 & -\frac{1}{4} & 0 \\ \frac{1}{2} & \frac{1}{4} & \frac{1}{2} \end{matrix}\; t\right\}.$$

La branche λ_1 de cette fonction est égale à

$$\left(\frac{t-1}{t}\right)^{\frac{1}{4}}\sqrt{t^{\frac{1}{2}}+(t-1)^{\frac{1}{2}}}.\,\text{const.},$$

d'où l'on tire

$$k_1 = \sqrt{2}\,t^{\frac{1}{4}}(t-1)^{\frac{1}{4}}\sqrt{t^{\frac{1}{2}}+(t-1)^{\frac{1}{2}}}\left[p+qt-\frac{c}{4}-\frac{c}{4}\sqrt{t(t-1)}\right],$$

$$k_2 = -\sqrt{2}\,t^{\frac{1}{4}}(t-1)^{\frac{1}{4}}\sqrt{t^{\frac{1}{2}}-(t-1)^{\frac{1}{2}}}\left[p+qt-\frac{c}{4}+\frac{c}{4}\sqrt{t(t-1)}\right].$$

A l'aide de ces deux fonctions, dX, dY, dZ peuvent être exprimées comme il suit

$$dX = -\, i k_1 k_2 \frac{dt}{t^2(1-t)^2},$$

$$dY = -\frac{i}{2}(k_2^2 - k_1^2)\frac{dt}{t^2(1-t)^2},$$

$$dZ = -\frac{1}{2}(k_2^2 + k_1^2)\frac{dt}{t^2(1-t^2)},$$

$$(g)\quad \left\{\begin{aligned} iX &= (p+q-r)^2\sqrt{\frac{t}{t-1}} + (-p+q+r)^2\sqrt{\frac{t-1}{t}} \\ &\quad + \frac{1}{2}(p+3q+r)(p-q+r)\log\frac{t^{\frac{1}{2}}+(t-1)^{\frac{1}{2}}}{t^{\frac{1}{2}}-(t-1)^{\frac{1}{2}}}, \\ iY &= -(p-q+r)^2 t^{\frac{1}{2}} - (-p+q+r)^2 t^{-\frac{1}{2}} \\ &\quad - \frac{1}{2}(p+q+3r)(p+q-r)\log\frac{1+t^{\frac{1}{2}}}{1-t^{\frac{1}{2}}}, \\ iZ &= (p-q+r)^2(1-t)^{\frac{1}{2}} + (p+q-r)^2(1-t)^{-\frac{1}{2}} \\ &\quad + \frac{1}{2}(3p+q+r)(-p+q+r)\log\frac{1+\sqrt{1-t}}{1-\sqrt{1-t}}. \end{aligned}\right.$$

Lorsque p, q, r sont réels, les coefficients de i dans les trois grandeurs aux seconds membres, multipliés par deux, sont les coordonnées rectangulaires d'un point de la surface.

§ XVIII.

Prenons pour contour d'encadrement les quatre droites qui se coupent, que l'on obtient en supprimant dans un tétraèdre quelconque deux arêtes n'ayant aucun point en commun.

La représentation sur la surface de la sphère est un quadrangle sphérique dont on peut désigner les angles par $\alpha\pi$, $\beta\pi$, $\gamma\pi$, $\delta\pi$.

On obtient

$$du = \frac{C\,dt}{\sqrt{(t-a)(t-b)(t-c)(t-d)}} = \frac{C\,dt}{\sqrt{\Delta(t)}},$$

lorsque les valeurs réelles $t = a, b, c, d$ désignent les points du plan des t, qui sont la représentation des sommets du quadrangle.

Si l'on applique la méthode développée au § XIV pour la détermination de η, on a ici, en particulier,

$$\varphi(t) = 1, \qquad \chi(t) = \Delta(t);$$

par suite,

$$v = \frac{u}{C}$$

et

$$k_1 = \sqrt{\frac{dv}{d\eta}}, \qquad k_2 = \eta\sqrt{\frac{dv}{d\eta}};$$

les fonctions k_1, k_2 satisfont à l'équation différentielle

$$k_1\frac{dk_2}{dv} - k_2\frac{dk_1}{dv} = 1,$$

et sont des intégrales particulières de l'équation différentielle du second ordre

$$\frac{4}{k}\frac{d^2k}{dv^2} = \frac{(\alpha^2-\frac{1}{4})\Delta'(a)}{t-a} + \frac{(\beta^2-\frac{1}{4})\Delta'(b)}{t-b} + \frac{(\gamma^2-\frac{1}{4})\Delta'(c)}{t-c} + \frac{(\delta^2-\frac{1}{4})\Delta'(d)}{t-d} + h.$$

La fonction $F(t)$ du § XIV est ici du second degré, mais les coefficients de t^2 et t sont égaux à zéro; par conséquent h est une constante. On doit introduire t comme variable indépendante dans le premier membre de la dernière équation, et l'on obtient

$$(h)\left\{\begin{aligned} &\frac{4}{k}\left[\Delta(t)\frac{d^2k}{dt^2} + \frac{1}{2}\Delta'(t)\frac{dk}{dt}\right] \\ &= \frac{(\alpha^2-\frac{1}{4})\Delta'(a)}{t-a} + \frac{(\beta^2-\frac{1}{4})\Delta'(b)}{t-b} + \frac{(\gamma^2-\frac{1}{4})\Delta(c)}{t-c} + \frac{(\delta^2-\frac{1}{4})\Delta'(d)}{t-d} + h,\end{aligned}\right.$$

pour l'équation différentielle du second ordre que doit vérifier k.

Si l'on a exprimé d'une manière effective x, y, z comme fonctions de t, il se présente encore dans la solution seize constantes indéterminées réelles, ce sont : les quatre grandeurs a, b, c, d dont, comme ci-dessus, trois peuvent être prises quelconques, les quatre grandeurs $\alpha, \beta, \gamma, \delta$, la grandeur h, ensuite, six constantes réelles dans l'expression pour η, un facteur constant de du et une constante additive pour chacune des expressions de x, y, z.

Pour la détermination de ces seize grandeurs, nous avons seize équations de condition; à savoir, les quatre équations qui expriment que les quatre lignes de contour dans le plan des η sont représentées sur la sphère le long de grands cercles et les douze équations qui expriment que x, y, z ont aux quatre sommets des valeurs données.

Dans le cas particulier du tétraèdre régulier la représentation sur la sphère est un quadrangle régulier dont chaque angle $= \frac{2}{3}\pi$. Les diagonales en ce cas se coupent par leurs milieux et à angle droit. Les points sur la surface de la sphère diamétralement opposés aux sommets de ce quadrangle sont les sommets d'un quadrangle congruent au premier. Entre les deux sont situés quatre quadrangles également congruents au quadrangle primitif; ils ont chacun deux sommets en commun avec le quadrangle primitif et deux avec son opposé diamétral. Ces six quadrangles recouvrent une fois la surface totale de la sphère. Par conséquent, $\frac{du}{d\log\eta}$ est une fonction algébrique de η.

La surface minima cherchée peut être prolongée d'une manière continue au delà de son encadrement primitif, en lui imprimant une rotation de 180° autour de chacune de ses lignes d'encadrement, prise comme axe de rotation. Le long d'une telle ligne la surface primitive et son prolongement ont leurs normales en commun. Si l'on répète cette opération sur les nouvelles portions de surface, on peut en continuant ainsi prolonger indéfiniment la surface primitive.

Mais, quel que soit celui de ces prolongements que l'on envisage, il est toujours représenté sur la sphère par un des six quadrangles congruents; et les représentations sur la sphère de deux portions de surface ou bien ont un côté en commun, ou bien sont situées à l'opposite l'une de l'autre, selon que les portions même ont commune ligne de contour, ou bien sont situées le long de lignes de contour opposées d'une portion de surface intermédiaire. Dans ce dernier cas, les portions de surface en question peuvent être amenées à se recouvrir par un déplacement parallèle. Par conséquent, $\left(\frac{du}{d\log\eta}\right)^2$ reste invariable lorsque l'on remplace η par $-\frac{1}{\eta}$.

Si l'on prend pour pôle ($\eta = 0$) le centre d'un des quadrangles et si le méridien initial passe par le milieu d'un des côtés de ce quadrangle, on a, pour les sommets de ce dernier,

$$\eta = \operatorname{tang}\frac{c}{2}\, e^{\pm\frac{\pi i}{4}}, \qquad \operatorname{tang}\frac{c}{2}\, e^{\pm\frac{3\pi i}{4}}$$

et

$$\operatorname{tang}\frac{c}{2} = \frac{\sqrt{3}-1}{\sqrt{2}}.$$

Les points auxquels correspondent des valeurs de η égales et de signes contraires ont les mêmes coordonnées x. Par conséquent, quand on remplace η par $-\eta$, $\left(\frac{du}{d\log\eta}\right)^2$ reste invariable. On obtient alors

$$\left(\frac{du}{d\log\eta}\right)^2 = \frac{C_1}{\sqrt{\eta^4+\eta^{-4}+14}}.$$

La constante C_1 doit être réelle afin que du^2 possède des valeurs réelles sur le contour.

On arrive au même résultat de la manière suivante : la substitution

$$\left(\frac{\eta^2+\eta^{-2}-2\sqrt{3}\,i}{\eta^2+\eta^{-2}+2\sqrt{3}\,i}\right)^3 = \left(\frac{t^2-1}{t^2+1}\right)^2$$

fournit sur le plan des t une représentation dont le contour est formé par une ligne fermée à courbure partout continue. Le calcul montre que $d\log t$ est imaginaire pure sur le contour. Par conséquent, la représentation du contour sur le plan des t est une circonférence dont le centre est $t = 0$. Le rayon de cette circonférence est égal à 1.

Aux sommets

$$\eta = \pm\operatorname{tang}\frac{c}{2}\, e^{\frac{\pi i}{4}}$$

correspond

$$t = \pm 1;$$

aux sommets

$$\eta = \pm\operatorname{tang}\frac{c}{2}\, e^{-\frac{\pi i}{4}}$$

correspond

$$t = \pm i.$$

Lorsque sur la surface minima on décrit dans le voisinage d'un de ces quatre points un chemin conduisant d'une des lignes de contour à la suivante, l'argument de dt varie de π. On peut donc, comme au § XIII, poser de même ici

$$\frac{du}{dt} = \frac{C_2}{\sqrt{(t^2-1)(t^2+1)}},$$

et C_2^2 doit être imaginaire pure, afin que du^2 soit réel sur le contour. On trouve

$$C_1 = 3\sqrt{3}\, C_2^2\, i.$$

Cette expression coïncide avec celle précédemment établie pour $\left(\frac{du}{d\log\eta}\right)^2$. Pour simplifier encore posons

$$\left(\frac{t^2-1}{t^2+1}\right)^2 = \omega^3, \qquad \eta^2 + \eta^{-2} = 2\lambda,$$

et remarquons que

$$\left(\frac{du}{d\log\eta}\right)^2 d\log\eta = \left(\frac{du}{d\lambda}\right)^2 \frac{d\lambda}{d\log\eta}\, d\lambda.$$

Alors un calcul très simple donne

$$(i)\quad \begin{cases} X = -i\displaystyle\int\left(\frac{du}{d\log\eta}\right)^2 d\log\eta & = C\displaystyle\int\frac{d\omega}{\sqrt{\omega(1-\rho\omega)(1-\rho^2\omega)}}, \\ Y = -\dfrac{i}{2}\displaystyle\int\left(\frac{du}{d\log\eta}\right)^2\left(\eta-\frac{1}{\eta}\right) d\log\eta & = C\rho^2\displaystyle\int\frac{d\omega}{\sqrt{\omega(1-\omega)(1-\rho^2\omega)}}, \\ Z = -\dfrac{1}{2}\displaystyle\int\left(\frac{du}{d\log\eta}\right)^2\left(\eta+\frac{1}{\eta}\right) d\log\eta & = C\rho\displaystyle\int\frac{d\omega}{\sqrt{\omega(1-\omega)(1-\rho\omega)}}, \end{cases}$$

où $\rho = -\frac{1}{2}(1-i\sqrt{3})$ désigne une racine cubique de l'unité. La constante réelle $C = \frac{1}{8}C_1$ sera déterminée par la longueur donnée des arêtes du tétraèdre.

§ XIX.

Pour terminer, nous traiterons encore le problème de surface minima pour le cas où l'encadrement est formé par deux circonférences quelconques situées sur des plans parallèles. Ici l'on ne connaît donc pas la direction des normales au contour, et l'on ne peut donc en opérer la représentation sur la sphère. Mais on arrive à la solution du problème en faisant l'hypothèse que toutes les sections planes, parallèles aux plans des deux circonférences d'encadrement, sont également des circonférences. On démontrera que, sous cette hypothèse, la condition du minimum peut être satisfaite.

Si l'on prend l'axe des x perpendiculaire aux plans des circonférences de contour, l'équation de la courbe d'intersection déterminée par un plan qui leur est parallèle sera

$$(k) \qquad F = y^2 + z^2 + 2\alpha y + 2\beta z + \gamma = 0,$$

et il s'agit alors de déterminer α, β, γ comme fonctions de x. Posons, pour abréger,

$$\sqrt{\left(\frac{\partial F}{\partial x}\right)^2 + \left(\frac{\partial F}{\partial y}\right)^2 + \left(\frac{\partial F}{\partial z}\right)^2} = \frac{1}{n},$$

en sorte que

$$\cos r = n\frac{\partial F}{\partial x}, \qquad \sin r \cos\varphi = n\frac{\partial F}{\partial y}, \qquad \sin r \sin\varphi = n\frac{\partial F}{\partial z}.$$

Alors la condition du minimum peut se mettre sous la forme

$$\frac{\partial\left(n\frac{\partial F}{\partial x}\right)}{\partial x} + \frac{\partial\left(n\frac{\partial F}{\partial y}\right)}{\partial y} + \frac{\partial\left(n\frac{\partial F}{\partial z}\right)}{\partial z} = 0.$$

ou, après avoir effectué les différentiations,

$$4\frac{\partial^2 F}{\partial x^2}(F + \alpha^2 + \beta^2 - \gamma) + 4\left(\frac{\partial F}{\partial x}\right)^2 - 4\frac{\partial F}{\partial x}\frac{\partial}{\partial x}(F + \alpha^2 + \beta^2 - \gamma)$$
$$+ 4.2(F + \alpha^2 + \beta^2 - \gamma) = 0.$$

Si l'on pose $\alpha^2 + \beta^2 - \gamma = q$, et si l'on observe que $F = 0$, la dernière équation se transforme en

$$(l) \qquad q\frac{\partial^2 F}{\partial x^2} - \frac{\partial F}{\partial x}\frac{\partial q}{\partial x} + 2q = 0,$$

et l'on a, après une première intégration,

$$\frac{1}{q}\frac{\partial F}{\partial x} + 2\int\frac{dx}{q} + \text{const.} = 0.$$

La constante d'intégration est indépendante de x. Si, d'autre part, on prend $\int \frac{dx}{q}$ indépendamment de y et z, la constante d'intégration doit être une fonction linéaire de y et z, puisque $\frac{1}{q}\frac{\partial F}{\partial x}$ est une telle fonction. On a, par conséquent,

$$\frac{1}{q}\frac{\partial F}{\partial x} + 2\int \frac{dx}{q} + 2ay + 2bz + \text{const.} = 0.$$

Si l'on compare ce résultat avec celui donné par la différentiation directe de F, c'est-à-dire

$$\frac{\partial F}{\partial x} = 2y\frac{d\alpha}{dx} + 2z\frac{d\beta}{dx} + \frac{d\gamma}{dx},$$

on obtient

$$\frac{d\alpha}{dx} = -aq, \qquad \frac{\partial\beta}{\partial x} = -bq,$$

et, si l'on pose $\int q\,dx = m$, il vient

$$\alpha = -am + d, \qquad \beta = -bm + e;$$

d'où

$$\frac{\partial F}{\partial x} = -2aqy - 2bqz + \frac{d\gamma}{dx},$$

$$\frac{\partial^2 F}{\partial x^2} = -2ay\frac{dq}{dx} - 2bz\frac{dq}{dx} + \frac{d^2\gamma}{dx^2},$$

expressions qui doivent être portées dans l'équation (l). Après réductions, l'on obtient

$$q\frac{d^2\gamma}{dx^2} - \frac{dq}{dx}\frac{d\gamma}{dx} + 2q = 0,$$

équation qui est encore simplifiée, si l'on observe que

$$\gamma = q + \alpha^2 + \beta^2 = q + f(m) = \frac{dm}{dx} + f(m),$$

$$f(m) = (a^2 + b^2)m^2 - 2(ad + be)m + d^2 + e^2.$$

A l'aide des valeurs que l'on obtient alors pour $\frac{d\gamma}{dx}$ t $\frac{d^2\gamma}{dx^2}$, l'équation différentielle qui exprime la condition du minimum se transforme en la suivante

$$(m) \qquad q\frac{d^2 q}{dx^2} - \left(\frac{dq}{dx}\right)^2 + 2q + 2(a^2 + b^2)q^3 = 0.$$

Pour effectuer l'intégration, posons

$$\frac{dq}{dx} = p,$$

et regardons q comme la variable indépendante. On obtient alors pour p^2, regardé comme fonction de q, une équation différentielle linéaire du premier ordre,

$$\frac{1}{2} q \frac{d(p^2)}{dq} - p^2 + 2q + 2(a^2 + b^2) q^3 = 0$$

ou

$$\frac{q^2 d(p^2) - p^2 d(q^2)}{q^4} = -\left[\frac{4}{q^2} + 4(a^2 + b^2)\right] dq.$$

L'intégration donne

$$(n) \qquad \frac{p^2}{q^2} = \frac{4}{q} - 4(a^2 + b^2) q + 8c.$$

On doit ici remplacer p par $\frac{dq}{dx}$, d'où

$$dx = \frac{dq}{2\sqrt{q + 2cq^2 - (a^2 + b^2) q^3}},$$

$$dm = \frac{q\,dq}{2\sqrt{q + 2cq^2 - (a^2 + b^2) q^3}}.$$

On obtient donc

$$(o) \qquad \begin{cases} x = \displaystyle\int \frac{dq}{2\sqrt{q + 2cq^2 - (a^2 + b^2) q^3}}, \\ m = \displaystyle\int \frac{q\,dq}{2\sqrt{q + 2cq^2 - (a^2 + b^2) q^3}}, \\ y = am - d + \sqrt{-q} \cos\psi, \\ z = bm - e + \sqrt{-q} \sin\psi. \end{cases}$$

On a ainsi obtenu x, y, z, exprimées comme fonctions de deux variables réelles q et ψ. Ces expressions, abstraction faite de termes algébriques, sont des intégrales elliptiques avec la limite supérieure q. D'après la méthode générale précédemment développée, on aurait obtenu x, y, z sous forme de sommes de deux fonctions conjuguées de deux variables complexes conjuguées. Il est donc à présumer que ces expressions complexes peuvent être chacune d'elles ramenées, à l'aide du théorème d'addition des fonctions elliptiques, à une unique expression intégrale de la variable q.

C'est ce qui est facile à établir. En effet, des formules relatives aux coordonnées de direction r et φ des normales, on tire

$$\frac{\eta}{\eta'} = e^{2\varphi i} = \frac{\frac{\partial F}{\partial y} + \frac{\partial F}{\partial z} i}{\frac{\partial F}{\partial y} - \frac{\partial F}{\partial z} i} = \frac{y + zi + \alpha + \beta i}{y - zi + \alpha - \beta i} = e^{2\psi i}.$$

Ayant égard alors à l'équation qui définit q, c'est-à-dire

$$(y + zi + \alpha + \beta i)(y - zi + \alpha - \beta i) = -q,$$

on obtient

$$(y + zi) + (\alpha + \beta i) = (-q)^{\frac{1}{2}} \eta^{\frac{1}{2}} \eta'^{-\frac{1}{2}},$$

$$(y - zi) + (\alpha - \beta i) = (-q)^{\frac{1}{2}} \eta^{-\frac{1}{2}} \eta'^{\frac{1}{2}}.$$

On a ensuite

$$\cot r = \frac{\frac{\partial F}{\partial x}}{\sqrt{\left(\frac{dF}{dy}\right)^2 + \left(\frac{\partial F}{\partial z}\right)^2}} = \frac{1}{2\sqrt{-q}} [p - 2aq(y + \alpha) - 2bq(z + \beta)]$$

ou

$$\frac{1}{\sqrt{\eta\eta'}} - \sqrt{\eta\eta'} = \frac{\cos\frac{r^2}{2} - \sin\frac{r^2}{2}}{\sin\frac{r}{2}\cos\frac{r}{2}} = \frac{1}{\sqrt{-q}} [p - 2aq(y + \alpha) - 2bq(z + \beta)].$$

Dans le second membre on doit introduire, au lieu de $y + \alpha$, $z + \beta$, les expressions en η et η' trouvées précédemment. L'équation prend alors la forme suivante :

$$\frac{p}{q} = (-q)^{\frac{1}{2}} \left[(a + bi)\left(\frac{\eta'}{\eta}\right)^{\frac{1}{2}} + (a - bi)\left(\frac{\eta}{\eta'}\right)^{\frac{1}{2}}\right] + (-q)^{-\frac{1}{2}} \left(\sqrt{\eta\eta'} - \frac{1}{\sqrt{\eta\eta'}}\right).$$

Élevons les deux membres de cette équation au carré et remplaçons $\frac{p^2}{q^2}$ par sa valeur tirée de (n), on obtient, après réduction,

$$(p) \left\{ \begin{aligned} &(-q)\left[(a + bi)\left(\frac{\eta'}{\eta}\right)^{\frac{1}{2}} - (a - bi)\left(\frac{\eta}{\eta'}\right)^{\frac{1}{2}}\right]^2 + \frac{1}{(-q)}\left(\sqrt{\eta\eta'} + \frac{1}{\sqrt{\eta\eta'}}\right)^2 \\ &= 8c - 2(a + bi)\left(\eta' - \frac{1}{\eta}\right) - 2(a - bi)\left(\eta - \frac{1}{\eta'}\right). \end{aligned} \right.$$

L'équation que nous avons ainsi trouvée, qui fournit la liaison entre q, η_1, η_1', peut être regardée comme l'intégrale d'une équation différentielle entre η_1 et η_1', q représentant la constante d'intégration. En différentiant directement l'on obtient l'équation différentielle sous la forme suivante

$$0 = \frac{d\eta_1}{\eta_1}\left\{\frac{1}{\sqrt{-q}}\left(\sqrt{\eta_1\eta_1'} + \frac{1}{\sqrt{\eta_1\eta_1'}}\right) - \sqrt{-q}\left[(a+bi)\left(\frac{\eta_1'}{\eta_1}\right)^{\frac{1}{2}} - (a-bi)\left(\frac{\eta_1}{\eta_1'}\right)^{\frac{1}{2}}\right]\right\}$$
$$+ \frac{d\eta_1'}{\eta_1'}\left\{\frac{1}{\sqrt{-q}}\left(\sqrt{\eta_1\eta_1'} + \frac{1}{\sqrt{\eta_1\eta_1'}}\right) + \sqrt{-q}\left[(a+bi)\left(\frac{\eta_1'}{\eta_1}\right)^{\frac{1}{2}} - (a-bi)\left(\frac{\eta_1}{\eta_1'}\right)^{\frac{1}{2}}\right]\right\}.$$

Mais, à l'aide de l'équation primitive (p), l'on peut exprimer différemment les facteurs de $\frac{d\eta_1}{\eta_1}$ et $\frac{d\eta_1'}{\eta_1'}$. Il suffit d'écrire de deux manières le premier membre de (p) sous forme d'un carré parfait en lui ajoutant le double produit qui manque, la première fois positivement, la seconde fois négativement. On obtient ainsi

$$\frac{1}{\sqrt{-q}}\left(\sqrt{\eta_1\eta_1'} + \frac{1}{\sqrt{\eta_1\eta_1'}}\right) + \sqrt{-q}\left[(a+bi)\sqrt{\frac{\eta_1'}{\eta_1}} - (a-bi)\sqrt{\frac{\eta_1}{\eta_1'}}\right]$$
$$= \pm 2\sqrt{\left[2c + (a+bi)\frac{1}{\eta_1} - (a-bi)\eta_1\right]},$$

$$\frac{1}{\sqrt{-q}}\left(\sqrt{\eta_1\eta_1'} + \frac{1}{\sqrt{\eta_1\eta_1'}}\right) - \sqrt{-q}\left[(a+bi)\sqrt{\frac{\eta_1'}{\eta_1}} - (a-bi)\sqrt{\frac{\eta_1}{\eta_1'}}\right]$$
$$= \pm 2\sqrt{\left[2c + (a-bi)\frac{1}{\eta_1'} - (a+bi)\eta_1'\right]}.$$

Si l'on prend les racines carrées avec les mêmes signes, l'équation différentielle se transforme en

$$(q)\quad \left\{\begin{aligned} 0 = {} & \frac{d\eta_1}{2\eta_1\sqrt{2c + (a+bi)\frac{1}{\eta_1} - (a-bi)\eta_1}} \\ & + \frac{d\eta_1'}{2\eta_1'\sqrt{2c + (a-bi)\frac{1}{\eta_1'} - (a+bi)\eta_1'}}. \end{aligned}\right.$$

Son intégrale sous forme algébrique est exprimée par l'équation (p) ou, ce qui revient au même, par les deux équations

$$(r)\quad \begin{cases} \dfrac{1}{\sqrt{-q}}(1+\eta\eta') = \sqrt{\eta'[(a+bi)+2c\eta-(a-bi)\eta^2]} \\ \qquad\qquad + \sqrt{\eta[(a-bi)+2c\eta'-(a+bi)\eta'^2]}, \\ \sqrt{-q}\,[(a+bi)\eta'-(a-bi)\eta] = \sqrt{\eta'[(a+bi)+2c\eta-(a-bi)\eta^2]} \\ \qquad\qquad - \sqrt{\eta[(a-bi)+2c\eta'-(a+bi)\eta'^2]}. \end{cases}$$

Sous forme transcendante, l'intégrale sera

$$(s)\quad \begin{cases} \text{const.} = \displaystyle\int \frac{d\eta}{2\sqrt{\eta[(a+bi)+2c\eta-(a-bi)\eta^2]}} \\ \qquad + \displaystyle\int \frac{d\eta'}{2\sqrt{\eta'[(a+bi)+2c\eta'-(a+bi)\eta'^2]}}, \end{cases}$$

et la constante d'intégration peut être exprimée par

$$\text{const.} = \int \frac{dq}{2\sqrt{q[1+2cq-(a^2+b^2)q^2]}},$$

conclusion facile à tirer de l'équation (r) quand on y fait soit η, soit η' constant, et cela $= 0$.

On reconnaît ci-dessus le théorème d'addition des intégrales elliptiques de première espèce.

NOTES

DE M. H. WEBER.

La première édition du Mémoire *Sur les Surfaces d'aire minima*, publiée par Hattendorf dans les Mémoires de la Société des Sciences de Göttingue en 1867, était précédée d'une Introduction historique qui, de l'avis même de Hattendorf, malheureusement enlevé à la Science par une mort prématurée, ne fut pas comprise dans la première édition des *Œuvres de Riemann*, comme n'étant aucunement l'ouvrage de ce dernier. Nous ne l'avons donc pas davantage introduite dans cette seconde édition.

Il n'est pas sans intérêt de remarquer que, tout à fait accidentellement, Weierstrass s'occupa en même temps que Riemann de ses recherches sur les surfaces minima, dont les résultats parurent dans les *Monatsberichte de l'Académie de Berlin* en octobre et en décembre 1866. Les travaux de Weierstrass donnèrent l'impulsion aux profondes études de H.-A. Schwarz, dont la première communication sur ces sujets parut dans les *Monatsberichte de l'Académie de Berlin* en 1865. La publication *in extenso* de son Mémoire couronné : *Détermination d'une surface minima particulière*, date de l'année 1871. Le problème traité au § XVIII du Mémoire de Riemann, dans le cas de la surface minima ayant pour contour un quadrangle régulier de l'espace, est poussé dans ce Mémoire jusqu'à l'établissement effectif d'une équation entre les coordonnées x, y, z de la surface. On doit encore citer le Mémoire de Arthur Schöndorff, couronné par la Faculté de Göttingue en 1867, Mémoire qui se rattache aussi aux idées de Riemann, et présenté à la Faculté philosophique de Göttingue sous le titre : *Sur la surface minima dont le contour est formé par un quadrangle doublement isoscèle de l'espace.*

Dans cette deuxième édition le Mémoire de Riemann est reproduit avec quelques corrections nécessaires d'après la dernière rédaction de Hattendorf. Je donne quelques éclaircissements et suppléments dans les Notes suivantes, où j'ai employé quelques communications et indications que je dois à H.-A. Schwarz.

[1] (p. 313). Il est à remarquer ici que, d'après (3) et (4),

$$2\frac{dy}{d\eta} = \left(\eta - \frac{1}{\eta}\right)\frac{dX}{d\eta}, \qquad 2i\frac{dz}{d\eta} = \left(\eta + \frac{1}{\eta}\right)\frac{dX}{d\eta}$$

sont des fonctions de η seul et que, par conséquent aussi, Y et Z peuvent être considérées comme fonctions de η seul. Y' et Z' sont alors les fonctions conjuguées qui ne dépendent que de η'.

[2] (p. 318). Pour des valeurs infiniment petites de η (et par conséquent aussi de r), on a, en vertu de (1) et de (2),

$$\frac{dx}{dy} = -\sin r \cos \varphi, \qquad \frac{d\mathfrak{r}}{dy} = -\sin r \sin \varphi,$$

$$\frac{dx}{dz} = -\sin r \sin \varphi, \qquad \frac{d\mathfrak{r}}{dz} = \sin r \cos \varphi,$$

et, par conséquent,

$$\frac{dx}{dy} = -\frac{d\mathfrak{r}}{dz}, \qquad \frac{dx}{dz} = \frac{d\mathfrak{r}}{dy}, \qquad \frac{d^2 x}{dy^2} + \frac{d^2 x}{dz^2}.$$

Il s'ensuit donc que $2X = x + i\mathfrak{r}$ est une fonction de $y - iz$, et, par conséquent aussi, que $2Y$ est une fonction de $y - iz$. Mais, puisque y est la partie réelle de $2Y$, l'on a aussi, pour η infiniment petit, lorsque l'on détermine d'une manière convenable une constante additive imaginaire pure dans Y,

$$2Y = y - iz.$$

Si l'on détermine aussi la constante additive imaginaire pure dans X, de telle sorte que X s'évanouisse avec η, on obtient les développements dont il est fait usage plus loin.

[3] (p. 321). Lorsque l'angle $\alpha = 0$, et que, par conséquent, deux lignes d'encadrement sont parallèles entre elles, à la place de ces développements se présentent les suivants :

$$Y = -\frac{iA}{2\pi} \log \eta + \text{fonct. cont.},$$

$$\left(\frac{du}{d\eta}\right)^2 = -\frac{A}{\pi\eta} + \text{fonct. cont.},$$

$$X = -\frac{iA}{\pi} \eta + \text{fonct. cont.}$$

[4] (p. 330). La clef du § XIV se trouvera surtout dans les développements du fragment XXV, 2e édition, page 437. Dans la détermination de η comme fonction de t, il s'agit de la représentation conforme sur le demi-plan positif des t d'une figure encadrée par des arcs de cercle dans le demi-plan polaire des η.

Si l'on pose

$$(1) \qquad y_1 = \sqrt{\frac{dt}{d\eta}}, \qquad y_2 = \eta \sqrt{\frac{dt}{d\eta}},$$

alors, d'après le fragment cité,

$$\frac{1}{y_1}\frac{d^2y_1}{dt^2} = \frac{1}{y_2}\frac{d^2y_2}{dt^2} = \sigma$$

est une fonction rationnelle de t qui, pour les valeurs réelles de t, possède des valeurs réelles; y_1, y_2 sont deux solutions particulières de l'équation différentielle

$$(2)\qquad \frac{d^2y}{dt^2} = \sigma y;$$

η est le quotient de deux solutions particulières de cette équation. On peut transformer cette équation en multipliant y_1, y_2 par un seul et même facteur sans lui enlever cette propriété que le quotient de deux solutions particulières donne la fonction η. Si l'on pose, en désignant par f une fonction de t arbitraire pour l'instant,

$$(3)\qquad k = yf^{-\frac{1}{4}},$$

on obtient pour k l'équation différentielle

$$(4)\qquad f\frac{d^2k}{dt^2} + \frac{1}{2}f'(t)\frac{dk}{dt} = k\,\Phi(t),$$

où

$$(5)\qquad \Phi(t) = \sigma f - \frac{1}{16f}[4ff''(t) - 3f'(t)^2],$$

et, lorsque f est une fonction rationnelle de t, il en est de même de Φ.

On obtient les formules du § XIV lorsque par $f(t)$ l'on entend la fonction entière rationnelle de degré $(2\nu - 4)$

$$f(t) = \Pi(t-a)\,\Pi(t-a')\,\Pi(t-b)\,\Pi(t-c)\,\Pi(t-e)^2,$$

et la considération des discontinuités donne

$$(6)\qquad \Phi(t) = \frac{1}{4}\sum\frac{(\gamma^2 - \frac{1}{4})f'(g)}{t-g} + F(t),$$

lorsque $F(t)$ est une fonction rationnelle entière de degré $(2\nu - 6)$ à coefficients réels. Pour trouver d'une autre manière que celle exposée dans le texte les coefficients des deux puissances les plus élevées dans la fonction $F(t)$, l'on observera que, lorsque $t = \infty$ est un point ordinaire de la surface, le développement de $\frac{d\eta}{dt}$ suivant les puissances descendantes de t commence par t^{-2}, et que, par suite, le développement k_1 commence par $t^{-\frac{\nu}{2}+2}$.

Il faut aussi, par conséquent, que l'équation différentielle (4) puisse être intégrée par une série de la forme suivante

$$k = \sum_{0,\infty}^{i} c_i t^{-\frac{\nu}{2}+2-i};$$

on doit porter cette série en (4) pour obtenir une formule de récurrence pour l'évaluation successive des coefficients c_i.

Si l'on pose

$$\Phi(t) = \sum^{i} h_i t^{2\nu-6-i}, \qquad f(t) = \sum^{i} a_i t^{2\nu-4-i},$$

on tire de (4)

$$\sum a_i t^{-i} \sum c_i \left(2 - \frac{\nu}{2} - i\right)\left(1 - \frac{\nu}{2} - i\right) t^{-i}$$
$$+ \frac{1}{2} \sum a_i (2\nu - 4 - i) t^{-i} \sum c_i \left(2 - \frac{\nu}{2} - i\right) t^{-i} = \sum c_i t^{-i} \sum h_i t^{-i}.$$

En égalant les termes indépendants de t, on obtient

$$h_0 = \left(2 - \frac{\nu}{2}\right)\left(\frac{\nu}{2} - 1\right),$$

et la comparaison des termes en t^{-1} donne

$$h_1 = a_1 \left(1 - \frac{\nu}{4}\right)(\nu - 3);$$

c_0 et c_1 ne peuvent être déterminés et la comparaison des termes plus élevés fournit les coefficients c_2, c_3, ...

D'une manière toute pareille, on peut obtenir les équations de conditions relatives aux points a, a', b, dont il est question dans la note à la fin du § XIV.

Posons, en effet,

$$\tau = t - a, \qquad t - a', \qquad t - b,$$

l'équation différentielle (4) doit pouvoir être intégrée par une série de la forme

$$k = \sum_{0,\infty}^{s} c_s \tau^{-\frac{3}{4}+s}.$$

Maintenant, si l'on a

$$\Phi = \sum l_s \tau^{s-1}, \qquad f = \sum a_s \tau^{s+1},$$

on tire de l'équation différentielle (4)

$$(7)\quad \begin{cases} \sum a_s \tau^s \sum c_s \left(s - \frac{3}{4}\right)\left(s - \frac{7}{4}\right)\tau^s \\ \quad + \frac{1}{2}\sum a_s(s+1)\tau^s \sum c_s \left(s - \frac{3}{4}\right)\tau^s = \sum c_s \tau^s \sum l_s \tau^s. \end{cases}$$

La comparaison des termes indépendants de τ donne, concurremment avec la formule (6),

$$l_0 = \frac{15}{16}\alpha_0,$$

et les deux puissances suivantes de τ donnent

$$c_1\left(l_0 + \frac{7}{16}\alpha_0\right) + c_0\left(l_1 - \frac{9}{16}\alpha_1\right) = 0,$$

$$c_1\left(l_1 - \frac{1}{16}\alpha_1\right) + c_0\left(l_2 - \frac{3}{16}\alpha_2\right) = 0,$$

d'où résulte par élimination de c_0, c_1 une relation entre l_0, l_1, l_2; c_2 ne peut être déterminé à l'aide de (7). Les termes plus élevés permettent de déterminer les coefficients c_3, c_4, ...

TROISIÈME PARTIE.

FRAGMENTS POSTHUMES.

DEUX THÉORÈMES GÉNÉRAUX

SUR LES

ÉQUATIONS DIFFÉRENTIELLES LINÉAIRES

A COEFFICIENTS ALGÉBRIQUES.

LE 20 FÉVRIER 1857.

Œuvres de Riemann, 2e édition, page 379.

On sait que chaque solution d'une équation différentielle linéaire homogène du $n^{\text{ième}}$ ordre peut s'exprimer linéairement au moyen de n solutions particulières indépendantes entre elles à coefficients constants. Si les coefficients de l'équation différentielle sont des fonctions rationnelles de la variable indépendante x, chaque branche des fonctions, en général multiformes, qui satisfont à l'équation, peut s'exprimer linéairement avec des coefficients constants au moyen de n fonctions uniformément déterminées pour chaque valeur de x, mais qui doivent, il est vrai, être discontinues le long d'un certain système de lignes. Mais, si les coefficients sont des fonctions algébriques de x, qui peuvent s'exprimer rationnellement à l'aide de x et d'une fonction algébrique de x à μ déterminations, à chaque branche de cette fonction à μ déterminations appartient un groupe de n solutions particulières indépendantes entre elles, de telle sorte qu'en ce cas chaque branche d'une solution de l'équation différentielle peut être représentée comme une expression linéaire de fonctions uniformes, en nombre au plus égal à μn, mais qui ne renferme jamais plus de n de ces fonctions appartenant à un même groupe.

D'après ces remarques préliminaires, puisque toute équation différentielle linéaire non homogène peut être facilement transformée en une équation homogène de l'ordre immédiatement supérieur, on reconnaît que les propositions qui suivent s'étendront à toutes les équations différentielles linéaires à coefficients algébriques.

Soient $y_1, y_2, \ldots, y_n$ des fonctions de x, qui, pour toutes les valeurs complexes de cette grandeur, sont uniformes et finies, sauf en a, b, c, ..., g, et qui, lorsque x décrit un circuit autour d'une de ces valeurs de ramification, se transforment en des fonctions linéaires à coefficients constants de leurs valeurs précédentes.

Pour les déterminer d'une manière plus précise, partageons l'ensemble des valeurs complexes en deux domaines au moyen d'une ligne qui se ferme en revenant sur elle-même, et qui passe successivement par toutes les valeurs de ramification dans l'ordre $(g, \ldots, c, b, a)$, de telle sorte qu'en chacun de ces domaines les fonctions aient un cours complètement séparé et continu, et regardons comme donnée la valeur des fonctions dans le domaine situé du côté positif de cette ligne.

Supposons que, par l'effet d'un circuit positif de x autour de a, y_1 soit transformé en

$$\sum_{i=1}^{i=n} A_i^{(1)} y_i,$$

y_2 en

$$\sum A_i^{(2)} y_i, \quad \ldots.$$

y_n en

$$\sum A_i^{(n)} y_i,$$

que, d'une manière toute pareille, par l'effet d'un circuit positif autour de b, y_ν le soit en

$$\sum B_i^{(\nu)} y_i, \quad \ldots,$$

et que, par l'effet d'un circuit positif autour de g, y_ν le soit en

$$\sum G_i^{(\nu)} y_i.$$

Désignons maintenant, pour abréger, par (y) le système des n valeurs $(y_1, y_2, \ldots, y_n)$, par (A) le système des n^2 coefficients

$$\begin{matrix} A_1^{(1)}, & A_2^{(1)}, & \ldots, & A_n^{(1)}, \\ A_1^{(2)}, & A_2^{(2)}, & \ldots, & A_n^{(2)}, \\ \ldots & \ldots & \ldots, & \ldots, \\ A_1^{(n)}, & A_2^{(n)}, & \ldots, & A_n^{(n)}; \end{matrix}$$

par (B) le système analogue des B, ..., etc., par (G) le système des G, et par $(A)(y_1, y_2, \ldots, y_n) = (A)(y)$ les valeurs suivantes

$$\sum A_i^{(1)} y_i, \quad \sum A_i^{(2)} y_i, \quad \ldots, \quad \sum A_i^{(n)} y_i,$$

tirées de (y) à l'aide du système de coefficients (A).

Cela posé, entre ces systèmes de coefficients a lieu l'équation

$$(1) \qquad (G)(F)\ldots(B)(A) = (0),$$

si l'on désigne par (o) un système de coefficients qui ne varie pas, c'est-à-dire où les coefficients de la diagonale qui descend vers la droite sont égaux à 1, tandis que tous les autres coefficients sont égaux à o.

En effet, si x décrit la ligne totale de contour de manière à passer toujours d'une valeur de ramification à la suivante, en suivant le bord positif et en tournant chaque fois dans le sens positif autour de cette valeur de ramification, les fonctions (y) se transforment successivement en $G(y)$, $(G)(F)y, \ldots$, enfin en $(G)(F)\ldots(B)(A)(y)$. Mais le résultat est le même quand x décrit le bord négatif de la ligne de séparation, c'est-à-dire le contour total du domaine situé le long du bord négatif; dans ce cas $(y_1, y_2, \ldots, y_n)$ doivent reprendre leurs valeurs primitives, puisque, en ce domaine, ces fonctions sont partout uniformes.

Un système de n fonctions qui jouit des propriétés ainsi définies sera désigné par

$$Q\begin{pmatrix} a & b & c & \ldots & g & \\ A & B & C & \ldots & G & x \end{pmatrix}.$$

On considérera maintenant comme appartenant à une classe tous les systèmes pour lesquels les valeurs de ramifications et les substitutions correspondant à ces dernières ont des valeurs données satisfaisant à l'équation (1), ce qui, du reste, a lieu, comme nous le reconnaîtrons bientôt, pour un nombre infini de systèmes. D'après un théorème facile à démontrer, employé maintes fois par Jacobi, toute substitution, d'une manière générale, peut être décomposée en trois substitutions, dont la dernière est la substitution inverse de la première et dont la substitution intermédiaire a tous ses coefficients, hormis ceux de la diagonale, égaux à zéro, de telle sorte que par cette substitution chacune des grandeurs à laquelle on l'applique acquiert seulement un facteur. On peut donc écrire, par exemple,

$$(A) = (\alpha)\begin{pmatrix} \lambda_1, & 0, & \ldots, & 0 \\ 0, & \lambda_2, & \ldots, & 0 \\ \ldots & \ldots & \ldots & \ldots \\ 0, & 0, & \ldots, & \lambda_n \end{pmatrix}(\alpha)^{-1},$$

$(\alpha)^{-1}$ désignant la substitution inverse de (α). Les grandeurs λ sont alors les n racines d'une équation de degré n, complètement déterminée au moyen de (A). Dans le cas où cette équation aurait des racines égales, on devrait modifier légèrement la forme de la substitution intermédiaire; mais, pour simplifier, nous exclurons d'abord ce cas et nous supposerons qu'il ne se présente pas dans la décomposition des substitutions (A), (B), ..., (G). La substitution (α), par la seule adjonction d'une substitution comme facteur, peut être transformée en

$$(\alpha)\begin{pmatrix} l_1, & 0, & \ldots, & 0 \\ 0, & l_2, & \ldots, & 0 \\ \ldots & \ldots & \ldots & \ldots \\ 0, & 0, & \ldots, & l_n \end{pmatrix};$$

sous cette forme, comme le font voir les équations qui la déterminent, sont alors renfermées toutes les valeurs possibles de cette substitution.

Par l'effet d'un circuit positif de x autour de a, les valeurs des fonctions (y) se transforment de $(p_1, p_2, \ldots, p_n)$ en $(A)(p)$. Les valeurs des fonctions

$$(z_1, z_2, \ldots, z_n) = (\alpha)^{-1}(y),$$

formées par l'application de la substitution $(\alpha)^{-1}$ à (y), se transforment alors de

$$(\alpha)^{-1}(p)$$

en

$$(\alpha)^{-1}(\mathrm{A})(p) = \begin{Bmatrix} \lambda_1, & 0, & \ldots, & 0 \\ 0, & \lambda_2, & \ldots, & 0 \\ \ldots & \ldots & \ldots & \ldots \\ 0, & 0, & \ldots, & \lambda_n \end{Bmatrix} (\alpha)^{-1}(p),$$

c'est-à-dire que

$$(z_1, z_2, \ldots, z_n)$$

se transforme en

$$(\lambda_1 z_1, \lambda_2 z_2, \ldots, \lambda_n z_n).$$

Lorsqu'une fonction z, par l'effet d'un circuit positif de x autour de a, acquiert un facteur constant λ, on peut, en la multipliant par une puissance de $(x - a)$, la transformer en une fonction qui, dans le voisinage de a, est uniforme. En effet, $(x - a)^\mu$, par l'effet d'un circuit positif de x autour de a, acquiert le facteur $e^{\mu 2\pi i}$. Si l'on détermine, par conséquent, μ de telle sorte que $e^{\mu 2\pi i} = \lambda$, ou, si l'on pose $\mu = \frac{\log \lambda}{2\pi i}$, alors $z(x-a)^{-\mu}$ est une fonction uniforme pour $x - a$. Cette fonction peut donc être développée suivant les puissances entières de $(x - a)$, et z lui-même peut l'être suivant des puissances dont les exposants ne diffèrent de μ que par des nombres entiers.

Par suite, $z_1, z_2, \ldots, z_n$ sont développables suivant des puissances de $x - a$, dont les exposants sont de la forme

$$\frac{\log \lambda_1}{2\pi i} + m, \quad \frac{\log \lambda_2}{2\pi i} + m, \quad \ldots, \quad \frac{\log \lambda_n}{2\pi i} + m,$$

où m désigne un nombre entier.

Nous ferons maintenant l'hypothèse que les fonctions y ne deviennent jamais infinies d'ordre infiniment grand, en sorte que ces séries doivent prendre fin du côté des puissances descendantes, et nous désignerons par $\mu_1, \mu_2, \ldots, \mu_n$ les plus petits exposants dans ces séries, de telle sorte que

$$z_1(x - a)^{-\mu_1}, \quad \ldots, \quad z_n(x - a)^{-\mu_n}$$

ont des valeurs finies, différentes de zéro. Il est évident que la différence de deux quelconques des grandeurs $\mu_1, \mu_2, \ldots, \mu_n$ ne peut jamais être un nombre entier, puisque les valeurs des grandeurs $\lambda_1, \lambda_2, \ldots, \lambda_n$ sont toutes différentes entre elles; au contraire les valeurs des exposants correspondants dans deux systèmes quelconques appartenant à la même classe ne peuvent différer que par des nombres entiers, puisque les grandeurs $\lambda_1, \lambda_2, \ldots, \lambda_n$ sont complètement déterminées par (A). Ces exposants peuvent donc ainsi servir à distinguer entre eux les différents systèmes de fonctions de la même classe ou encore à les grouper, et il suffit, lorsqu'ils sont connus, d'assigner au lieu de (A) la substitution (α), puisque les grandeurs $\lambda_1, \lambda_2, \ldots, \lambda_n$ sont déjà déterminées par ces exposants.

Nous allons donc comme caractéristique plus exacte du système $(y_1, y_2, \ldots, y_n)$ employer l'expression

$$Q\left\{\begin{matrix} a & b & \ldots & g & \\ (\alpha) & (\beta) & \ldots & (\vartheta) & \\ \mu_1 & \nu_1 & \ldots & \rho_1 & x \\ \ldots & \ldots & \ldots & \ldots & \\ \mu_n & \nu_n & \ldots & \rho_n & \end{matrix}\right\},$$

où les grandeurs dans les lignes verticales relatives aux valeurs de ramification $b, \ldots, g$ ont par rapport à ces dernières même signification que les grandeurs dans la première ligne verticale par rapport à a. Il est alors bien clair que chaque système peut être considéré comme cas particulier d'un autre où les exposants correspondants sont soit en partie, soit tous ensemble plus petits.

Maintenant, il n'est pas difficile de démontrer que, entre chaque combinaison de $n+1$ systèmes, qui appartiennent à la même classe, a lieu une équation linéaire homogène dont les coefficients sont des fonctions entières de x. Nous distinguerons les grandeurs correspondantes dans ces $n+1$ systèmes au moyen d'indices supérieurs. Si nous supposons qu'entre ces grandeurs aient lieu les n équations suivantes

$$(2)\qquad \left\{\begin{array}{l} a_0 y_1 + a_1 y_1^{(1)} + \ldots + a_n y_1^{(n)} = 0, \\ a_0 y_2 + a_1 y_2^{(1)} + \ldots + a_n y_2^{(n)} = 0, \\ \ldots\ldots\ldots\ldots\ldots\ldots\ldots\ldots, \\ a_0 y_n + a_1 y_n^{(1)} + \ldots + a_n y_n^{(n)} = 0, \end{array}\right.$$

les coefficients a_0, a_1, ..., a_n devront être proportionnels aux déterminants des systèmes que l'on obtient en supprimant successivement, dans le système des $n(n+1)$ grandeurs y, la 1re, la 2e, ..., la $(n+1)^{\text{ième}}$ ligne verticale.

Un pareil déterminant

$$\sum \pm y_1^{(1)} y_2^{(2)} \dots y_n^{(n)},$$

lorsque x décrit un circuit positif autour de a, acquiert le facteur Dét. (A), et pour $x = a$ ne peut devenir infini d'ordre infiniment grand. Il peut donc être développé suivant des puissances de $x - a$ dont les exposants augmentent de 1. Pour déterminer le plus petit exposant dans ce développement, on peut écrire ce déterminant sous la forme

$$\text{Dét.}(\alpha) \sum \pm z_1^{(1)} z_2^{(2)} \dots z_n^{(n)}.$$

Dans ce dernier déterminant, le premier terme

$$z_1^{(1)} z_2^{(2)} \dots z_n^{(n)} = (x-a)^{\mu_1^{(1)} + \mu_2^{(2)} + \dots + \mu_n^{(n)}}$$

est multiplié par une fonction qui, pour $x = a$, possède une valeur finie et différente de zéro.

Le plus petit exposant dans le développement de ce terme suivant les puissances de $(x - a)$ est donc

$$\mu_1^{(1)} + \mu_2^{(2)} + \dots + \mu_n^{(n)},$$

et l'on déduit de ce dernier, en y permutant les indices supérieurs, les plus petits exposants dans les développements des termes restants. Il est évident que l'exposant cherché est en général égal à la plus petite de ces valeurs et certainement n'est jamais plus petit.

Désignons la plus petite de ces valeurs par $\bar{\mu}$, la valeur analogue pour la seconde valeur de ramification par $\bar{\nu}$, ... et ainsi de suite, jusqu'à la dernière valeur analogue que l'on désignera par $\bar{\rho}$; alors

$$\sum \pm y_1^{(1)} y_2^{(2)} \dots y_n^{(n)} (x-a)^{-\bar{\mu}} (x-b)^{-\bar{\nu}} \dots (x-g)^{-\bar{\rho}}$$

est une fonction de x, qui, pour toutes les valeurs finies complexes, reste uniforme et finie et qui, pour $x = \infty$, devient infiniment grande d'ordre au plus égal à

$$-(\bar{\mu} + \bar{\nu} + \ldots + \bar{\rho});$$

c'est, par suite, une fonction entière de degré au plus égal à

$$-(\bar{\mu} + \bar{\nu} + \ldots + \bar{\rho}).$$

Cette dernière grandeur doit donc, lorsque la fonction ne s'évanouit pas identiquement, être un nombre entier, non négatif.

Les déterminants partiels, auxquels les grandeurs $a_0, a_1, \ldots, a_n$ sont proportionnelles, se comportent donc comme des fonctions entières, multipliées par des puissances de $x - a$, $x - b$, $\ldots$, $x - g$, dont les exposants dans les divers déterminants diffèrent entre eux par des nombres entiers. Par conséquent, les grandeurs $a_0, a_1, \ldots, a_n$ elles-mêmes se comportent comme des fonctions entières et peuvent donc être remplacées dans les équations (2) par de telles fonctions, ce qui nous fournit la proposition que nous voulions démontrer.

Les dérivées des fonctions $y_1, y_2, \ldots, y_n$ par rapport à x forment évidemment un système appartenant à la même classe, car les quotients différentiels des fonctions (A) $(y_1, y_2, \ldots, y_n)$, en lesquelles sont transformés $(y_1, y_2, \ldots, y_n)$ lorsque x décrit un circuit positif autour de a, sont égaux à

$$(A)\left(\frac{dy_1}{dx}, \quad \frac{dy_2}{dx}, \quad \ldots, \quad \frac{dy_n}{dx}\right),$$

puisque les coefficients dans (A) sont des constantes. A l'aide de cette remarque, du théorème déjà démontré, on tire les deux corollaires :

Les fonctions y d'un système satisfont à une équation différentielle du $n^{ième}$ ordre dont les coefficients sont des fonctions entières de x.

Et :

Chaque système appartenant à la même classe peut s'exprimer linéairement avec des coefficients rationnels à l'aide de ces fonctions et de leurs $n - 1$ premières dérivées.

Au moyen de cette dernière proposition, on peut former une expression générale pour tous les systèmes d'une classe, expression qui permettra de reconnaître aussitôt que le nombre de tous les systèmes est infini, ainsi que nous l'avions déjà affirmé; toutefois, nous n'en ferons ici l'application qu'à la recherche de tous les systèmes où non seulement les substitutions, mais encore les exposants aussi sont les mêmes. Pour un système quelconque Y_1, Y_2, ..., Y_n à mêmes substitutions et à mêmes exposants que y_1, y_2, ..., y_n, on aura, d'après le dernier corollaire, en désignant les dérivées suivant les notations de Lagrange, n équations linéaires de la forme

$$\begin{aligned} c_0 Y_1 &= b_0 y_1 + b_1 y'_1 + \ldots + b_{n-1} y_1^{(n-1)}, \\ c_0 Y_2 &= b_0 y_2 + b_1 y'_2 + \ldots + b_{n-1} y_2^{(n-1)}, \\ &\ldots\ldots\ldots\ldots\ldots\ldots, \\ c_0 Y_n &= b_0 y_n + b_1 y'_n + \ldots + b_{n-1} y_n^{(n-1)}, \end{aligned}$$

où les coefficients sont des fonctions entières de x. La fonction c_0 ne dépend que des fonctions y; quant au degré des fonctions b, il ne dépasse pas un maximum fini, en sorte que ces fonctions n'ont qu'un nombre fini de coefficients. Réciproquement, pour que les fonctions Y_1, Y_2, ..., Y_n définies par ces équations, jouissent des propriétés requises, il faut que ces coefficients soient tels que, pour les valeurs de ramification, leurs exposants ne soient pas inférieurs à ceux des fonctions y, et il faut que, pour toutes les autres valeurs de x, ces coefficients restent finis.

Ces conditions fournissent un système d'équations linéaires homogènes pour les coefficients des puissances de x dans les fonctions b.

La résolution de ces équations, lorsqu'elles suffisent à la détermination des coefficients, donne, comme valeur la plus générale des fonctions (Y), la valeur const. (y); mais, lorsque cela n'est plus le cas, elle donne une expression de la forme

$$\begin{aligned} Y_1 &= k y_1 + k_1 Y_1^{(1)} + \ldots + k_m Y_1^{(m)}, \\ &\ldots\ldots\ldots\ldots\ldots\ldots, \\ Y_n &= k y_n + k_1 Y_n^{(1)} + \ldots + k_m Y_n^{(m)}, \end{aligned}$$

où k, k_1, ..., k_m sont des constantes arbitraires. On peut déterminer ces constantes l'une après l'autre, chacune comme fonction de celles qui restent, en sorte que le premier terme dans le développement d'une des fonctions $(\alpha)^{-1}(Y)$, $(\beta)^{-1}(Y)$, ..., $(\mathfrak{S})^{-1}(Y)$ soit nul, ce qui a pour conséquence d'augmenter chaque fois la somme des exposants au moins d'une unité ; de la sorte la somme des exposants est finalement augmentée au moins de m, le nombre des constantes arbitraires étant alors diminué exactement d'autant. De cette manière, de chaque système de n fonctions, on peut en tirer un autre à exposants plus élevés qui est alors complètement déterminé, à un facteur constant près, commun à toutes les fonctions, au moyen des substitutions et des exposants dans sa caractéristique.

Maintenant ce facteur aussi sera lui-même déterminé par ce fait que l'on égale à 1 le coefficient de la plus petite puissance de $x - a$ dans le développement de la première des fonctions $(\alpha)^{-1}(y)$, et ainsi les fonctions y seront déterminées d'une manière uniforme (1).

[On n'a plus besoin que d'étudier avec précision comment la marche de ces fonctions varie avec la position d'une des valeurs de ramification, a par exemple, pour arriver à la proposition suivante : les grandeurs y forment un système analogue de fonctions de a aussi bien que de x, dont les valeurs de ramification sont b, c, d, ..., g, x, et dont les substitutions sont formées par composition des substitutions (A), (B), ..., (F).

Au cas où il est impossible de faire varier les fonctions avec a de telle sorte que toutes les substitutions restent constantes (parce que le nombre des constantes arbitraires qu'elles renferment serait alors plus petit que le nombre des conditions nécessaires pour cela), on peut regarder le système comme un cas

(1) Jusqu'ici l'on n'a eu besoin que de suivre un manuscrit complètement rédigé par Riemann. A l'endroit où se trouve le crochet on trouve écrit en marge dans la suite du manuscrit de Riemann : *à partir d'ici inexact*. Néanmoins, je n'ai pas cru devoir supprimer le passage suivant (entre crochets), car il contient le germe d'un développement ultérieur des profondes théories, qui y sont indiquées. Sur quelques feuilles du brouillon de Riemann on trouve une esquisse de ces développements. Je les ai reproduits, dans ce qui vient ensuite, en les modifiant le moins possible. — (H. WEBER.)

particulier d'un système à exposants plus petits, système où, pour ces valeurs spéciales de a, b, ..., g, les coefficients de certains premiers termes dans les développements en séries pour $(\alpha)^{-1}(y)$, $(\beta)^{-1}(y)$, ..., $(\vartheta)^{-1}(y)$ s'évanouissent.

En vertu de cette proposition, les grandeurs $y_1, y_2, \ldots, y_n$ représentent des fonctions de p variables a, b, ..., g, x, qui, lorsque toutes les grandeurs variables reprennent leurs premières valeurs, ou bien reprennent elles-mêmes leurs valeurs primitives, ou bien sont transformées en des expressions linéaires de ces valeurs primitives, expressions ayant un système de coefficients constants, formé par une certaine composition des $(p-2)$ systèmes (A), (B), (C), ..., (F) donnés arbitrairement.

Je dois renoncer pour l'instant à poursuivre l'étude de ces fonctions à plusieurs variables et celle des méthodes auxiliaires que fournit cette dernière proposition pour l'intégration des équations différentielles linéaires; je remarquerai seulement encore qu'une intégrale d'une fonction algébrique peut être regardée comme un cas spécial des fonctions traitées ici, et que, en appliquant ces principes à une telle intégrale, on est conduit à des fonctions que représentent les séries ϑ générales à modules de périodicité quelconques.]

DÉTERMINATION DE LA FORME DE L'ÉQUATION DIFFÉRENTIELLE.

Le premier problème qui se présente dans la théorie des équations différentielles linéaires, basée sur ces principes, est la recherche des systèmes les plus simples de chaque classe, et, à cet effet, on devra d'abord déterminer avec plus de précision la forme de l'équation différentielle.

Si nous entendons par les précédentes fonctions $y^{(1)}$, $y^{(2)}$, ..., $y^{(n)}$, comme le fait Lagrange, les dérivées successives de la fonction y, alors les équations (2) représentent l'équation différentielle à laquelle satisfont ces fonctions. Le degré des fonctions entières, qui peuvent être prises pour les coefficients, se détermine comme il suit :

Chaque différentiation par rapport à x diminue d'une unité tous les exposants de la caractéristique, lorsque l'on suppose qu'aucun d'eux n'est un nombre entier; alors

$$\sum \pm (y_1 y_2^{(1)} \ldots y_n^{(n-1)}) (x-a)^{-\bar{\mu}} (x-b)^{-\bar{\nu}} \ldots (x-g)^{-\bar{\rho}} = \mathrm{X}_0$$

reste partout fini et uniforme, lorsque l'on pose

$$\bar{\mu} = \sum_i \mu_i - \frac{n(n-1)}{2}, \qquad \bar{\nu} = \sum_i \nu_i - \frac{n(n-1)}{2}, \qquad \ldots,$$

$$\bar{\rho} = \sum_i \rho_i - \frac{n(n-1)}{2}.$$

Pour $x = \infty$, puisque les fonctions y restent finies et uniformes, $\sum \pm y_1 y_2^{(1)} \ldots y_n^{(n-1)}$ est infiniment petit d'ordre $n(n-1)$. Le degré de la fonction entière X_0 est donc

$$r = (m-2)\frac{n(n-1)}{2} - s,$$

si l'on désigne par m le nombre des valeurs de ramification et par s la somme des exposants dans la caractéristique.

Lorsque dans le système des $n(n+1)$ grandeurs y, au lieu de la dernière ligne verticale, c'est la $(n+1-t)^{\text{ième}}$ que l'on supprime, le déterminant ainsi formé doit être, en général, multiplié par des puissances de $(x-a)$, $(x-b)$, ..., $(x-g)$ dont les exposants sont augmentés du nombre t; il sera, par suite, une fonction entière de degré $r+(m-1)t$ [au cas seul où $t=n$, ce degré sera $r+(m-2)n$.]

L'équation différentielle, si l'on désigne par ω le produit $(x-a)(x-b)\ldots(x-g)$, peut donc être mise sous la forme

$$\mathrm{X}_n y + \omega \mathrm{X}_{n-1} y' + \ldots + \omega^n \mathrm{X}_0 y^{(n)} = 0,$$

où les grandeurs X_t seront des fonctions rationnelles entières de degré $r+(m-1)t$ [X_n sera de degré $r+(m-2)n$].

Cherchons maintenant quelles sont les conditions auxquelles doivent satisfaire les coefficients de ces fonctions pour qu'une ramification se présente pour les seules valeurs a, b, $\ldots$, g et pour que les exposants de discontinuité aient en ces ramifications les valeurs assignées. Une ramification ne se présente jamais, et c'est le seul cas où elle ne se présente pas, tant que toutes les solutions de l'équation différentielle sont développables suivant les puissances entières de l'accroissement de x, c'est-à-dire encore tant que le développement de y, d'après le théorème de Mac-Laurin, renferme n constantes arbitraires. Cela est toujours le cas lorsque a_n est différent de zéro. Nous n'avons donc qu'à traiter le cas $a_n = 0$.

Si l'on écrit l'équation différentielle sous la forme

$$b_0 y + b_1(x-a)y' + b_2(x-a)^2 y'' + \ldots + b_n(x-a)^n y^{(n)} = 0,$$

il faut, pour que la fonction y, dans le voisinage de $x = a$, ait le caractère prescrit, que les quantités μ_1, μ_2, $\ldots$, μ_n soient toutes racines de l'équation

$$b_0 + b_1\mu + \ldots + b_n\mu(\mu-1)\ldots(\mu-n+1) = 0.$$

Cela fournit n conditions pour les fonctions X; en outre, puisque toutes les grandeurs μ sont finies et inégales entre elles, il est nécessaire que, pour $x = a$, b_n ne soit pas égal à zéro. Il en est de même pour les racines restantes b, c, $\ldots$, g de $\omega = 0$. Par conséquent, $X_0 = 0$ ne peut avoir aucune racine commune avec $\omega = 0$.

Maintenant, si (pour une racine de $X_0 = 0$) $a_n = 0$, et au contraire $a_{n-1} \neq 0$, alors (pour cette racine) $y, y', \ldots, y^{(n-2)}$ peuvent être pris arbitrairement, mais $y^{(n-1)}$ est déterminé par l'équation différentielle

$$a_n y^{(n)} + a_{n-1} y^{(n-1)} + \ldots + a_0 y = 0,$$

de sorte que $(n-1)$ constantes arbitraires se présentent dans les $(n-1)$ premiers termes de la série de Mac Laurin, la dernière constante d'ailleurs se présentant au plus tôt dans le $(n+1)^{\text{ième}}$. Supposons qu'elle se présente d'abord dans le $(n+h)^{\text{ième}}$ terme.

Alors, si l'on élimine dans la dérivée $h^{\text{ième}}$ de l'équation différentielle

$$a_n y^{(n+h)} + (h a'_n + a_{n-1}) y^{(n+h-1)} + \ldots = 0,$$

les grandeurs $y^{(n+h-2)}, \ldots, y^{(n-1)}$ entre les dérivées précédentes et l'équation différentielle elle-même, les coefficients de $y^{(n+h-1)}$, $y^{(n-2)}$, $y^{(n-3)}$, ..., y doivent tous s'évanouir, puisque ces grandeurs sont indépendantes entre elles. On obtient donc

$$h a'_n + a_{n-1} = 0;$$

par conséquent, a'_n est différent de zéro et l'on a en outre encore $n - 1$ équations, et l'on obtient donc n équations de condition pour les coefficients des fonctions X.

En second lieu, supposons que a_n et a_{n-1} s'évanouissent simultanément, mais que a_{n-2} reste fini, en sorte que les $n - 2$ premiers termes de la série de Mac Laurin renferment $n - 2$ constantes arbitraires, et supposons que la constante suivante se présente d'abord dans le $(n + h - 1)^{\text{ième}}$ et la dernière dans le $(n + h' - 1)^{\text{ième}}$ terme.

Alors, pour que $y^{(n+h-2)}$ et $y^{(n+h'-2)}$ soient indépendantes des valeurs des dérivées d'ordre inférieur, on doit avoir les équations

$$a'_n = 0, \qquad \frac{h(h-1)}{2} a''_n + h a'_{n-1} + a_{n-2} = 0,$$

$$\frac{h'(h'-1)}{2} a''_n + h' a'_{n-1} + a_{n-2} = 0,$$

et, par conséquent, a''_n et a'_{n-1} sont différents de zéro, et de plus l'on a encore $2n - 3$ équations. Par conséquent, deux facteurs linéaires de a_n sont égaux à zéro, et l'on obtient $2n$ conditions pour les fonctions X.

D'une manière tout analogue, dans le cas où a_n, a_{n-1}, a_{n-2} s'évanouissent simultanément, mais où a_{n-3} reste fini et où les trois dernières constantes arbitraires se présentent d'abord dans les $(n + h - 2)^{\text{ième}}$, $(n + h' - 2)^{\text{ième}}$, $(n + h'' - 2)^{\text{ième}}$ termes, on trouve les conditions suivantes :

$$a'_n = 0, \qquad a''_n = 0, \qquad a'_{n-1} = 0,$$

$$\frac{h(h-1)(h-2)}{1.2.3} a'''_n + \frac{h(h-1)}{1.2} a''_{n-1} + h a'_{n-2} + a_{n-3} = 0,$$

et, de plus, pour h, h', h'', encore $3n - 6$ équations, en sorte que a_n possède trois et seulement trois racines égales, et que $3n$ conditions doivent être satisfaites. En généralisant ces conclusions l'on reconnaît évidemment que chaque facteur linéaire de X_0 a pour conséquence n conditions entre les fonctions X ([1]).

Nous allons maintenant supposer qu'un des points singuliers, par exemple g, est situé à l'infini, et nous désignerons par ω la fonction de degré $m-1$,

$$\omega = (x-a)(x-b)\dots.$$

Les déterminants d'ordre n, formés à l'aide de la matrice

$$\begin{matrix} y_1 & y'_1 & \dots & y_1^{(n)}, \\ y_2 & y'_2 & \dots & y_2^{(n)}, \\ \dots & \dots & \dots & \dots, \\ y_n & y'_n & \dots & y_n^{(n)}, \end{matrix}$$

seront désignés par $\Delta_0, \Delta_1, \dots, \Delta_n$, en sorte que $y_1, y_2, \dots, y_n$ sont des solutions particulières de l'équation différentielle

$$y\Delta_0 + y'\Delta_1 + y''\Delta_2 + \dots + y^{(n)}\Delta_n = 0.$$

La fonction

$$\Delta_k (x-a)^{-\Sigma\mu}(x-b)^{-\Sigma\nu}\dots\omega^{-k+\frac{n(n+1)}{2}} = X_{n-k}$$

est alors, ainsi qu'il a été déjà remarqué, une fonction rationnelle entière de x, dont on obtient le degré au moyen de la considération du point singulier $x=\infty$; ainsi, en désignant par r_t le degré de X_t, on a

$$r_t = r + (m-2)t$$

où

$$r = (m-2)\frac{n(n-1)}{2} - s$$

est le degré de X_0, et où

$$s = \Sigma\mu + \Sigma\nu + \dots + \Sigma\rho$$

est un nombre entier.

([1]) Quant à la manière dont se comporte l'équation différentielle pour des valeurs infinies de x, nous ne trouvons rien dans le manuscrit de Riemann. Le dénombrement des constantes est seulement indiqué. Ce qui suit a donc, autant que possible, été supplémenté par l'Éditeur. On a remarqué, dans la première édition, qu'on obtient une simplification essentielle lorsque l'on transporte un des points de discontinuité à l'infini. Dans cette simplification, introduite pour la première fois dans cette deuxième édition, nous corrigeons en même temps une erreur dans le dénombrement des constantes, qui s'était glissée dans la première édition, et sur laquelle M. le Dr D. Hilbert a attiré mon attention.

(WEBER.)

L'équation différentielle pour y peut alors s'écrire sous la forme

$$\omega^n X_0 y^{(n)} + \omega^{n-1} X_1 y^{(n-1)} + \ldots + \omega X_{n-1} y' + X_n y = 0,$$

et, à cause des r zéros de X_0, qui, par hypothèse, ne font pas partie des points singuliers, il faut, d'après ce qui précède, que rn conditions aient lieu entre les constantes renfermées dans cette équation différentielle.

Par conséquent, il reste ainsi dans l'équation différentielle un nombre de constantes dont on peut disposer (puisque un des coefficients peut être pris $= 1$) égal à

$$\sum (r_t + 1) - 1 - rn = r + n + (m - 2)\frac{n(n+1)}{2},$$

ou, si l'on remplace r par sa valeur, égal à

$$-s + (m-2)n^2 + n;$$

et, dans un système quelconque de n intégrales particulières y_1, $y_2, \ldots, y_n$ où entrent encore n^2 constantes d'intégration, le nombre de constantes indéterminées est alors

$$-s + (m-1)n^2 + n.$$

Le nombre des coefficients dans les substitutions (A), (B), ..., (G) est mn^2, et, par conséquent aussi, mn^2 conditions devraient être satisfaites, lorsque ces substitutions sont assignées arbitrairement.

Or ces substitutions sont liées par la condition (1), en sorte que n^2 des conditions précitées sont une conséquence identique de celles qui restent. Il reste donc ainsi $(m-1)n^2$ conditions, et le nombre des constantes dont on peut encore disposer est $n - s$. Ce nombre doit être au moins $= 1$, puisqu'un facteur commun à tous les y doit rester arbitraire; on en conclut, par suite,

$$s \leqq n - 1.$$

SUR

LE DÉVELOPPEMENT DU QUOTIENT

DE DEUX SÉRIES HYPERGÉOMÉTRIQUES EN FRACTION CONTINUE INFINIE (1).

Œuvres de Riemann, 2e édit., p. 424.

§ I.

Lorsque l'on a une fraction continue infinie de la forme

$$a+\cfrac{b_1 x}{1+\cfrac{b_2 x}{1+\cfrac{b_3 x}{1+\ddots}}},$$

qui, pour des valeurs de x suffisamment petites, est convergente et représente la fonction $f(x)$, on voit facilement que la $m^{\text{ième}}$ réduite est égale au quotient $\frac{p_m}{q_m}$ de deux fonctions entières p_m et q_m, toutes deux de degré n lorsque $m=2n+1$ et de degrés n et $n-1$ lorsque $m=2n$. La différence entre la réduite et la fonction $f(x)$, lorsque x est infiniment petit, est infiniment petite de l'ordre m. Mais, pour que cela ait lieu, autant de conditions doivent être satisfaites qu'il est renfermé de quantités arbitraires dans la fonction fractionnaire égale à la réduite.

(1) La rédaction de ce Mémoire, dont l'origine remonte au mois d'octobre 1863, est due à M. H.-A. Schwarz. — (WEBER et DEDEKIND.)

Les § I et II sont en italien. Le commencement du § III est encore en italien, sauf les additions de M. Schwarz, entre crochets, qui sont en allemand; ensuite, à partir de la remarque de M. Schwarz, p. 372, ligne 29, le texte est allemand et, comme auparavant, tout ce qui est entre crochets est dû à cet illustre Géomètre. — (L. L.)

Par conséquent, la $m^{\text{ième}}$ réduite peut être déterminée au moyen de la condition qu'elle coïncide avec la fonction en les m premiers termes du développement suivant les puissances de x en tenant compte des degrés du numérateur et du dénominateur, qui sont tous deux égaux à n pour $m = 2n+1$, et égaux à n et $n-1$ pour $m = 2n$.

§ II.

Cette manière de déterminer la réduite conduit immédiatement à l'expression de la réduite, lorsqu'il s'agit de développer le quotient de deux séries hypergéométriques

$$P^{\alpha}\begin{pmatrix} \alpha & \beta & \gamma & \\ \alpha' & \beta' & \gamma' & x \end{pmatrix} = P$$

et

$$P^{\alpha}\begin{pmatrix} \alpha & \beta+1 & \gamma & \\ \alpha'-1 & \beta' & \gamma' & x \end{pmatrix} = Q,$$

où l'on fera usage des propriétés caractéristiques exposées dans le Mémoire : *Contribution à la théorie des fonctions représentables par la série de Gauss* $F(\alpha, \beta, \gamma, x)$, page 61.

En effet, puisque, pour x infiniment petit, $\frac{P}{Q} - \frac{p_m}{q_m}$ devient infiniment petit de l'ordre m et Qq_m infiniment petit de l'ordre α, l'expression $q_m P - p_m Q$ devient infiniment petite de l'ordre $m+\alpha$, et l'on démontre aisément que cette expression possède toutes les propriétés caractéristiques d'une fonction développable en série hypergéométrique, en sorte que l'on a

$$(1)\quad \begin{cases} q_{2n+1}P - p_{2n+1}Q = P\begin{pmatrix} \alpha+2n+1 & \beta-n & \gamma & \\ \alpha'-1 & \beta'-n & \gamma' & x \end{pmatrix} \\ \qquad = x^n P\begin{pmatrix} \alpha+n+1 & \beta & \gamma & \\ \alpha'-n-1 & \beta' & \gamma' & x \end{pmatrix} = x^n P_{n+1}, \\ q_{2n}P - p_{2n}Q = P\begin{pmatrix} \alpha+2n & \beta+1-n & \gamma & \\ \alpha'-1 & \beta'-n & \gamma' & x \end{pmatrix} = x^n Q_n, \end{cases}$$

où P_n, Q_n désignent ce que deviennent P et Q quand on remplace α, α' par $\alpha+n$, $\alpha'-n$. Or, si nous faisons varier d'une manière continue x et les fonctions de x de telle sorte que l'affixe de la valeur complexe x décrit un circuit entourant l'affixe de 1, p_m et q_m reprendront les mêmes valeurs, et P, Q, P_n, Q_n se transformeront en d'autres branches de ces fonctions.

Par conséquent, si nous désignons par P′, Q′, P'_n, Q'_n les autres branches correspondantes de ces fonctions, nous avons aussi

$$(2)\qquad \begin{cases} q_{2n+1}\mathrm{P}' - p_{2n+1}\mathrm{Q}' = x^n \mathrm{P}'_{n+1}, \\ q_{2n}\quad \mathrm{P}' - p_{2n}\quad \mathrm{Q}' = x^n \mathrm{Q}'. \end{cases}$$

Des équations (1) et (2) l'on tire

$$\frac{p_{2n+1}}{q_{2n+1}} = \frac{\mathrm{P}\,\mathrm{P}'_{n+1} - \mathrm{P}'\,\mathrm{P}_{n+1}}{\mathrm{Q}\,\mathrm{P}'_{n+1} - \mathrm{Q}'\,\mathrm{P}_{n+1}},$$

$$\frac{p_{2n}}{q_{2n}} = \frac{\mathrm{P}\,\mathrm{Q}'_n - \mathrm{P}'\,\mathrm{Q}_n}{\mathrm{Q}\,\mathrm{Q}'_n - \mathrm{Q}'\,\mathrm{Q}_n}.$$

Par suite, pour trouver les valeurs de x pour lesquelles $\frac{p_{2n}}{q_{2n}}$ et $\frac{p_{2n+1}}{q_{2n+1}}$ convergent vers $\frac{\mathrm{P}}{\mathrm{Q}}$, il suffit de rechercher en quels cas $\frac{\mathrm{P}_n}{\mathrm{P}'_n}$ et $\frac{\mathrm{Q}_n}{\mathrm{Q}'_n}$ convergent vers zéro, pour n croissant indéfiniment.

[§ III.]

A cet effet, il convient d'introduire les expressions de P_n et Q_n par des intégrales définies. Posant

$$\begin{aligned}[-\alpha' - \beta' - \gamma' &= a, \\ -\alpha' - \beta - \gamma &= b, \\ -\alpha - \beta' - \gamma &= c],\end{aligned}$$

on peut exprimer P_n par

$$\left[x^{\alpha+n}(1-x)^\gamma \int_0^1 s^{a+n}\quad (1-s)^{b+n}(1-xs)^{c-n}\,ds\right]$$

et Q_n par

$$\left[x^{\alpha+n}(1-x)^\gamma \int_0^1 s^{a+1+n}(1-s)^{b+n}(1-xs)^{c-n}\,ds\right].$$

Pour avoir la valeur générale des fonctions P_n, Q_n on aurait besoin de multiplier les intégrales par des facteurs constants, mais nous pouvons substituer les intégrales dans les équations (1) en comprenant les facteurs constants dans les fonctions entières p_m, q_m. Quant aux valeurs des fonctions sous le signe d'intégration, les valeurs que l'on prendra sont indifférentes, pourvu que dans chaque intégrale l'on prenne pour s^a, $(1-s)^b$, $(1-xs)^c$ les mêmes valeurs.

[Maintenant les expressions pour $\frac{p_m}{q_m}$ restent encore inaltérées lorsque l'on remplace P′, Q′, P'_n, Q'_n par les mêmes combinaisons linéaires de ces grandeurs et des grandeurs P, Q, P_n, Q_n :

$$AP + BP', \qquad AQ + BQ', \qquad AP_n + BP_n, \qquad AQ_n + BQ'_n,$$

où A et B désignent deux constantes, la constante B n'étant jamais nulle. On obtient de telles fonctions correspondantes, lorsque les précédentes intégrales, au lieu d'être prises de 0 à 1, le sont depuis une quelconque des quatre valeurs 0, 1, $\frac{1}{x}$, ∞ jusqu'à une quelconque de ces quatre valeurs, et cela toutes étant prises le long du même chemin.]

Par suite, nous pouvons prendre pour P'_n, Q'_n ces intégrales prises l'une après l'autre autour de $\frac{1}{x}$.

Les intégrales [par lesquelles, en vertu de ce qui précède, sont exprimés P_n, Q_n, P'_n, Q'_n, ne changent pas de valeur lorsque le chemin d'intégration varie d'une manière continue entre les limites indiquées], puisque le chemin d'intégration ne dépasse pas l'affixe de $\frac{1}{x}$; et nous pouvons disposer du chemin d'intégration, de telle sorte que l'on puisse trouver plus facilement la limite vers laquelle converge la valeur de l'intégrale, pour n croissant.

A cet effet

$$\frac{s(1-s)}{1-xs} \cdots$$

[Ici s'arrête le texte de Riemann; mais, à l'aide de quelques figures et formules employées par Riemann, on peut reproduire les conclusions peut-être de la manière suivante :

Posons]

$$\frac{s(1-s)}{1-xs} = e^{f(s)},$$

[et considérons dans le plan de la grandeur complexe s les courbes le long desquelles le module de $e^{f(s)}$ a une valeur constante. Pour de très petites valeurs de ce module, ces courbes entourent les points o et 1, à peu près comme le feraient des cercles concentriques de rayons assez petits. Pour de très grandes valeurs du module, ces courbes entourent le point $s = \frac{1}{x}$ et le point $s = \infty$. Dans les deux cas, les courbes sont donc formées de deux portions séparées. Si l'on fait croître le module en partant des petites valeurs, les portions séparées qui entourent les points o et 1 et qui correspondent à la même valeur du module se rapprochent toujours l'une de l'autre de plus en plus jusqu'à ce qu'elles ne forment plus qu'une seule courbe qui possède un point double. Pour ce point double, $f'(s)$ doit être égale à zéro. La considération pareille a lieu lorsque, partant de très grandes valeurs, on fait décroître le module en question.

On obtient les équations suivantes :]

$$f(s) = \log(1 - s) - \log\left(\frac{1}{s} - x\right),$$

$$f'(s) = -\frac{1}{1-s} + \frac{1}{\frac{1}{s} - x}\,\frac{1}{s^2} = \frac{1 - 2s + xs^2}{s(1-s)(1-xs)}.$$

[Pour $f'(s) = 0$ on a, par conséquent]

$$1 - 2s + xs^2 = 0, \quad s(1 - xs) = 1 - s, \quad 1 - 2s + s^2 = (1-x)s^2 = (1-s)^2,$$

$$\frac{1}{s} - 1 = \sqrt{1-x} = 1 - xs, \quad \frac{1-s}{1-xs} = s.$$

[Maintenant on désignera par $\sqrt{1-x}$ cette valeur du radical carré dont la partie réelle est *positive,* en excluant de nos considérations le cas où x est réel et $\geqq 1$. Ensuite, on pourra désigner par σ, σ' les deux racines de l'équation quadratique

$$1 - 2s + xs^2 = 0,$$

où

$$\sigma = \frac{1}{1+\sqrt{1-x}}, \qquad \sigma' = \frac{1}{1-\sqrt{1-x}},$$

de telle sorte que le module de σ est *plus petit* que le module de σ'.

On a alors

$$e^{f(\sigma)} = \sigma^2 = \left(\frac{1}{1+\sqrt{1-x}}\right)^2, \qquad e^{f(\sigma')} = \sigma'^2 = \left(\frac{1}{1-\sqrt{1-x}}\right)^2.$$

Concevons maintenant que le point $s = 0$ soit joint au point $s = 1$ par une ligne passant par le point $s = \sigma$ et telle que, en cheminant le long de cette ligne, le module de $e^{f(s)}$ croisse continuellement sur le chemin conduisant de $s = 0$ jusqu'à $s = \sigma$, tandis que sur le chemin conduisant de $s = \sigma$ jusqu'à $s = 1$ ce module décroisse continuellement. Une telle ligne peut servir de chemin d'intégration pour les intégrales prises de $s = 0$ jusqu'à $s = 1$, intégrales au moyen desquelles sont exprimées les fonctions P_n, Q_n.

D'autre part, pour ces intégrales qui peuvent remplacer les fonctions P'_n, Q'_n, on peut employer un chemin d'intégration qui conduit d'abord du point $s = 1$ jusqu'au point $s = \sigma'$, et qui rejoint ensuite le point $s = 1$ en tournant autour du point $s = \frac{1}{x}$. Ce chemin d'intégration peut être choisi de telle sorte que le module de $e^{f(s)}$ atteigne son maximum sur cette ligne seulement au point $s = \sigma'$.

Dans les *fig.* 13 et 14, dont on a trouvé l'esquisse faite par Riemann même, les chemins d'intégration sont indiqués par les lignes ponctuées.

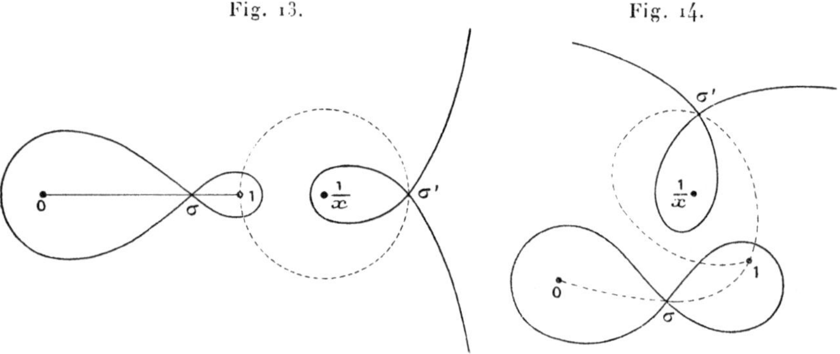

Fig. 13. Fig. 14.

Il s'agit alors de trouver maintenant une expression qui donne une représentation asymptotique de la valeur de l'intégrale

$$\int_0^1 s^{a+n}(1-s)^{b+n}(1-xs)^{c-n}\,ds$$

pour les valeurs infiniment grandes de n. On posera

$$s^a(1-s)^b(1-xs)^c = \varphi(s);$$

on a donc à évaluer

$$\int_0^1 e^{nf(s)}\varphi(s)\,ds,$$

pour $n = \infty$.

Ces portions du chemin d'intégration, qui ne sont pas situées dans le voisinage de la valeur singulière $s = \sigma$, apportent à la valeur de l'intégrale une contribution qui, pour les valeurs infiniment grandes de n, est non seulement infiniment petite, mais encore (puisque la partie réelle de $n[f(\sigma) - f(s)]$, sous les hypothèses en question, croît au delà de toute mesure) est infiniment petite par rapport à cette partie de l'intégrale qui est relative à une portion du chemin d'intégration, située dans le voisinage de la valeur $s = \sigma$. De là résulte que pour trouver une expression asymptotique de l'intégrale en question, valable pour $\lim n = \infty$, il suffit de restreindre la sommation à une portion du chemin d'intégration, située dans le voisinage de la valeur $s = \sigma$.

Posons donc, h désignant une grandeur, dont le module ne peut prendre que de petites valeurs,]

$$s = \sigma + h,$$

$$f(s) = f(\sigma) + \frac{1}{2}f''(\sigma)h^2 + (h^3),$$

$$nf(s) = nf(\sigma) + n\frac{f''(\sigma)}{2}h^2 + n(h^3),$$

$$-n\frac{f''(\sigma)}{2}h^2 = z^2,$$

$$dh = \frac{dz}{\sqrt{-n\dfrac{f''(\sigma)}{2}}},$$

$$e^{nf(s)} = e^{nf(\sigma)}e^{-z^2+\left(\frac{z^3}{\sqrt{n}}\right)},$$

$$e^{nf(s)}\varphi(s)\,ds = e^{nf(\sigma)}\varphi\left(\sigma + \frac{z}{\sqrt{-n\dfrac{f''(\sigma)}{2}}}\right)e^{-z^2}\frac{dz}{\sqrt{-n\dfrac{f''(\sigma)}{2}}}.$$

[Maintenant, si l'on suppose que la portion du chemin d'intégration, située dans le voisinage du point $s = \sigma$, est rectiligne, et cela de telle sorte que l'angle droit, formé par les deux tangentes à la courbe

$$\text{mod. } e^{f(s)} = \text{mod. } e^{f(\sigma)}$$

au point $s = \sigma$, est partagé par moitié par ledit chemin, alors, pour $\lim n = \infty$, les limites de l'intégration relative à la variable z convergent respectivement vers les valeurs $-\infty$ et $+\infty$, et, par suite, la contribution qu'apportent à la valeur de l'intégrale considérée les éléments de celle-ci qui sont situés dans le voisinage de la valeur $s = \sigma$, est, pour de très grandes valeurs de n, asymptotiquement égale à

$$\frac{e^{nf(\sigma)}\varphi(\sigma)}{\sqrt{-n\frac{f''(\sigma)}{2}}}\int_{-\infty}^{+\infty} e^{-z^2}\,dz = \sqrt{\frac{\pi}{-\frac{f''(\sigma)}{2}}}\,\frac{e^{nf(\sigma)}}{\sqrt{n}}\,\varphi(\sigma).$$

Maintenant, on a

$$e^{nf(\sigma)} = \sigma^{2n} = \left(\frac{1}{1+\sqrt{1-x}}\right)^{2n}, \qquad -\frac{f''(\sigma)}{2} = \frac{1}{\sigma(1-\sigma)} = \frac{1}{\sigma^2(1-x)},$$

$$\varphi(\sigma) = \sigma^{(a+b)}(1-x)^{\frac{b+c}{2}}.$$

Par conséquent, la valeur asymptotique de

$$\int_0^1 e^{nf(s)}\varphi(s)\,ds$$

est égale à

$$\frac{\sqrt{\pi}}{\sqrt{n}}\left(\frac{1}{1+\sqrt{1-x}}\right)^{2n+a+b+1}(1-x)^{\frac{b+c}{2}+\frac{1}{4}}.$$

Par un raisonnement analogue, on trouvera que la valeur asymptotique de

$$\int_1^1 e^{nf(s)}\varphi(s)\,ds$$

est

$$\frac{\sqrt{\pi}}{\sqrt{n}}\left(\frac{1}{1-\sqrt{1-x}}\right)^{2n+a+b+1}(1-x)^{\frac{b+c}{2}+\frac{1}{4}}.$$

Sous les hypothèses assignées, on obtient par conséquent, pour le quotient $P_n : P'_n$, la valeur asymptotique :]

$$\left(\frac{1-\sqrt{1-x}}{1+\sqrt{1-x}}\right)^{2n+a+b+1}.$$

[Pour toutes les valeurs de x, à l'exception de celles qui sont réelles et plus grandes que 1, et de même à l'exception de la valeur $x=1$, le quotient $P_n : P'_n$ converge vers zéro pour n croissant indéfiniment.

Lorsque l'on change a en $a+1$, on trouve qu'il en est de même du quotient $Q_n : Q'_n$.

On a donc ainsi démontré que les réduites de la fraction continue, de la forme donnée au § I sous laquelle peut être développé le quotient

$$\frac{P^{\alpha}\begin{pmatrix} \alpha & \beta & \gamma & \\ \alpha' & \beta' & \gamma' & x \end{pmatrix}}{P^{\alpha}\begin{pmatrix} \alpha & \beta+1 & \gamma & \\ \alpha'-1 & \beta' & \gamma' & x \end{pmatrix}},$$

convergent vers la valeur de ce quotient, quand l'indice est croissant, pour toutes les valeurs de x qui ne sont pas réelles et en même temps $\geqq 1$.]

SUR

L'ÉQUILIBRE DE L'ÉLECTRICITÉ

SUR DES

CYLINDRES A SECTION TRANSVERSE CIRCULAIRE ET DONT LES AXES SONT PARALLÈLES.

REPRÉSENTATION CONFORME DE FIGURES DONT LES CONTOURS SONT DES CIRCONFÉRENCES ([1]).

Œuvres de Riemann, 2e édition, page 440.

Le problème qui consiste à déterminer la distribution ou de l'électricité statique ou de la température à l'état permanent sur des conducteurs cylindriques infinis à génératrices parallèles, en admettant, dans le premier cas, que les forces distribuées et, dans le second, que les températures des surfaces soient constantes le long de lignes droites qui sont parallèles aux génératrices, ce problème, dis-je, est résolu dès que l'on a trouvé une solution à la question mathématique suivante :

Sur une surface S, plane, connexe, recouvrant simplement le plan, mais ayant pour contour des courbes quelconques, déter-

([1]) Il n'existe ni pour ce Mémoire, ni pour les suivants, de manuscrits achevés dus à la plume de Riemann. Ces manuscrits ne consistent qu'en feuilles détachées qui contiennent seulement quelques indications et des formules.

Le sous-titre indique mieux la portée générale de ce fragment que le premier titre, d'application particulière, seul employé dans la première édition. — (Weber.)

miner une fonction u des coordonnées rectangulaires x, y, qui, à l'intérieur de la surface S, satisfasse à l'équation différentielle

$$\frac{\partial^2 u}{\partial x^2} + \frac{\partial^2 u}{\partial y^2} = 0,$$

et qui sur le contour prenne des valeurs quelconques prescrites.

Ce problème peut être d'abord ramené à un autre plus simple :

On déterminera une fonction $\zeta = \xi + \eta i$ de l'argument complexe $z = x + yi$, qui, sur tous les contours d'encadrement de S, soit réelle, qui, en un seul point de chacun de ces contours, soit infiniment grande du premier ordre, mais qui partout ailleurs sur la surface S totale reste finie et continue.

Relativement à cette fonction, on peut démontrer aisément qu'elle prend chaque valeur quelconque réelle une seule et unique fois sur chacun des contours, et qu'à l'intérieur de la surface S elle prend n fois chaque valeur complexe à partie imaginaire positive, n désignant le nombre des contours de S, lorsque l'on a fait cette hypothèse que ζ varie de $-\infty$ à $+\infty$ quand on décrit l'un des contours dans le sens positif.

Par l'entremise de cette fonction, l'on obtient, sur la moitié supérieure du plan représentant la variable complexe ζ, une surface T, à n feuillets, qui fournit une représentation conforme de la surface S, et le contour de T sera formé par les lignes qui, sur les n feuillets, coïncident avec l'axe des quantités réelles. Comme les surfaces S et T doivent avoir même connexion, c'est-à-dire être toutes deux n-uplement connexes, il existe, à l'intérieur de T, $2n-2$ points de ramifications simples (comparer *Théorie des fonctions abéliennes,* § VII), et notre problème est ramené au suivant :

Trouver une fonction de l'argument complexe ζ, ramifiée comme l'est la surface T, dont la partie réelle u soit continue à l'intérieur de T, et qui prenne, sur les n lignes du contour, des valeurs quelconques prescrites.

Maintenant si l'on connaît une fonction de ζ, $\varpi = h + ig$, ramifiée comme l'est la surface T, qui soit logarithmiquement infinie en un point quelconque ε à l'intérieur de T, et dont la partie imaginaire, sauf au point ε, soit continue sur T et nulle sur le contour de T, alors, en vertu du théorème de Green (*Dissertation inaugurale*, § X), on a

$$u_\varepsilon = -\frac{1}{2\pi}\int u\,\frac{\partial g}{\partial \eta}\,d\xi,$$

où l'intégration s'étend à toutes les lignes du contour de T.

Mais la fonction g peut être déterminée de la manière suivante. On prolongera la surface T sur tout le plan des ζ, en portant sur le demi-plan inférieur (où ζ possède une partie imaginaire négative) l'image par réflexion du demi-plan supérieur.

On obtient ainsi une surface, recouvrant n fois tout le plan des ζ et possédant $4n-4$ points de ramification simples, et qui appartient, par suite, à une classe de fonctions algébriques pour lesquelles le nombre p est $= n-1$ (*Théorie des fonctions abéliennes*, § VII et XII).

Maintenant la fonction ig est la partie imaginaire d'une intégrale de troisième espèce, dont les points de discontinuité sont situés au point ε et en son conjugué ε', et dont les modules de périodicité sont tous réels. Une telle fonction est complètement déterminée à une constante additive près, et notre problème est alors résolu, si toutefois l'on parvient à trouver la fonction ζ de z.

Nous allons traiter ce dernier problème sous l'hypothèse suivante : le contour de S est formé par n circonférences. En ce cas, ou bien tous les cercles peuvent être situés extérieurement les uns aux autres, et la surface S s'étend alors à l'infini entre les cercles, ou bien un des cercles peut renfermer tous ceux qui restent, la surface S restant alors finie. Ces cas peuvent facilement être ramenés l'un à l'autre au moyen de la représentation pratiquée par l'entremise de rayons vecteurs réciproques.

Si la fonction ζ de z est déterminée sur S, elle peut être prolongée d'une manière continue au delà du contour de S, en prenant relativement à chaque point de S le pôle harmonique de ce point par rapport à chacun des contours circulaires, et en attribuant en ce pôle à la fonction ζ sa valeur imaginaire conjuguée. Le domaine S pour la fonction ζ sera ainsi étendu, mais son contour sera toujours formé par des circonférences auxquelles on peut encore appliquer le même procédé, et l'on peut répéter indéfiniment cette opération qui étend de plus en plus le domaine de la fonction ζ sur tout le plan des z.

Dans ce qui suit, pour exprimer que deux grandeurs a et a' sont imaginaires conjuguées, nous emploierons la notation

$$a \mathrel{=\!|\!=} a'.$$

La liaison, exprimée ainsi entre deux grandeurs, ne cesse pas d'avoir lieu lorsque l'on ajoute aux deux membres des grandeurs imaginaires conjuguées, ou lorsque on multiplie ou divise ces deux membres par des grandeurs de cette nature; on peut aussi extraire la racine des deux membres, en ayant soin de définir exactement ces racines.

Soit $\zeta \mathrel{=\!|\!=} \zeta'$, et soient z, z' les valeurs qui correspondent aux valeurs ζ, ζ'; alors, r étant le rayon d'un des contours circulaires de S et p la valeur de z au centre de ce cercle, on a

$$\frac{z-p}{r} \mathrel{=\!|\!=} \frac{r}{z'-p},$$

d'où l'on tire

$$z \mathrel{=\!|\!=} \frac{az'+b}{cz'+\partial},$$

où a, b, c, ∂ désignent des constantes. On en conclut

$$\frac{dz}{d\zeta} \mathrel{=\!|\!=} \frac{a\partial-bc}{(cz'+\partial)^2}\,\frac{dz'}{d\zeta'},$$

$$\frac{1}{\sqrt{\dfrac{dz}{d\zeta}}} \mathrel{=\!|\!=} \frac{1}{\sqrt{a\partial-bc}}\,\frac{cz'+\partial}{\sqrt{\dfrac{dz'}{d\zeta'}}},$$

$$\frac{z}{\sqrt{\dfrac{dz}{d\zeta}}} \mathrel{=\!|\!=} \frac{1}{\sqrt{a\partial-bc}}\,\frac{az'+b}{\sqrt{\dfrac{dz'}{d\zeta'}}}.$$

Par conséquent, si l'on pose

$$\frac{1}{\sqrt{\dfrac{dz}{d\zeta}}} = y, \qquad \frac{z}{\sqrt{\dfrac{dz}{d\zeta}}} = y_1,$$

et si l'on désigne par y', y'_1 les valeurs que prennent y et y_1

lorsque l'on remplace ζ par ζ' dans ces expressions, on obtient

$$(1)\qquad \left\{\begin{aligned} y &= \pm\frac{cy'_1+dy'}{\sqrt{ad-bc}},\\ y_1 &= \pm\frac{ay'_1+by'}{\sqrt{ad-bc}}, \end{aligned}\right.$$

d'où

$$(2)\qquad \left\{\begin{aligned} \frac{d^2y}{d\zeta^2} &= \pm\frac{c\,\dfrac{d^2y'_1}{d\zeta'^2}+d\,\dfrac{d^2y'}{d\zeta'^2}}{\sqrt{ad-bc}},\\ \frac{d^2y_1}{d\zeta^2} &= \pm\frac{a\,\dfrac{d^2y'_1}{d\zeta'^2}+b\,\dfrac{d^2y'}{d\zeta'^2}}{\sqrt{ad-bc}}. \end{aligned}\right.$$

Maintenant de

$$(3)\qquad \zeta = \frac{y_1}{y}$$

résulte par différentiation

$$y\frac{dy_1}{d\zeta} - y_1\frac{dy}{d\zeta} = 1,$$

$$y\frac{d^2y_1}{d\zeta^2} - y_1\frac{d^2y}{d\zeta^2} = 0,$$

ou

$$(4)\qquad \frac{1}{y}\frac{d^2y}{d\zeta^2} = \frac{1}{y_1}\frac{d^2y_1}{d\zeta^2},$$

et de même

$$(5)\qquad \frac{1}{y'}\frac{d^2y'}{d\zeta'^2} = \frac{1}{y'_1}\frac{d^2y'_1}{d\zeta'^2}.$$

En vertu de cela et des équations (1) et (2) résulte encore

$$(6)\qquad \frac{1}{y}\frac{d^2y}{d\zeta^2} = \frac{1}{y_1}\frac{d^2y_1}{d\zeta^2} = \pm\frac{1}{y'}\frac{d^2y'}{d\zeta'^2} = \frac{1}{y'_1}\frac{d^2y'_1}{d\zeta'^2}.$$

Par conséquent, si l'on pose

$$(7)\qquad \frac{d^2y}{d\zeta^2} = sy,$$

s est une fonction de ζ qui, pour des valeurs imaginaires conjuguées de ζ, prend elle-même des valeurs imaginaires conjuguées, et qui, par conséquent, ne varie pas, lorsque sur la surface T et sur son prolongement symétrique l'on revient au point de départ en décrivant un chemin quelconque. Par conséquent, s est une fonction algébrique de ζ, ramifiée comme l'est la surface T; y et y_1 sont des solutions particulières de l'équation différentielle (7) et z est leur quotient. Réciproquement, si l'on prend arbitrairement sur T la fonction algébrique s, mais cela telle qu'en les points conjugués elle prenne des valeurs imaginaires conjuguées et, par conséquent, qu'elle soit réelle pour les valeurs réelles de ζ, et, si l'on prend alors deux solutions particulières quelconques de l'équation (7), la fonction $z = \frac{y_1}{y}$ fournira une représentation conforme de la surface T, qui aura pour contour des circonférences. Les constantes indéterminées qui se présentent alors devront être déterminées par ceci : cette représentation ne doit pas admettre à son intérieur de points singuliers et doit, par conséquent, recouvrir une portion du plan des z d'une manière simple, et les contours circulaires doivent occuper des positions assignées.

EXEMPLES

DE

SURFACES D'AIRE MINIMA

POUR UN CONTOUR DONNÉ[1].

Œuvres de Riemann, 2e éditition, page 445.

Premier exemple.

Proposons-nous de déterminer la surface d'aire minima qui a pour contour trois droites qui se coupent en deux points, de telle sorte que la surface ait deux sommets angulaires sur le contour et possède un secteur qui s'étend à l'infini.

Soient $\alpha\pi$, $\beta\pi$, $\gamma\pi$ les angles que forment entre elles les trois droites. La surface cherchée aura pour représentation sur la sphère un triangle sphérique dont les angles sont $\alpha\pi$, $\beta\pi$, $\gamma\pi$, de telle sorte que $\alpha+\beta+\gamma>1$.

Désignons par a, b, c les points qui, sur le plan de la variable complexe t, correspondent aux deux sommets angulaires et au secteur qui s'étend à l'infini (*Surfaces minima*, § XIII, p. 322).

(1) Pour le premier de ces exemples, le résultat a été trouvé sous forme abrégée, mais complète, sur une seule feuille dans les papiers de Riemann.

Relativement au second exemple, on ne trouve guère plus que l'indication de la possibilité de la solution. Ainsi l'Éditeur (M. Weber) est responsable de l'exposition de cet exemple. Quelques cas particuliers du dernier problème ont été traités par M. H.-A. Schwarz. (*Détermination d'une surface minima particulière;* Berlin, 1871). — (Weber et Dedekind.)

On a alors

$$u = \int \frac{\text{const.}\, dt}{(t-c)\sqrt{(t-a)(t-b)}}$$

ou

$$u = \text{const.} \log \frac{\sqrt{\frac{t-a}{c-a}} - \sqrt{\frac{t-b}{c-b}}}{\sqrt{\frac{t-a}{c-a}} + \sqrt{\frac{t-b}{c-b}}}.$$

Si l'on fait, ce qui est admissible, $a = 0$, $b = \infty$, $c = 1$, il s'ensuit que

$$du = \text{const.} \frac{dt}{(1-t)\sqrt{t}},$$

$$u = \text{const.} \log \frac{1-\sqrt{t}}{1+\sqrt{t}},$$

et la dernière constante a pour valeur

$$\sqrt{\frac{\gamma C}{2\pi}},$$

quand C désigne la distance la plus courte entre les deux lignes qui ne se coupent pas.

Maintenant si, conformément au § XIV du Mémoire déjà cité, on pose

$$k_1 = \sqrt{\frac{du}{d\eta}}, \qquad k_2 = \eta\sqrt{\frac{du}{d\eta}},$$

ces fonctions sont en tous les points du plan des t, hormis les points 0, ∞, 1, finies et uniformes, et si l'on recherche, d'après les méthodes du § XIV déjà cité, comment se comportent ces fonctions dans le voisinage de ces points singuliers, on reconnaît que k_1 et k_2 sont deux branches de la fonction

$$P\left\{\begin{matrix} \frac{1}{4}-\frac{\alpha}{2} & \frac{1}{4}-\frac{\beta}{2} & -\frac{\gamma}{2} \\ \frac{1}{4}+\frac{\alpha}{2} & \frac{1}{4}+\frac{\beta}{2} & +\frac{\gamma}{2} \end{matrix}\; t\right\};$$

et pour η l'on doit prendre le quotient de deux branches de cette fonction P.

Deuxième exemple.

Supposons que la surface minima cherchée ait pour contour deux polygones convexes rectilignes situés dans des plans parallèles, chaque polygone ayant un contour qui ne se rencontre pas lui-même. En ce cas, la surface sera doublement connexe, et elle n'est transformée en une surface simplement connexe que si l'on pratique une section transverse.

La représentation de la surface minima sur la sphère aura pour contour deux systèmes d'arcs de grands cercles, dont les plans sont perpendiculaires à ceux des deux polygones du contour, arcs qui se coupent tous, par suite, en deux points diamétralement opposés de las phère. A chacun de ces deux points correspondent tous les sommets des deux polygones de contour. Sur chaque côté des polygones se trouve un point où la normale change de sens ; ce point correspond à l'extrémité de l'arc de cercle correspondant. La représentation de la surface minima recouvrira donc simplement et complètement toute la sphère.

Si nous projetons la surface de la sphère sur le plan tangent en un des points où se réunissent les arcs de grands cercles correspondant aux contours, nous obtiendrons, comme représentation de la surface minima, un morceau de surface H, qui recouvre complètement le plan de la variable complexe η. Le contour de H est formé, d'une part, par un système de segments rectilignes, issus de l'origine et aboutissant en certains points $C_1, C_2, \ldots, C_n$, formant ainsi une étoile, et, d'autre part, par un deuxième système de segments rectilignes issus de certains centres $C'_1, C'_2, \ldots,$ C'_m et aboutissant au point à l'infini, et dont les prolongements, par suite, se rencontrent tous à l'origine (n et m désignent respectivement ici les nombres des sommets des deux polygones donnés).

Cette surface doublement connexe, nous la représenterons maintenant dans le plan d'une variable complexe t sur une surface T_1 recouvrant *deux fois* le demi-plan supérieur, de telle sorte qu'aux deux contours correspondent les valeurs réelles de t. Pour que cette surface soit doublement connexe, elle doit admettre deux points de ramification. Si nous adjoignons encore à la surface T_1 son image par réflexion relativement à l'axe des quantités réelles, nous obtenons une surface T, recouvrant deux fois le plan total de la variable t, et dont les quatre points de ramification correspondent à des valeurs imaginaires conjuguées de t.

En introduisant aux lieu et place de t une nouvelle variable t', reliée à t par une équation quadratique par rapport aux deux variables, nous pouvons arriver à faire correspondre les points de ramification aux valeurs

$$t' = \pm i, \qquad \pm \frac{i}{k},$$

k étant réel et < 1, et en outre à faire correspondre à une valeur réelle quelconque de t une valeur réelle donnée de t' sur l'un des deux feuillets.

Nous devons par conséquent déterminer t comme fonction de la variable complexe η, de telle sorte qu'en chaque point de la surface H elle ait une valeur déterminée, variant d'une manière continue avec la position, valeur réelle sur les deux contours de H, et, en un point de chacun des deux contours, devenant infinie du premier ordre. Si l'on prolonge cette fonction au delà du contour en lui attribuant en des points symétriques, de part et d'autre des deux côtés de chaque ligne de contour, des valeurs imaginaires conjuguées, alors, comme c'est facile à reconnaître, la fonction $\frac{d\log\eta}{dt}$ pour des valeurs imaginaires conjuguées de t admettra elle-même des valeurs imaginaires conjuguées. Elle est, par conséquent, uniforme sur toute la surface T et continue, sauf en des points isolés; elle doit être par suite une fonction rationnelle de t et de

$$\Delta(t) = \sqrt{(1+t^2)(1+k^2t^2)}.$$

Désignons les valeurs réelles de t qui correspondent aux points $C_1, C_2, \ldots, C_n$; $C'_1, C'_2, \ldots, C'_m$ par $c_1, c_2, \ldots, c_n$; $c'_1, c'_2, \ldots, c'_m$, et les valeurs également réelles correspondant aux sommets angulaires de la surface H, qui se réunissent respectivement à l'origine et au point à l'infini, par $b_1, b_2, \ldots, b_n$; $b'_1, b'_2, \ldots, b'_m$; alors $\frac{d\log\eta}{dt}$ doit devenir infiniment petit du premier ordre pour

$$t = c_1, \quad c_2, \quad \ldots, \quad c_n; \quad c'_1, \quad c'_2, \quad \ldots, \quad c'_m,$$

et infiniment grand du premier ordre pour

$$t = b_1, \quad b_2, \quad \ldots, \quad b_n; \qquad b'_1, \quad b'_2, \quad \ldots, \quad b'_m$$

et pour les valeurs de ramification

$$t = \pm i, \qquad \pm \frac{i}{k}.$$

Nous pouvons donc poser

$$\frac{d \log \eta}{dt} = \frac{\varphi[t.\Delta(t)]}{\sqrt{(1+t^2)(1+k^2t^2)}},$$

expression où φ désigne une fonction rationnelle de t et de $\Delta(t)$, qui devient infiniment petite aux points c, c', infiniment grande aux points b, b', et qui est ainsi parfaitement déterminée à un facteur constant réel près. D'ailleurs, pour qu'une telle fonction φ existe, entre les points c, c', b, b' doit exister une équation de condition en vertu de laquelle un de ces points est déterminé par tous ceux qui restent (*Théorie des fonctions abéliennes*, § VIII, p. 124). Outre cela, d'après la remarque précédente, l'un quelconque des points c, c', b, b' peut être pris arbitrairement. La constante additive, relative à $\log \eta$, est déterminée lorsque la valeur de η correspondant à l'un des points c est donnée; désignons-la par η_0; nous obtenons ainsi

$$\log \eta - \log \eta_0 = \int_c^t \frac{\varphi[t, \Delta(t)]\, dt}{\sqrt{(1+t^2)(1+k^2t^2)}}.$$

Dans cette équation, après que l'on a fixé η_0 et c, il reste encore $2n+2m$ constantes indéterminées, à savoir

$$2n + 2m - 2$$

prises parmi les valeurs c, c', b, b', le module k, et un facteur réel constant de φ.

Relativement à ces constantes, nous avons d'abord deux conditions qui énoncent que la partie réelle de l'intégrale

$$\int \frac{\varphi[t, \Delta(t)]\, dt}{\sqrt{(1+t^2)(1+k^2t^2)}},$$

prise le long d'un chemin fermé entourant les deux points de ramification i, $\frac{i}{k}$, doit s'évanouir, et que la partie imaginaire de cette intégrale doit avoir pour valeur $2\pi i$. Pour les $2n+2m-2$ constantes restantes, on a ce même nombre $2n+2m-2$ de conditions; ce sont celles qui exigent qu'aux points c, c' correspondent les points donnés C, C' sur le plan des η.

Supposons maintenant que l'axe des x soit perpendiculaire aux plans des deux polygones de contour, et proposons-nous d'opérer la représentation de la surface minima sur le plan de la variable complexe X, après avoir transformé ce plan en un plan simplement connexe à l'aide d'une section partant de l'un des contours pour aboutir à l'autre. La partie réelle de X est alors constante sur chacun des deux contours et le long de chaque section de la surface qui leur est parallèle. La partie imaginaire, lorsque l'on décrit une telle section, éprouve un accroissement continu et varie en totalité d'une grandeur constante.

Il s'ensuit que la représentation de notre surface sur le plan des X a pour contour un parallélogramme qui recouvre simplement le plan et dont les deux côtés qui correspondent au contour de la surface sont parallèles à l'axe des imaginaires. Les deux autres côtés qui correspondent aux deux bords de la section transverse peuvent, il est vrai, être curvilignes; mais ils viennent se superposer, par l'effet d'une déformation, parallèlement à l'axe des imaginaires.

Ce parallélogramme doit pouvoir être représenté sur la moitié supérieure T_1 de la surface T, de telle façon que les deux côtés parallèles à l'axe des imaginaires correspondent aux deux contours de T_1, et les deux autres côtés aux deux bords d'une section transverse de T_1. Une telle représentation sera donc opérée par l'entremise de la fonction

$$X = iC\int\frac{dt}{\sqrt{(1+t^2)(1+k^2t^2)}}+C',$$

où la constante C est réelle, et où C' peut être prise quelconque lorsque l'on dispose à cet effet de la position de l'origine sur l'axe des x.

Soit h la distance entre eux des deux plans parallèles où sont situés les contours primitifs ; on aura

$$h = 4C \int_0^i \frac{i\,dt}{\sqrt{(1+t^2)(1+k^2t^2)}},$$

ce qui détermine la constante C.

Le problème, abstraction faite de la détermination des constantes, est donc résolu. On a, en effet, d'après les formules du § IX du Mémoire *Sur les Surfaces minima*, p. 317,

$$Y = \frac{1}{2}\int dX\left(\eta - \frac{1}{\eta}\right),$$

$$Z = -\frac{i}{2}\int dX\left(\eta + \frac{1}{\eta}\right),$$

ce qui donne la représentation des coordonnées x, y, z de la surface minima comme fonctions de deux variables indépendantes.

Quant aux constantes qui se présentent en η, l'on obtient encore deux conditions qui énoncent que les parties réelles des deux intégrales qui expriment Y et Z, prises sur le plan des η le long d'une courbe fermée entourant l'origine, doivent avoir pour valeur zéro.

Si l'on suppose données h et les directions des droites du contour, nos expressions, abstraction faite des constantes additives dans X, Y, Z, dépendent de $n+m-2$ constantes indéterminées, pour lesquelles on peut prendre les distances à l'origine des points C, C' sur le plan des η, distances entre lesquelles, comme il a été déjà remarqué, il existe deux relations. Mais le nombre de constantes qui déterminent la situation relative des deux contours polygonaux est aussi égal précisément à $n+m-2$. On peut, en effet, en fixant, pour déterminer l'origine des coordonnées, deux côtés des polygones, faire éprouver encore à chacun des $n+m-2$ côtés qui restent un déplacement parallèle dans leurs plans.

Les résultats prennent une forme plus simple lorsque l'on suppose qu'il existe une certaine symétrie dans les rapports mutuels des contours polygonaux. Dans ce qui suit, nous traiterons le cas où les deux polygones sont réguliers et sont les bases parallèles d'une pyramide droite tronquée.

Les points où les normales changent de sens sont alors tous situés au milieu des droites de contour et elles sont alors, par conséquent, situées respectivement par paires dans un même plan passant par l'axe de la pyramide.

Prenons l'axe des y perpendiculaire à l'une des droites de contour; alors sur le plan des η un point C et un point C' seront situés sur l'axe réel à des distances à l'origine que l'on peut désigner par η_0 et η'_0. Les points C et C' sont situés respectivement sur deux circonférences concentriques sur lesquelles ils représentent respectivement les sommets de deux polygones réguliers, de telle sorte qu'un point C et son correspondant C' sont toujours situés sur le même rayon vecteur.

Maintenant, puisque, sur le contour de la surface T, un point peut être pris quelconque, on peut supposer qu'au point C situé sur l'axe réel corresponde le point $t = 0$ sur l'un des deux feuillets de T. Il s'ensuit, pour des raisons de symétrie, que la partie de l'axe réel sur le plan des η, comprise entre C et C', correspond sur T à une ligne partant du point $t = 0$ sur le premier feuillet pour aboutir en $t = i$, et de là revenant sur le second feuillet au point $t = 0$ le long de l'axe imaginaire. Alors la fonction $\varphi[t, \Delta(t)]$, pour des valeurs imaginaires pures de t, possède elle-même des valeurs imaginaires pures, et au point C' correspond la valeur $t = 0$ sur le second feuillet.

Maintenant la surface H, par l'entremise de la substitution $\eta\eta' = \eta_0\eta'_0$, est transformée en une surface H', représentation congruente de la figure H, de telle sorte que les points C sont transformés en les points C' et inversement (l'ordre de la succession seul changé). On voit alors que, aux deux points de la surface H, η et $\eta' = \frac{\eta_0\eta'_0}{\eta}$, correspondent des points superposés sur les deux feuillets de la surface T. Or, puisque l'on a

$$d\log\eta + d\log\eta' = 0,$$

la fonction $\varphi[t, \Delta(t)]$ doit avoir la même valeur en les points superposés sur les deux feuillets et, par conséquent, elle est exprimable rationnellement en t, et, d'après une remarque déjà faite, est de forme $t\psi(t^2)$, ψ désignant une fonction rationnelle.

Cela nous conduit à opérer la représentation de la surface T sur une surface S par l'entremise de la substitution

$$\frac{1+t^2}{1+k^2t^2} = s^2;$$

de cette façon la moitié supérieure de la surface T correspond à un feuillet qui recouvre simplement le plan des s, et qui est fendu le long de l'axe réel par des sections pratiquées entre les points $s = 1$ et $s = \frac{1}{k}$ et entre les points $s = -1$ et $s = -\frac{1}{k}$. Les bords de ces deux fentes correspondent aux contours de la surface H. On obtient ainsi pour X l'expression

$$X = \frac{h}{4K}\int \frac{ds}{\sqrt{(1-s^2)(1-k^2s^2)}},$$

K désignant l'intégrale

$$\int_0^1 \frac{ds}{\sqrt{(1-s^2)(1-k^2s^2)}},$$

tandis qu'en même temps η peut être exprimée comme fonction algébrique de s.

Pour un contour formé par des carrés, on trouve

$$\eta = c\sqrt{\frac{(1-ms)(1-m's)}{(1+ms)(1+m's)}};$$

aux sommets du carré d'un contour correspondent sur les deux bords de la fente les points $s = \frac{1}{m}$, $s = \frac{1}{m'}$; aux points où les normales changent de sens correspondent les points $s = 1$, $s = \frac{1}{k}$ et un point $s = \frac{1}{n}$ situé sur les deux bords de la fente, point que l'on doit déterminer à l'aide de l'équation

$$\frac{d\log\eta}{ds} = 0,$$

et l'on a

$$1 > m > n > m' > k \text{ (1)}.$$

(1) Les considérations précédentes peuvent s'étendre à beaucoup de cas où les deux polygones ne sont pas réguliers. L'expression précédente pour η reste valable, par exemple, pour un contour formé par deux rectangles, dont les centres

Pour des contours formés par des triangles dont les côtés sont égaux, on obtient

$$\eta = c\left(\frac{1-ms}{1+ms}\right)^{\frac{2}{3}}\left(\frac{1-ks}{1+ks}\right)^{\frac{1}{3}};$$

pour étudier, dans ce dernier cas, la possibilité de la détermination des constantes, on posera d'abord

$$s = \pm 1,$$

d'où l'on tire

$$\eta_0 = c\left(\frac{1-m}{1+m}\right)^{\frac{2}{3}}\left(\frac{1-k}{1+k}\right)^{\frac{1}{3}},$$

$$\eta'_0 = c\left(\frac{1+m}{1-m}\right)^{\frac{2}{3}}\left(\frac{1+k}{1-k}\right)^{\frac{1}{3}}$$

et, par conséquent,

$$c = \sqrt{\eta_0\eta'_0}, \qquad \sqrt{\frac{\eta_0}{\eta'_0}} = \left(\frac{1-m}{1+m}\right)^{\frac{2}{3}}\left(\frac{1-k}{1+k}\right)^{\frac{1}{3}},$$

et, dans le cas particulier où les deux triangles sont des figures congruentes,

$$\eta_0\eta'_0 = 1, \qquad c = 1.$$

Aux sommets du triangle formé par l'un des contours correspondent les points $s = \frac{1}{m}$ sur les deux bords de la fente, et le point $\frac{1}{k}$, en sorte qu'on doit avoir

$$k < m < 1.$$

Le premier point où la normale change de sens se trouve en $s = 1$; les deux autres correspondent à un point $s = \frac{1}{n}$ sur les deux bords de la fente, en sorte que l'on doit avoir

$$k < n < m.$$

Pour n l'on obtient d'abord, à l'aide de l'équation

$$\frac{d\log\eta}{ds} = 0,$$

---

sont situés sur une ligne perpendiculaire à leurs plans, si l'on adopte l'hypothèse que le module de $\eta\eta'$ possède la même valeur aux points où les normales changent de sens. C'est ce qui a lieu, par exemple, lorsque les deux rectangles sont congruents. — (H. WEBER.)

la détermination

$$n^2 = \frac{km(m+2k)}{2m+k};$$

d'où résulte que, pour chaque système de valeurs de k, m, satisfaisant à la condition

$$0 < k < m < 1,$$

il se présente une valeur de n comprise entre k et m.

Mais on obtient encore entre m, n, k une deuxième équation qui exprime que, pour $s = \frac{1}{n}$, l'on doit avoir $\eta^3 = \eta_0^3$. C'est l'équation suivante

$$\left(\frac{1-m}{1+m}\right)^2 \frac{1-k}{1+k} = \left(\frac{n-m}{n+m}\right)^2 \frac{n-k}{n+k},$$

et, lorsqu'on élimine n entre ces deux équations, l'on obtient la relation suivante entre k et m

$$k\left(\frac{1+m^2+2mk}{k(1+m^2)+2m}\right)^2 = m\left(\frac{2k+m}{k+2m}\right)^3,$$

au moyen de laquelle on devra déterminer k en fonction de m.

Pour $k=0$, le premier membre de cette équation s'annule et le second est égal à $\frac{m}{8}$; pour $k=m$ la différence entre le premier et le second membre est

$$\frac{(1-m^2)^3}{m(3+m^2)^2},$$

et elle est, par conséquent, positive pour $m<1$. Il existe donc, pour chaque valeur de m qui est plus petite que 1, un nombre impair de valeurs de $k<m$. Ensuite, comme l'on reconnaît aisément que la fonction

$$\log k \frac{(1+m^2+2mk)^2 (k+2m)^3}{[k(1+m^2)+2m]^2 (2k+m)^3}$$

n'admet qu'*un seul* maximum entre $k=0$ et $k=m$, il s'ensuit que, pour chaque valeur $m<1$, l'on peut trouver *une, et seulement une,* valeur de k satisfaisant à nos conditions, et, par suite aussi, l'on n'obtient de même qu'*une* valeur correspondante de n.

Pour les deux limites

$$m = 0 \quad \text{et} \quad m = 1,$$

on obtient

$$k = n = m.$$

Quant aux fonctions X, Y, Z, l'on trouve, par suite, lorsque l'on a disposé des constantes additives, les expressions

$$X = \frac{h}{4K}\int_1^s \frac{ds}{\sqrt{(1-s^2)(1-k^2s^2)}},$$

$$Y = \frac{h}{8K}\int_1^s \frac{ds}{\sqrt{(1-s^2)(1-k^2s^2)}}\left(\eta - \frac{1}{\eta}\right),$$

$$Z = -\frac{ih}{8K}\int_1^s \frac{ds}{\sqrt{(1-s^2)(1-k^2s^2)}}\left(\eta + \frac{1}{\eta}\right).$$

Les deux constantes qui restent encore, m et $\sqrt{\eta_0\eta'_0}$, seront déterminées par les longueurs données des côtés des triangles. Désignons celles-ci par a et b; on obtiendra alors

$$a = \frac{ih}{2K}\int_1^{\frac{1}{m}} \frac{ds}{\sqrt{(1-s^2)(1-k^2s^2)}}\left(\eta + \frac{1}{\eta}\right),$$

$$b = \frac{ih}{2K}\int_1^{\frac{1}{m}} \frac{ds}{\sqrt{(1-s^2)(1-k^2s^2)}}\left(\frac{\eta}{\eta_0\eta'_0} + \frac{\eta_0\eta'_0}{\eta}\right).$$

Dans le cas particulier $a = b$, l'on a

$$\eta_0\eta'_0 = 1,$$

et il ne reste qu'une seule équation transcendante, pour déterminer la constante m,

$$\frac{a}{h} = \frac{i}{2K}\int_1^{\frac{1}{m}} \frac{ds}{\sqrt{(1-s^2)(1-k^2s^2)}}\left(\eta + \frac{1}{\eta}\right).$$

Lorsque, dans l'expression au second membre, l'on fait varier m de 0 à 1, cette expression conserve des valeurs positives, mais devient infiniment grande aux deux limites de cet intervalle. Elle doit donc, pour une valeur intermédiaire de m, posséder un minimum. On en conclut, par suite, qu'il existe pour le rapport $\frac{a}{h}$ une limite inférieure en deçà de laquelle le problème n'admet plus de solution, tandis que, pour chaque valeur de $\frac{a}{h}$ au delà de cette limite, il existe deux valeurs de m et, par conséquent, deux solutions du problème. On doit présumer que c'est seulement à la plus petite des deux valeurs de m que correspond un minimum effectif de l'aire de la surface.

FRAGMENTS SUR LES CAS LIMITES

DES

FONCTIONS MODULAIRES ELLIPTIQUES.

Œuvres de Riemann, 2e édition, Mémoire XXVIII, page 454.

Comme ces fragments sont écrits en latin, il a paru superflu de les traduire. Ils consistent du reste surtout en formules.

Au contraire, il a semblé indispensable de traduire le Commentaire de M. Dedekind, Mémoire fondamental sur cette question.

..... « Les éclaircissements relatifs à ce fragment ont été rédigés de nouveau par M. Dedekind, et, sous cette forme complètement neuve, facilitent davantage l'accès aux formules de Riemann. » (Préface de M. Weber, *Œuvres de Riemann,* 2e édit., p. VII.)

COMMENTAIRE RELATIF AUX FRAGMENTS XXVIII

PAR R. DEDEKIND.

(2e édition, page 467.)

L'époque où a été composé le premier des deux fragments (septembre 1852) rend très probable que Riemann, à l'occasion du Mémoire *Sur les fonctions trigonométriques* (p. 225-279), cherchait alors des exemples de fonctions admettant une infinité de discontinuités dans chaque intervalle; peut-être aussi le second fragment, qui se trouve écrit sur une feuille de papier à peine lisible, devait-il servir au même but. La méthode dont Riemann fait usage ici, pour déterminer la manière dont les fonctions modulaires qui se présentent dans la théorie des fonctions elliptiques se comportent dans le cas où le rapport complexe des périodes

$$(1) \qquad \omega = \frac{K'i}{K} = \frac{\log q}{\pi i},$$

tend vers une valeur rationnelle, fournit également une application très intéressante relative à la théorie dite des formes en nombre infini des fonctions thêta, à savoir : la détermination des constantes qui se présentent dans la transformation du premier ordre, qui a été ramenée, comme l'on sait, par Jacobi et Hermite aux sommes de Gauss et, par conséquent, à la théorie des résidus quadratiques.

L'exposé de cette corrélation forme l'objet du commentaire suivant :

Le point central de la théorie de ces fonctions modulaires, théorie que l'on peut aussi édifier indépendamment des fonctions elliptiques, et qui, depuis la publication de la première édition des *Œuvres de Riemann,* a fait l'objet de nombreuses recherches, ce point, dis-je, est en un certain sens formé par la fonction

$$(2) \qquad \eta(\omega) = 1^{\frac{\omega}{24}} \prod (1 - 1^{\omega\nu}) = q^{\frac{1}{12}} \prod (1 - q^{2\nu}),$$

où l'on a posé, pour abréger,

$$(3) \qquad \left\{ \begin{array}{c} e^{2\pi i z} = 1^z \\ \text{et, par conséquent,} \\ q = 1^{\frac{\omega}{2}}, \end{array} \right.$$

et où le signe produit s'étend à tous les nombres naturels ν. Comme cette fonction de la variable complexe $\omega = x + yi$, l'ordonnée y étant toujours positive ne devient jamais à l'intérieur du domaine simplement connexe ainsi limité ni nulle ni infiniment grande, toutes les puissances de $\eta(\omega)$ à exposants quelconques et, de même, $\log \eta(\omega)$ sont aussi des fonctions de ω toujours uniformes, pourvu que leur valeur ait été fixée en un certain point déterminé. La fonction $\log \eta(\omega)$ devra être définie par ce fait que, lorsque y croît au delà de toutes limites et que par conséquent q s'évanouit, l'on doit avoir

$$(4)\qquad \log\eta(\omega) - \frac{\omega\pi i}{12} = 0;$$

alors $\log\eta(\omega)$ est conjugué avec $\log\eta(-\omega')$, ω' désignant ici, comme partout dans la suite, la grandeur conjuguée de ω.

Maintenant on sait (*Fundamenta nova*, § 36) que

$$\eta(2\omega)\,\eta\left(\frac{\omega}{2}\right)\eta\left(\frac{1+\omega}{2}\right) = 1^{\frac{1}{48}}\,\eta(\omega)^3,$$

$$\sqrt[4]{k} = 1^{\frac{1}{48}}\sqrt{2}\,\frac{\eta(2\omega)}{\eta\left(\frac{1+\omega}{2}\right)},$$

$$\sqrt[4]{k'} = 1^{\frac{1}{48}}\,\frac{\eta\left(\frac{\omega}{2}\right)}{\eta\left(1+\frac{\omega}{2}\right)},$$

$$\sqrt{\frac{2K}{\pi}} = 1^{-\frac{1}{24}}\,\frac{\eta\left(\frac{1+\omega}{2}\right)^2}{\eta(\omega)},$$

et que, par conséquent, d'après la convention précédente,

$$(5)\quad \left\{\begin{aligned} &\log\eta(2\omega) + \log\eta\left(\frac{\omega}{2}\right) + \log\eta\left(\frac{1+\omega}{2}\right) = \frac{\pi i}{24} + 3\log\eta(\omega),\\ &\log k = \log 4 + \frac{\pi i}{6} + 4\log\eta(2\omega) - 4\log\eta\left(\frac{1+\omega}{2}\right),\\ &\log k' = \frac{\pi i}{6} + 4\log\eta\left(\frac{\omega}{2}\right) - 4\log\eta\left(\frac{1+\omega}{2}\right),\\ &\log\frac{2K}{\pi} = -\frac{\pi i}{6} + 4\log\eta\left(\frac{1+\omega}{2}\right) - 2\log\eta(\omega), \end{aligned}\right.$$

les logarithmes des premiers membres (comme dans les *Fundamenta nova*, § 40) étant définis comme fonctions uniformes de ω, telles que les trois grandeurs

$$\log k - \log 4 - \frac{\omega\pi i}{2} = \log k - \log 4\sqrt{q},\qquad \log k'\quad \text{et}\quad \log\frac{2K}{\pi}$$

deviennent infiniment petites avec q.

De cette manière de se comporter des fonctions l'on conclut maintenant, à l'aide de la transformation du premier ordre des fonctions thêta, leur mode d'existence étudié par Riemann, dans le cas où ω tend vers une valeur réelle rationnelle, ce qui fait en même temps tendre q vers une racine de l'unité déterminée q_0.

Si l'on pose

$$\vartheta_1(z,\omega) = \sum \mathrm{I}^{\left(s+\frac{1}{2}\right)^2\frac{\omega}{2}+\left(s+\frac{1}{2}\right)\left(z-\frac{1}{2}\right)}$$

$$= 2\,\eta(\omega)\,\mathrm{I}^{\frac{\omega}{12}}\sin z\pi \prod (1-\mathrm{I}^{\omega\nu+z})(1-\mathrm{I}^{\omega\nu-z}),$$

la sommation devant s'étendre à tous les nombres entiers s, on aura, la dérivée prise par rapport à z étant désignée par un accent,

$$\vartheta_1'(0,\omega) = 2\pi\eta(\omega)^3.$$

Soient maintenant α, β, γ, δ quatre nombres entiers satisfaisant à la condition

$$(6) \qquad \alpha\delta - \beta\gamma = 1,$$

on sait que

$$\vartheta_1\left(z, \frac{\gamma+\delta\omega}{\alpha+\beta\omega}\right) = c\,\sqrt{\alpha+\beta\omega}\,.\,\mathrm{I}^{\frac{1}{2}\beta(\alpha+\beta\omega)z^2}\,\vartheta_1[(\alpha+\beta\omega)z,\omega],$$

c désignant une racine huitième de l'unité dépendant de α, β, γ, δ et du choix de la racine carrée, racine dont la détermination a été ramenée par Hermite aux sommes de Gauss (*Journal de Liouville*, 2ᵉ série, t. III, 1858). Pour $z = 0$ on tire de là

$$\vartheta_1'\left(0, \frac{\gamma+\delta\omega}{\alpha+\beta\omega}\right) = c\,(\alpha+\beta\omega)^{\frac{3}{2}}\,\vartheta_1'(0,\omega)$$

et, par conséquent,

$$(7) \qquad \eta\left(\frac{\gamma+\delta\omega}{\alpha+\beta\omega}\right) = c^{\frac{1}{3}}\,(\alpha+\beta\omega)^{\frac{1}{2}}\,\eta(\omega),$$

et de cette transformation de $\eta(\omega)$ on déduira celle de $\log\eta(\omega)$.

Le cas $\beta = 0$ se résout directement à l'aide des définitions (2) et (4) de $\eta(\omega)$, $\log\eta(\omega)$ et donne

$$(8) \qquad \log\eta(1+\omega) = \log\eta(\omega) + \frac{\pi i}{12},$$

ou, plus généralement, en désignant par n un nombre entier quelconque,

$$(9)\qquad \log\eta(n+\omega) = \log\eta(\omega) + \frac{n\pi i}{12}.$$

Mais, si β est différent de zéro, la grandeur $\mu = -(\alpha+\beta\omega)^2$ n'est jamais négative, et, par suite, l'on peut définir $\log\mu$ d'une manière uniforme de telle sorte que la partie imaginaire reste toujours comprise entre $\pm\pi i$, et que, par suite, à des valeurs conjuguées de μ correspondent aussi des valeurs conjuguées de $\log\mu$; alors, en vertu de (7), on a

$$(10)\qquad \log\eta\left(\frac{\gamma+\delta\omega}{\alpha+\beta\omega}\right) = \log\eta(\omega) + \frac{1}{4}\log[-(\alpha+\beta\omega)^2] + (\alpha,\beta,\gamma,\delta)\frac{\pi i}{12},$$

l'expression $(\alpha, \beta, \gamma, \delta)$ désignant un nombre *entier* complètement déterminé par α, β, γ, δ, et qui reste invariable lorsque ces quatre nombres sont multipliés par (-1). La détermination complète de ce nombre donne évidemment des résultats encore plus détaillés que celle de la racine huitième précitée de l'unité; c'est ce qui va faire essentiellement l'objet des recherches suivantes.

En premier lieu, $(\alpha, \beta, \gamma, \delta)$ peut se ramener à un nombre qui ne dépend que de α, β. En effet, si les nombres γ', δ' satisfont également à la condition $\alpha\delta'-\beta\gamma'=1$, on sait alors que $\gamma'=\gamma+n\alpha$, $\delta'=\delta+n\beta$, n désignant un nombre entier quelconque; par suite on a, d'après (9),

$$\log\eta\left(\frac{\gamma'+\delta'\omega}{\alpha+\beta\omega}\right) = \log\eta\left(n+\frac{\gamma+\delta\omega}{\alpha+\beta\omega}\right) = \log\eta\left(\frac{\gamma+\delta\omega}{\alpha+\beta\omega}\right) + \frac{n\pi i}{12},$$

d'où l'on conclut, en vertu de (10), que

$$(\alpha,\beta,\gamma',\delta') - \frac{\delta'}{\beta} = (\alpha,\beta,\gamma,\delta) - \frac{\delta}{\beta}$$

ne dépend que des deux nombres α, β; on peut donc poser

$$(11)\qquad \beta(\alpha,\beta,\gamma,\delta) = \alpha+\delta-2(\alpha,\beta)$$

et, par conséquent, aussi

$$(12)\qquad \log\eta\left(\frac{\gamma+\delta\omega}{\alpha+\beta\omega}\right) = \log\eta(\omega) + \frac{1}{4}\log[-(\alpha+\beta\omega)^2] + \frac{\alpha+\delta-2(\alpha,\beta)}{12\beta}\pi i,$$

expression où $2(\alpha, \beta)$ et, comme on le verra plus loin, (α, β) aussi désigne un nombre *entier*, qui ne dépend absolument que des deux nombres premiers entre eux α et β; on obtient en même temps

$$(-\alpha, -\beta) = -(\alpha, \beta). \tag{13}$$

Maintenant, si l'on remplace tous les termes de l'équation (12) par les grandeurs conjuguées correspondantes, on obtient alors, d'après les précédentes remarques,

$$\log\eta\left(-\frac{\gamma+\delta\omega'}{\alpha+\beta\omega'}\right) = \log\eta(-\omega') + \frac{1}{4}\log[-(\alpha+\beta\omega')^2] - \frac{\alpha+\delta-2(\alpha,\beta)}{12\beta}\pi i,$$

et, puisque le premier membre en vertu de (12) peut aussi être représenté sous la forme

$$\log\eta\left[\frac{-\gamma+\delta(-\omega')}{\alpha-\beta(-\omega')}\right] = \log\eta(-\omega') + \frac{1}{4}\log[-(\alpha+\beta\omega')^2] + \frac{\alpha+\delta-2(\alpha,-\beta)}{12(-\beta)}\pi i,$$

on obtient

$$(\alpha, -\beta) = (\alpha, \beta) \tag{14}$$

et, en vertu de (13),

$$(-\alpha, \beta) = -(\alpha, \beta). \tag{15}$$

Pour que le théorème exprimé par l'équation (12) ait encore lieu pour le cas $\beta = 0$, $\alpha = \delta = \pm 1$, on devra compléter la définition du symbole (α, β) à l'aide de la convention

$$(\pm 1, 0) = \pm 1, \tag{16}$$

qui concorde aussi avec (13), (14) et (15).

De (15) résulte $(0, \pm 1) = 0$; si l'on pose donc

$$\alpha = 0, \quad \beta = 1, \quad \gamma = -1, \quad \delta = 0,$$

le théorème, exprimé par (12), est ramené au cas particulier de la transformation complémentaire

$$\log\eta\left(\frac{-1}{\omega}\right) = \log\eta(\omega) + \frac{1}{4}\log(-\omega^2). \tag{17}$$

Maintenant, si l'on remplace dans le théorème (12) la grandeur ω par $1+\omega$ et par $\frac{-1}{\omega}$, et si l'on exprime de nouveau les grandeurs

$$\log\eta\left(\frac{\gamma+\delta+\delta\omega}{\alpha+\beta+\beta\omega}\right) \quad \text{et} \quad \log\eta\left(\frac{\delta-\gamma\omega}{\beta-\alpha\omega}\right)$$

à l'aide du théorème (12) au moyen de $\log\eta(\omega)$, on obtient aisément, eu égard à (8) et (17), les deux théorèmes suivants, valables pour *chaque* paire de nombres α, β premiers entre eux :

$$(18) \qquad (\alpha+\beta, \beta) = (\alpha, \beta),$$

$$(19) \qquad 2\alpha(\alpha, \beta) + 2\beta(\beta, \alpha) = 1 + \alpha^2 + \beta^2 - 3(\alpha\beta),$$

$(\alpha\beta)$ désignant la valeur absolue de $\alpha\beta$. A l'aide de la dernière proposition, qui est intimement liée avec la loi de réciprocité de la théorie des résidus quadratiques, on peut aussi donner à l'équation (11) la forme

$$(20) \qquad (\alpha, \beta, \gamma, \delta) = 2\gamma(\alpha, \beta) + 2\delta(\beta, \alpha) - (\alpha\gamma + \beta\delta) \pm 3\alpha\delta,$$

où les signes $\pm$ doivent être choisis de telle sorte que $\pm\alpha\beta$ soit égal à la valeur absolue de $\alpha\beta$; ainsi le nombre $(\alpha, \beta, \gamma, \delta)$, qui entrait pour la première fois en (10), se présente de nouveau encore sous forme d'un nombre entier.

Maintenant, il est clair que les deux théorèmes (18) et (19) non seulement renferment les propriétés définies par les formules précédentes (13)-(16), mais encore suffisent à déterminer complètement en chaque cas la valeur du symbole (α, β) par un développement en fraction continue, et cela comme *nombre entier*. Ce résultat découle déjà du théorème

$$(21) \qquad (\alpha, \alpha+\beta) = (\alpha, \beta) - (\beta, \alpha) + \beta - \alpha \qquad (\text{pour } \alpha\beta \geq 0),$$

théorème que l'on tire facilement de (18) et (19); réciproquement, il est clair que ce théorème (21) joint à (18), c'est-à-dire à

$$(22) \qquad (\alpha', \beta) = (\alpha, \beta) \qquad [\text{pour } \alpha' \equiv \alpha \ (\text{mod. } \beta)],$$

renferme également la détermination complète du symbole (α, β) et fournit pour une table une méthode de calcul très commode. Il est enfin très utile au but envisagé d'attribuer au symbole (α, β) un sens déterminé, aussi dans le cas où les nombres entiers α, β

ne sont pas premiers entre eux, mais ont un plus grand commun diviseur quelconque (positif) p. Nous poserons, en ce cas,

$$(\alpha, \beta) = p\left(\frac{\alpha}{p}, \frac{\beta}{p}\right), \tag{23}$$

parce qu'alors les deux théorèmes (21), (22) ont évidemment lieu sans changement, tandis que d'autre part, dans la proposition (19), on n'a qu'à remplacer simplement le premier terme 1 du second membre par p^2; maintenant les deux théorèmes (21), (22) renferment déjà, sans aucune nécessité d'appeler (23) à notre aide, la détermination complète de (α, β), et ils sont même valables encore au cas $\alpha = \beta = 0$, lorsque l'on pose

$$(0, 0) = 0. \tag{24}$$

A l'aide de cette extension du symbole (α, β) on peut souvent réunir en un unique énoncé des propositions qui autrement devraient faire l'objet d'une subdivision en cas différents [comparer les théorèmes exprimés par (28), (34)].

Bien que le symbole (α, β) soit maintenant complètement déterminé par les propriétés (21), (22) pour chaque paire de nombres entiers rationnels α, β, il serait cependant difficile d'en déduire une expression générale pour le symbole. Mais, à l'aide de la méthode appliquée par Riemann dans le second fragment, on arrive à représenter une telle expression sous forme d'une somme finie. Cette méthode consiste en la recherche de la manière dont se comportent les fonctions modulaires lorsque $\omega = x + yi$ tend vers une fraction rationnelle mise sous forme irréductible $\frac{-\alpha}{\beta}$. Cette approximation indéfinie a-t-elle lieu de telle sorte que $\alpha + \beta x$ est infiniment petit d'ordre supérieur à $\sqrt{y}$, alors l'ordonnée de la grandeur, qui se présente dans le théorème (12),

$$\omega_1 = \frac{\gamma + \delta\omega}{\alpha + \beta\omega} = \frac{\delta}{\beta} - \frac{1}{\beta(\alpha + \beta\omega)}$$

devient infiniment grande et positive; par suite, d'après (4),

$$\log \eta(\omega_1) - \frac{\omega_1 \pi i}{12} = 0$$

et, par conséquent,

$$\log\eta(\omega) + \frac{\pi i}{12\beta(\alpha+\beta\omega)} + \frac{1}{4}\log[-(\alpha+\beta\omega)^2] = \frac{2(\alpha, \beta) - \alpha}{12\beta}\pi i.$$

Si, en vue de se rapprocher davantage des notations de Riemann, on remplace α, β par $-m$, n, l'on peut énoncer ce théorème ainsi : Si la variable $\omega = x + yi$ tend vers la fraction *irréductible* $m:n$, de telle sorte que $nx - m$ soit infiniment petit d'ordre supérieur à $\sqrt{y}$, on aura en fin de compte

$$(25)\quad \log\eta(\omega) + \frac{\pi i}{12n(n\omega - m)} + \frac{1}{4}\log[-(n\omega - m)^2] = \frac{m - 2(m, n)}{12n}\pi i.$$

Maintenant, si l'on soumet l'approximation à la condition plus rigoureuse que $nx - m$ soit infiniment petit d'ordre supérieur à y^2, alors les parties imaginaires des second et troisième termes du premier membre s'évanouissent simultanément, et, par suite, l'on obtient par soustraction des grandeurs conjuguées le théorème d'approximation

$$(26)\qquad \log\eta(\omega) - \log\eta(-\omega') = \frac{m - 2(m, n)}{6n}\pi i,$$

théorème qui, par suite de l'extension donnée précédemment au symbole (m, n), est encore valable lorsque les deux nombres entiers m, n ont un *diviseur commun* quelconque.

Avant d'employer ces résultats à la résolution de notre problème, remarquons d'abord ce qui suit : Soient a, ∂ des nombres entiers positifs et c un nombre entier quelconque; si l'approximation suivant laquelle ω tend vers sa valeur limite rationnelle satisfait à la dernière condition plus rigoureuse, il en est encore évidemment de même de l'approximation suivant laquelle la grandeur $\frac{c + \partial\omega}{a}$ tend vers la valeur $\frac{cn + \partial m}{an}$, et l'on aura encore, par suite, en même temps que (26), l'approximation

$$\log\eta\left(\frac{c + \partial\omega}{a}\right) - \log\eta\left(-\frac{c + \partial\omega'}{a}\right) = \frac{cn + \partial m - 2(cn + \partial m, an)}{6an}\pi i.$$

Maintenant, lorsque p est un *nombre premier,* nous avons le théorème suivant, que l'on déduit aisément de la transformation du $p^{\text{ième}}$ ordre ou de l'expression (2),

$$(27) \quad \log\eta(p\omega) + \sum \log\eta\left(\frac{s+\omega}{p}\right) = \frac{(p-1)\pi i}{24} + (p+1)\log\eta(\omega),$$

où dans la somme s doit prendre successivement les p valeurs 0, 1, 2, ..., $(p-1)$. Si de cette expression l'on retranche l'équation qui a lieu lorsque l'on passe aux grandeurs conjuguées, l'on obtient, en passant aux limites, le théorème

$$(28) \qquad p(pm, n) + \sum (m+ns, np) = p(p+1)(m, n),$$

où s doit prendre successivement pour valeurs celles d'un système quelconque complet de résidus (mod. p). De la proposition (27), on peut de différentes manières déduire des théorèmes plus généraux, valables pour des nombres composés quelconques p, et de chacun de ces théorèmes résulte encore une proposition analogue relative au symbole (m, n); mais nous ne pouvons considérer davantage ici ces propriétés très intéressantes par elles-mêmes de la fonction $\log\eta(\omega)$ et du symbole (m, n).

Pour passer maintenant à notre problème, faisons usage de la représentation suivante, tirée de (2) et de (4),

$$(29) \qquad \log\eta(\omega) = \frac{\omega\pi i}{12} + \sum \log(1 - 1^{\omega\nu}),$$

où ν parcourt la suite de tous les nombres naturels et où les logarithmes au second membre s'évanouissent en même temps que 1^{ω}; l'on en tire

$$\log(1 - 1^{\omega\nu}) = -\sum \frac{1^{\omega\nu\mu}}{\mu},$$

où μ parcourt la suite de tous les nombres naturels, et, si l'on effectue la sommation par rapport à ν, on obtient (*Fundamenta nova*, § 39) la transformation de Jacobi

$$(30) \qquad \log\eta(\omega) = \frac{\omega\pi i}{12} - \sum \frac{1}{\mu} \frac{1^{\omega\mu}}{1 - 1^{\omega\mu}},$$

et, par suite,

$$\log\eta(\omega) - \log\eta(-\omega') = \frac{(\omega+\omega')\pi i}{12} - \sum \frac{a_\mu}{\mu},$$

où l'on a posé, pour abréger,

$$a_\mu = \frac{1}{1 - 1^{\omega\mu}} - \frac{1}{1 - 1^{-\omega'\mu}}.$$

Maintenant supposons que l'ordonnée positive y de la grandeur $\omega = x + yi$ devienne infiniment petite, tandis que l'abscisse x possède de prime abord la valeur *constante rationnelle* $m : n$; de la sorte la précédente condition plus rigoureuse est évidemment remplie. Les nombres m, n dans ce qui suit peuvent avoir un diviseur commun quelconque, mais nous supposerons que le dénominateur n est *positif*. Si nous posons, pour abréger l'écriture,

$$1^x = 1^{\frac{m}{n}} = e^{\frac{2m\pi i}{n}} = \theta; \qquad 1^{yi} = e^{-2\pi y} = r,$$

alors la constante θ satisfait à la condition $\theta^n = 1$, et r désigne une fraction variable positive plus petite que 1 qui tend en croissant vers la valeur 1; on a en même temps

$$a_\mu = \frac{1}{1 - \theta^\mu r^\mu} - \frac{1}{1 - \theta^{-\mu} r^\mu},$$

et il s'agit alors de déterminer la valeur limite de

$$\log\eta(\omega) - \log\eta(-\omega') = \frac{m\pi i}{6n} - \sum \frac{a_\mu}{\mu}.$$

En réunissant chaque paire de numérateurs a_μ, correspondant aux nombres $\mu = sn + \nu$ et $\mu = (s+1)n - \nu$, où $0 < \nu < \frac{1}{2} n$, l'on reconnaît aisément que la valeur absolue de la somme

$$A_\mu = a_1 + a_2 + \ldots + a_\mu$$

reste pour toutes les valeurs de r, y compris $r = 1$, inférieure à une constante finie, indépendante de r et de μ; d'où il résulte, en vertu d'un théorème général ([1]), que la série

$$\sum \frac{a_\mu}{\mu} = \sum A_\mu \left(\frac{1}{\mu} - \frac{1}{\mu + 1}\right),$$

lorsque ses termes sont rangés dans l'ordre des valeurs crois-

---

([1]) Dirichlet, *Leçons sur la Théorie des nombres;* Braunschweig, Vieweg und Sohn, 2e édition, § 143.

santes de μ, converge encore aussi pour $r = 1$, et reste continue en ce point; en se reportant au théorème (26), on en conclut

$$\frac{(m, n)\pi i}{3n} = \sum \frac{b_\mu}{\mu},$$

où

$$b_\mu = \lim a_\mu = 0,$$

ou bien

$$= \frac{1}{1-\theta^\mu} - \frac{1}{1-\theta^{-\mu}},$$

selon que l'on a $\theta^\mu = 1$ ou non; mais, en appliquant la transformation

$$\frac{1}{1-\theta^\mu} = -\frac{1}{n}\sum \sigma\theta^{\mu\sigma},$$

où σ prend la suite des valeurs $1, 2, \ldots, (n-1)$, on obtient la représentation suivante, valable pour *tous* les μ,

$$b_\mu = \frac{1}{n}\sum \sigma(\theta^{-\mu\sigma} - \theta^{\mu\sigma}),$$

représentation dont on déduit aussi très facilement la somme de notre série infinie, sans avoir à faire usage d'intégrales définies.

Lorsque z est une valeur réelle quelconque, nous désignerons ici, pour la clarté, cette différence entre z et un nombre entier, qui tombe entre $-\frac{1}{2}$ et $\frac{1}{2}$, non par (z), mais par $((z))$; mais, pour les valeurs de z, situées à égale distance de deux nombres entiers, d'après Riemann (*voir* page 243 de la traduction et la page 457 des Fragments XXVIII, 2e édit.) la fonction périodique $((z))$, qui est ici discontinue, est égale à zéro, et l'on peut alors écrire qu'elle est égale à la moyenne arithmétique des deux valeurs infiniment voisines

$$((z+0)) = -\frac{1}{2} \quad \text{et} \quad ((z-0)) = +\frac{1}{2}.$$

D'après un théorème très connu de la théorie des séries trigonométriques, et qui peut être aussi déduit directement de la série pour la fonction logarithme, on a toujours

$$2\pi i((z)) = \sum \frac{(-1)^\mu (1^{-z\mu} - 1^{z\mu})}{\mu},$$

où μ prend successivement les valeurs croissantes de la suite des nombres entiers, et, par conséquent, on a

$$(31)\qquad 2\pi i\left(\left(z-\frac{1}{2}\right)\right)=\sum\frac{1^{-z\mu}-1^{z\mu}}{\mu}.$$

Il en résulte que

$$\sum\frac{\theta^{-\mu\sigma}-\theta^{\mu\sigma}}{\mu}=2\pi i\left(\left(\frac{\sigma m}{n}-\frac{1}{2}\right)\right),$$

d'où

$$\frac{(m,n)}{6n}=\sum\frac{\sigma}{n}\left(\left(\frac{\sigma m}{n}-\frac{1}{2}\right)\right);$$

mais, comme on obtient, en changeant σ en $n-\sigma$,

$$\frac{1}{2}\sum\left(\left(\frac{\sigma m}{n}-\frac{1}{2}\right)\right)=0,$$

on en conclut aisément, à l'aide d'une soustraction, l'expression suivante

$$(32)\qquad (m,n)=6n\sum\left(\left(\frac{s}{n}-\frac{1}{2}\right)\right)\left(\left(\frac{ms}{n}-\frac{1}{2}\right)\right),$$

où n est pris positif et où s prend pour valeurs celles d'un système complet quelconque de résidus (mod. n). Cette expression, sous forme d'une somme finie, pour le symbole (m,n) donne lieu à de nombreuses transformations et simplifications que nous allons maintenant considérer plus en détail. Cette expression est encore valable lorsque les nombres m, n ont un diviseur commun quelconque (positif) p; ce dernier point s'établit aisément en se reportant à (23) et en se servant du théorème suivant, d'ailleurs important en soi :

$$(33)\qquad \sum\left(\left(\frac{x+p'}{p}-\frac{1}{2}\right)\right)=\left(\left(x-\frac{1}{2}\right)\right),$$

où x désigne un nombre réel quelconque et où p' parcourt les valeurs d'un système complet de résidus (mod. p).

Supposons maintenant que m, n soient des *entiers premiers entre eux* et posons, pour abréger,

$$B = \frac{\pi i}{24 n(n\omega - m)}, \qquad C = \frac{1}{4}\log[-(n\omega - m)^2],$$
$$\mu = \frac{1-(-1)^m}{2}, \qquad \nu = \frac{1-(-1)^n}{2};$$

on a

$$(1-\mu)(1-\nu) = 0,$$
$$m \equiv \mu, \qquad n \equiv \nu \pmod{2},$$

et, du théorème d'approximation (25)

$$\log \eta(\omega) = \frac{m - 2(m, n)}{12 n}\pi i - 2B - C$$

résulte en même temps

$$\log \eta(2\omega) = \frac{m - (2m, n)}{6n}\pi i - (4 - 3\nu)B - C + \frac{\nu}{2}\log 2,$$
$$\log \eta\left(\frac{\omega}{2}\right) = \frac{m - 2(m, 2n)}{24 n}\pi i - (4 - 3\mu)B - C + \frac{1-\mu}{2}\log 2,$$
$$\log \eta\left(\frac{1+\omega}{2}\right) = \frac{m + n - 2(m+n, 2n)}{24 n}\pi i$$
$$+ (2 - 3\mu - 3\nu)B - C + \frac{\mu+\nu-1}{2}\log 2;$$

les symboles qui se présentent ici sont, en vertu de (28), reliés entre eux par la relation suivante, qui a toujours lieu,

$$(34) \qquad 2(2m, n) + (m, 2n) + (m+n, 2n) = 6(m, n).$$

De cela, en vertu de (5), résultent en même temps les approximations

$$(35) \quad \begin{cases} \log k = \dfrac{3m + 2(m+n, 2n) - 4(2m, n)}{6n}\pi i + (\mu + 2\nu - 2)(12B - 2\log 2), \\[2ex] \log k' = \dfrac{(m+n, 2n) - (m, 2n)}{3n}\pi i + (2\mu + \nu - 2)(12B - 2\log 2), \\[2ex] \log \dfrac{2K}{\pi} = \dfrac{(m, n) - (m+n, 2n)}{3n}\pi i + (1 - \mu - \nu)(12B - 2\log 2) - 2C. \end{cases}$$

La comparaison de ces théorèmes, avec les huit formules du second fragment, fait voir que Riemann n'a pas attaché une importance suffisante à la détermination des parties *réelles* infiniment grandes, renfermées dans les termes relatifs à B, C. Ces déterminations sont inexactes en certains endroits et en d'autres manquent complètement. Dans les parties *imaginaires* [formules (3), (4) et (5)] on a trouvé quelques petites inadvertances que l'on a pu aisément rectifier déjà dans la première édition, tandis que les parties réelles ont été reproduites encore ici sans changement. L'identité des formules de Riemann, quant à leurs parties imaginaires, avec les théorèmes précédents (35), ne se reconnaît pas partout au premier coup d'œil, et la démonstration complète de cette identité nous mènerait ici trop loin. Nous nous proposons cependant, car le sujet est suffisamment important, de donner comme éclaircissement les quelques remarques qui suivent.

Par dénominateur d'un nombre rationnel x, nous entendrons toujours le plus petit nombre entier n pour lequel le produit nx est également un nombre entier m, et ce dernier nous le nommerons alors le numérateur de x. Il y a ainsi toujours une infinité de nombres x' qui ont même dénominateur, et dont les numérateurs m' satisfont à la congruence

$$mm' \equiv 1 \pmod{n};$$

chacun de ces nombres x' sera dit un *associé* de x (*socius*, comparez Gauss, art. 77, *Disquisitiones arithmeticæ*). Si l'on convient de dire, sans parler d'un module, que deux nombres sont *congrus entre eux* lorsque leur différence est un entier, et si l'on désigne ce fait par la notation $x \equiv y$, à chaque classe de nombres x congrus entre eux correspond une seule et unique classe de nombres x', et, si p désigne un entier premier avec n, on a

$$p(px')' \equiv x.$$

Posons alors, pour abréger,

$$\text{(36)} \qquad D(x) = \frac{(m, n)}{n} = 6 \sum \left(\left(\frac{s}{n} - \frac{1}{2}\right)\right) \left(\left(\frac{ms}{n} - \frac{1}{2}\right)\right).$$

Cette fonction, comme l'indique la précédente expression ou encore celles-ci : (18), (15), (12), (34), jouit des propriétés

$$\text{(37)} \qquad \begin{cases} D(x) = D(x+1) = -D(-x) = D(x'), \\ D(2x) + D\left(\dfrac{x}{2}\right) + D\left(\dfrac{x+1}{2}\right) = 3D(x). \end{cases}$$

Si l'on remplace dans les formules de Riemann la fonction $E(x)$, dont il se sert parfois, et qui désigne le plus grand nombre entier contenu dans x, par l'expression

$$(38) \qquad E(x) = x - \frac{1}{2} - \left(\left(x - \frac{1}{2}\right)\right),$$

dans laquelle, au seul et unique cas où x est lui-même un nombre entier, on doit prendre au lieu de $E(x)$ la moyenne arithmétique $x - \frac{1}{2}$ entre $E(x+0)$ et $E(x-0)$, alors, dans la plupart de ces formules se présentent encore en définitive seulement des fonctions de la forme

$$(39) \qquad R(x) = \sum ((\nu x)), \qquad S(x) = \sum ((\nu x - \tfrac{1}{2})),$$

les sommations s'étendant à tous les nombres ν qui ne sont pas négatifs et qui sont inférieurs à la moitié du dénominateur de x; ces fonctions jouissent des propriétés

$$(40) \qquad \begin{cases} R(x) = R(x+1) = -R(-x), \\ S(x) = S(x+1) = -S(-x), \\ R(x) - S(x) = R(x') - S(x') = \tfrac{1}{2}h, \end{cases}$$

h désignant l'excès du nombre des termes positifs $((\nu x))$ sur celui des termes négatifs; ces fonctions ont, avec la fonction $D(x)$, les relations suivantes. On a, en général, en vertu de (36),

$$(41) \qquad 6S(x') = D(2x) - 2D(x).$$

Lorsque le nombre x a un dénominateur *pair* n, on a

$$(42) \qquad \begin{cases} R(x) = -S(x) = \dfrac{1}{4}h = \dfrac{1}{3}D(x) - \dfrac{1}{6}D(2x), \\ R\left(\dfrac{x}{2}\right) + R\left(\dfrac{x+1}{2}\right) = 2R(x). \end{cases}$$

Mais, si le nombre x a un dénominateur *impair* n, les nombres y, qui satisfont à la condition $2y \equiv x$ et qui sont, par conséquent, $\equiv \frac{1}{2}x$ ou bien $\equiv \frac{1}{2}(x+1)$, se distribuent en deux classes de nombres : ceux qui ont le même dénominateur n, et que nous désignerons par x_1, et les autres qui seront désignés par x_2; ces derniers ont le dénominateur $2n$. On a alors

$$R(x_2) = R(x) - S(x) = 2R(x) - S(2x) \tag{43}$$

et

$$\left\{\begin{aligned} D(x) &= 6R(x_2) - 4R(x) - 4R(x'), \\ D(2x) &= 6R(x_2) - 8R(x) - 2R(x'), \\ D(x_1) &= 6R(x_2) - 2R(x) - 8R(x'), \\ D(x_2) &= 6R(x_2) - 2R(x) - 2R(x'), \end{aligned}\right. \tag{44}$$

et la condition précédente

$$D(2x) + D(x_1) + D(x_2) = 3D(x) \tag{45}$$

est encore ainsi satisfaite. L'identité des trois premières représentations dans (44) se reconnaît en observant les premières propriétés de $R(x)$ et en ayant égard aux relations

$$x_1 \equiv x_2 + \tfrac{1}{2} \equiv (2x')'; \qquad (x + \tfrac{1}{2})' \equiv (4x)' + \tfrac{1}{2}; \qquad (x_2)' \equiv (x'_2);$$

et réciproquement, l'on a

$$\left\{\begin{aligned} 6R(x) &= 3D(x) - 2D(2x) - D(x_1) = D(x_2) - D(2x), \\ 6R(x') &= 3D(x) - D(2x) - 2D(x_1) = D(x_2) - D(x_1), \\ 6R(x_2) &= 5D(x) - 2D(2x) - 2D(x_1) = 2D(x_2) - D(x). \end{aligned}\right. \tag{46}$$

La déduction de ces formules, et d'autres relations nombreuses, qui sont en rapport intime avec la théorie des résidus quadratiques, nous devons la réserver pour une autre occasion.

FRAGMENT

SUR

L'ANALYSIS SITUS.

Œuvres de Riemann, 2e édit., p. 479.

Deux variétés à une dimension seront regardées comme faisant partie du même groupe, ou bien de groupes différents, selon que l'une peut être transformée en l'autre d'une manière continue, ou bien ne le peut pas.

Deux variétés à une dimension, qui ont pour frontières la même paire de points, forment par leur réunion une variété connexe à une dimension, sans frontières, et celle-ci peut ou non former la frontière complète d'une variété à deux dimensions, suivant que les deux variétés primitives appartiennent respectivement au même groupe ou à des groupes différents.

Une variété, intérieure (1), connexe, sans frontières, à une dimension, prise une fois, suffit pour former la frontière totale d'une variété à deux dimensions intérieure à cette frontière, ou bien n'y suffit pas.

Soient $a_1, a_2, \ldots, a_m$, m variétés, intérieures, connexes, fermées, à n dimensions, qui, prises une fois, ne peuvent ni séparément

(1) Pour respecter le texte on a traduit le mot « innere » par intérieure; le mot « innere » tout seul n'a pas du reste en allemand une signification plus claire qu'en français. Il semblerait que dans cette définition « innere » ou intérieure signifie « à l'intérieur d'une variété à deux dimensions ». La phrase suivante est encore moins claire. Peut-être y pourrait-on dire : « Soient $a_1, a_2, \ldots, a_m$ m variétés à l'intérieur d'une multiplicité qui les renferme, ..., etc. ». — (L. L.)

ni par leur réunion former la frontière complète d'une variété, intérieure, à $(n+1)$ dimensions, et soient $b_1, b_2, \ldots, b_m$, m variétés à n dimensions, définies de même, dont chacune peut former par sa réunion avec une ou plusieurs des a la frontière complète d'une variété, intérieure, à $(n+1)$ dimensions; alors chaque variété, intérieure, connexe, à n dimensions, qui, par sa réunion avec les a, peut former la frontière complète d'une variété, intérieure, à $(n+1)$ dimensions, le pourra de même aussi par sa réunion avec les b, et réciproquement.

Lorsqu'une variété quelconque, intérieure, fermée, à n dimensions forme, par sa réunion avec les a, la frontière totale d'une variété, intérieure, à $(n+1)$ dimensions, alors, par suite de nos hypothèses, les a peuvent être éliminés successivement et remplacés par les b.

Une variété A à n dimensions est dite transformable en une autre B lorsque l'on peut former, par la réunion de A et de morceaux de B, la frontière complète d'une variété, intérieure, à $(n+1)$ dimensions.

Lorsqu'à l'intérieur d'une multiplicité étendue d'une manière continue, chaque variété fermée à n dimensions forme frontière à l'aide de la réunion de m morceaux fixes de variétés à n dimensions, ces morceaux pris séparément ne formant pas frontière, alors cette multiplicité a la connexion $(m+1)$ dans la $n^{\text{ième}}$ dimension.

Une multiplicité connexe, étendue d'une manière continue, est dite simplement connexe lorsque la connexion est simple dans chaque dimension.

On nomme section transverse d'une multiplicité A fermée, étendue d'une manière continue, chaque multiplicité B à nombre de dimensions moindre, connexe, comprise à l'intérieur de A, et dont la frontière est tout entière située sur la frontière de A.

La connexion d'une variété à n dimensions, par l'effet de chaque section transverse simplement connexe qui est elle-même une variété à $(n-m)$ dimensions, sera ou bien diminuée de 1 dans la $m^{\text{ième}}$ dimension, ou bien augmentée de 1 dans la $(m-1)^{\text{ième}}$ dimension.

La connexion dans la $\mu^{\text{ième}}$ dimension peut être seulement modifiée, ou bien si l'on transforme des variétés sans frontières à

μ dimensions, ne formant pas frontière, en variétés ayant des frontières, ou bien si l'on transforme de telles variétés, formant frontière, en variétés ne formant pas frontière; et le premier cas a lieu parce qu'il est ajouté ainsi de nouvelles portions à la frontière d'une variété à μ dimensions, et le second cas n'a lieu que parce qu'il en est ajouté de même à la frontière d'une variété à $\mu + 1$ dimensions.

Dépendance entre la connexion de la frontière B *d'une multiplicité* A, *étendue d'une manière continue, et la connexion de la multiplicité* A.

Les variétés à plusieurs dimensions, sans frontières, ne formant pas frontière à l'intérieur de B, se distribuent en variétés qui, intérieurement à A, ne forment pas frontière, et en variétés qui, intérieurement à A, forment frontière. Recherchons d'abord comment la connexion de B sera modifiée par l'effet d'une section transverse simplement connexe de A.

Soient n la dimension de A, m celle de la section transverse q; soit a une variété de dimension $(n - 1 - m)$, enveloppant un point de q et ne coupant pas q, et enfin soit p la frontière de q.

La connexion de A dans la $(n - 1 - m)^{\text{ème}}$ dimension sera augmentée de 1 lorsque, à l'intérieur de A′, a ne forme pas frontière; dans la $(n - m)^{\text{ième}}$ dimension elle sera diminuée de 1 lorsque, à l'intérieur de A′, a forme frontière ([1]).

$$A' - A = \begin{pmatrix} m + 1 \\ + 1 \end{pmatrix}.$$ quand, à l'intérieur de A′, a ne forme pas frontière (α);

$$= \begin{pmatrix} m \\ - 1 \end{pmatrix}$$ quand, à l'intérieur de A′, a forme frontière (β);

.... ([2])

([1]) Ici se présente encore une certaine obscurité tenant à l'insuffisance des définitions. Il semble que l'on doit par A entendre la surface primitive, et par A′ la surface A décomposée par la section transverse. — (L. L.)

([2]) Ici l'on trouve encore dans le manuscrit quelques signes dont je n'ai pu déchiffrer le sens. — (WEBER.)

	MODIFICATIONS	
	de A.	de B.
I. a intérieurement à A′ ne formant pas frontière, a intérieurement à B′ ne formant pas frontière, par suite p intérieurement à B formant frontière...........	$\begin{pmatrix} m+1 \\ +1 \end{pmatrix}$	$\begin{pmatrix} n-m-1 & m \\ +1 & +1 \end{pmatrix}.$
II. a intérieurement à A′ formant frontière, a intérieurement à B′ ne formant pas frontière, par suite p intérieurement à B formant frontière..................	$\begin{pmatrix} m \\ -1 \end{pmatrix}$	$\begin{pmatrix} n-m-1 & m \\ +1 & +1 \end{pmatrix}.$
III. a intérieurement à A′ formant frontière, a intérieurement à B′ formant frontière, par suite p intérieurement à B ne formant pas frontière...................	$\begin{pmatrix} m \\ -1 \end{pmatrix}$	$\begin{pmatrix} n-m & m-1 \\ -1 & -1 \end{pmatrix}.$

Deux portions d'une variété à plusieurs dimensions (portions d'espace) sont dites connexes ou formées d'une seule pièce, lorsque d'un point intérieur à l'une on peut mener une ligne, passant par l'intérieur de la variété à plusieurs dimensions (espace), jusqu'à un point intérieur à l'autre.

Théorèmes *d'Analysis situs.*

1. Une variété à nombre de dimensions inférieur à $(n-1)$ ne peut séparer les unes des autres des portions d'une variété à n dimensions. Une variété connexe à n dimensions jouit de la propriété d'être morcelée par chaque section transverse formée par une variété à $(n-1)$ dimensions, ou bien elle n'en jouit pas.

Nous désignerons les variétés définies dans le premier de ces deux cas par a.

Lorsqu'une variété à n dimensions, faisant partie des a, est, par l'effet d'une section transverse, formée par une variété à $(n-2)$ dimensions, transformée en une autre variété, cette dernière est connexe et elle fait partie des a ou bien elle n'en fait pas partie.

Ces variétés a à n dimensions, qui sont transformées par chaque section transverse, formée par une variété à $(n-2)$ dimensions, en les variétés qui ne sont pas du type a, nous les désignerons par a_1.

2. Si une variété A à plusieurs dimensions est transformée par l'effet d'une section transverse, formée par une variété à μ dimensions, en une autre A', chaque section transverse de A ayant plus de $\mu+1$ dimensions est aussi une section transverse de A', et réciproquement.

Si une des variétés a_1 à n dimensions est transformée par l'effet d'une section transverse formée par une variété à $(n-3)$ dimensions, en une autre, celle-ci appartient alors aux $a(2)$, mais elle peut appartenir aux a_1, ou bien elle ne le peut pas.

Les variétés du type a_1 qui, par l'effet de chaque section transverse, formée par une variété à $(n-3)$ dimensions, peuvent être transformées en les variétés qui ne sont pas du type a_1 : nous les désignerons par a_2.

Si l'on procède ainsi successivement, l'on arrive enfin à une catégorie a_{n-2} de variétés à n dimensions, qui embrasse celles des a_{n-3}, qui sont transformées par l'effet de chaque section transverse, formée par une variété à une dimension (linéaire), en celles qui ne sont pas du type a_{n-3}. Ces variétés a_{n-2} à n dimensions seront dites simplement connexes. Les variétés a_μ à n dimensions sont, par conséquent, simplement connexes, en tant que l'on fait abstraction de sections transverses à $(n-\mu-2)$ dimensions, ou à dimensions inférieures à ce nombre, et seront dites simplement connexes jusqu'à la $(n-\mu-2)^{\text{ième}}$ dimension ([1]).

Une variété à n dimensions qui n'est pas simplement connexe jusqu'à la $(n-1)^{\text{ième}}$ dimension peut être décomposée par une section transverse, formée par une variété à $(n-1)$ dimensions, sans être morcelée par l'effet de cette opération.

La variété à n dimensions ainsi formée, lorsqu'elle n'est pas

---

([1]) Pour concorder avec ce qui suit, les variétés a_μ à n dimensions pourraient plutôt être dites simplement connexes jusqu'à la $(n-\mu-1)^{\text{ième}}$ dimension.
(WEBER.)

simplement connexe jusqu'à la $(n-1)^{\text{ième}}$ dimension, pourra encore être décomposée de nouveau par une section transverse pareille, et l'on peut évidemment procéder ainsi successivement tant que l'on n'arrive pas à une variété simplement connexe jusqu'à la $(n-1)^{\text{ième}}$ dimension.

Le nombre des sections transverses, par l'effet desquelles sera effectuée une telle décomposition de la variété à n dimensions en une variété simplement connexe jusqu'à la première dimension, peut différer selon le choix de la décomposition, mais il est clair que ce nombre est un minimum pour une certaine espèce de décomposition ([1]).

([1]) On doit citer, concurremment avec ce fragment, un Mémoire de Betti [*Sopra gli spazi di un numero qualunque di dimensioni* (*Annali di Mat.*, 2e sér., tome IV; 1871)], que je ne connaissais pas encore lors de la publication de la première édition de Riemann, et qui renferme des conceptions et des développements analogues. — (WEBER.)

LA CONVERGENCE

DES

SÉRIES THÊTA p-UPLEMENT INFINIES[1].

Œuvres de Riemann, 2e édition, page 483.

L'étude relative à la convergence d'une série infinie à termes positifs peut toujours se ramener à l'étude d'une intégrale définie grâce au théorème suivant :

Soit

$$a_1 + a_2 + a_3 + \ldots$$

une série à termes positifs décroissants, soit ensuite $f(x)$ une fonction qui décroît lorsque x croît, on a

$$f(\alpha) > \int_\alpha^{\alpha+1} f(x)\,dx > f(\alpha+1),$$

et, par suite,

$$f(0)+f(1)+\ldots+f(n) > \int_0^{n+1} f(x)\,dx > f(1)+f(2)+\ldots+f(n+1).$$

La série

$$f(0)+f(1)+f(2)+\ldots$$

converge ou diverge par conséquent en même temps que l'intégrale

$$\int_0^\infty f(x)\,dx.$$

Si, maintenant, $f(n)$ est positif et $a_n < f(n)$, la série

$$a_1 + a_2 + a_3 + \ldots$$

(1) Ce Mémoire et le suivant font partie d'un Cours professé par Riemann en 1861 et 1862. — La rédaction de ces travaux repose sur un cahier de notes de G. Roch. — (WEBER et DEDEKIND.)

converge également, pourvu que cette intégrale converge. On conclut de là le théorème :

Si $a_n < f(x)$, quand $n \geqq x$, la série $\sum a_n$ sera convergente, pourvu que l'intégrale $\int_0^\infty f(x)\,dx$ soit convergente.

Maintenant, si l'on pose

$$x = \varphi(y), \qquad f(x) = f[\varphi(y)] = \mathrm{F}(y),$$

on obtiendra

$$\int_0^\infty f(x)\,dx = \int \mathrm{F}(y)\,\varphi'(y)\,dy.$$

Lorsque les deux variables x, y décroissent simultanément et croissent simultanément (et cela jusqu'à l'infini), alors selon l'hypothèse adoptée, pour y croissant $\mathrm{F}(y)$ décroît, tandis que $\varphi(y)$ croît.

Les conditions de convergence trouvées précédemment se transforment par conséquent comme il suit :

La série $\sum a_n$ converge lorsque, pour $n \geqq \varphi(y)$, $a_n < \mathrm{F}(y)$ ou, ce qui revient au même, lorsque, pour $a_n \geqq \mathrm{F}(y)$, $n < \varphi(y)$ et que l'intégrale

$$\int_b^\infty \mathrm{F}(y)\,\varphi'(y)\,dv$$

converge.

Maintenant, si $a_n > \mathrm{F}(y)$, il en est de même de a_1, a_2, ..., a_{n-1}. Si l'on a donc $a_{n+1} < \mathrm{F}(y)$, n sera le nombre des termes de la série qui sont supérieurs à $\mathrm{F}(y)$. Le théorème s'exprimera donc encore ainsi :

Si l'on désigne par $\mathrm{F}(y)$, $\varphi(y)$ deux fonctions dont la première décroît pour y croissant, et dont la seconde croît (jusqu'à l'infini), et si le nombre des termes d'une série à termes positifs, qui sont égaux ou supérieurs à $\mathrm{F}(y)$ est plus petit que $\varphi(y)$, alors cette série sera convergente quand l'intégrale

$$\int_b^\infty \mathrm{F}(y)\,\varphi'(y)\,dy$$

converge.

Nous nous proposons la recherche de telles fonctions, relativement à la série $\mathfrak{S}$ p-uplement infinie

$$\sum_{m_1=-\infty}^{+\infty} \cdots \sum_{m_p=-\infty}^{+\infty} e^{\sum\limits_{\varepsilon=1}^{p} \sum\limits_{\varepsilon'=1}^{p} a_{\varepsilon\varepsilon'} m_\varepsilon m_{\varepsilon'} + 2 \sum\limits_{\varepsilon=1}^{p} m_\varepsilon v_\varepsilon},$$

où, sans porter atteinte à la généralité, nous supposerons d'abord que les grandeurs $a_{\varepsilon\varepsilon'}$ et v_ε sont réelles.

Le terme général

$$e^{\sum\limits_{\varepsilon=1}^{p} \sum\limits_{\varepsilon'=1}^{p} a_{\varepsilon\varepsilon'} m_\varepsilon m_{\varepsilon'} + 2 \sum\limits_{\varepsilon=1}^{p} m_\varepsilon v_\varepsilon}$$

est plus grand que e^{-h^2}, lorsque

$$-\sum_{\varepsilon=1}^{p} \sum_{\varepsilon'=1}^{p} a_{\varepsilon\varepsilon'} m_\varepsilon m_{\varepsilon'} - 2 \sum_{\varepsilon=1}^{p} m_\varepsilon v_\varepsilon < h^2.$$

Pour le but que nous nous proposons il est donc nécessaire de déterminer combien de combinaisons des nombres entiers m_1, m_2, ..., m_p satisfont à cette inégalité.

Considérons, à cet effet, l'intégrale définie multiple

$$\mathrm{A} = \int\int \cdots \int dx_1\, dx_2 \ldots dx_p,$$

dont le champ d'intégration est déterminé par l'inégalité

$$-\sum_{\varepsilon=1}^{p} \sum_{\varepsilon'=1}^{p} a_{\varepsilon\varepsilon'} x_\varepsilon x_{\varepsilon'} < 1.$$

L'intégrale aura toujours une valeur finie au seul cas où la fonction homogène du second degré

$$-\sum_{\varepsilon=1}^{p} \sum_{\varepsilon'=1}^{p} a_{\varepsilon\varepsilon'} x_\varepsilon x_{\varepsilon'}$$

est décomposable en une somme de p carrés positifs. En effet, si l'on a

$$-\sum\sum a_{\varepsilon\varepsilon'} x_\varepsilon x_{\varepsilon'} = t_1^2 + t_2^2 + \ldots + t_p^2,$$

le champ d'intégration de l'intégrale sera déterminé par l'inégalité

$$t_1^2 + t_2^2 + \ldots + t_p^2 < 1,$$

et l'intégrale A sera représentée par

$$A = \int\int\ldots\int\left(\sum \pm \frac{\partial x_1}{\partial t_1}\frac{\partial x_2}{\partial t_2}\cdots\frac{\partial x_p}{\partial t_p}\right) dt_1\, dt_2 \ldots dt_p.$$

Le déterminant fonctionnel est une constante finie, et aucune des variables t, prise en valeur absolue, ne peut être supérieure à 1.

D'autre part, si les t^2 n'étaient pas tous positifs, ou si quelques-uns d'entre eux manquaient dans la forme transformée, il se présenterait alors dans l'intégrale A des valeurs infinies de t, et l'intégrale A elle-même deviendrait donc infinie.

Ces résultats n'éprouvent aucun changement, lorsque, au lieu du champ d'intégration considéré de l'intégrale A, nous prenons le suivant

$$-\sum_{\varepsilon}\sum_{\varepsilon'} a_{\varepsilon\varepsilon'}\, x_\varepsilon\, x_{\varepsilon'} - 2\sum \alpha_\varepsilon\, x_\varepsilon < 1,$$

les α_ε étant des grandeurs réelles quelconques. Si nous considérons maintenant l'inégalité

$$-\sum_{\varepsilon}\sum_{\varepsilon'} a_{\varepsilon\varepsilon'}\, m_\varepsilon\, m_{\varepsilon'} - 2\sum_{\varepsilon} v_\varepsilon\, m_\varepsilon < h^2,$$

ou bien, en posant $\frac{m_\varepsilon}{h} = x_\varepsilon$, l'inégalité

$$-\sum_{\varepsilon}\sum_{\varepsilon'} a_{\varepsilon\varepsilon'}\, x_\varepsilon\, x_{\varepsilon'} - 2\sum \frac{v_\varepsilon}{h}\, x_\varepsilon < 1,$$

il résulte d'abord que, pour chaque valeur finie de h, il existe seulement un nombre fini de combinaisons des nombres entiers m_1, m_2, ..., m_p qui satisfont à cette inégalité; en effet, les x doivent tous rester compris entre certaines limites finies, et entre de telles limites il n'y a qu'un nombre fini de nombres rationnels à dénominateur donné h.

Soit donc Z_h le nombre de combinaisons admissibles des nombres entiers m.

Considérons ensuite la somme suivante étendue à toutes ces

combinaisons

$$\sum_{m_1, m_2, \ldots, m_p} \int_{\frac{m_1}{h}}^{\frac{m_1+1}{h}} dx_1 \int_{\frac{m_2}{h}}^{\frac{m_2+1}{h}} dx_2 \ldots \int_{\frac{m_p}{h}}^{\frac{m_p+1}{h}} dx_p = \frac{Z_h}{h^p};$$

cette somme pour chaque valeur finie de h est elle-même finie et, pour h croissant indéfiniment, tend vers la limite A; or nous avons démontré que cette limite A est également finie lorsque la fonction $-\sum_\varepsilon \sum_{\varepsilon'} a_{\varepsilon\varepsilon'} x_\varepsilon x_{\varepsilon'}$ est représentable par (une somme de) p carrés positifs. Si l'on écrit que l'expression $\sum_{m_1, \ldots, m_p} \ldots$ est égale à $A + k$, k est alors une grandeur finie et qui tend vers zéro lorsque h augmente indéfiniment. On aura donc

$$Z_h = (A + K) h^p,$$

et c'est là précisément le nombre n des termes de la série thêta qui sont $> e^{-h^2}$. On a d'après cela

$$n < (A + K) h^p,$$

K étant une constante à laquelle on peut assigner une valeur aussi petite que l'on veut, pourvu que l'on attribue une valeur suffisamment grande à la valeur h dont on part. Les fonctions $F(y)$, $\varphi(y)$ peuvent donc être prises comme il suit :

$$F(y) = e^{-y^2}, \qquad \varphi(y) = (A + K) y^p,$$

et, puisque l'intégrale

$$\int_b^\infty e^{-y^2} (A + K) p y^{p-1} \, dy$$

est convergente, il en est de même, sous les hypothèses assignées, de la série thêta. On en conclut :

La série thêta p-uplement infinie est convergente pour toutes les valeurs des variables $v_1, v_2, \ldots, v_p$, pourvu que la partie réelle de la forme quadratique dans l'exposant soit essentiellement négative.

SUR LA THÉORIE

DES

FONCTIONS ABÉLIENNES.

Œuvres de Riemann, 2e édition, page 487.

Soit $(e_1, e_2, \ldots, e_p)$ un système de grandeurs jouissant de la propriété suivante

$$\mathfrak{S}(e_1, e_2, \ldots, e_p) = 0.$$

D'après l'art. 23 du Mémoire *Sur la Théorie des Fonctions abéliennes* [*Œuvres de Riemann,* 2e édit., p. 134 (ici p. 151)], la congruence

$$(e_1, e_2, \ldots, e_p) \equiv \left(\sum_1^{p-1} \alpha_1^{(\nu)}, \ldots, \sum_1^{p-1} \alpha_p^{(\nu)} \right)$$
$$\equiv \left(-\sum_p^{2p-2} \alpha_1^{(\nu)}, \ldots, -\sum_p^{2p-2} \alpha_p^{(\nu)} \right)$$

est sous cette hypothèse satisfaite par certains points $\eta_1, \eta_2, \ldots, \eta_{2p-2}$, qui sont *associés* par l'entremise d'une équation $\varphi = 0$. Si l'on désigne alors par u_μ et u'_μ les valeurs que prennent les intégrales de première espèce u_μ, pour deux systèmes de valeurs indéterminés s, z et s_1, z_1, la fonction

$$\mathfrak{S}(u_1 - u'_1 - e_1, \ldots, u_p - u'_p - e_p),$$

considérée comme fonction de s, z, s'évanouit pour $(s, z) = (s_1, z_1)$

et pour les $p-1$ points $\eta_1, \eta_2, \ldots, \eta_{p-1}$, et, considérée comme fonction de s_1, z_1, s'évanouit pour $(s_1, z_1) = (s, z)$ et pour les $p-1$ points $\eta_p, \ldots, \eta_{2p-2}$. Par conséquent, si $(f_1, f_2, \ldots, f_p)$ est un système de grandeurs jouissant des mêmes propriétés que $(e_1, e_2, \ldots, e_p)$, la fonction

$$(1) \qquad \frac{\vartheta(u_1 - u'_1 - e_1, \ldots)\,\vartheta(u_1 - u'_1 + e_1, \ldots)}{\vartheta(u_1 - u'_1 - f_1, \ldots)\,\vartheta(u_1 - u'_1 + f_1, \ldots)},$$

qui est rationnelle aussi bien relativement à s, z qu'à s_1, z_1, est infiniment grande pour un système de points et infiniment petite du premier ordre pour un autre système de points, chaque fois associés par l'entremise d'une équation $\varphi = 0$; elle sera donc représentable sous la forme

$$(2) \qquad \frac{\sum_1^p c_\nu \varphi_\nu(s, z) \sum_1^p c_\nu \varphi_\nu(s_1, z_1)}{\sum_1^p b_\nu \varphi_\nu(s, z) \sum_1^p b_\nu \varphi_\nu(s_1, z_1)},$$

où les coefficients b, c sont indépendants de s, z et de s_1, z_1.

Maintenant, lorsque les systèmes de grandeurs e, f ont la propriété, qui est définie par

$$(3) \qquad \begin{cases} (e_1, e_2, \ldots, e_p) \equiv (-e_1, -e_2, \ldots, -e_p), \\ (f_1, f_2, \ldots, f_p) \equiv (-f_1, -f_2, \ldots, -f_p), \end{cases}$$

les points en lesquels la fonction (1) ou (2) devient respectivement nulle et infinie se réunissent par paires, et nous obtenons ainsi une fonction qui devient infiniment grande et infiniment petite du second ordre en $p-1$ points seulement. D'après cela, la fonction

$$\sqrt{\frac{\sum_1^p c_\nu \varphi_\nu(s, z) \sum_1^p c_\nu \varphi_\nu(s_1, z_1)}{\sum_1^p b_\nu \varphi_\nu(s, z) \sum_1^p b_\nu \varphi_\nu(s_1, z_1)}}$$

est ramifiée comme l'est la surface T′, et acquiert, à la traversée des sections transverses, des facteurs qui sont $= \pm 1$.

Les fonctions déterminées de cette manière,

$$\sqrt{\sum_1^p c_\nu \varphi_\nu(s, z)},$$

qui deviennent en $p-1$ points infiniment petites du premier ordre, sont dites des *fonctions abéliennes.*

Elles tirent leur origine des fonctions φ par la réunion par paires des zéros et par l'extraction de la racine carrée. Leur nombre est en général fini.

En effet, les congruences (3) exigent que les systèmes de grandeurs e, f soient de la forme

$$\left(\varepsilon'_1 \frac{\pi i}{2} + \frac{1}{2}\varepsilon_1 a_{11} + \ldots + \frac{1}{2}\varepsilon_p a_{p1}, \quad \ldots, \quad \varepsilon'_p \frac{\pi i}{2} + \frac{1}{2}\varepsilon_1 a_{1p} + \ldots + \frac{1}{2}\varepsilon_p a_{pp}\right),$$

où les ε, ε' désignent des nombres entiers qui peuvent être réduits à leurs résidus minima pour le module 2. La condition $\vartheta(e_1, e_2, \ldots, e_p) = 0$ ne sera en général satisfaite par un tel système de grandeurs que seulement lorsque l'on aura

$$(4) \qquad \varepsilon_1\varepsilon'_1 + \varepsilon_2\varepsilon'_2 + \ldots + \varepsilon_p\varepsilon'_p \equiv 1 \quad (\text{mod. } 2).$$

Mais il existe de tels systèmes de nombres ε, ε', au nombre de $2^{p-1}(2^p - 1)$, et, par suite, tel est aussi, en général, le nombre des fonctions abéliennes.

Le complexe de nombres

$$\begin{pmatrix} \varepsilon_1, & \varepsilon_2, & \ldots, & \varepsilon_p \\ \varepsilon'_1, & \varepsilon'_2, & \ldots, & \varepsilon'_p \end{pmatrix}$$

est dit la *caractéristique* de la fonction

$$\sqrt{\sum_1^p c_\nu \varphi_\nu(s, z)},$$

et sera désigné par

$$\left(\sqrt{\sum_1^p c_\nu \varphi_\nu(s, z)}\right).$$

La caractéristique est dite *impaire* lorsque la congruence (4) est satisfaite; au cas contraire, elle est dite *paire.*

Le nombre des caractéristiques paires est $2^{p-1}(2^p+1)$, et, en général, à ces dernières ne correspondent pas des fonctions abéliennes.

Par somme de deux caractéristiques, on entend la caractéristique formée par les sommes des éléments correspondants; les éléments peuvent toujours ainsi être réduits à 0 ou 1. La somme et la différence de deux caractéristiques sont donc identiques.

Il s'agit maintenant d'abord de ramener l'équation $F(s, z) = 0$ à une forme symétrique par l'introduction de nouvelles variables. Lorsque $p \gtreqless 3$, il existe au moins trois fonctions φ, linéairement indépendantes entre elles, et l'on peut donc transformer l'équation $F(s, z) = 0$ par l'introduction des variables

$$\xi = \frac{\varphi_1}{\varphi_3}, \qquad \eta = \frac{\varphi_2}{\varphi_3}$$

(à moins qu'il n'existe une équation identique entre ces fonctions, ce qui, en général, n'est pas le cas).

Si les fonctions $\varphi_1, \varphi_2, \varphi_3$ ne sont pas soumises à des conditions particulières, à chaque valeur de ξ correspondent $2p - 2$ valeurs de η, et réciproquement, puisque chacune des deux fonctions

$$\varphi_1 - \xi\varphi_3, \qquad \varphi_2 - \eta\varphi_3,$$

pour ξ, η respectivement constants, s'évanouit en $2p - 2$ points.

L'équation résultante $F(\xi, \eta) = 0$ est donc, par rapport à chacune des variables, de degré $2p - 2$. D'ailleurs, puisque ce degré doit être conservé lorsque l'on fait éprouver à ξ, η une substitution linéaire quelconque, aucun terme dans cette équation ne peut surpasser la $(2p - 2)^{\text{ième}}$ dimension par rapport à ξ et η, pris ensemble. Les fonctions φ restantes, exprimées par ξ, η, sont transformées en fonctions où aucun terme ne peut surpasser la $(2p - 5)^{\text{ième}}$ dimension, ce qui résulte de ce fait que $\displaystyle\int \frac{\varphi}{\frac{\partial F}{\partial \xi}} d\eta$ doit rester finie pour des valeurs infinies de ξ et η.

Le nombre des constantes qui se présentent dans une telle fonction de degré $2p - 5$ est égal à $(p - 2)(2p - 3)$. Si parmi elles on en détermine r, en sorte que les fonctions φ soient nulles pour les r paires de valeurs (γ, δ) pour lesquelles $\frac{\partial F}{\partial \xi}$, $\frac{\partial F}{\partial \eta}$ s'évanouissent simultanément, il doit rester encore p constantes, puisqu'il y a p intégrales de première espèce linéairement indépendantes. On a donc

$$(p-2)(2p-3) = p + r,$$

et, par suite,

$$r = 2(p-1)(p-3).$$

La méthode suivante conduit au même résultat :

La fonction $\frac{\partial F}{\partial \xi}$ sera infiniment petite du premier ordre en $(2p-2)(2p-3)$ points; ce nombre $(2p-2)(2p-3)$ est égal à $w + 2r$, w étant le nombre des points de ramification simples.

D'autre part (*Théorie des Fonctions abéliennes*, § VII, p. 122), on a

$$w = 2(n + p - 1), \qquad n = 2p - 2,$$
$$w = 2(3p - 3);$$

d'où

$$r = (p-1)(2p-3) - \tfrac{1}{2} w = 2(p-1)(p-3).$$

Si toutes les fonctions φ sont maintenant exprimées par ξ, η, les deux équations

$$\xi = \frac{\varphi_1}{\varphi_3}, \qquad \eta = \frac{\varphi_2}{\varphi_3}$$

doivent devenir des identités, et, par conséquent,

$$\varphi_1 = \xi \varphi_3, \qquad \varphi_2 = \eta \varphi_3.$$

Il doit donc exister une fonction φ_3 qui, relativement à ξ, η, est seulement de la $(2p-6)^{\text{ième}}$ dimension. Par conséquent, cette fonction s'évanouira pour $(2p-2)(2p-6) = 2r$ paires de valeurs ξ, η satisfaisant à l'équation $F = 0$, et ne pourra donc être nulle qu'en les r paires de points (γ, δ).

Enfin, par l'introduction des nouvelles variables $\xi = \frac{x}{z}$, $\eta = \frac{y}{z}$ et par l'adjonction de z^{2p-2} comme facteur, l'équation $F = 0$ est transformée en une équation homogène de degré $2p-2$ à trois variables x, y, z,

$$\overset{2p-2}{F(x, y, z)} = 0.$$

(¹) Comme nous venons de le voir, parmi les fonctions φ, il en est une de degré $2p-6$ par rapport à ξ, η; désignons-la par ψ; alors $\frac{\varphi}{\psi}$, pour ξ, η finis, est une fonction toujours finie qui, pour ξ, η infinis, sera infinie du premier ordre. Réciproquement, toute fonction qui jouit de ces propriétés peut être représentée sous la forme $\frac{\varphi}{\psi}$ [*Théorie des Fonctions abéliennes,* Art. 10 (*Œuvres de Riemann,* 2ᵉ édit., p. 118), ici p. 129].

Les fonctions qui, pour des valeurs finies de ξ, η, restent finies et qui, pour ξ, η infinis, deviennent infinies du second ordre, sont représentables sous la forme

$$\frac{f(\xi, \eta)}{\psi},$$

où $f(\xi, \eta)$ est une fonction entière de la $(2p-4)^{\text{ième}}$ dimension en ξ, η, qui doit s'évanouir pour les r paires de valeurs (γ, δ). La fonction $f(\xi, \eta)$ contient

$$(p-1)(2p-3)-r=3p-3$$

constantes, et peut ainsi [*Fonctions abéliennes,* art. 5 (*Œuvres de Riemann,* 2ᵉ édit., p. 107), ici p. 115] représenter toute fonction jouissant de ces propriétés. La fonction $f(\xi, \eta)$ sera, outre en les r paires de valeurs (γ, δ), encore infiniment petite du premier ordre en $4p-4$ points.

A ces fonctions appartient toute fonction du second degré aux $p-1$ variables $\frac{\varphi}{\psi}$, et une telle fonction renferme $\frac{p(p+1)}{2}$ constantes. Mais, puisque la fonction générale $\frac{f}{\psi}$ n'en contient que $3p-3$, entre les $p-1$ variables $\frac{\varphi}{\psi}$ doivent avoir lieu

$$\frac{p(p+1)}{2}-3p+3=\frac{(p-2)(p-3)}{2}$$

équations du second degré, ou, ce qui revient au même, entre les

(¹) Ce paragraphe a été introduit pour la première fois dans la 2ᵉ édition des *Œuvres de Riemann.* Il n'existe pas dans la première édition. — (L. L.)

p fonctions φ doivent avoir lieu

$$\frac{(p-2)(p-3)}{2}$$

équations *homogènes* du second degré.

Pour le cas où $p=3$, l'équation $F(\xi, \eta)=0$ ou $F(x, y, z)=0$ est du quatrième degré; on a $r=0$ et la fonction ψ se réduit à une constante. Aucune des fonctions φ ne peut être d'un degré supérieur au premier, et l'expression générale de ces fonctions est

$$\varphi = c\xi + c'\eta + c'',$$

ou bien, lorsqu'il s'agit seulement des quotients de telles fonctions,

$$\varphi = cx + c'y + c''z,$$

c, c', c'' désignant des constantes.

Chaque fonction φ devient infiniment petite du premier ordre en quatre points, et il existe en tout vingt-huit pareilles fonctions dont les zéros coïncident par paires. Les racines carrées de ces fonctions sont les fonctions abéliennes, et nous devons rechercher quelles sont les caractéristiques respectives qui correspondent à ces vingt-huit fonctions.

Si nous prenons pour variables x, y, z trois pareilles fonctions φ qui deux fois deviennent infiniment petites du second ordre, en sorte que $\sqrt{x}, \sqrt{y}, \sqrt{z}$ sont des fonctions abéliennes, alors l'équation résultante $F(x, y, z)=0$ jouit de la propriété de se transformer en un carré parfait lorsque l'on fait x ou y ou z égal à zéro. Soient donc :

pour $x=0$:

$$F=(y-\alpha z)^2(y-\alpha' z)^2,$$

pour $y=0$:

$$F=(z-\beta x)^2(z-\beta' x)^2,$$

pour $z=0$:

$$F=(x-\gamma y)^2(x-\gamma' y)^2.$$

Si maintenant a, b, c sont les coefficients de x^4, y^4, z^4 dans $F(x, y, z)$, on a

$$\alpha\alpha' = \pm\sqrt{\frac{c}{b}}, \qquad \beta\beta' = \pm\sqrt{\frac{a}{c}}, \qquad \gamma\gamma' = \pm\sqrt{\frac{b}{a}},$$

et, par suite,

$$(5) \qquad \alpha\alpha'\beta\beta'\gamma\gamma' = \pm 1.$$

Connaît-on par suite les grandeurs α, α', β, β', γ, γ', on peut former tous les termes de la fonction $F(x, y, z)$ qui ne renferment pas le produit xyz, et, en outre, F ne contient plus qu'un terme $xyz\,t$, où t est une fonction linéaire homogène de x, y, z.

Maintenant, lorsque dans l'équation (5) c'est le signe supérieur qui se présente, on peut toujours représenter la première partie de F comme le carré d'une fonction homogène f du second degré de x, y, z. En effet, si l'on pose

$$f = a_{11}x^2 + a_{22}y^2 + a_{33}z^2 + 2a_{23}yz + 2a_{31}zx + 2a_{12}xy,$$

on aura, pour déterminer les coefficients a_{ik}, les équations

$$\alpha\alpha' = \frac{a_{33}}{a_{22}}, \qquad \alpha + \alpha' = -2\frac{a_{23}}{a_{22}},$$

$$\beta\beta' = \frac{a_{11}}{a_{33}}, \qquad \beta + \beta' = -2\frac{a_{31}}{a_{33}},$$

$$\gamma\gamma' = \frac{a_{22}}{a_{11}}, \qquad \gamma + \gamma' = -2\frac{a_{12}}{a_{11}},$$

auxquelles on peut toujours satisfaire, lorsque l'on a

$$\alpha\alpha'\beta\beta'\gamma\gamma' = 1.$$

Dans cette hypothèse, $F = 0$ devient par conséquent

$$(6) \qquad f^2 - xyz\,t = 0.$$

Si l'on fait $t = 0$, on tire de $f^2 = 0$ encore deux paires de racines égales entre elles, et ainsi $\sqrt{t}$ sera aussi une fonction abélienne, et cela telle que $\sqrt{xyz\,t}$ est une fonction rationnelle de x, y, z. Alors si (a), (b), (c), (d) désignent les caractéristiques de $\sqrt{x}$, $\sqrt{y}$, $\sqrt{z}$, $\sqrt{t}$, on doit avoir

$$(a + b + c + d) = \begin{pmatrix} 0 & 0 & 0 \\ 0 & 0 & 0 \end{pmatrix},$$

c'est-à-dire

$$(d) = (a + b + c).$$

Il faut, par conséquent, que la somme des caractéristiques des trois fonctions $\sqrt{x}$, $\sqrt{y}$, $\sqrt{z}$ soit une caractéristique impaire.

Réciproquement, si cette hypothèse est adoptée et si $\sqrt{t}$ est cette fonction abélienne qui correspond à la caractéristique $(a+b+c)$, $\sqrt{xyzt}$ est une fonction qui varie d'une manière continue à la traversée des sections transverses, et qui est par suite représentable rationnellement par x, y, z; mais cette fonction ne peut être de degré supérieur au second, et, par suite, sous cette hypothèse on obtient toujours une équation de la forme (6). Cette équation ne peut se réduire à une identité lorsque $\sqrt{x}$, $\sqrt{y}$, $\sqrt{z}$, $\sqrt{t}$ sont des fonctions abéliennes distinctes.

Puisqu'il existe vingt-huit fonctions abéliennes, l'équation $F = 0$ peut être ramenée de plusieurs manières à la forme (6). Nous nous proposerons d'abord de rechercher si la paire de fonctions abéliennes $\sqrt{z}$, $\sqrt{t}$ peut être remplacée par une autre paire $\sqrt{p}$, $\sqrt{q}$.

Supposons donc que, par l'introduction de x, y, p, q, $F = 0$ soit ramenée à la forme

$$\psi^2 - xypq = 0;$$

il faut alors, un facteur constant étant convenablement déterminé, que l'équation

$$f^2 - xyzt = \psi^2 - xypq$$

ait lieu identiquement, c'est-à-dire que l'on ait

$$(f - \psi)(f + \psi) = xy(zt - pq).$$

Il faut donc que $f - \psi$ ou $f + \psi$ soit divisible par xy, et, comme ces deux grandeurs sont du second degré, la combinaison correspondante ne peut différer de xy que par un facteur constant. Supposons que

(7) $$\psi - f = \alpha xy, \qquad \alpha(\psi + f) = -zt + pq,$$

d'où

(8) $$\psi = \alpha xy + f, \qquad 2\alpha f + \alpha^2 xy + zt = pq.$$

Le premier membre de cette dernière équation doit, par conséquent, se décomposer en deux facteurs linéaires; si nous concevons cette fonction développée sous la forme

$$a_{11}x^2 + a_{22}y^2 + a_{33}z^2 + 2a_{23}yz + 2a_{31}zx + 2a_{12}xy,$$

les coefficients a_{ik} seront des fonctions du second degré en α; mais, comme le déterminant

$$\sum \pm a_{11}a_{22}a_{33}$$

doit s'annuler, l'on obtient une équation du sixième degré en α, et il est facile de reconnaître qu'elle admet les racines $\alpha = 0$ et $\alpha = \infty$, qui correspondent aux deux décompositions zt et xy.

Il reste donc encore une équation du quatrième degré dont les racines fournissent quatre paires de fonctions p, q qui jouissent de la propriété requise.

De la seconde équation (8) s'ensuit encore, en vertu de (6),

$$pqzt = z^2t^2 + 2\alpha fzt + \alpha^2 f^2 = (zt + \alpha f)^2,$$

en sorte que la forme cherchée de l'équation $F = 0$ peut être aussi représentée par les fonctions p, q, z, t. Ainsi, si nous prenons comme point de départ deux fonctions abéliennes quelconques, $\sqrt{x}$, $\sqrt{y}$, nous obtenons six paires de pareilles fonctions

$$\sqrt{xy},\quad \sqrt{zt},\quad \sqrt{p_1q_1},\quad \sqrt{p_2q_2},\quad \sqrt{p_3q_3},\quad \sqrt{p_4q_4},$$

jouissant de cette propriété qu'à l'aide de deux quelconques d'entre elles l'équation $F = 0$ se ramène à la forme

$$f^2 - xyzt = 0.$$

Ces six fonctions doivent, à la traversée des sections transverses, acquérir les mêmes facteurs, car, s'il n'en était pas ainsi, le produit de deux d'entre elles ne pourrait être rationnel.

De six pareils produits de fonctions abéliennes, nous dirons qu'ils *appartiennent à un groupe*. Comme les systèmes de facteurs relatifs aux sections transverses sont déterminés pour des produits de fonctions abéliennes par les sommes des caractéristiques, il s'ensuit que les caractéristiques de toutes les paires d'un groupe doivent avoir la même somme que l'on nommera la *caractéristique du groupe*.

Des équations (8) et (6) résulte encore

$$2f = \frac{pq - zt}{\alpha} - \alpha xy = 2\sqrt{xy}\sqrt{zt},$$

d'où

$$pq = \alpha^2 xy + 2\alpha\sqrt{xy}\sqrt{zt} + zt$$

ou

$$(9) \qquad \sqrt{pq} = \sqrt{zt} + \alpha\sqrt{xy};$$

d'où l'on tire cette conclusion que chaque produit d'un groupe peut être exprimé linéairement par deux produits de ce même groupe.

Si l'on distribue par paires toutes les vingt-huit fonctions abéliennes, on obtient $\frac{28.27}{2}$ paires $= 6.63$ paires qui se subdivisent 6 par 6 en 63 groupes. Chacune des 63 caractéristiques différentes de $\begin{pmatrix} 0 & 0 & 0 \\ 0 & 0 & 0 \end{pmatrix}$ peut être une caractéristique de groupe.

Pour obtenir les caractéristiques des six paires d'un groupe, on devra donc décomposer la caractéristique du groupe en question en deux caractéristiques impaires de six manières. Le groupe dont la caractéristique de groupe est $\begin{pmatrix} 0 & 0 & 1 \\ 0 & 0 & 0 \end{pmatrix}$ nous servira d'exemple. Ainsi :

$$\begin{aligned}
\begin{pmatrix} 0 & 0 & 1 \\ 0 & 0 & 0 \end{pmatrix} &= \begin{pmatrix} 1 & 0 & 1 \\ 1 & 0 & 0 \end{pmatrix} + \begin{pmatrix} 1 & 0 & 0 \\ 1 & 0 & 0 \end{pmatrix} \\
&= \begin{pmatrix} 0 & 1 & 1 \\ 0 & 1 & 0 \end{pmatrix} + \begin{pmatrix} 0 & 1 & 0 \\ 0 & 1 & 0 \end{pmatrix} \\
&= \begin{pmatrix} 1 & 1 & 1 \\ 1 & 0 & 0 \end{pmatrix} + \begin{pmatrix} 1 & 1 & 0 \\ 1 & 0 & 0 \end{pmatrix} \\
&= \begin{pmatrix} 1 & 1 & 1 \\ 0 & 1 & 0 \end{pmatrix} + \begin{pmatrix} 1 & 1 & 0 \\ 0 & 1 & 0 \end{pmatrix} \\
&= \begin{pmatrix} 0 & 1 & 1 \\ 1 & 1 & 0 \end{pmatrix} + \begin{pmatrix} 0 & 1 & 0 \\ 1 & 1 & 0 \end{pmatrix} \\
&= \begin{pmatrix} 1 & 0 & 1 \\ 1 & 1 & 0 \end{pmatrix} + \begin{pmatrix} 1 & 0 & 0 \\ 1 & 1 & 0 \end{pmatrix}.
\end{aligned}$$

Lorsque l'on connaît trois paires de fonctions abéliennes, on obtient les paires restantes de ce même groupe par la résolution d'une équation cubique, et l'on peut à leur aide déterminer toutes les autres fonctions abéliennes restantes ainsi que leurs caractéristiques.

Pour l'effectuer supposons que $\sqrt{x\xi}$, $\sqrt{y\eta}$, $\sqrt{z\zeta}$ soient ces trois paires d'un groupe, de sorte que ξ, η, ζ sont données comme fonctions linéaires homogènes de x, y, z.

Une détermination convenable de facteurs constants permet de ramener l'équation (9) à la forme

$$\sqrt{x\xi} + \sqrt{v\eta} + \sqrt{z\zeta} = 0, \tag{10}$$

d'où

$$z\zeta = x\xi + y\eta + 2\sqrt{x\xi y\eta}$$

ou

$$4x\xi y\eta = (z\zeta - x\xi - y\eta)^2, \tag{11}$$

de sorte que l'on a

$$f = z\zeta - x\xi - y\eta. \tag{12}$$

Pour obtenir toutes les paires appartenant au groupe $\sqrt{x\xi}, \sqrt{y\eta}$, nous avons à résoudre, d'après ce qui précède, une équation biquadratique, mais dont une racine, celle qui correspond à la paire $\sqrt{z\zeta}$, est déjà connue. Le calcul sera donc plus symétrique si l'on cherche d'abord les paires du groupe $\sqrt{x\eta}$, auquel appartient aussi la paire $\sqrt{y\xi}$.

Si $\sqrt{pq}$ est une autre paire inconnue de ce groupe on a, outre l'équation (11), une autre équation qui lui est identique,

$$4y\xi pq = \varphi^2, \tag{13}$$

lorsque [d'après (8)]

$$\varphi = f + 2\lambda y\xi,$$

où λ désigne une constante encore inconnue. A l'aide de (11) et de (12), on en tire

$$\varphi^2 = 4\lambda y\xi\left(x\xi + y\eta - z\zeta + \frac{x\eta}{\lambda} + \lambda y\xi\right)$$

et, par suite (abstraction faite du facteur λ),

$$pq = x\xi + y\eta - z\zeta + \frac{x\eta}{\lambda} + \lambda y\xi = \left(\xi + \frac{\eta}{\lambda}\right)(x + \lambda y) - z\zeta;$$

pour $x + \lambda y = 0$ et $z = 0$, l'une des deux fonctions p, q, par exemple p, doit s'évanouir; d'où il suit, μ désignant encore un coefficient inconnu, que l'on a

$$(14)\qquad p = x + \lambda y + \mu z,$$

$$pq = p\left(\xi + \frac{\eta}{\lambda}\right) - \mu z\left(\xi + \frac{\eta}{\lambda} + \frac{\zeta}{\mu}\right),$$

d'où l'on conclut encore, puisque p et z ne sont pas identiques,

$$(15)\qquad \xi + \frac{\eta}{\lambda} + \frac{\zeta}{\mu} = -\alpha^2 p;$$

par conséquent, en vertu de (13),

$$ax + a\lambda y + a\mu z + \frac{\xi}{a} + \frac{\eta}{\lambda a} + \frac{\zeta}{\mu a} = 0,$$

ou bien, si l'on remplace λa, μa par b, c,

$$(16)\qquad ax + by + cz + \frac{\xi}{a} + \frac{\eta}{b} + \frac{\zeta}{c} = 0;$$

de là résulte par conséquent, puisqu'il n'est pas question d'un facteur constant relativement à p et q,

$$p = ax + by + cz = -\left(\frac{\xi}{a} + \frac{\eta}{b} + \frac{\zeta}{c}\right),$$

$$q = \frac{\xi}{a} + \frac{\eta}{b} + cz = -\left(ax + by + \frac{\zeta}{c}\right).$$

Comme il y a quatre paires p, q, on peut déterminer quatre systèmes a, b, c.

Pour y parvenir, on observera qu'entre les six fonctions x, y, z, ξ, η, ζ il existe trois équations linéaires homogènes que nous désignerons par $u_1 = 0$, $u_2 = 0$, $u_3 = 0$. Nous en déduirons une combinaison linéaire homogène à coefficients indéterminés l_1, l_2, l_3 :

$$l_1 u_1 + l_2 u_2 + l_3 u_3 = \alpha x + \beta y + \gamma z + \alpha'\xi + \beta'\eta + \gamma'\zeta = 0,$$

où α, β, γ, α', β', γ' sont des expressions linéaires homogènes en l_1, l_2, l_3. Cette relation prendra la forme (16) lorsque les conditions

$$\alpha\alpha' = \beta\beta' = \gamma\gamma'$$

sont remplies, ce qui donnera quatre systèmes de valeurs pour les rapports $l_1 : l_2 : l_3$.

On arrivera au but cherché de la manière la plus élégante en supposant les fonctions ξ, η, ζ données par trois équations de la forme

$$(17)\quad \begin{cases} x + y + z + \xi + \eta + \zeta = 0, \\ \alpha x + \beta y + \gamma z + \dfrac{\xi}{\alpha} + \dfrac{\eta}{\beta} + \dfrac{\zeta}{\gamma} = 0, \\ \alpha' x + \beta' y + \gamma' z + \dfrac{\xi}{\alpha'} + \dfrac{\eta}{\beta'} + \dfrac{\zeta}{\gamma'} = 0. \end{cases}$$

Pour que, dans la première de ces équations, les coefficients aient la valeur 1, on peut attribuer des facteurs constants à x, y, z, ξ, η, ζ, ce qui en même temps n'altère pas la forme de l'équation (10).

Comme conséquence identique des équations (17) on doit en obtenir une quatrième de même forme

$$(18)\quad \alpha'' x + \beta'' y + \gamma'' z + \frac{\xi}{\alpha''} + \frac{\eta}{\beta''} + \frac{\zeta}{\gamma''} = 0.$$

Par conséquent, pour obtenir α'', β'', γ'', on devra déterminer les coefficients λ, λ', λ'' à l'aide des équations suivantes

$$(19)\quad \begin{cases} \lambda''\alpha'' = \lambda'\alpha' + \lambda\alpha + 1, & \dfrac{\lambda''}{\alpha''} = \dfrac{\lambda'}{\alpha'} + \dfrac{\lambda}{\alpha} + 1, \\ \lambda''\beta'' = \lambda'\beta' + \lambda\beta + 1, & \dfrac{\lambda''}{\beta''} = \dfrac{\lambda'}{\beta'} + \dfrac{\lambda}{\beta} + 1, \\ \lambda''\gamma'' = \lambda'\gamma' + \lambda\gamma + 1, & \dfrac{\lambda''}{\gamma''} = \dfrac{\lambda'}{\gamma'} + \dfrac{\lambda}{\gamma} + 1. \end{cases}$$

En multipliant deux à deux les équations correspondantes, on obtiendra

$$(20)\quad \begin{cases} \lambda''^2 = \lambda'^2 + \lambda^2 + \lambda\lambda'\left(\dfrac{\alpha}{\alpha'} + \dfrac{\alpha'}{\alpha}\right) + \lambda\left(\alpha + \dfrac{1}{\alpha}\right) + \lambda'\left(\alpha' + \dfrac{1}{\alpha'}\right) + 1, \\ \lambda''^2 = \lambda'^2 + \lambda^2 + \lambda\lambda'\left(\dfrac{\beta}{\beta'} + \dfrac{\beta'}{\beta}\right) + \lambda\left(\beta + \dfrac{1}{\beta}\right) + \lambda'\left(\beta' + \dfrac{1}{\beta'}\right) + 1, \\ \lambda''^2 = \lambda'^2 + \lambda^2 + \lambda\lambda'\left(\dfrac{\gamma}{\gamma'} + \dfrac{\gamma'}{\gamma}\right) + \lambda\left(\gamma + \dfrac{1}{\gamma}\right) + \lambda'\left(\gamma' + \dfrac{1}{\gamma'}\right) + 1. \end{cases}$$

Si l'on élimine λ'' entre chaque combinaison deux à deux de ces trois équations, l'on obtient, pour $\frac{1}{\lambda}$ et $\frac{1}{\lambda'}$, les deux équations linéaires

$$o = \frac{1}{\lambda'}\left(\alpha + \frac{1}{\alpha} - \beta - \frac{1}{\beta}\right) + \frac{1}{\lambda}\left(\alpha' + \frac{1}{\alpha'} - \beta' - \frac{1}{\beta'}\right) + \left(\frac{\alpha'}{\alpha} + \frac{\alpha}{\alpha'} - \frac{\beta'}{\beta} - \frac{\beta}{\beta'}\right),$$

$$o = \frac{1}{\lambda'}\left(\alpha + \frac{1}{\alpha} - \gamma - \frac{1}{\gamma}\right) + \frac{1}{\lambda}\left(\alpha' + \frac{1}{\alpha'} - \gamma' - \frac{1}{\gamma'}\right) + \left(\frac{\alpha'}{\alpha} + \frac{\alpha}{\alpha'} - \frac{\gamma'}{\gamma} - \frac{\gamma}{\gamma'}\right),$$

au moyen desquelles λ et λ' pourront être évalués d'une manière univoque.

A l'aide de l'une des équations (20) on obtient λ'', abstraction faite du signe, et, finalement, de (19) on tire α'', β'', γ'', chacun également à un facteur ± 1 près, qui est le même pour tous, et qui reste indéterminé comme le veut la nature de la question ([1]).

Ayant de cette manière trouvé α'', β'', γ'', on obtient dans le groupe $\sqrt{x\eta}$, $\sqrt{y\xi}$ les quatre paires de fonctions abéliennes suivantes

$$\sqrt{x+y+z}, \qquad \sqrt{\xi+\eta+z},$$

$$\sqrt{\alpha x+\beta y+\gamma z}, \qquad \sqrt{\frac{\xi}{\alpha}+\frac{\eta}{\beta}+\gamma z},$$

$$\sqrt{\alpha' x+\beta' y+\gamma' z}, \qquad \sqrt{\frac{\xi}{\alpha'}+\frac{\eta}{\beta'}+\gamma' z},$$

$$\sqrt{\alpha'' x+\beta'' y+\gamma'' z}, \qquad \sqrt{\frac{\xi}{\alpha''}+\frac{\eta}{\beta''}+\gamma'' z}.$$

([1]) Si l'on pose, pour abréger,

$$\begin{vmatrix} 1 & 1 & 1 \\ \alpha & \beta & \gamma \\ \alpha' & \beta' & \gamma' \end{vmatrix} = (\alpha, \beta, \gamma), \qquad \begin{vmatrix} 1 & 1 & 1 \\ \frac{1}{\alpha} & \beta & \gamma \\ \frac{1}{\alpha'} & \beta' & \gamma' \end{vmatrix} = \left(\frac{1}{\alpha}, \beta, \gamma\right), \quad \ldots,$$

on peut déterminer α'', β'', γ'' à l'aide des équations

$$\alpha\alpha'\alpha''.\beta\beta'\beta'' = (\alpha, \beta, \gamma)\left(\alpha, \beta, \frac{1}{\gamma}\right) : \left(\frac{1}{\alpha}, \frac{1}{\beta}, \gamma\right)\left(\frac{1}{\alpha}, \frac{1}{\beta}, \frac{1}{\gamma}\right),$$

$$\alpha\alpha'\alpha'' : \beta\beta'\beta'' = \left(\alpha, \frac{1}{\beta}, \gamma\right)\left(\alpha, \frac{1}{\beta}, \frac{1}{\gamma}\right) : \left(\frac{1}{\alpha}, \beta, \gamma\right)\left(\frac{1}{\alpha}, \beta, \frac{1}{\gamma}\right),$$

et des équations analogues. — (WEBER.)

De la même manière, on obtient dans le groupe $\sqrt{x\zeta}$, $\sqrt{z\xi}$ les paires

$$\sqrt{x+y+z}, \qquad \sqrt{\xi+y+\zeta},$$
$$\sqrt{\alpha x+\beta y+\gamma z}, \qquad \sqrt{\frac{\xi}{\alpha}+\beta y+\frac{\zeta}{\gamma}},$$
$$\sqrt{\alpha' x+\beta' y+\gamma' z}, \qquad \sqrt{\frac{\xi}{\alpha'}+\beta' y+\frac{\zeta}{\gamma'}},$$
$$\sqrt{\alpha'' x+\beta'' y+\gamma'' z}, \qquad \sqrt{\frac{\xi}{\alpha''}+\beta'' y+\frac{\zeta}{\gamma''}},$$

et dans le groupe $\sqrt{y\zeta}$, $\sqrt{z\eta}$ les paires

$$\sqrt{x+y+z}, \qquad \sqrt{x+\eta+\zeta},$$
$$\sqrt{\alpha x+\beta y+\gamma z}, \qquad \sqrt{\alpha x+\frac{\eta}{\beta}+\frac{\zeta}{\gamma}},$$
$$\sqrt{\alpha' x+\beta' y+\gamma' z}, \qquad \sqrt{\alpha' x+\frac{\eta}{\beta'}+\frac{\zeta}{\gamma'}},$$
$$\sqrt{\alpha'' x+\beta'' y+\gamma'' z}, \qquad \sqrt{\alpha'' x+\frac{\eta}{\beta''}+\frac{\zeta}{\gamma''}},$$

en sorte que, outre les six fonctions abéliennes données, seize autres encore se trouvent déterminées. Pour en déterminer les caractéristiques, il suffit de remarquer que les trois groupes ici considérés renferment quatre fonctions abéliennes communes à chacun d'eux. Si l'on forme, par conséquent, les groupes correspondants des caractéristiques, ces groupes doivent avoir quatre caractéristiques en commun, qui doivent être attribuées d'une manière quelconque aux fonctions

$$\sqrt{x+y+z}, \qquad \sqrt{\alpha x+\beta y+\gamma z},$$
$$\sqrt{\alpha' x+\beta' y+\gamma' z}, \qquad \sqrt{\alpha'' x+\beta'' y+\gamma'' z}.$$

Les caractéristiques des fonctions abéliennes restantes sont ainsi par cela même complètement déterminées, car elles doivent se répartir par paires dans les trois groupes, de même que les fonctions abéliennes correspondantes y sont elles-mêmes distribuées. Ces caractéristiques peuvent être représentées symétriquement de la manière suivante :

Désignons les caractéristiques des groupes $\sqrt{y\zeta}$, $\sqrt{z\xi}$, $\sqrt{x\eta}$, respectivement par (p), (q), (r), et par (d), (e), (f), (g) celles des quatre fonctions

$$\sqrt{x+y+z}, \qquad \sqrt{\alpha x+\beta y+\gamma z},$$
$$\sqrt{\alpha' x+\beta' y+\gamma' z}, \qquad \sqrt{\alpha'' x+\beta'' y+\gamma'' z},$$

et par $(n+p)$ la caractéristique de $\sqrt{x}$. On obtiendra alors les expressions suivantes, pour les caractéristiques,

$$(\sqrt{x})=(n+p), \qquad (\sqrt{y})=(n+q), \qquad (\sqrt{z})=(n+r),$$
$$(\sqrt{\xi})=(n+q+r), \qquad (\sqrt{\eta})=(n+r+p), \qquad (\sqrt{\zeta})=(n+p+q).$$

$$(21)\quad \left\{\begin{array}{llll}
(\sqrt{x+y+z}) & =(d), & (\sqrt{x+\eta+\zeta}) & =(p+d), \\
(\sqrt{\alpha x+\beta y+\gamma z}) & =(e), & \left(\sqrt{\alpha x+\frac{\eta}{\beta}+\frac{\zeta}{\gamma}}\right) & =(p+e), \\
(\sqrt{\alpha' x+\beta' y+\gamma' z}) & =(f), & \left(\sqrt{\alpha' x+\frac{\eta}{\beta'}+\frac{\zeta}{\gamma'}}\right) & =(p+f), \\
(\sqrt{\alpha'' x+\beta'' y+\gamma'' z}) & =(g), & \left(\sqrt{\alpha'' x+\frac{\eta}{\beta''}+\frac{\zeta}{\gamma''}}\right) & =(p+g), \\
(\sqrt{\xi+y+\zeta}) & =(q+d), & (\sqrt{\xi+\eta+z}) & =(r+d), \\
\left(\sqrt{\frac{\xi}{\alpha}+\beta y+\frac{\zeta}{\gamma}}\right) & =(q+e), & \left(\sqrt{\frac{\xi}{\alpha}+\frac{\eta}{\beta}+\gamma z}\right) & =(r+e), \\
\left(\sqrt{\frac{\xi}{\alpha'}+\beta' y+\frac{\zeta}{\gamma'}}\right) & =(q+f), & \left(\sqrt{\frac{\xi}{\alpha'}+\frac{\eta}{\beta'}+\gamma' z}\right) & =(r+f), \\
\left(\sqrt{\frac{\xi}{\alpha''}+\beta'' y+\frac{\zeta}{\gamma''}}\right) & =(q+g), & \left(\sqrt{\frac{\xi}{\alpha''}+\frac{\eta}{\beta''}+\gamma'' z}\right) & =(r+g).
\end{array}\right.$$

Si nous prenons, par exemple,

$$(\sqrt{x})=\begin{pmatrix}1&0&1\\1&0&0\end{pmatrix}, \qquad (\sqrt{y})=\begin{pmatrix}1&1&1\\1&0&0\end{pmatrix}, \qquad (\sqrt{z})=\begin{pmatrix}1&0&1\\1&1&0\end{pmatrix},$$
$$(\sqrt{\xi})=\begin{pmatrix}1&0&0\\1&0&0\end{pmatrix}, \qquad (\sqrt{\eta})=\begin{pmatrix}1&1&0\\1&0&0\end{pmatrix}, \qquad (\sqrt{\zeta})=\begin{pmatrix}1&0&0\\1&1&0\end{pmatrix},$$

ce qui est admissible, puisque alors $\sqrt{x\xi}$, $\sqrt{y\eta}$, $\sqrt{z\zeta}$ appartiennent au même groupe $\begin{pmatrix}0&0&1\\0&0&0\end{pmatrix}$, il s'ensuit que

$$(p)=\begin{pmatrix}0&1&1\\0&1&0\end{pmatrix}, \quad (q)=\begin{pmatrix}0&0&1\\0&1&0\end{pmatrix}, \quad (r)=\begin{pmatrix}0&1&1\\0&0&0\end{pmatrix}, \quad (n)=\begin{pmatrix}1&1&0\\1&1&0\end{pmatrix}.$$

Les groupes (p), (q) complets sont

$$\begin{aligned}
\begin{pmatrix}0&1&1\\0&1&0\end{pmatrix} &= \begin{pmatrix}1&0&0\\1&1&0\end{pmatrix} + \begin{pmatrix}1&1&1\\1&0&0\end{pmatrix} = \begin{pmatrix}1&0&1\\1&1&0\end{pmatrix} + \begin{pmatrix}1&1&0\\1&0&0\end{pmatrix} = \begin{pmatrix}0&1&0\\0&1&1\end{pmatrix} + \begin{pmatrix}0&0&1\\0&0&1\end{pmatrix}\\
&= \begin{pmatrix}1&1&0\\0&1&1\end{pmatrix} + \begin{pmatrix}1&0&1\\0&0&1\end{pmatrix} = \begin{pmatrix}1&1&1\\1&1&1\end{pmatrix} + \begin{pmatrix}1&0&0\\1&0&1\end{pmatrix} = \begin{pmatrix}0&1&0\\1&1&1\end{pmatrix} + \begin{pmatrix}0&0&1\\1&0&1\end{pmatrix},\\
\begin{pmatrix}0&0&1\\0&1&0\end{pmatrix} &= \begin{pmatrix}1&0&0\\1&1&0\end{pmatrix} + \begin{pmatrix}1&0&1\\1&0&0\end{pmatrix} = \begin{pmatrix}1&0&1\\1&1&0\end{pmatrix} + \begin{pmatrix}1&0&0\\1&0&0\end{pmatrix} = \begin{pmatrix}0&1&0\\0&1&1\end{pmatrix} + \begin{pmatrix}0&1&1\\0&0&1\end{pmatrix}\\
&= \begin{pmatrix}1&1&0\\0&1&1\end{pmatrix} + \begin{pmatrix}1&1&1\\0&0&1\end{pmatrix} = \begin{pmatrix}1&1&1\\1&1&1\end{pmatrix} + \begin{pmatrix}1&1&0\\1&0&1\end{pmatrix} = \begin{pmatrix}0&1&0\\1&1&1\end{pmatrix} + \begin{pmatrix}0&1&1\\1&0&1\end{pmatrix},
\end{aligned}$$

d'où l'on tire

$$(d) = \begin{pmatrix}0&1&0\\0&1&1\end{pmatrix}, \quad (e) = \begin{pmatrix}1&1&0\\0&1&1\end{pmatrix}, \quad (f) = \begin{pmatrix}1&1&1\\1&1&1\end{pmatrix}, \quad (g) = \begin{pmatrix}0&1&0\\1&1&1\end{pmatrix},$$

et les caractéristiques des fonctions représentées en (21) et écrites dans le même ordre sont

$$\begin{matrix}
\begin{pmatrix}1&0&1\\1&0&0\end{pmatrix}, & \begin{pmatrix}1&1&1\\1&0&0\end{pmatrix}, & \begin{pmatrix}1&0&1\\1&1&0\end{pmatrix},\\
\begin{pmatrix}1&0&0\\1&0&0\end{pmatrix}, & \begin{pmatrix}1&1&0\\1&0&0\end{pmatrix}, & \begin{pmatrix}1&0&0\\1&1&0\end{pmatrix},
\end{matrix}$$

$$\begin{matrix}
\begin{pmatrix}0&1&0\\0&1&1\end{pmatrix}, & \begin{pmatrix}0&0&1\\0&0&1\end{pmatrix},\\
\begin{pmatrix}1&1&0\\0&1&1\end{pmatrix}, & \begin{pmatrix}1&0&1\\0&0&1\end{pmatrix},\\
\begin{pmatrix}1&1&1\\1&1&1\end{pmatrix}, & \begin{pmatrix}1&0&0\\1&0&1\end{pmatrix},\\
\begin{pmatrix}0&1&0\\1&1&1\end{pmatrix}, & \begin{pmatrix}0&0&1\\1&0&1\end{pmatrix},
\end{matrix}$$

$$\begin{matrix}
\begin{pmatrix}0&1&1\\0&0&1\end{pmatrix}, & \begin{pmatrix}0&0&1\\0&1&1\end{pmatrix},\\
\begin{pmatrix}1&1&1\\0&0&1\end{pmatrix}, & \begin{pmatrix}1&0&1\\0&1&1\end{pmatrix},\\
\begin{pmatrix}1&1&0\\1&0&1\end{pmatrix}, & \begin{pmatrix}1&0&0\\1&1&1\end{pmatrix},\\
\begin{pmatrix}0&1&1\\1&0&1\end{pmatrix}, & \begin{pmatrix}0&0&1\\1&1&1\end{pmatrix}.
\end{matrix}$$

On a maintenant la proposition suivante, relative à trois fonctions abéliennes d'un groupe, lorsque deux quelconques d'entre elles n'appartiennent pas à une paire : la somme de leurs caractéristiques est toujours une caractéristique paire. En effet, considérons par exemple les trois fonctions $\sqrt{x}$, $\sqrt{y}$, $\sqrt{z}$ et exprimons ξ, η, ζ linéairement en x, y, z, l'équation (10) peut être alors prise sous la forme

$$\sqrt{x(ax+by+cz)}+\sqrt{y(a'x+b'y+c'z)}+\sqrt{z(a''x+b''y+c''z)}=0.$$

Si nous posons successivement $x=0$, $y=0$, $z=0$, nous obtiendrons, pour les produits des racines des équations quadratiques qui fournissent le rapport des deux autres variables, les valeurs

$$-\frac{c''}{b'},\qquad -\frac{a}{c''},\qquad -\frac{b'}{a},$$

dont le produit est -1. Mais cela, d'après les pages 432, 433, est précisément le criterium pour que la somme des caractéristiques des fonctions $\sqrt{x}$, $\sqrt{y}$, $\sqrt{z}$ soit une caractéristique paire.

En s'appuyant sur ce théorème, on peut démontrer que les seize fonctions abéliennes que l'on vient de déterminer sont différentes des douze fonctions qui se présentent dans le groupe $\sqrt{x\xi}$. En effet, si $\sqrt{pq}$ est une paire appartenant au groupe $\sqrt{x\xi}$, les caractéristiques

$$(\sqrt{x})+(\sqrt{\xi})+(\sqrt{p}),\qquad (\sqrt{y})+\sqrt{\eta})+(\sqrt{p}),\qquad (\sqrt{z})+(\sqrt{\zeta})+(\sqrt{p})$$

seront impaires et, d'après le théorème qui vient d'être démontré, $\sqrt{p}$ ne peut se présenter dans aucun des trois groupes

$$(\sqrt{x\eta})=(\sqrt{y\xi}),\qquad (\sqrt{x\zeta})=(\sqrt{z\xi}),\qquad (\sqrt{y\zeta})=(\sqrt{z\eta}).$$

Ces seize fonctions abéliennes fournissent donc toutes les fonctions abéliennes qui ne sont pas contenues dans le groupe $\sqrt{x\xi}$, et, si nous cherchons les six fonctions de ce groupe qui manquent encore, nous aurons ainsi déterminé les vingt-huit fonctions abéliennes.

Pour les obtenir, posons

$$t=x+y+z,\qquad u=\xi+\eta+\zeta,$$

et partons de l'équation

$$(22)\qquad \sqrt{tu} = \sqrt{x\eta} + \sqrt{y\xi},$$

que l'on tire aisément de (10) et (17). Nous remplacerons par les fonctions

$$t,\quad x,\quad y,\quad u,\quad \eta,\quad \xi,$$

les fonctions

$$x,\quad y,\quad z,\quad \xi,\quad \eta,\quad \zeta,$$

considérées précédemment, et nous obtenons d'abord entre ces variables l'équation

$$(23)\qquad t - x - y - u + \eta + \xi = 0,$$

outre laquelle doivent avoir encore lieu trois autres de la forme

$$(24)\qquad at + bx + cy + a'u + b'\eta + c'\xi = 0,$$

avec la condition

$$aa' = bb' = cc'.$$

A la place des groupes $(p+q+r)$, (p), (q), (r) se présentent alors les suivants

$$(25)\qquad \begin{cases} (\sqrt{tu}) = (\sqrt{x\eta}) = (\sqrt{y\xi}) = (r), \\ (\sqrt{x\xi}) = (\sqrt{y\eta}) = (\sqrt{z\zeta}) = (p+q+r), \\ (\sqrt{t\xi}) = (\sqrt{uy}) \qquad = (n+d+q+r), \\ (\sqrt{t\eta}) = (\sqrt{ux}) \qquad = (n+d+p+r). \end{cases}$$

Dans le premier de ces groupes, en (r), il se présente les paires suivantes de caractéristiques :

$$\begin{aligned} (r) &= (n+p) + (n+r+p) = (n+q) + (n+r+q) \\ &= (d) + (r+d) = (e) + (r+e) = (f) + (r+f) = (g) + (r+g), \end{aligned}$$

et, à l'aide de l'équation (23), nous obtenons les fonctions abéliennes suivantes

$$\sqrt{t-x-y} = \sqrt{z}, \qquad \sqrt{t+\eta+\xi} = \sqrt{-\zeta},$$
$$\sqrt{-u-x+\xi} = \sqrt{\xi+y+\zeta}, \qquad \sqrt{-u+\eta-y} = \sqrt{x+\eta+\zeta},$$

dont les caractéristiques sont $(n+r)$, $(n+p+q)$, $(q+d)$, $(p+d)$, qui se distribuent de la manière qui suit dans les trois derniers groupes (25)

$$
\begin{aligned}
(p+q+r) &= (n+r)+(n+p+q),\\
(n+d+q+r) &= (n+r)+(q+d),\\
(n+d+p+r) &= (n+r)+(p+d).
\end{aligned}
$$

Les caractéristiques des fonctions abéliennes qui ne sont pas encore déterminées doivent maintenant, comme il a été démontré précédemment, être contenues dans le groupe $(p+q+r)$.

Si nous désignons ces caractéristiques par (k_1), (k'_1), (k''_1), (k_2), (k'_2), (k''_2), l'on devra, par suite, avoir

$$(p+q+r) = (k_1+k_2) = (k'_1+k'_2) = (k''_1+k''_2),$$

et ces caractéristiques ne se présentent pas dans le groupe (r).

Mais la comparaison des groupes (25) avec les groupes $(p+q+r)$, (p), (q), (r) enseigne que dans ces groupes doivent entrer toutes les caractéristiques impaires existantes, et ensuite que les trois paires encore restantes des groupes $(p+q+r)$, $(n+d+q+r)$, $(n+d+p+r)$ doivent chacune avoir en commun une même caractéristique.

Maintenant la caractéristique $(q+e)$ ne se présente ni dans le groupe (r), ni dans $(p+q+r)$; il s'ensuit donc que l'on peut choisir (k_1), tel que l'on ait au choix soit

$$(k_1+q+e) = (n+d+q+r),$$

soit

$$(k_1+q+e) = (n+d+p+r).$$

De la première hypothèse, on tirerait

$$k_1 = (n+r+d+e),$$

mais cela n'est pas possible, car, dans le groupe (p), nous avons les paires

$$
\begin{array}{ll}
(n+r), & (n+r+p),\\
(d), & (d+p),\\
(e), & (e+p),
\end{array}
$$

et, par conséquent, d'après le théorème précédemment démontré à la page 443,

$$(n+r+d+e)$$

est paire. On aura donc

$$(k_1) = (n + d + e + p + q + r),$$

d'où

$$(k_2) = (n + d + e).$$

On conclut de même

$$(k'_1) = (n + d + f + p + q + r), \qquad (k'_2) = (n + d + f),$$
$$(k''_1) = (n + d + g + p + q + r), \qquad (k''_2) = (n + d + g),$$

et le groupe $(n + d + p + r)$ contient les paires

$$(k_1),\ (q + e); \qquad (k'_1),\ (q + f); \qquad (k''_1),\ (q + g).$$

D'après les résultats de la considération qui précédait, d'une équation de la forme (24) on déduira les quatre fonctions abéliennes

$$\sqrt{at + bx + cy} = \sqrt{-(a'u + b'\eta + c'\xi)},$$
$$\sqrt{a'u + bx + cy} = \sqrt{-(at + b'\eta + c'\xi)},$$
$$\sqrt{at + b'\eta + cy} = \sqrt{-(a'u + bx + c'\xi)},$$
$$\sqrt{at + bx + c'\xi} = \sqrt{-(a'u + b'\eta + cy)},$$

dont les caractéristiques sont respectivement

$$(k_1),\ (k_2),\ (p + e),\ (q + e),$$

et notre problème sera donc résolu, lorsque l'on sera parvenu à déterminer les coefficients a, b, c, a', b', c'.

Or la fonction, qui a $(p + e)$ pour caractéristique, est déjà déterminée dans ce qui précède. C'est

$$\sqrt{\alpha x + \frac{\eta}{\beta} + \frac{\zeta}{\gamma}},$$

et, si nous posons

$$v = \alpha x + \frac{\eta}{\beta} + \frac{\zeta}{\gamma} = -\left(\frac{\xi}{\alpha} + \beta y + \gamma z\right),$$

nous pouvons déterminer les coefficients a, b, c, a', b', c' en sorte que v se présente sous la double forme qui suit

$$v = at + b'\eta + cy = -a'u - bx - c'\xi.$$

Nous y parviendrons comme il suit, au moyen de

$$u = \xi + \eta + z = -x - y - \zeta;$$

nous éliminerons entre les deux expressions de v les variables z et ζ, il vient

$$v + \frac{u}{\gamma} = x\left(\alpha - \frac{1}{\gamma}\right) + \frac{\eta}{\beta} - \frac{y}{\gamma},$$

$$v + \gamma u = -\xi\left(\frac{1}{\alpha} - \gamma\right) + \gamma\eta - \beta y.$$

Éliminant entre ces dernières équations η et y, il vient

$$v = u\,\frac{\beta - \gamma}{1 - \beta\gamma} + x\,\frac{\beta(1 - \alpha\gamma)}{1 - \beta\gamma} - \frac{\xi}{\alpha}\,\frac{1 - \alpha\gamma}{1 - \beta\gamma},$$

et de la même manière

$$v = t\,\frac{1 - \alpha\gamma}{\alpha - \gamma} + \frac{\eta}{\beta}\,\frac{\beta - \gamma}{\alpha - \gamma} - y\,\frac{\alpha(\beta - \gamma)}{\alpha - \gamma},$$

d'où l'on tire

$$a = \frac{1 - \alpha\gamma}{\alpha - \gamma}, \qquad a' = -\frac{\beta - \gamma}{1 - \beta\gamma},$$

$$b = -\frac{\beta(1 - \alpha\gamma)}{1 - \beta\gamma}, \qquad b' = \frac{1}{\beta}\,\frac{\beta - \gamma}{\alpha - \gamma},$$

$$c = -\frac{\alpha(\beta - \gamma)}{\alpha - \gamma}, \qquad c' = \frac{1}{\alpha}\,\frac{1 - \alpha\gamma}{1 - \beta\gamma}.$$

Nous pouvons donc former maintenant les deux fonctions abéliennes

$$\sqrt{at + bx + cy}, \qquad \sqrt{a'u + bx + cy}.$$

Si l'on y remplace t et u par leurs expressions en $x, y, z, \xi, \eta, \zeta$, on obtient, après suppression de certains facteurs constants, les deux expressions suivantes pour la fonction qui correspond à la caractéristique (k_1),

$$\sqrt{\frac{x}{1 - \beta\gamma} + \frac{y}{1 - \gamma\alpha} + \frac{z}{1 - \alpha\beta}}, \quad \sqrt{\frac{\xi}{\alpha(\gamma - \beta)} + \frac{\eta}{\beta(\gamma - \alpha)} + \frac{z}{1 - \alpha\beta}},$$

et, pour la fonction qui correspond à la caractéristique (k_2),

$$\sqrt{\frac{\xi}{\alpha(1 - \beta\gamma)} + \frac{y}{\beta(1 - \gamma\alpha)} + \frac{\zeta}{\gamma(1 - \alpha\beta)}}, \quad \sqrt{\frac{x}{\gamma - \beta} + \frac{y}{\gamma - \alpha} + \frac{\zeta}{\gamma(1 - \alpha\beta)}}.$$

Quant aux fonctions qui correspondent aux caractéristiques (k'_1), (k'_2); (k''_1), (k''_2), on les obtient immédiatement en remplaçant respectivement ci-dessus α, β, γ par α', β', γ'; α'', β'', γ'', et, de cette manière, seront déterminées toutes les fonctions abéliennes avec leurs caractéristiques respectives. Dans l'exemple choisi précédemment les caractéristiques (k_1), (k_2), (k'_1), (k'_2), (k''_1), (k''_2) se présentent sous la forme suivante :

$$(k_1) = \begin{pmatrix} 0 & 1 & 1 \\ 1 & 1 & 0 \end{pmatrix}, \qquad (k'_1) = \begin{pmatrix} 0 & 1 & 0 \\ 0 & 1 & 0 \end{pmatrix}, \qquad (k''_1) = \begin{pmatrix} 1 & 1 & 1 \\ 0 & 1 & 0 \end{pmatrix},$$

$$(k_2) = \begin{pmatrix} 0 & 1 & 0 \\ 1 & 1 & 0 \end{pmatrix}, \qquad (k'_2) = \begin{pmatrix} 0 & 1 & 1 \\ 0 & 1 & 0 \end{pmatrix}, \qquad (k''_2) = \begin{pmatrix} 1 & 1 & 0 \\ 0 & 1 & 0 \end{pmatrix}.$$

Maintenant puisque, ainsi qu'il a été précédemment démontré, α'', β'', γ'' peuvent être exprimés à l'aide de α, β, γ, α', β', γ', toutes les fonctions abéliennes, ainsi que toutes leurs liaisons algébriques, sont exprimées à l'aide de $3p - 3 = 6$ constantes, que l'on peut regarder comme *les modules de la classe* pour le cas où $p = 3$.

FIN.

LISTE

DES

MÉMOIRES DE LA DEUXIÈME ÉDITION ALLEMANDE

QUI N'ONT PAS ÉTÉ PUBLIÉS DANS CETTE TRADUCTION.

PREMIÈRE PARTIE.

Avant-propos des deux premières éditions.

Mémoire II. — *Ueber die Gesetze der Vertheilung von Spannungselectricität in ponderablen Körpern, etc.*

Mémoire III. — *Zur Theorie der Nobili'schen Farbenringe.*

Mémoire X. — *Ein Beitrag zu den Untersuchungen über die Bewegung eines flüssigen gleichartigen Ellipsoides.*

DEUXIÈME PARTIE.

Mémoire XIV. — *Ein Beitrag zur Electrodynamik.*

Mémoire XVI. — *Estratto di una lettera scritta in lingua italiana al Sign. professore Enrico Betti.*

Mémoire XVIII. — *Mechanik des Ohres.*

TROISIÈME PARTIE.

Mémoire XIX. — *Versuch einer allgemeinen Auffassung der Integration und Differentiation* (1847).

Mémoire XX. — *Neue Theorie der Rückstandes in electrischen Bindungsapparaten.*

Mémoire XXII. — *Commentatio mathematica qua respondere tentatur quæstioni ab illustrissima Academia Parisiensi propositæ.* — Commentaire de M. Weber relatif à ce Mémoire.

Mémoire XXIV. — *Ueber das Potential eines Ringes.*

Mémoire XXV. — *Verbreitung der Wärme im Ellipsoid.*

SUPPLÉMENT.

FRAGMENTE PHILOSOPHISCHEN INHALTS.

I. — *Zur Psychologie und Metaphysik.*
II. — *Erkenntnisstheoretisches.*
III. — *Naturphilosophie.*

Vie de Riemann, par M. R. DEDEKIND.

ERRATA.

Pages.	Lignes.	*Au lieu de :*	*Lisez :*
93	8, 10 / 22, 27	totales,	exactes.
98	14	totales,	exactes.
223	10	dérivés,	dérivées.
386	14	où la normale change de sens,	où change le sens de rotation de la normale.
391	1	où les normales changent de sens,	où change le sens de rotation des normales.
392	17	où les normales changent de sens,	où change le sens de rotation des normales.
393	19	où la normale change de sens,	où change le sens de rotation de la normale.

TABLE DES MATIÈRES.

Pages.

PREMIÈRE PARTIE.

MÉMOIRES PUBLIÉS PAR RIEMANN.

DEUXIÈME PARTIE.

MÉMOIRES PUBLIÉS APRÈS LA MORT DE RIEMANN.

TROISIÈME PARTIE.

FRAGMENTS POSTHUMES.

FIN DE LA TABLE DES MATIÈRES.

125798-47. — Imprimerie Gauthier-Villars, 55, quai des Grands-Augustins, Paris (6e).

Prix : 140 fr.

www.ingramcontent.com/pod-product-compliance
Lightning Source LLC
LaVergne TN
LVHW011258110826
845149LV00001B/178
* 9 7 8 1 4 1 8 1 8 4 7 2 8 *